普通高等院校电子信息与电气工程类专业教材

电力系统分析（上）

（第四版）

何仰赞　温增银

华中科技大学出版社

中国·武汉

内 容 提 要

本书共上、下两册。本册为上册,主要内容有:电力系统各元件的等值电路和参数计算,同步电机的基本方程,电力网络的数学模型,电力系统突然三相短路暂态分析,电力系统故障分析的原理和方法等。下册将讨论电力系统的稳态运行和稳定性问题。

本书可选作高等学校电气工程有关专业的教学用书,亦可供电力系统相关专业的技术人员参考。

图书在版编目(CIP)数据

电力系统分析.上/何仰赞,温增银.—4版.—武汉:华中科技大学出版社,2016.5(2024.11 重印)
ISBN 978-7-5680-1771-8

Ⅰ.①电… Ⅱ.①何… ②温… Ⅲ.①电力系统-系统分析-高等学校-教材 Ⅳ.①TM711

中国版本图书馆 CIP 数据核字(2016)第 092277 号

电力系统分析(上)(第四版)
Dianli Xitong Fenxi

何仰赞 温增银

策划编辑:谢燕群
责任编辑:谢燕群
封面设计:原色设计
责任校对:张会军
责任监印:周治超
出版发行:华中科技大学出版社(中国·武汉)　　电话:(027)81321913
　　　　　武汉市东湖新技术开发区华工科技园　　邮编:430223
录　　排:武汉市洪山区佳年华文印部
印　　刷:武汉市籍缘印刷厂
开　　本:787mm×1092mm　1/16
印　　张:16.25
字　　数:393 千字
版　　次:2024 年 11 月第 4 版第 19 次印刷
定　　价:39.80 元

第四版前言

电力系统分析是一门专业基础课,也是一门专业课。虽然当前电力系统应用技术得到了很大的发展,但其理论基础仍是电力系统分析这门课程的内容。

本版在第三版的基础上进行了适当的修改,使定义更清晰更严格。相较于第三版的上册,此次插入了一个附录;相较于第三版的下册,此次主要对第 16 章、第 18 章进行修订,并在第 18 章增加了一小节内容。

习题演练是加深课程的基本概念、基本计算方法的必要手段,也是建立电力系统"相对数值"概念的手段。例如,在正常运行方式下,一条输电线路反映有功功率损耗的输电效率和电压损耗的百分值等,都是重要的"数值概念"。

本书编写的分工仍按第三版前言。

本书第四版修订工作全部由温增银完成。限于作者的水平和条件,书中的缺点和错误在所难免,恳请读者批评指正。

作　者

2015 年 11 月

第三版前言

本书初版以来已有 15 年了,1996 年出了修订版(第二版)。本书第一版获 1987 年水利电力部优秀教材一等奖,1988 年全国高等学校优秀教材奖,本版于 1996 年获得原国家教委九五国家级重点教材立项。这次修订在基本保持原书体系的同时,对教材内容作了较大的调整,主要有以下几个方面。

鉴于计算机的应用在电力系统分析计算中已经普及,本书对于电力系统的短路、潮流和稳定这三类常规计算,在讲清楚基本概念和基本原理的基础上,更侧重从应用计算机的角度进行计算方法的阐述。为此,书中关于电力网络的数学模型、短路故障和潮流的计算机算法等部分,在编排顺序和具体内容两个方面都作了必要的调整。

下册新增一章电力传输的基本概念,阐述交流电网功率传送的基本原理,从不同的角度说明交流电网的功率传输特性。原有的交流远距离输电的基本概念一章被撤消,但将其主要内容并入新的一章。

为了控制本书的篇幅,第二版中直流输电的基本概念一章,部分选学内容,以及电力网络设计的基本原则和方法(下册附录 A)在新版中不再保留。

采用本书作教材,需要按"电力系统稳态分析"和"电力系统暂态分析"分别设课时,可以分别取第 1、2、4、9、10、11、12、13、14 章作为稳态分析,第 3、5、6、7、8、15、16、17、18、19 章作为暂态分析的教学内容,两门课程可以平行开出。

本版的修订工作由何仰赞(第 2、4、5、6、8、9、10、11、12、13、14 章)和温增银(第 1、3、7、15、16、17、18、19 章)共同完成。何仰赞担任主编。

限于作者的水平和条件,书中的缺点和错误在所难免,恳请读者批评指正。

作　者

2001 年 8 月

修订版说明

按照高等学校电力工程类专业教学委员会 1987 年制订的第三轮教材出版规划的安排，进行了本书的修订工作。

这次修订基本保持了原书的内容体系，对教材内容所作的调整与增删，主要是为了方便教学。在各章之后补充了简要的小结和习题，考虑到课程设计是本课程的必要教学环节，增添了有关电力网课程设计的基本知识作为附录收入下册。

书中所用文字符号采用中华人民共和国国家标准 GB7159—1987，量和单位采用 GB3100～3102—1993。

修订工作由原作者何仰赞、温增银、汪馥瑛、周勤慧共同完成，分工大体上如初版。温增银选编了习题（含答案）和课程设计参考材料。何仰赞、温增银担任主编。何仰赞负责全书审订。

1995 年 10 月

前　言

　　本书以我院《电力系统》自编讲义为基础修订而成。在修订过程中,考虑了电力系统教材编审小组于 1982 年 9 月审订定稿的《电力系统稳态分析》和《电力系统暂态分析》两门课程的教学大纲要求。

　　全书共二十二章,分为上、下两册。上册内容主要是:电力系统的数学模型和参数计算,突然三相短路的暂态分析和实用计算,不对称短路和故障的分析计算等,在附录中编入了短路电流新计算曲线的数字表。下册内容主要是:电力系统稳态运行的电压和功率计算,电压调整和频率调整,经济运行,静态稳定和暂态稳定的基本概念和分析方法,提高稳定性的措施,交流远距离输电和直流输电的基本概念。

　　本书在着重阐明电力系统的基本概念、基本理论和计算方法的基础上,对电子计算机在电力系统分析计算中的应用也作了适当的介绍。书中反映前述两门课程教学大纲基本要求的部分所需授课学时(不含实验课和习题课)为:上册 46～48 学时,下册 54～56 学时,带※号的内容供选用。采用本书作教材,可以按上、下册分别设课,依次开出。

　　参加本书编写的有:何仰赞(第二、四、五、七、八、九、十、十二、二十一、二十二章及附录)、温增银(第十六、十七、十八、十九、二十章)、汪馥瑛(第三、十三、十四、十五章)、周勤慧(第一、六、十一章)。何仰赞、温增银担任主编。何仰赞对全书进行了审订。

　　原讲义(即本书初稿)于 1983 年印出后,承蒙华南工学院、成都科技大学、郑州工学院、江西工学院、武汉水利电力学院、合肥工业大学、合肥联合大学、北京农业机械化学院等院校试用,许多老师对教材初稿提出了宝贵的意见和建议,对此我们表示衷心的感谢。

编　者

1984 年 4 月

目　　录

第1章 电力系统的基本概念

本章介绍电力系统的若干基本概念和电力系统分析课程的主要内容。

1.1 电力系统的组成[①]

电能是现代社会中最重要、也是最方便的能源。电能具有许多优点,它可以方便地转化为别种形式的能,例如,机械能、热能、光能、化学能等;它的输送和分配易于实现;它的应用规模也很灵活。因此,电能被极其广泛地应用于工农业,交通运输业,商业贸易,通信以及人民的日常生活中。以电作为动力,可以促进工农业生产的机械化和自动化,保证产品质量,大幅度提高劳动生产率。还要指出,提高电气化程度,以电能代替其他形式的能量,是节约总能源消耗的一个重要途径。

发电厂把别种形式的能量转换成电能,电能经过变压器和不同电压等级的输电线路输送并被分配给用户,再通过各种用电设备转换成适合用户需要的别种能量。这些生产、输送、分配和消费电能的各种电气设备连接在一起而组成的整体称为电力系统。火电厂的汽轮机、锅炉、供热管道和热用户,水电厂的水轮机和水库等则属于与电能生产相关的动力部分。电力系统中输送和分配电能的部分称为电力网,它包括升压变压器、降压变压器和各种电压等级的输电线路(见图1-1)。

在交流电力系统中,发电机、变压器、输配电设备都是三相的,这些设备之间的连接状况可以用电力系统接线图来表示。为简单起见,电力系统接线图一般都画成单线的,如图1-1所示。

随着电工技术的发展,直流输电作为一种补充的输电方式得到了实际应用。在交流电力系统内或者在两个交流电力系统之间嵌入直流输电系统,便构成了现代交、直流联合系统。直流输电系统由换流设备、直流线路以及相关的附属设备组成,如图1-2所示。

---

① 本书为叙述方便,使读者对某些物理量的含义不致引起混淆,在大部分地方,电阻 R,电抗 X,电导 G,电纳 B,电位 V 采用小写字母形式表示,以和矩阵中的相应元素相区别。

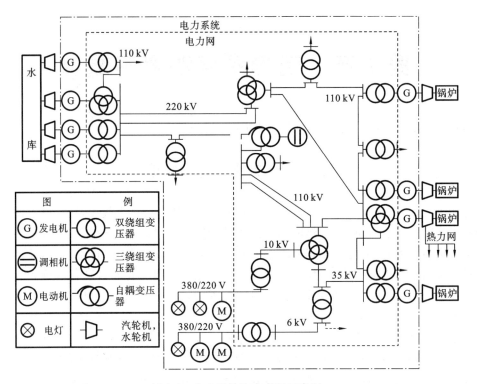

图 1-1　电力系统和电力网示意图

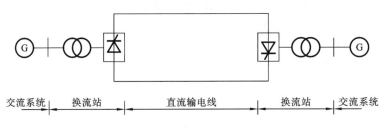

图 1-2　直流输电系统示意图

1.2　电力系统的额定电压和额定频率

电气设备都是按照指定的电压和频率来进行设计与制造的,这个指定的电压和频率分别称为电气设备的额定电压和额定频率。当电气设备在此电压和频率下运行时,将具有最好的技术性能和经济效果。

为了进行成批生产和实现设备的互换,各国都制定有标准的额定电压和额定频率。我国制定的三相交流 3 kV 及以上设备与系统的额定线电压数值列于表 1-1 中。

从表中可以看到,同一个电压级别下,各种设备的额定电压并不完全相等。为了使各种互相联接的电气设备都能运行在较有利的电压下,各电气设备的额定电压之间有一个相互配合的问题。

电力线路的额定电压和系统的额定电压相等,有时把它们称为网络的额定电压,如 220 kV 网络等。

表 1-1　3 kV 以上的额定线电压

受电设备与 系统额定线电压/kV	供电设备额定线电压/kV	变压器额定线电压/kV	
		一次绕组	二次绕组
3	3.15 *	3 及 3.15	3.15 及 3.3
6	6.3	6 及 6.3	6.3 及 6.6
10	10.5	10 及 10.5	10.5 及 11
	13.8 *	13.8	—
	15.75 *	15.75	—
	18 *	18	—
	20 *	20	—
35	—	35	38.5
110	—	110	121
220	—	220	242
330	—	330	363
500	—	500	
1000	—	1000	

注:带 * 号的数字为发电机专用。

　　发电机的额定电压与系统的额定电压为同一等级时,发电机的额定电压规定比系统的额定电压高 5%。

　　变压器额定电压的规定略为复杂。根据变压器在电力系统中传输功率的方向,我们规定变压器接受功率一侧的绕组为一次绕组,输出功率一侧的绕组为二次绕组。一次绕组的作用相当于受电设备,其额定电压与系统的额定电压相等,但直接与发电机联接时,其额定电压则与发电机的额定电压相等。二次绕组的作用相当于供电设备,考虑其内部电压损耗,规定其额定电压比系统的额定电压高 10%;如果变压器的短路电压小于 7% 或直接(包括通过短距离线路)与用户联接时,则规定其额定电压比系统的额定电压高 5%。为了适应电力系统运行调节的需要,通常在变压器的高压绕组上设计、制造有分接抽头。分接头用百分数表示,即表示分接头电压与主抽头电压的差值为主抽头电压的百分之几。对于同一电压等级的变压器(升压变压器和降压变压器),即使分接头百分值相同,分接头的额定电压也不同。图 1-3 所示为用线电压表示的 220 kV 电压级具有抽头 $(1\pm2\times2.5\%)U_N$ 的变压器的抽头额定电压。对于 +5% 抽头,升压变压器的抽头额定电压为 242×1.05 kV=254 kV,降

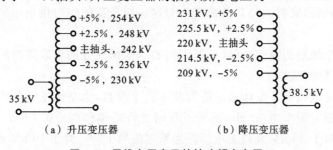

（a）升压变压器　　　　　　（b）降压变压器

图 1-3　用线电压表示的抽头额定电压

压变压器的抽头额定电压则为 220×1.05 kV＝231 kV。

我国规定，电力系统的额定频率为 50 Hz，也就是工业用电的标准频率，简称工频。

1.3 对电力系统运行的基本要求

电力系统是由电能的生产、输送、分配和消费的各环节组成的一个整体。与别的工业系统相比较，电力系统的运行具有如下的明显特点。

（1）电能不能大量存储。电能的生产、输送、分配和消费实际上是同时进行的。电力系统中，发电厂在任何时刻发出的功率必须等于该时刻用电设备所需的功率与输送、分配环节中的功率损失之和。

（2）电力系统的暂态过程非常短促。电力系统从一种运行状态到另一种运行状态的过渡极为迅速。

（3）与国民经济的各部门及人民日常生活有着极为密切的关系。供电的突然中断会带来严重的后果。

对电力系统运行的基本要求是：① 保证安全可靠的供电；② 要有合乎要求的电能质量；③ 要有良好的经济性；④ 尽可能减小对生态环境的有害影响。

保证安全可靠地发、供电是对电力系统运行的首要要求。在运行过程中，供电的突然中断大多由事故引起。必须从各个方面采取措施以防止和减少事故的发生，例如，要严密监视设备的运行状态和认真维修设备以减少其事故、要不断提高运行人员的技术水平以防止人为事故。为了提高系统运行的安全可靠性，还必须配备足够的有功功率电源和无功功率电源；完善电力系统的结构，提高电力系统抵抗干扰的能力，增强系统运行的稳定性；利用计算机对系统的运行进行安全监视和控制等。

整体提高电力系统的安全运行水平，就为保证对用户的不间断供电创造了最基本的条件。根据用户对供电可靠性的不同要求，目前我国将负荷分为以下三级。

第一级负荷：对这一级负荷中断供电的后果是极为严重的。例如，可能发生危及人身安全的事故；使工业生产中的关键设备遭到难以修复的损坏，以致生产秩序长期不能恢复正常，造成国民经济的重大损失；使市政生活的重要部门发生混乱等。

第二级负荷：对这一级负荷中断供电将造成大量减产，使城市中大量居民的正常活动受到影响等。

第三级负荷：不属于第一、二级的，停电影响不大的其他负荷都属于第三级负荷，如工厂的附属车间，小城镇和农村的公共负荷等。对这一级负荷的短时供电中断不会造成重大的损失。

对于以上三个级别的负荷，可以根据不同的具体情况分别采取适当的技术措施来满足它们对供电可靠性的要求。

电压和频率是电气设备设计和制造的基本技术参数，也是衡量电能质量的两个基本指标。我国采用的额定频率为 50 Hz，正常运行时允许的偏移为 ±0.2～±0.5 Hz。用户供电电压的允许偏移对于 35 kV 及以上电压级为额定值的 ±5%，对于 10 kV 及以下电压级为额定值的 ±7%。为保证电压质量，对电压正弦波形畸变率也有限制，波形畸变率是指各次谐波有效值平方和的方根值对基波有效值的百分比。对于 $6\sim10\ \mathrm{kV}$ 供电电压,波形畸变率不超过 4%;对于 $0.38\ \mathrm{kV}$ 电压,波形畸变率不超过 5%。电压和频率超出允许偏移时,不仅会造成废品和减产,还会影响用电设备的安全,严重时甚至会危及整个系统的安全运行。

频率主要取决于系统中的有功功率平衡,系统发出的有功功率不足,频率就偏低。电压则主要取决于系统中的无功功率平衡,无功功率不足时,电压就偏低。因此,要保证良好的电能质量,关键在于系统发出的有功功率和无功功率都应满足在额定频率和额定电压允许偏差下的功率平衡要求。电源要配置得当,还要有适当的调整手段。对系统中的"谐波污染源"要进行有效的限制和治理。

电能生产的规模很大,消耗的能源在国民经济能源总消耗中占的比重很大,而且电能又是国民经济的大多数生产部门的主要动力。因此,提高电能生产的经济性具有十分重要的意义。

为了提高电力系统运行的经济性,必须尽量地降低发电厂的煤耗率(水耗率)、厂用电率和电力网的损耗率。这就是说,要求在电能的生产、输送和分配过程中减少耗费,提高效率。为此,应做好规划设计,合理利用能源;采用高效率低损耗设备;采取措施降低网损;实行经济调度等。

目前我国火电厂装机容量占总容量的 70% 以上,煤炭燃烧会产生大量的二氧化碳、二氧化硫、氮氧化物、粉尘和废渣等,这些排放物都会对生态环境造成有害影响。因此,应该增加新能源和可再生能源的开发和建设,使电能生产符合环境保护标准,也是对电力系统运行的一项基本要求。

1.4 电力系统的接线方式

电力系统的接线方式对于保证安全、优质和经济地向用户供电具有非常重要的作用。电力系统的接线包括发电厂的主接线、变电所的主接线和电力网的接线。这里只对电力网的接线方式进行简略的介绍。

电力网的接线方式通常按供电可靠性分为无备用和有备用两类。无备用接线的网络中,每一个负荷只能靠一条线路取得电能,单回路放射式、干线式和树状网络即属于这一类(见图 1-4)。这类接线的特点是简单,设备费用较少,运行方便。缺点是供电的可靠性比较低,任一段线路发生故障或检修时,都要中断部分用户的供电。在干线式和树状网络中,当线路较长时,线路末端的电压往往偏低。

◎ 电源点
● 负荷点

(a)放射式网络　　　(b)干线式网络　　　(c)树状网络

图 1-4 无备用网络

每一个负荷都只能沿唯一的路径取得电能的网络,称为开式网络。

在有备用的接线方式中,最简单的一类是在上述无备用网络的每一段线路上都采用双回路。这类接线同样具有简单和运行方便的特点,而且供电可靠性和电压质量都有明显的提高,其缺点是设备费用增加很多。

由一个或几个电源点和一个或几个负荷点通过线路连接而成的环形网络(见图1-5(a),(b)),是一类最常见的有备用网络。一般说,环形网络的供电可靠性是令人满意的,也比较经济。其缺点是运行调度比较复杂。在单电源环网(见图1-5(a))中,当线路a1发生故障而开环时,正常线段可能过负荷,负荷节点1的电压也明显降低。

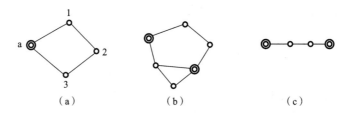

图1-5 几种常用的有备用网络

另一种常见的有备用接线方式是两端供电网络(见图1-5(c)),其供电可靠性相当于有两个电源的环形网络。

对于上述有备用网络,根据实际需要也可以在部分或全部线段采用双回路。环形网络和两端供电网络中,每一个负荷点至少通过两条线路从不同的方向取得电能,具有这种接线特点的网络又统称为闭式网络。

电力系统中各部分电力网担负着不同的职能,因此对其接线方式的要求也不一样。电力网按其职能可以分为输电网络和配电网络。

输电网络的主要任务是,将大容量发电厂的电能可靠而经济地输送到负荷集中地区。输电网络通常由电力系统中电压等级最高的一级或两级电力线路组成。系统中的区域发电厂(经升压站)和枢纽变电所通过输电网络相互联接。对输电网络接线方式的要求主要是,应有足够的可靠性,要满足电力系统运行稳定性的要求,要有助于实现系统的经济调度,要具有对运行方式变更和系统发展的适应性等。

用于联接远离负荷中心地区的大型发电厂的输电干线和向缺乏电源的负荷集中地区供电的输电干线,常采用双回路或多回路。位于负荷中心地区的大型发电厂和枢纽变电所一般是通过环形网络互相联接。

输电网络的电压等级要与系统的规模(容量和供电范围)相适应。表1-2列出各种电压等级的单回架空线路输送功率和输送距离的适宜范围。

表1-2 各级电压架空线路的输送能力

额定电压/kV	输送容量/(MV·A)	输送距离/km	额定电压/kV	输送容量/(MV·A)	输送距离/km
3	0.1~1.0	1~3	110	10~50	50~150
6	0.1~1.2	4~15	220	100~500	100~300
10	0.2~2	6~20	330	200~800	200~600
35	2~10	20~50	500	1000~1500	150~850
60	3.5~30	30~100	1000	3500~5000	1000 以上

配电网络的任务是分配电能。配电线路的额定电压一般为 $0.4 \sim 35$ kV,有些负荷密度较大的大城市也采用 110 kV,以至 220 kV。配电网络的电源点是发电厂(或变电所)相应电压级的母线,负荷点则是低一级的变电所或者直接为用电设备。

配电网络采用哪一类接线,主要取决于负荷的性质。无备用接线只适用于向第三级负荷供电。对于第一级和第二级负荷占较大比重的用户,应由有备用网络供电。

实际电力系统的配电网络比较复杂,往往是由各种不同接线方式的网络组成的。在选择接线方式时,必须考虑的主要因素是,满足用户对供电可靠性和电压质量的要求,运行要灵活方便,要有好的经济指标等。一般都要对多种可能的接线方案进行技术经济比较后才能确定。

1.5　电力系统分析课程的主要内容

电力系统分析是一门专业课,也是一门专业基础课,其主要内容是,系统地讲述电力系统运行状况分析计算的基本原理和方法。

当电力系统中各种发电、变电、输配电及用电设备之间的相互联接情况已经确定时,电力系统的运行状态是由一些运行变量(亦称为运行参数)的变化规律来描述的。这些运行变量包括功率、频率、电压、电流、磁链、电动势以及发电机转子间的相对位移角等。

电力系统运行状态一般可区分为稳态和暂态。实际上,由于电力系统存在各种随机扰动(如负荷变动)因素,绝对的稳态是不存在的。在电力系统运行的某一段时间内,如果运行参数只在某一恒定的平均值附近发生微小的变化,我们就称这种状态为稳态。稳态还可以分为正常稳态、故障稳态和故障后稳态。正常稳态是指正常三相对称运行状态,电力系统在绝大多数的时间里处于这种状态。

电力系统暂态一般是指从一种运行状态到另一种运行状态的过渡过程。在暂态中,所有运行参数都发生变化,有些则发生激烈的变化。此外,运行参数发生振荡的运行状态,也是一种暂态。

对电力系统运行状态的分析研究,除了对运行中的电力系统进行实际观测和进行必要的模拟试验外,大量采用的方法是把待研究的系统状态用数学方程式描述出来,运用适当的数学方法和计算工具进行分析计算。描述系统状态的数学方程式反映了各种运行变量间的相互关系,有时也称为系统的数学模型。例如,正弦电势源作用下的 R-L 电路方程式为

$$L \frac{\mathrm{d}i}{\mathrm{d}t} + Ri = E_m \sin(\omega t + \alpha)$$

有 n 个节点的复杂网络的节点方程式为

$$\dot{I}_i = Y_{i1}\dot{U}_1 + Y_{i2}\dot{U}_2 + \cdots + Y_{in}\dot{U}_n = \sum_{i=1}^{n} Y_{ij}\dot{U}_j \quad (i = 1, 2, \cdots, n)$$

在上述方程式中,E_m、ω、α、i、$\dot{U}_j$、$\dot{I}_i$ 等都是运行变量,系数 R、L、Y_{ij} 等统称为系统参数。系统参数是指系统各元件或其组合在运行中反映其物理特性的参数。各种元件的电阻、电感(或电抗)、电容(或电纳)、时间常数、变压器的变比以及系统的输入阻抗、转移阻抗等都属于系统参数。系统参数主要取决于元件的结构特点,也与其额定参数密切相关。元件的额

定参数（如额定电压、额定电流、额定容量、额定功率因数、额定频率等）反映了对元件结构的设计要求，同时也规定了元件所适用的运行条件。无论对电力系统进行何种状态的分析研究，系统参数的计算都是必不可少的。

本课程内容非常丰富，为了便于教学，本书作为同名课程的教材，分为上、下两册。上册的内容主要是将电路分析的方法应用于电力系统的短路电流计算。在这里系统的各元件（包括发电设备和用电设备）将被当做电路元件来处理，并用等值电路来代替，电流是分析计算的基本物理量。求取短路电流的关键是阻抗（工程计算中主要是电抗）的计算。系统各元件各序电抗的物理意义及其计算方法，标幺参数的归算，系统的输入阻抗，转移阻抗及计算电抗的求取，节点导纳矩阵（或节点阻抗矩阵）的形成等，在上册都有比较系统而详细的阐述。对突然短路后的暂态现象的物理分析、同步发电机基本方程式的推导和变换，也是上册的重要内容。

本书的下册将对电力系统的运行状况进行更全面的分析，电力系统将被看成是电能生产、输送、分配和消费的统一整体，根据安全、优质和经济供电的要求，分析系统在稳态和干扰下的运行性能，并研究对其运行状态进行调整和改善的原理和方法。在这里电力系统的发电设备和用电设备将从功率转换的角度去研究其特性对系统运行性能的影响，对于电力网元件则着重分析其在传送功率时产生的电压降落和功率损耗，对于变压器还应考虑其调节电压和无功功率分布的作用。反映电能质量的电压和频率，系统运行的经济性，同稳定性直接相关的发电机功角，都与系统的功率平衡和分布状况密切相关，因此，功率是分析计算的基本物理量。下册的前五章涉及正常稳态运行的分析计算，其核心是潮流计算。接着的五章讲述电力系统的稳定性，其重点是发电机功率特性的分析计算。

小　　结

电力系统是由实现电能生产、输送、分配和消费的各种设备组成的统一整体。电能生产过程的最主要特点是，电能的生产、输送和消费在同一时刻实现。对电力系统运行的基本要求是，安全、优质、经济地向用户供电。电能生产还必须符合环境保护标准。

电力系统中各种电气设备的额定电压和额定频率必须与电力系统的额定电压和额定频率相适应。要了解电源设备和用电设备的额定电压与电力网的额定电压等级的关系。各种不同电压等级的电力线路都有其合理的供电容量和供电范围。

电力网的接线方式反映了电源和电源之间，电源和负荷之间的联接关系。不同功能的电力网对其接线方式有不同的要求。

本章 1.5 节对课程内容作了简略的概括。

习　　题

1-1　为什么要规定额定电压等级？电力系统各元件的额定电压又是如何确定的？

1-2　电力系统的部分接线示于题 1-2 图，各电压级的额定电压及功率输送方向已标明在图中。

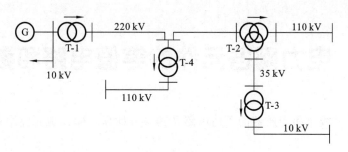

题 1-2 图

试求：

（1）发电机及各变压器高、低压绕组的额定电压；

（2）各变压器的额定变比；

（3）设变压器 T-1 工作于＋5％抽头、T-2、T-4 工作于主抽头，T-3 工作于－2.5％抽头时，各变压器的实际变比。

1-3 电力系统的部分接线示于题 1-3 图，网络的额定电压已标明于图中。

试求：

（1）发电机，电动机及变压器高、中、低压绕组的额定电压；

（2）设变压器 T-1 高压侧工作于＋2.5％抽头，中压侧工作于＋5％抽头；T-2 工作于额定抽头；T-3 工作于－2.5％抽头时，各变压器的实际变比。

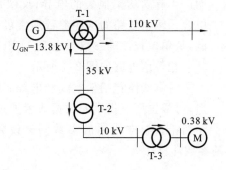

题 1-3 图

第2章 电力网各元件的等值电路和参数计算

本章介绍电力线路和变压器的等值电路及其参数计算。标幺制的应用是本章的另一个重要内容。

在电力系统的电气计算中,常用等值电路来描述系统元件的特性。电力系统的运行状态基本上是三相对称的(如正常运行状态)或者是可以化为三相对称的(如用对称分量法),因此,只要研究一相的情况就可以了。电力系统各元件的三相,有星形接法和三角形接法,相应地三相等值电路也有星形电路和三角形电路。为了便于应用一相等值电路进行分析计算,常把三角形电路化为星形电路。等值电路中的参数是计及了其余两相影响(如相间互感等)的一相等值参数。

2.1 架空输电线路的参数

输电线路的参数有四个:反映线路通过电流时产生有功功率损失效应的电阻;反映载流导线产生磁场效应的电感;反映线路带电时绝缘介质中产生泄漏电流及导线附近空气游离而产生有功功率损失的电导;反映带电导线周围电场效应的电容。输电线路的这些参数通常可以认为是沿全长均匀分布的,每单位长度的参数为电阻 r_0、电感 L_0、电导 g_0 及电容 C_0,其一相等值电路如图 2-1 所示。

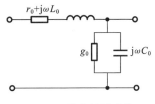

图 2-1 单位长线路的一相等值电路

输电线路包括架空线和电缆。电缆由工厂按标准规格制造,可根据厂家提供的数据或者通过实测求得其参数,这里不予讨论。架空线路的参数同架设条件等外界因素有密切关系,本节着重介绍架空线路的参数计算。

2.1.1 电阻

有色金属导线单位长度的直流电阻可按下式计算

$$r = \rho/S \qquad (2-1)$$

式中,r 的单位为 Ω/km;ρ 为导线的电阻率,单位为 $\Omega \cdot \text{mm}^2/\text{km}$;$S$ 为导线载流部分的标称截面积,单位为 mm^2。

考虑到:① 通过导线的是三相工频交流电流,由于集肤效应和邻近效应,交流电阻比直流电阻略大;② 多股绞线扭绞的导体实际长度比导线长度长 2‰～3‰;③ 在制造中,导线的实际截面积常比标称截面积略小。因此,在应用式(2-1)时,不用导线材料的标准电阻率而用略为增大了的计算值。铜的电阻率采用 $18.8 \ \Omega \cdot \text{mm}^2/\text{km}$,铝的电阻率采用 $31.5 \ \Omega \cdot \text{mm}^2/\text{km}$。

工程计算中,也可以直接从有关手册中查出各种导线的电阻值。按式(2-1)计算所得或从手册查得的电阻值,都是指温度为 20 ℃时的值,在要求较高精度时,t℃时的电阻值 r_t 可按下式计算。

$$r_t = r_{20}[1 + \alpha(t - 20)] \tag{2-2}$$

式中,α 为电阻温度系数,对于铜,$\alpha = 0.003821/℃$;对于铝,$\alpha = 0.00361/℃$。

2.1.2 电感

1. 基本算式

导体通过电流时在导体内部及其周围就产生磁场。若磁路的磁导率为常数,与导体交链的磁链 ψ 就与电流 i 呈线性关系,导体的自感

$$L = \psi/i \tag{2-3}$$

若导体 A 和导体 B 相邻,导体 B 中的电流 i_B 产生与导体 A 相交链的磁链为 ψ_{AB},则互感

$$M_{AB} = \psi_{AB}/i_B \tag{2-4}$$

非铁磁材料制成的圆柱形长导线,长度为 l,半径为 r,周围介质为空气,当 $l \gg r$ 时,每单位长度的自感

$$L = \frac{\mu_0}{2\pi}\left(\ln\frac{2l}{D_s} - 1\right) \tag{2-5}$$

式中,$D_s = re^{-\frac{1}{4}}$ 为圆柱形导线的自几何均距;L 的单位为 H/m。

两根平行的、长度为 l 的圆柱形长导线,导线轴线间的距离为 D,每单位长度的互感

$$M = \frac{\mu_0}{2\pi}\left(\ln\frac{2l}{D} - 1\right) \tag{2-6}$$

式中,M 的单位为 H/m。

式(2-5)和式(2-6)是计算多相输电线路电感的基础,这些公式的推导将在附录 A 给出。

2. 三相输电线路的一相等值电感

呈等边三角形对称排列的三相输电线,各相导线的半径都是 r,导线轴线间的距离为 D。当输电线通以三相对称正弦电流时,与 a 相导线相交链的磁链

$$\psi_a = Li_a + M(i_b + i_c) = \frac{\mu_0}{2\pi}\left[\left(\ln\frac{2l}{D_s} - 1\right)i_a + \left(\ln\frac{2l}{D} - 1\right)(i_b + i_c)\right]$$

式中,电流和磁链可以是瞬时值,也可以是相量。

计及 $i_a + i_b + i_c = 0$,可得

$$\psi_a = \frac{\mu_0}{2\pi}\ln\frac{D}{D_s}i_a \tag{2-7}$$

因此,a 相等值电感

$$L_a = \frac{\psi_a}{i_a} = \frac{\mu_0}{2\pi}\ln\frac{D}{D_s} \tag{2-8}$$

由于三相导线排列对称,b、c 相的电感均与 a 相的相同。

当三相导线排列不对称时,各相导线所交链的磁链及各相等值电感便不相同,这将引起三相参数不对称。因此必须利用导线换位来使三相恢复对称。图 2-2 为导线换位及经过一个整循环换位的示意图。当Ⅰ、Ⅱ、Ⅲ段线路长度相同时,三相导线 a、b、c 处于 1、2、3 位置

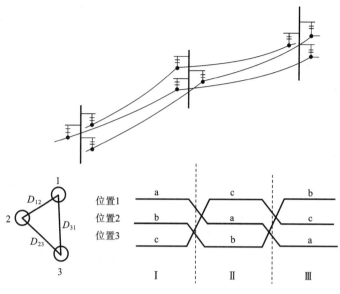

图 2-2　导线换位

的长度也相等,这样便可使各相平均电感接近相等。

用 ψ_{aI} 表示第 Ⅰ 段 a 相导线每单位长度所交链的磁链,此时,导线 a、b、c 分别处于位置 1,2,3,利用式(2-5)和式(2-6)可得

$$\psi_{aI} = \frac{\mu_0}{2\pi}\left(i_a\ln\frac{1}{D_s} + i_b\ln\frac{1}{D_{12}} + i_c\ln\frac{1}{D_{31}}\right)$$

类似地,可分别得到第 Ⅱ、Ⅲ 段 a 相所交链的磁链

$$\psi_{aII} = \frac{\mu_0}{2\pi}\left(i_a\ln\frac{1}{D_s} + i_b\ln\frac{1}{D_{23}} + i_c\ln\frac{1}{D_{12}}\right)$$

$$\psi_{aIII} = \frac{\mu_0}{2\pi}\left(i_a\ln\frac{1}{D_s} + i_b\ln\frac{1}{D_{31}} + i_c\ln\frac{1}{D_{23}}\right)$$

计及 $i_a + i_b + i_c = 0$,a 相每单位长度所交链磁链的平均值

$$\psi_a = \frac{1}{3}(\psi_{aI} + \psi_{aII} + \psi_{aIII}) = \frac{\mu_0}{2\pi}i_a\ln\frac{D_{eq}}{D_s}$$

a 相的平均电感

$$L_a = \frac{\psi_a}{i_a} = \frac{\mu_0}{2\pi}\ln\frac{D_{eq}}{D_s} \tag{2-9}$$

式中,$D_{eq} = \sqrt[3]{D_{12}D_{23}D_{31}}$ 称为三相导线间的互几何均距,对于三相导线水平排列的线路,$D_{eq} = \sqrt[3]{DD2D} = 1.26D$;$L$ 的单位为 H/m。

通常输电线路导线都是多股绞线。利用自几何均距和互几何均距的概念(见附录 A),可以求出多股绞线自几何均距 D_s 的值,它与导线的材料和结构(如股数)有关。若多股绞线的计算半径为 r,则

对于非铁磁材料的单股线

$$D_s = re^{-\frac{1}{4}} = 0.779r$$

对于非铁磁材料的多股线

$$D_s = (0.724 \sim 0.771)r$$

对于钢芯铝线

$$D_s = (0.77 \sim 0.9)r$$

3. 具有分裂导线的输电线的等值电感

将输电线的每相导线分裂成若干根,按一定的规则分散排列,便构成分裂导线输电线。普通的分裂导线的分裂根数一般不超过 4,而且是布置在正多边形的顶点上,如图 2-3 所示。正多边形的边长 d 称为分裂间距。输电线路各相间的距离通常比分裂间距大得多,故可以认为不同相的导线间的距离都近似地等于该两相分裂导线重心间的距离。对图 2-3 所示的情况,取 $D_{a1b1} \approx D_{a1b2} \approx D_{a1b3} \approx D_{a2b1} \approx D_{a2b2} \approx D_{a2b3} \approx D_{ab} = D_{12}$。

（a）一相分裂导线的布置

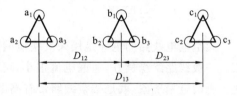

（b）三相分裂导线的布置

图 2-3　分裂导线的布置

根据自几何均距和互几何均距的概念,用分裂导线每相的自几何均距 D_{sb} 去代替式(2-9)中的 D_s,便可得到以下分裂导线一相等值电感的算式

$$L = \frac{\mu_0}{2\pi}\ln\frac{D_{eq}}{D_{sb}} \qquad (2-10)$$

式中,L 的单位为 H/m。

分裂导线的自几何均距 D_{sb} 与分裂间距及分裂根数有关,对于图 2-3 所示的情况,当分裂根数为 2 时

$$D_{sb} = \sqrt[4]{(D_s d)^2} = \sqrt{D_s d} \qquad (2-11)$$

当分裂根数为 3 时

$$D_{sb} = \sqrt[9]{(D_s dd)^3} = \sqrt[3]{D_s d^2} \qquad (2-12)$$

当分裂根数为 4 时

$$D_{sb} = \sqrt[16]{(D_s dd\sqrt{2}d)^4} = 1.09\sqrt[4]{D_s d^3} \qquad (2-13)$$

以上各式中的 D_s 为每根多股绞线的自几何均距。

分裂间距 d 通常比每根导线的自几何均距大得多,因而分裂导线每相的自几何均距 D_{sb} 也比单导线线路每相的自几何均距大,所以分裂导线线路的等值电感较小。

4. 输电线路的等值电抗

额定频率下输电线路每相的等值电抗

$$x = 2\pi f_N L$$

我国电力系统的额定频率为 50 Hz(计及 $\mu_0 = 4\pi \times 10^{-7}$ H/m),对于单导线线路

$$x = 0.0628\ln\frac{D_{eq}}{D_s} = 0.1445\lg\frac{D_{eq}}{D_s} \ \Omega/\text{km} \qquad (2-14)$$

对于分裂导线线路

$$x = 0.0628\ln\frac{D_{eq}}{D_{sb}} = 0.1445\lg\frac{D_{eq}}{D_{sb}} \ \Omega/\text{km} \qquad (2-15)$$

我们看到,虽然相间距离、导线截面等与线路结构有关的参数对电抗大小有影响,但这些数值均在对数符号内,故各种线路的电抗值变化不很大。一般单导线线路每千米的电抗为 0.4 Ω 左右;分裂导线线路的电抗与分裂根数有关,当分裂根数为 2,3,4 根时,每千米的电抗分别为 0.33,0.30,0.28 Ω 左右。

对于钢导线,由于集肤效应及导线内部的磁导率均随导线通过的电流大小而变化,因此,它的电阻和电抗均不是恒定的,钢导线构成的输电线路将是一个非线性元件。钢导线的阻抗无法用解析法确定,只能用实验测定其特性,根据电流值来确定其阻抗。

2.1.3 电导

架空输电线路的电导是用来反映泄漏电流和空气游离所引起的有功功率损耗的一种参数。一般线路绝缘良好,泄漏电流很小,可以将它忽略,主要是考虑电晕现象引起的功率损耗。所谓电晕现象,就是架空线路带有高电压的情况下,当导线表面的电场强度超过空气的击穿强度时,导体附近的空气游离而产生局部放电的现象。这时会发出咝咝声,并产生臭氧,夜间还可看到紫色的晕光。

线路开始出现电晕的电压称为临界电压 U_{cr}。当三相导线排列在等边三角形顶点上时,电晕临界相电压的经验公式为

$$U_{cr} = 49.3m_1m_2\delta r \lg \frac{D}{r} \text{ (kV)} \tag{2-16}$$

式中,m_1 为考虑导线表面状况的系数,对于多股绞线,$m_1 = 0.83 \sim 0.87$;m_2 为考虑气象状况的系数,对于干燥和晴朗的天气,$m_2 = 1$,对于有雨、雪、雾等的恶劣天气,$m_2 = 0.8 \sim 1$;r 为导线的计算半径,单位为 cm;D 为相间距离;δ 为空气的相对密度。

$$\delta = 3.92p/(273 + t) \tag{2-17}$$

式中,p 为大气压力,单位为 Pa;t 为大气温度,单位为 ℃。当 $t = 25$ ℃,$p = 76$ Pa 时,$\delta = 1$。

对于水平排列的线路,两根边线的电晕临界电压比上式算得的值高 6%;而中间相导线的则低 4%。

当实际运行电压过高或气象条件变坏时,运行电压将超过临界电压而产生电晕。运行电压超过临界电压愈多,电晕损耗也愈大。如果三相线路每公里的电晕损耗为 ΔP_g,则每相等值电导

$$g = \frac{\Delta P_g}{U_L^2} \text{ (S/km)} \tag{2-18}$$

式中,ΔP_g 的单位为 MW/km;线电压 U_L 的单位为 kV。

实际上,在线路设计时总是尽量避免在正常气象条件下发生电晕。从式(2-16)可以看到,线路结构方面能影响 U_{cr} 的两个因素是相间距离 D 和导线半径 r。由于 D 在对数符号内,故对 U_{cr} 的影响不大,而且增大 D 会增大杆塔尺寸,从而大大增加线路的造价;而 U_{cr} 却差不多与 r 成正比,所以,增大导线半径是防止和减小电晕损耗的有效方法。在设计时,对于 220 kV 以下的线路通常按避免电晕损耗的条件选择导线半径;对于 220 kV 及以上的线路,为了减少电晕损耗,常常采用分裂导线来增大每相的等值半径(见分裂导线电容计算部分),特殊情况下也采用扩径导线。由于这些原因,在一般的电力系统计算中可以忽略电晕损耗,即认为 $g \approx 0$。

2.1.4 电容

1. 基本算式

输电线路的电容是用来反映导线带电时在其周围介质中建立的电场效应的。当导体带有电荷时,若周围介质的介电系数为常数,则导体所带的电荷 q 与导体的电位 v 将呈线性关系。导体的电容

$$C = q/v \tag{2-19}$$

为了计算输电线路的电容,我们从分析带电导体周围电场入手。

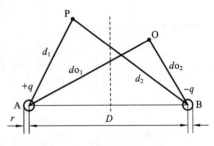

设有两条带电荷的平行长导线 A 和 B,导线半径为 r,其轴线相距为 D,两导线每单位长度的电荷分别为 $+q$ 和 $-q$(见图 2-4)。若 $D \gg r$,可以忽略导线间静电感应的影响,则两导线周围的电场分布与位于导线几何轴线上的线电荷的电场分布相同。当周围介质的介电系数为常数时,空间任意点 P 的电位可以利用叠加原理求得。若选 O 点为电位参考点,则当线电荷 $+q$ 单独存在时,在 P 点产生的电位为

图 2-4 带电的平行长导线

$$v_{P1} = \frac{q}{2\pi\varepsilon}\ln\frac{d_{O1}}{d_1} \tag{2-20}$$

同理,当线电荷 $-q$ 单独存在时,在 P 点产生的电位为

$$v_{P2} = -\frac{q}{2\pi\varepsilon}\ln\frac{d_{O2}}{d_2}$$

因此,当线电荷 $+q$ 和 $-q$ 同时存在时,P 点的电位为

$$v_P = v_{P1} + v_{P2} = \frac{q}{2\pi\varepsilon}\left(\ln\frac{d_{O1}}{d_1} - \ln\frac{d_{O2}}{d_2}\right) = \frac{q}{2\pi\varepsilon}\ln\frac{d_2 d_{O1}}{d_1 d_{O2}} \tag{2-21}$$

若选与两线电荷等距离处(见图中虚线)作为电位参考点,则有

$$v_P = \frac{q}{2\pi\varepsilon}\ln\frac{d_2}{d_1} \tag{2-22}$$

将此公式应用于导线 A 的表面,便有 $d_1 = r$ 和 $d_2 = D - r$,计及 $D \gg r$,可得导线 A 的电位为

$$v_A = \frac{q}{2\pi\varepsilon}\ln\frac{D-r}{r} \approx \frac{q}{2\pi\varepsilon}\ln\frac{D}{r} \tag{2-23}$$

对于正弦交流电路,在利用上述公式时,电荷和电位都用瞬时值或相量。

2. 三相输电线路的一相等值电容

三相架空线路架设在离地面有一定高度的地方,大地将影响导线周围的电场。同时,三相导线均带有电荷,在计算空间任意点的电位时均须计及。在静电场计算中,大地对与地面平行的带电导体电场的影响可用导体的镜像来代替。这样,三导线-大地系统便可用一个六导线系统来代替,如图 2-5 所示。

设经过整循环换位的三相线路的 a,b,c 三相导线上每单位长度的电荷分别为 $+q_a$,

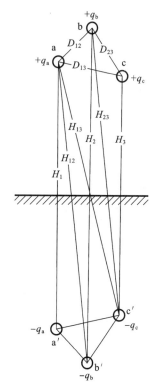

图 2-5　输电线的导线及其镜像

$+q_b$，$+q_c$，三相导线的镜像 a′，b′，c′ 上的电荷分别为 $-q_a$，$-q_b$，$-q_c$（见图 2-5），并假定沿线均匀分布。由于介电系数为常数，因此可以应用叠加原理。若选地面作为电位参考点，可直接利用式（2-23）分别计算三对线电荷单独存在时在 a 相导线产生的电位，然后相加，便得到 a 相的对地电位。

设第 I 段导线 a，b，c 分别处于位置 1，2，3，则

$$v_{aI} = \frac{1}{2\pi\varepsilon}\left[q_a \ln\frac{H_1}{r} + q_b \ln\frac{H_{12}}{D_{12}} + q_c \ln\frac{H_{31}}{D_{31}}\right]$$

对于第 II 段，导线 a，b，c 分别处于位置 2，3，1 时，有

$$v_{aII} = \frac{1}{2\pi\varepsilon}\left[q_a \ln\frac{H_2}{r} + q_b \ln\frac{H_{23}}{D_{23}} + q_c \ln\frac{H_{12}}{D_{12}}\right]$$

对于第 III 段，导线 a，b，c 分别处于位置 3，1，2 时，有

$$v_{aIII} = \frac{1}{2\pi\varepsilon}\left[q_a \ln\frac{H_3}{r} + q_b \ln\frac{H_{31}}{D_{31}} + q_c \ln\frac{H_{23}}{D_{23}}\right]$$

以上三式中 r 为导线的半径；距离 H_1、H_2、H_{12} 及 D_{12}、D_{23} 等的含义见图 2-5。

如果忽略沿线电压降落，那么不论处于换位循环中的哪一线段，同一相导线的对地电位都是相等的。这样，在换位循环中的不同线段导线上的电荷将不相等。在近似计算中，可以认为各个线段单位长度导线上的电荷都相等，而导线对地电位却不相等。取 a 相电位为各段电位的平均值，并计及 $q_a + q_b + q_c = 0$，得

$$v_a = \frac{1}{3}(v_{aI} + v_{aII} + v_{aIII}) = \frac{q_a}{2\pi\varepsilon}\left[\ln\frac{\sqrt[3]{D_{12}D_{23}D_{31}}}{r} - \ln\sqrt[3]{\frac{H_{12}H_{23}H_{31}}{H_1 H_2 H_3}}\right] \tag{2-24}$$

于是我们得到每相的等值电容为

$$C = \frac{q_a}{v_a} = \frac{2\pi\varepsilon}{\ln\dfrac{D_{eq}}{r} - \ln\sqrt[3]{\dfrac{H_{12}H_{23}H_{31}}{H_1 H_2 H_3}}} \tag{2-25}$$

因为空气的介电系数 ε 差不多与真空介电系数 ε_0 相等，即 $\varepsilon \approx \varepsilon_0 = 8.85 \times 10^{-12}$ F/m，并改用常用对数，故有

$$C = \frac{0.0241}{\lg\dfrac{D_{eq}}{r} - \lg\sqrt[3]{\dfrac{H_{12}H_{23}H_{31}}{H_1 H_2 H_3}}} \times 10^{-6} \text{ F/km} \tag{2-26}$$

上式分母的第二项，反映了大地对电场的影响。由于线路导线离地面的高度一般比各相间的距离要大得多，某相导线与其镜像间的距离（H_1、H_2、H_3）差不多等于它与其他相的镜像间的距离（H_{12}、H_{23}、H_{31}），因此，式（2-26）分母第二项的值很小，在一般计算中可以略去。所以输电线路每相等值电容可按下式计算。

$$C = \frac{0.0241}{\lg\dfrac{D_{eq}}{r}} \times 10^{-6} \text{ F/km} \tag{2-27}$$

3. 分裂导线的电容

对于具有分裂导线的输电线路,可以用所有导线及其镜像构成的多导体系统来进行电容计算。和单导线线路一样,利用式(2-23)导出经整循环换位的每相等值电容算式。由于各相间的距离比分裂间距大得多,各相分裂导线重心间的距离(见图2-6)可以代替相间各导线的距离。各导线与各镜像间的距离,取为各相导线重心与其镜像重心间的距离。同样,由于导线离地高度比相间距离大很多,在一般计算中,式(2-26)分母中的第二项可以略去不计,结果为

$$C = \frac{0.0241}{\lg \dfrac{D_{eq}}{r_{eq}}} \times 10^{-6} \text{ F/km} \qquad (2\text{-}28)$$

式中,D_{eq}为各相分裂导线重心间的几何均距;r_{eq}为一相导线组的等值半径,对于二分裂导线,有

$$r_{eq} = \sqrt{rd} \qquad (2\text{-}29)$$

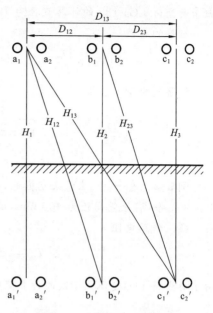

图 2-6　分裂导线及其镜像

对于三分裂导线

$$r_{eq} = \sqrt[9]{(rd^2)^3} = \sqrt[3]{rd^2} \qquad (2\text{-}30)$$

对于四分裂导线

$$r_{eq} = \sqrt[16]{(r\sqrt{2}d^3)^4} = 1.09 \sqrt[4]{rd^3} \qquad (2\text{-}31)$$

对于单导线线路,$r_{eq} = r$,即等于导线的半径。

由于分裂间距 d 比导线半径 r 大得多,一相导线组的等值半径也比导线的半径大得多,所以分裂导线的电容比单导线的大。

4. 三相输电线路的电纳

在额定频率下,线路每单位长度的一相等值电纳为

$$b = 2\pi f_N C = \frac{7.58}{\lg \dfrac{D_{eq}}{r_{eq}}} \times 10^{-6} \text{ S/km} \qquad (2\text{-}32)$$

与电抗一样,由于与线路结构有关的参数 D_{eq}/r_{eq} 是在对数符号内,因此各种电压等级线路的电纳值变化不大。对于单导线线路,大约为 2.8×10^{-6} S/km;对于分裂导线线路,当每相分裂根数分别为 2 根、3 根和 4 根时,每千米电纳约分别为 3.4×10^{-6} S、3.8×10^{-6} S 和 4.1×10^{-6} S。

例 2-1　110 kV 架空输电线路的导线型号为 LGJ-185,导线水平排列,相间距离为 4 m。求线路参数。

解　线路的电阻

$$r = \frac{\rho}{s} = \frac{31.5}{185} \ \Omega/\text{km} = 0.17 \ \Omega/\text{km}$$

由手册查得 LGJ-185 的计算直径为 19 mm。

线路的电抗

$$x = 0.1445\lg\frac{D_{eq}}{D_s} = 0.1445\lg\frac{1.26\times4000}{0.88\times19\times0.5}\ \Omega/km = 0.402\ \Omega/km$$

线路的电纳

$$b = \frac{7.58}{\lg\dfrac{D_{eq}}{r}}\times10^{-6} = \frac{7.58}{\lg\dfrac{1.26\times4000}{19\times0.5}}\times10^{-6}\ S/km = 2.78\times10^{-6}\ S/km$$

例 2-2 有一 330 kV 架空输电线路，导线水平排列，相间距离 8m，每相采用 2×LGJQ-300 分裂导线，分裂间距为 400 mm，试求线路参数。

解 线路电阻

$$r = \frac{\rho}{s} = \frac{31.5}{2\times300}\ \Omega/km = 0.053\ \Omega/km$$

由手册查得 LGJQ-300 导线的计算直径为 23.5 mm，分裂导线的自几何均距

$$D_{sb} = \sqrt{D_s d} = \sqrt{0.9\times\frac{23.5}{2}\times400}\ mm = 65.04\ mm$$

线路的电抗

$$x = 0.1445\lg\frac{D_{eq}}{D_{sb}} = 0.1445\lg\frac{1.26\times8000}{65.04}\ \Omega/km - 0.316\ \Omega/km$$

每相导线组的等值半径 r_{eq} 为

$$r_{eq} = \sqrt{rd} = \sqrt{\frac{23.5}{2}\times400}\ mm = 68.56\ mm$$

线路的电纳

$$b = \frac{7.58}{\lg\dfrac{D_{eq}}{r_{eq}}}\times10^{-6} = \frac{7.58}{\lg\dfrac{1.26\times8000}{68.56}}\times10^{-6}\ S/km = 3.5\times10^{-6}\ S/km$$

2.2 架空输电线的等值电路

2.2.1 输电线路的方程式

设有长度为 l 的输电线路，其参数沿线均匀分布，单位长度的阻抗和导纳分别为 $z_0 = r_0 + j\omega L_0 = r_0 + jx_0$，$y_0 = g_0 + j\omega C_0 = g_0 + jb_0$。在距末端 x 处取一微段 dx，可作出等值电路如图 2-7 所示。在正弦电压作用下处于稳态时，电流 $\dot{I}$ 在 dx 微段阻抗中的电压降

$$d\dot{U} = \dot{I}(r_0 + j\omega L_0)dx$$

或

$$\frac{d\dot{U}}{dx} = \dot{I}(r_0 + j\omega L_0) \tag{2-33}$$

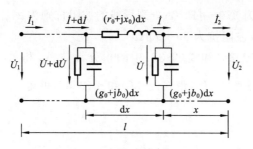

图 2-7 长线的等值电路

流入 $\mathrm{d}x$ 微段并联导纳中的电流

$$\mathrm{d}\dot{I} = (\dot{U} + \mathrm{d}\dot{U})(g_0 + \mathrm{j}\omega C_0)\mathrm{d}x$$

略去二阶微小量,便得

$$\frac{\mathrm{d}\dot{I}}{\mathrm{d}x} = \dot{U}(g_0 + \mathrm{j}\omega C_0) \tag{2-34}$$

将式(2-33)对 x 求导数,并计及式(2-34),便得

$$\frac{\mathrm{d}^2\dot{U}}{\mathrm{d}x^2} = (g_0 + \mathrm{j}\omega C_0)(r_0 + \mathrm{j}\omega L_0)\dot{U} \tag{2-35}$$

上式为二阶常系数齐次微分方程式,其通解为

$$\dot{U} = A_1 \mathrm{e}^{\gamma x} + A_2 \mathrm{e}^{-\gamma x} \tag{2-36}$$

将式(2-36)代入式(2-33),便得

$$\dot{I} = \frac{A_1}{Z_c}\mathrm{e}^{\gamma x} - \frac{A_2}{Z_c}\mathrm{e}^{-\gamma x} \tag{2-37}$$

式中,A_1 和 A_2 是积分常数,应由边界条件确定。

$$\gamma = \sqrt{(g_0 + \mathrm{j}\omega C_0)(r_0 + \mathrm{j}\omega L_0)} = \beta + \mathrm{j}\alpha \tag{2-38}$$

$$Z_c = \sqrt{\frac{r_0 + \mathrm{j}\omega L_0}{g_0 + \mathrm{j}\omega C_0}} = R_c + \mathrm{j}X_c = |Z_c|\,\mathrm{e}^{\mathrm{j}\theta_c} \tag{2-39}$$

式中,γ 称为线路的传播常数,因为 z_0 和 y_0 的辐角均在 $0°\sim90°$ 的范围内,故 γ 的辐角也在 $0°\sim90°$ 之间,由此可知 β 和 α 都是正的。Z_c 称为线路的波阻抗(或特性阻抗)。γ 和 Z_c 都是只与线路的参数和频率有关的物理量。

对于高压架空输电线,有 $\qquad g_0 \approx 0, \qquad r_0 \ll \omega L_0$

$$\gamma = \beta + \mathrm{j}\alpha \approx \sqrt{\mathrm{j}\omega C_0(r_0 + \mathrm{j}\omega L_0)} \approx \frac{r_0}{2}\sqrt{\frac{C_0}{L_0}} + \mathrm{j}\omega\,\sqrt{L_0 C_0} \tag{2-40}$$

$$Z_c = R_c + \mathrm{j}X_c \approx \sqrt{\frac{r_0 + \mathrm{j}\omega L_0}{\mathrm{j}\omega C_0}} \approx \sqrt{\frac{L_0}{C_0}} - \mathrm{j}\,\frac{1}{2}\,\frac{r_0}{\omega\,\sqrt{L_0 C_0}} \tag{2-41}$$

由上式可见,架空线的波阻抗接近于纯电阻,而略呈电容性。略去电阻和电导时,$X_c = 0$ 和 $\beta = 0$,便有

$$\gamma = \mathrm{j}\alpha = \mathrm{j}\omega\,\sqrt{L_0 C_0} \tag{2-42}$$

$$Z_c = R_c = \sqrt{\frac{L_0}{C_0}} \tag{2-43}$$

单导线架空线的波阻抗为 $370\sim410\ \Omega$；分裂导线的波阻抗则为 $270\sim310\ \Omega$。电缆线路由于其 C_0 较大 L_0 又较小，故波阻抗为 $30\sim50\ \Omega$。

长线方程稳态解式(2-36)和式(2-37)中的积分常数 A_1 和 A_2 可由线路的边界条件确定。当 $x=0$ 时，$\dot{U}=\dot{U}_2$ 和 $\dot{I}=\dot{I}_2$，由式(2-36)和式(2-37)可得

$$\dot{U}_2 = A_1 + A_2, \quad \dot{I}_2 = (A_1 - A_2)/Z_c$$

由此可以解出

$$\left.\begin{aligned} A_1 &= \frac{1}{2}(\dot{U}_2 + Z_c\dot{I}_2) \\ A_2 &= \frac{1}{2}(\dot{U}_2 - Z_c\dot{I}_2) \end{aligned}\right\} \tag{2-44}$$

将 A_1 和 A_2 代入式(2-36)和式(2-37)便得

$$\left.\begin{aligned} \dot{U} &= \frac{1}{2}(\dot{U}_2 + Z_c\dot{I}_2)\mathrm{e}^{\gamma x} + \frac{1}{2}(\dot{U}_2 - Z_c\dot{I}_2)\mathrm{e}^{-\gamma x} \\ \dot{I} &= \frac{1}{2Z_c}(\dot{U}_2 + Z_c\dot{I}_2)\mathrm{e}^{\gamma x} - \frac{1}{2Z_c}(\dot{U}_2 - Z_c\dot{I}_2)\mathrm{e}^{-\gamma x} \end{aligned}\right\} \tag{2-45}$$

上式可利用双曲函数写成

$$\left.\begin{aligned} \dot{U} &= \dot{U}_2\mathrm{ch}\gamma x + \dot{I}_2 Z_c\mathrm{sh}\gamma x \\ \dot{I} &= \frac{\dot{U}_2}{Z_c}\mathrm{sh}\gamma x + \dot{I}_2\mathrm{ch}\gamma x \end{aligned}\right\} \tag{2-46}$$

当 $x=l$ 时，可得到线路首端电压和电流与线路末端电压和电流的关系如下。

$$\left.\begin{aligned} \dot{U}_1 &= \dot{U}_2\mathrm{ch}\gamma l + \dot{I}_2 Z_c\mathrm{sh}\gamma l \\ \dot{I}_1 &= \frac{\dot{U}_2}{Z_c}\mathrm{sh}\gamma l + \dot{I}_2\mathrm{ch}\gamma l \end{aligned}\right\} \tag{2-47}$$

将上述方程同二端口网络的通用方程

$$\left.\begin{aligned} \dot{U}_1 &= \dot{A}\dot{U}_2 + \dot{B}\dot{I}_2 \\ \dot{I}_1 &= \dot{C}\dot{U}_2 + \dot{D}\dot{I}_2 \end{aligned}\right\} \tag{2-48}$$

相比较，若取 $\dot{A}=\dot{D}=\mathrm{ch}\gamma l,\dot{B}=Z_c\mathrm{sh}\gamma l$ 和 $\dot{C}=\dfrac{\mathrm{sh}\gamma l}{Z_c}$，输电线就是对称的无源二端口网络，并可用对称的等值电路来表示。

2.2.2　输电线的集中参数等值电路

方程式(2-47)表明了线路两端电压和电流的关系，它是制订集中参数等值电路的依据。图 2-8 中的 Π 型和 T 型电路均可作为输电线的等值电路，Π 型电路的参数为

$$\left.\begin{aligned} Z' &= \dot{B} = Z_c\mathrm{sh}\gamma l \\ Y' &= \frac{2(\dot{A}-1)}{\dot{B}} = \frac{2(\mathrm{ch}\gamma l - 1)}{Z_c\mathrm{sh}\gamma l} \end{aligned}\right\} \tag{2-49}$$

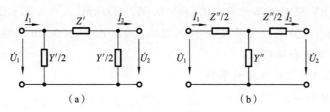

图 2-8 长线的集中参数等值电路

T 型电路的参数为

$$\left.\begin{array}{l} Z'' = \dfrac{Z_c \,\mathrm{sh}\gamma l}{\mathrm{ch}\gamma l} \\[3mm] Y'' = \dfrac{\mathrm{sh}\gamma l}{Z_c} \end{array}\right\} \tag{2-50}$$

实际计算中大多采用 Ⅱ 型电路代表输电线,现在对 Ⅱ 型电路的参数计算作进一步的讨论。由于复数双曲线函数的计算很不方便,需要作一些简化。

令 $Z=(r_0+\mathrm{j}x_0)l$ 和 $Y=(g_0+\mathrm{j}b_0)l$ 分别代表全线的总阻抗和总导纳,将式(2-49)改写为

$$\left.\begin{array}{l} Z' = K_Z Z \\[2mm] Y' = K_Y Y \end{array}\right\} \tag{2-51}$$

式中

$$\left.\begin{array}{l} K_Z = \dfrac{\mathrm{sh}\sqrt{ZY}}{\sqrt{ZY}} \\[4mm] K_Y = \dfrac{2(\mathrm{ch}\gamma l - 1)}{\sqrt{ZY}\,\mathrm{sh}\gamma l} \end{array}\right\} \tag{2-52}$$

由此可见,将全线的总阻抗 Z 和总导纳 Y 分别乘以修正系数 K_Z 和 K_Y,便可求得 Ⅱ 型等值电路的精确参数。

实际计算中常略去输电线的电导,并利用下列简化公式计算参数。

$$\left.\begin{array}{l} Z' \approx k_r r_0 l + \mathrm{j}k_x x_0 l \\[2mm] Y' \approx \mathrm{j}k_b b_0 l \end{array}\right\} \tag{2-53}$$

式中

$$\left.\begin{array}{l} k_r = 1 - \dfrac{1}{3}x_0 b_0 l^2 \\[4mm] k_x = 1 - \dfrac{1}{6}\left(x_0 b_0 - r_0^2 \dfrac{b_0}{x_0}\right)l^2 \\[4mm] k_b = 1 + \dfrac{1}{12}x_0 b_0 l^2 \end{array}\right\} \tag{2-54}$$

在计算 Ⅱ 型等值电路的参数时,可以将一段线路的总阻抗和总导纳作为参数的近似值,也可以按式(2-53)对近似参数进行修正,或者用式(2-49)计算其精确值。下面我们通过例题对三种计算结果进行比较。

例 2-3   330 kV 架空线路的参数为：$r_0 = 0.0579\ \Omega/\text{km}, x_0 = 0.316\ \Omega/\text{km}, g_0 = 0, b_0 = 3.55 \times 10^{-6}\ \text{S/km}$。试分别计算长度为 $100, 200, 300, 400$ 和 $500\ \text{km}$ 线路的 Ⅱ 型等值电路参数的近似值、修正值和精确值。

解   首先计算 100 km 线路的参数。

（一）近似参数计算。
$$Z' = (r_0 + jx_0)l = (0.0579 + j0.316) \times 100\ \Omega = (5.79 + j31.6)\Omega$$
$$Y' = (g_0 + jb_0)l = (0 + j3.55 \times 10^{-6}) \times 100\ \text{S} = j3.55 \times 10^{-4}\ \text{S}$$

（二）修正参数计算。
$$k_r = 1 - \frac{1}{3}x_0 b_0 l^2 = 1 - \frac{1}{3} \times 0.316 \times 3.55 \times 10^{-6} \times (100)^2 = 0.9963$$
$$k_x = 1 - \frac{1}{6}\left(x_0 b_0 - r_0^2 \frac{b_0}{x_0}\right)l^2$$
$$= 1 - \frac{1}{6}[0.316 \times 3.55 \times 10^{-6} - (0.0579)^2 \times 3.55 \times 10^{-6}/0.316] \times (100)^2$$
$$= 0.9982$$
$$k_b = 1 + \frac{1}{12}x_0 b_0 l^2 = 1 + \frac{1}{12} \times 0.316 \times 3.55 \times 10^{-6} \times (100)^2 = 1.0009$$
$$Z' = (k_r r_0 + jk_x x_0)l = (0.9963 \times 0.0579 + j0.9982 \times 0.316) \times 100\ \Omega$$
$$= (5.7686 + j31.5431)\ \Omega$$
$$Y' = jk_b b_0 l = j1.0009 \times 3.55 \times 10^{-6} \times 100\ \text{S} = j3.5533 \times 10^{-4}\ \text{S}$$

（三）精确参数计算。

先计算 Z_c 和 γ。
$$Z_c = \sqrt{(r_0 + jx_0)/(g_0 + jb_0)} = \sqrt{(0.0579 + j0.316)/(j3.55 \times 10^{-6})}$$
$$= (299.5914 - j27.2201)\Omega = 300.8255\angle -5.192°\ \Omega$$
$$\gamma = \sqrt{(r_0 + jx_0)(g_0 + jb_0)} = \sqrt{(0.0579 + j0.316) \times j3.55 \times 10^{-6}}\ \text{km}^{-1}$$
$$= (0.9663 + j10.6355) \times 10^{-4}\ \text{km}^{-1}$$
$$\gamma l = (0.9663 + j10.6355) \times 10^{-4} \times 100 = (0.9663 + j10.6355) \times 10^{-2}$$

计算双曲函数。

利用公式
$$\text{sh}(x + jy) = \text{sh}x\cos y + j\text{ch}x\sin y$$
$$\text{ch}(x + jy) = \text{ch}x\cos y + j\text{sh}x\sin y$$

将 γl 之值代入，便得
$$\text{sh}\gamma l = \text{sh}(0.9663 \times 10^{-2} + j10.6355 \times 10^{-2})$$
$$= \text{sh}(0.9663 \times 10^{-2})\cos(10.6355 \times 10^{-2}) + j\text{ch}(0.9663 \times 10^{-2})\sin(10.6355 \times 10^{-2})$$
$$= (0.9609 + j10.6160) \times 10^{-2}$$
$$\text{ch}\gamma l = \text{ch}(0.9663 \times 10^{-2} + j10.6355 \times 10^{-2})$$
$$= \text{ch}(0.9663 \times 10^{-2})\cos(10.6355 \times 10^{-2}) + j\text{sh}(0.9663 \times 10^{-2})\sin(10.6355 \times 10^{-2})$$
$$= 0.9944 + j0.1026 \times 10^{-2}$$

Ⅱ型电路的精确参数为

$$Z' = Z_c \text{sh}\gamma l = (299.5914 - j27.2201) \times (0.9609 + j10.6160) \times 10^{-2}\,\Omega$$
$$= (5.7684 + j31.5429)\,\Omega$$

$$Y' = \frac{2(\text{ch}\gamma l - 1)}{Z_c \text{sh}\gamma l} = \frac{2 \times (0.9944 + j0.1026 \times 10^{-2} - 1)}{5.7684 + j31.5429}\,\text{S}$$
$$= (0.0006 + j3.5533) \times 10^{-4}\,\text{S}$$

不同长度线路的Ⅱ型等值电路参数也可用相同的方法算出,其结果列于表2-1。

表 2-1　例 2-3 的计算结果

l/km		Z'/Ω	Y'/S
100	1	5.7900+j31.6000	j3.55×10⁻⁴
	2	5.7683+j31.5429	j3.5533×10⁻⁴
	3	5.7684+j31.5429	(0.0006+j3.5533)×10⁻⁴
200	1	11.58+j63.2000	j7.1000×10⁻⁴
	2	11.4068+j62.7432	j7.1265×10⁻⁴
	3	11.4074+j62.7442	(0.0049+j7.1267)×10⁻⁴
300	1	17.3700+j94.8000	j10.6500×10⁻⁴
	2	16.7854+j93.2584	j10.7393×10⁻⁴
	3	16.7898+j93.2656	(0.0167+j10.7405)×10⁻⁴
400	1	23.1600+j126.4000	j14.2000×10⁻⁴
	2	21.7744+j122.7457	j14.4124×10⁻⁴
	3	21.7927+j122.7761	(0.0403+j14.4161)×10⁻⁴
500	1	28.9500+j158.0000	j17.7500×10⁻⁴
	2	26.2437+j150.8627	j18.1648×10⁻⁴
	3	26.2995+j150.9553	(0.0804+j18.1764)×10⁻⁴

注:1—近似值,2—修正值,3—精确值。

由例题 2-3 的计算结果可知,近似参数的误差随线路长度增加而增大,相对而言,电阻的误差最大,电抗次之,电纳最小。参数的修正值同精确值的误差也是随线路长度增加而增大,但是修正后的参数已非常接近精确参数,可见修正计算的效果十分显著。此外,即使线路的电导为零,等值电路的精确参数中仍有一个数值很小的电导,实际计算时可以忽略。

在工程计算中,既要保证必要的精度,又要尽可能地简化计算,采用近似参数时,长度不超过 300 km 的线路可用一个Ⅱ型电路来代替,对于更长的线路,则可用串级联接的多个Ⅱ型电路来模拟,每一个Ⅱ型电路代替长度为 200~300km 的一段线路。采用修正参数时,一个Ⅱ型电路可用来代替 500~600 km 长的线路。还须指出,这里所讲的处理方法仅适用于工频下的稳态计算。

2.3　变压器的一相等值电路和参数

2.3.1　变压器的等值电路

电力系统中使用的变压器大多数是做成三相的,容量特大的也有做成单相的,但使用时总是接成三相变压器组。

在电力系统计算中，双绕组变压器的近似等值电路常将励磁支路前移到电源侧。在这个等值电路中，一般将变压器二次绕组的电阻和漏抗折算到一次绕组侧并和一次绕组的电阻和漏抗合并，用等值阻抗 $R_T + jX_T$ 来表示（见图 2-9(a)）。对于三绕组变压器，采用励磁支路前移的星形等值电路，如图 2-9(b)所示，图中的所有参数值都是折算到一次侧的值。

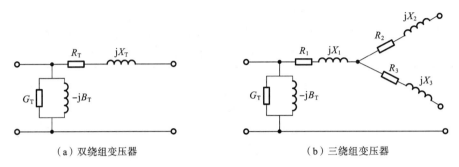

（a）双绕组变压器　　　　　　　　　（b）三绕组变压器

图 2-9　变压器的等值电路

自耦变压器的等值电路与普通变压器的相同。

2.3.2　双绕组变压器的参数计算

变压器的参数一般是指其等值电路（见图 2-9）中的电阻 R_T、电抗 X_T、电导 G_T 和电纳 B_T。变压器的变比也是变压器的一个参数。

变压器的前四个参数可以从出厂铭牌上代表电气特性的四个数据计算得到。这四个数据是短路损耗 ΔP_S，短路电压 $U_S\%$，空载损耗 ΔP_0，空载电流 $I_0\%$。前两个数据由短路试验得到，用于确定 R_T 和 X_T；后两个数据由空载试验得到，用于确定 G_T 和 B_T。

1. 电阻 R_T

变压器作短路试验时，将一侧绕组短接，在另一侧绕组施加电压，使短路绕组的电流达到额定值。由于此时外加电压较小，相应的铁耗也小，可以认为短路损耗即等于变压器通过额定电流时原、副方绕组电阻的总损耗（亦称铜耗），即 $\Delta P_S = 3I_N^2 R_T$，于是

$$R_T = \Delta P_S / 3I_N^2 \tag{2-55}$$

在电力系统计算中，常用变压器三相额定容量 S_N 和额定线电压 U_N 进行参数计算，故可把式(2-55)改写为

$$R_T = \frac{\Delta P_S U_N^2}{S_N^2} \times 10^3 \, \Omega \tag{2-56}$$

式中，ΔP_S 的单位为 kW，S_N 的单位为 kV·A，U_N 的单位为 kV。本节以后各式中 S_N 和 U_N 的含义及其单位均与此式的相同。

2. 电抗 X_T

当变压器通过额定电流时，在电抗 X_T 上产生的电压降的大小，可以用额定电压的百分数表示，即

$$U_X\% = \frac{\sqrt{3} I_N X_T}{U_N} \times 100$$

因此

$$X_\mathrm{T} = \frac{U_X\%}{100} \times \frac{U_\mathrm{N}}{\sqrt{3}\,I_\mathrm{N}} = \frac{U_X\%}{100} \times \frac{U_\mathrm{N}^2}{S_\mathrm{N}} \times 10^3 \tag{2-57}$$

式中, X_T 的单位为 Ω 。

变压器铭牌上给出的短路电压百分数 $U_\mathrm{S}\%$,是变压器通过额定电流时在阻抗上产生的电压降的百分数,即

$$U_\mathrm{S}\% = \frac{\sqrt{3}\,I_\mathrm{N}Z_\mathrm{T}}{U_\mathrm{N}} \times 100$$

对于大容量变压器,其绕组电阻比电抗小得多,可以近似地认为 $U_X\% \approx U_\mathrm{S}\%$,故

$$X_\mathrm{T} = \frac{U_\mathrm{S}\%}{100} \times \frac{U_\mathrm{N}^2}{S_\mathrm{N}} \times 10^3 \tag{2-58}$$

3. 电导 G_T

变压器的电导是用来表示铁芯损耗的。由于空载电流相对额定电流来说是很小的,绕组中的铜耗也很小,所以,可以近似认为变压器的铁耗就等于空载损耗,即 $\Delta P_\mathrm{Fe} \approx \Delta P_0$,于是

$$G_\mathrm{T} = \frac{\Delta P_\mathrm{Fe}}{U_\mathrm{N}^2} \times 10^{-3} = \frac{\Delta P_0}{U_\mathrm{N}^2} \times 10^{-3} \tag{2-59}$$

式中, ΔP_Fe 和 ΔP_0 的单位均为 kW; G_T 的单位为 S。

4. 电纳 B_T

变压器的电纳代表变压器的励磁功率。变压器空载电流包含有功分量和无功分量,与励磁功率对应的是无功分量。由于有功分量很小,无功分量和空载电流在数值上几乎相等。根据变压器铭牌上给出的 $I_0\% = \dfrac{I_0}{I_\mathrm{N}} \times 100$,可以算出

$$B_\mathrm{T} = \frac{I_0\%}{100} \times \frac{\sqrt{3}\,I_\mathrm{N}}{U_\mathrm{N}} = \frac{I_0\%}{100} \times \frac{S_\mathrm{N}}{U_\mathrm{N}^2} \times 10^{-3} \tag{2-60}$$

式中, B_T 的单位为 S。

5. 变压比 k_T

在三相电力系统计算中,变压器的变压比 k_T (简称变比)通常是指两侧绕组空载线电压的比值,它与同一铁芯柱上的原、副方绕组匝数比是有区别的。对于 Y,y 和 D,d 接法的变压器, $k_\mathrm{T} = U_{1\mathrm{N}}/U_{2\mathrm{N}} = w_1/w_2$,即变压比与原、副方绕组匝数比相等;对于 Y,d 接法的变压器 $k_\mathrm{T} = U_{1\mathrm{N}}/U_{2\mathrm{N}} = \sqrt{3}\,w_1/w_2$ 。

根据电力系统运行调节的要求,变压器不一定工作在主抽头上,因此,变压器运行中的实际变比,应是工作时两侧绕组实际抽头的空载线电压之比。

例 2-4 有一台 SFL_1 20000/110 型的向 10 kV 网络供电的降压变压器,铭牌给出的试验数据为: $\Delta P_\mathrm{S} = 135$ kW, $U_\mathrm{S}\% = 10.5$, $\Delta P_0 = 22$ kW, $I_0\% = 0.8$ 。试计算归算到高压侧的变压器参数。

解 由型号知, $S_\mathrm{N} = 20000$ kV·A,高压侧额定电压 $U_\mathrm{N} = 110$ kV。各参数如下:

$$R_\mathrm{T} = \frac{\Delta P_\mathrm{S} U_\mathrm{N}^2}{S_\mathrm{N}^2} \times 10^3 = \frac{135 \times 110^2}{20000^2} \times 10^3 \ \Omega = 4.08 \ \Omega$$

$$X_{\mathrm{T}} = \frac{U_{\mathrm{s}}\%}{100} \times \frac{U_{\mathrm{N}}^2}{S_{\mathrm{N}}} \times 10^3 = \frac{10.5 \times 110^2}{100 \times 20000} \times 10^3 \ \Omega = 63.53 \ \Omega$$

$$G_{\mathrm{T}} = \frac{\Delta P_0}{U_{\mathrm{N}}^2} \times 10^{-3} = \frac{22}{110^2} \times 10^{-3} \ \mathrm{S} = 1.82 \times 10^{-6} \ \mathrm{S}$$

$$B_{\mathrm{T}} = \frac{I_0\%}{100} \times \frac{S_{\mathrm{N}}}{U_{\mathrm{N}}^2} \times 10^{-3} = \frac{0.8}{100} \times \frac{20000}{110^2} \times 10^{-3} \ \mathrm{S} = 13.2 \times 10^{-6} \ \mathrm{S}$$

$$k_{\mathrm{T}} = \frac{U_{\mathrm{1N}}}{U_{\mathrm{2N}}} = \frac{110}{11} = 10$$

2.3.3 三绕组变压器的参数计算

三绕组变压器等值电路中的参数计算原则与双绕组变压器的相同,下面分别介绍各参数的计算公式。

1. 电阻 R_1、R_2、R_3

为了确定三个绕组的等值阻抗,需要有三种短路试验的数据。三绕组变压器的短路试验是依次让一个绕组开路,按双绕组变压器来做的。若测得短路损耗分别为 $\Delta P_{\mathrm{S(1-2)}}$,$\Delta P_{\mathrm{S(2-3)}}$,$\Delta P_{\mathrm{S(3-1)}}$,则有

$$\left. \begin{aligned} \Delta P_{\mathrm{S(1-2)}} &= 3I_{\mathrm{N}}^2 R_1 + 3I_{\mathrm{N}}^2 R_2 = \Delta P_{\mathrm{S1}} + \Delta P_{\mathrm{S2}} \\ \Delta P_{\mathrm{S(2-3)}} &= 3I_{\mathrm{N}}^2 R_2 + 3I_{\mathrm{N}}^2 R_3 = \Delta P_{\mathrm{S2}} + \Delta P_{\mathrm{S3}} \\ \Delta P_{\mathrm{S(3-1)}} &= 3I_{\mathrm{N}}^2 R_3 + 3I_{\mathrm{N}}^2 R_1 = \Delta P_{\mathrm{S3}} + \Delta P_{\mathrm{S1}} \end{aligned} \right\} \tag{2-61}$$

式中,ΔP_{S1},ΔP_{S2},ΔP_{S3} 分别为各绕组的短路损耗,于是

$$\left. \begin{aligned} \Delta P_{\mathrm{S1}} &= \frac{1}{2}(\Delta P_{\mathrm{S(1-2)}} + \Delta P_{\mathrm{S(3-1)}} - \Delta P_{\mathrm{S(2-3)}}) \\ \Delta P_{\mathrm{S2}} &= \frac{1}{2}(\Delta P_{\mathrm{S(1-2)}} + \Delta P_{\mathrm{S(2-3)}} - \Delta P_{\mathrm{S(3-1)}}) \\ \Delta P_{\mathrm{S3}} &= \frac{1}{2}(\Delta P_{\mathrm{S(2-3)}} + \Delta P_{\mathrm{S(3-1)}} - \Delta P_{\mathrm{S(1-2)}}) \end{aligned} \right\} \tag{2-62}$$

求出各绕组的短路损耗后,便可导出与双绕组变压器计算 R_{T} 相同形式的算式,即

$$R_i = \frac{\Delta P_{\mathrm{S}i} U_{\mathrm{N}}^2}{S_{\mathrm{N}}^2} \times 10^3 \quad (i = 1, 2, 3) \tag{2-63}$$

式中,R 的单位为 Ω。

上述计算公式适用于三个绕组的额定容量都相等的情况。各绕组额定容量相等的三绕组变压器不可能三个绕组同时都满载运行。根据电力系统运行的实际需要,三个绕组的额定容量,可以制造得不相等。我国目前生产的变压器三个绕组的容量比,按高、中、低压绕组的顺序主要有 100/100/100、100/100/50、100/50/100 三种。变压器铭牌上的额定容量是指容量最大的一个绕组的容量,也就是高压绕组的容量。式(2-63)中的 ΔP_{S1}、ΔP_{S2}、ΔP_{S3} 是指绕组流过与变压器额定容量 S_{N} 相对应的额定电流 I_{N} 时所产生的损耗。做短路试验时,三个绕组容量不相等的变压器将受到较小容量绕组额定电流的限制。因此,要应用式(2-62)及式(2-63)进行计算,必须对工厂提供的短路试验的数据进行折算。若工厂提供的试验值为 $\Delta P'_{\mathrm{S(1-2)}}$、$\Delta P'_{\mathrm{S(2-3)}}$、$\Delta P'_{\mathrm{S(3-1)}}$,且编号 1 为高压绕组,则

$$\left.\begin{aligned}
\Delta P_{S(1\text{-}2)} &= \Delta P'_{S(1\text{-}2)}\left(\frac{S_N}{S_{2N}}\right)^2 \\
\Delta P_{S(2\text{-}3)} &= \Delta P'_{S(2\text{-}3)}\left(\frac{S_N}{\min\{S_{2N},S_{3N}\}}\right)^2 \\
\Delta P_{S(3\text{-}1)} &= \Delta P'_{S(3\text{-}1)}\left(\frac{S_N}{S_{3N}}\right)^2
\end{aligned}\right\}
\tag{2-64}$$

顺便指出,三绕组变压器制造厂家也可能只提供一个最大短路损耗 $\Delta P_{S.\max}$,它指的是两个 100% 容量的绕组通过额定电流、另一个绕组空载时的损耗。依据变压器设计中按电流密度相等选择各绕组导线截面积的原则,利用这个数据可以确定额定容量 S_N 的绕组的电阻为

$$R_{(S_N)} = \frac{\Delta P_{S.\max} U_N^2}{2 S_N^2} \times 10^3 \tag{2-65}$$

若另一绕组容量为 S'_N,则其电阻为

$$R_{(S'_N)} = \frac{S_N}{S'_N} R_{(S_N)} \tag{2-66}$$

式中,R 的单位为 Ω。

2. 电抗 X_1、X_2、X_3

和双绕组变压器一样,近似地认为电抗上的电压降就等于短路电压。在给出短路电压 $U_{S(1\text{-}2)}\%$、$U_{S(2\text{-}3)}\%$、$U_{S(3\text{-}1)}\%$ 后,与电阻的计算公式相似,各绕组的短路电压分别为

$$\left.\begin{aligned}
U_{S1}\% &= \frac{1}{2}\left(U_{S(1\text{-}2)}\% + U_{S(3\text{-}1)}\% - U_{S(2\text{-}3)}\%\right) \\
U_{S2}\% &= \frac{1}{2}\left(U_{S(1\text{-}2)}\% + U_{S(2\text{-}3)}\% - U_{S(3\text{-}1)}\%\right) \\
U_{S3}\% &= \frac{1}{2}\left(U_{S(2\text{-}3)}\% + U_{S(3\text{-}1)}\% - U_{S(1\text{-}2)}\%\right)
\end{aligned}\right\}
\tag{2-67}$$

各绕组的等值电抗为

$$X_i = \frac{U_{Si}\%}{100} \times \frac{U_N^2}{S_N} \times 10^3 \quad (i = 1,2,3) \tag{2-68}$$

应该指出,手册和制造厂提供的短路电压值,不论变压器各绕组容量比如何,一般都已折算为与变压器额定容量相对应的值,因此,可以直接用式(2-67)及式(2-68)计算。

各绕组等值电抗的相对大小,与三个绕组在铁芯上的排列有关。高压绕组因绝缘要求排在外层,中压和低压绕组均有可能排在中层。排在中层的绕组,其等值电抗较小,或具有不大的负值。常用的两种排列结构见图 2-10。图 2-10(a)所示的排列方式中低压绕组位于中层,与高、中压绕组均有紧密联系,有利于功率从低压侧向高、中压侧传送,因此常用于升压变压器中。图2-10(b)所示是另一种排列方式,中压绕组位于中层,与高压绕组联系紧密,有利于功率从高压

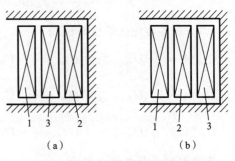

图 2-10　三绕组变压器的绕组排列
1—高压绕组；　2—中压绕组；　3—低压绕组

侧向中压侧传送。另外，由于 X_1 和 X_3 数值较大，也有利于限制低压侧的短路电流，因此，这种排列方式常用于降压变压器中。

3. 导纳 $G_T - jB_T$ 及变比 k_{12}、k_{13}、k_{23}

三绕组变压器的导纳和变比的计算与双绕组变压器相同。

例 2-5 有一容量比为 $90/90/60\text{MV} \cdot \text{A}$，额定电压为 $220/38.5/11\text{kV}$ 的三绕组变压器。工厂给出试验数据为 $\Delta P'_{S(1\text{-}2)} = 560\text{kW}$，$\Delta P'_{S(2\text{-}3)} = 178\text{kW}$，$\Delta P'_{S(3\text{-}1)} = 363\text{kW}$，$U_{S(1\text{-}2)}\% = 13.15$，$U_{S(2\text{-}3)}\% = 5.7$，$U_{S(3\text{-}1)}\% = 20.4$，$\Delta P_0 = 187\text{kW}$，$I_0\% = 0.856$。试求归算到 $220\ \text{kV}$ 侧的变压器参数。

解 （一）计算各绕组电阻。

先折算短路损耗如下。

$$\Delta P_{S(1\text{-}2)} = \Delta P'_{S(1\text{-}2)}\left(\frac{S_N}{S_{2N}}\right)^2 = 560\left(\frac{90}{90}\right)^2 \text{kW} = 560\ \text{kW}$$

$$\Delta P_{S(2\text{-}3)} = \Delta P'_{S(2\text{-}3)}\left(\frac{S_N}{S_{3N}}\right)^2 = 178\left(\frac{90}{60}\right)^2 \text{kW} = 401\ \text{kW}$$

$$\Delta P_{S(3\text{-}1)} = \Delta P'_{S(3\text{-}1)}\left(\frac{S_N}{S_{3N}}\right)^2 = 363\left(\frac{90}{60}\right)^2 \text{kW} = 817\ \text{kW}$$

各绕组的短路损耗分别如下。

$$\Delta P_{S1} = \frac{1}{2}(\Delta P_{S(1\text{-}2)} + \Delta P_{S(3\text{-}1)} - \Delta P_{S(2\text{-}3)}) = \frac{1}{2}(560 + 817 - 401)\text{kW} = 488\ \text{kW}$$

$$\Delta P_{S2} = \frac{1}{2}(\Delta P_{S(1\text{-}2)} + \Delta P_{S(2\text{-}3)} - \Delta P_{S(3\text{-}1)}) = \frac{1}{2}(560 + 401 - 817)\text{kW} = 72\ \text{kW}$$

$$\Delta P_{S3} = \frac{1}{2}(\Delta P_{S(2\text{-}3)} + \Delta P_{S(3\text{-}1)} - \Delta P_{S(1\text{-}2)}) = \frac{1}{2}(401 + 817 - 560)\text{kW} = 329\ \text{kW}$$

各绕组的电阻分别如下。

$$R_1 = \frac{\Delta P_{S1}U_N^2}{S_N^2} \times 10^3 = \frac{488 \times 220^2}{90000^2} \times 10^3\ \Omega = 2.92\ \Omega$$

$$R_2 = \frac{\Delta P_{S2}U_N^2}{S_N^2} \times 10^3 = \frac{72 \times 220^2}{90000^2} \times 10^3\ \Omega = 0.43\ \Omega$$

$$R_3 = \frac{\Delta P_{S3}U_N^2}{S_N^2} \times 10^3 = \frac{329 \times 220^2}{90000^2} \times 10^3\ \Omega = 1.97\ \Omega$$

（二）计算各绕组等值电抗。

$$U_{S1}\% = \frac{1}{2}(U_{S(1\text{-}2)}\% + U_{S(3\text{-}1)}\% - U_{S(2\text{-}3)}\%) = \frac{1}{2}(13.15 + 20.4 - 5.7) = 13.93$$

$$U_{S2}\% = \frac{1}{2}(U_{S(1\text{-}2)}\% + U_{S(2\text{-}3)}\% - U_{S(3\text{-}1)}\%) = \frac{1}{2}(13.15 + 5.7 - 20.4) = -0.78$$

$$U_{S3}\% = \frac{1}{2}(U_{S(2\text{-}3)}\% + U_{S(3\text{-}1)}\% - U_{S(1\text{-}2)}\%) = \frac{1}{2}(5.7 + 20.4 - 13.15) = 6.48$$

各绕组的等值电抗分别为

$$X_1 = \frac{U_{S1}\%}{100} \times \frac{U_N^2}{S_N} \times 10^3 = \frac{13.93}{100} \times \frac{220^2}{90000} \times 10^3\ \Omega = 74.9\ \Omega$$

$$X_2 = \frac{U_{S2}\%}{100} \times \frac{U_N^2}{S_N} \times 10^3 = \frac{-0.78}{100} \times \frac{220^2}{90000} \times 10^3 \, \Omega = -4.2 \, \Omega$$

$$X_3 = \frac{U_{S3}\%}{100} \times \frac{U_N^2}{S_N} \times 10^3 = \frac{6.48}{100} \times \frac{220^2}{90000} \times 10^3 \, \Omega = 34.8 \, \Omega$$

（三）计算变压器的导纳。

$$G_T = \frac{\Delta P_0}{U_N^2} \times 10^{-3} = \frac{187}{220^2} \times 10^{-3} \, S = 3.9 \times 10^{-6} \, S$$

$$B_T = \frac{I_0\%}{100} \times \frac{S_N}{U_N^2} \times 10^{-3} = \frac{0.856}{100} \times \frac{90000}{220^2} \times 10^{-3} \, S = 15.9 \times 10^{-6} \, S$$

2.3.4　自耦变压器的参数计算

自耦变压器的等值电路及其参数计算的原理和普通变压器的相同。通常，三绕组自耦变压器的第三绕组（低压绕组）总是接成三角形，以消除由于铁芯饱和引起的三次谐波，并且它的容量比变压器的额定容量（高、中压绕组的通过容量）小。因此，计算等值电阻时要对短路试验的数据进行折算。如果由手册或工厂提供的短路电压是未经折算的值，那么，在计算等值电抗时，也要对它们先进行折算，其公式如下：

$$\left.\begin{array}{l} U_{S(2\text{-}3)}\% = U'_{S(2\text{-}3)}\% \left(\dfrac{S_N}{S_{3N}}\right) \\[2mm] U_{S(3\text{-}1)}\% = U'_{S(3\text{-}1)}\% \left(\dfrac{S_N}{S_{3N}}\right) \end{array}\right\} \tag{2-69}$$

2.3.5　变压器的 Ⅱ 型等值电路

变压器采用图 2-9 所示的等值电路时，计算所得的副方绕组的电流和电压都是它们的折算值（即折算到原方绕组的值），而且与副方绕组相接的其他元件的参数也要用其折算值。在电力系统实际计算中，常常需要求出变压器副方的实际电流和电压。为此，可以在变压器等值电路中增添只反映变比的理想变压器。所谓理想变压器就是无损耗、无漏磁、无需励磁电流的变压器。双绕组变压器的这种等值电路示于图 2-11 中。图中变压器的阻抗 $Z_T = R_T$

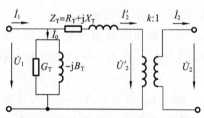

图 2-11　带有变压比的等值电路

$+jX_T$ 是折算到原方的值，$k = U_{1N}/U_{2N}$ 是变压器的变比，$\dot{U}_2$ 和 $\dot{I}_2$ 是副方的实际电压和电流。如果将励磁支路略去或另作处理，则变压器又可用它的阻抗 Z_T 和理想变压器相串联的等值电路（见图 2-12(a)）表示。这种存在磁耦合的电路还可以进一步变换成电气上直接相连的等值电路。

由图 2-12(a)可以写出

$$\left.\begin{array}{l} \dot{U}_1 - Z_T\dot{I}_1 = \dot{U}'_2 = k\dot{U}_2 \\[2mm] \dot{I}_1 = \dot{I}'_2 = \dfrac{1}{k}\dot{I}_2 \end{array}\right\} \tag{2-70}$$

由上式可解出

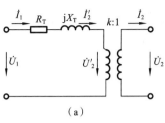

(a)

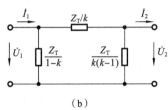

(b)

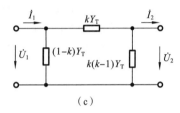

(c)

图 2-12 变压器的 Ⅱ 型等值电路

$$\dot{I}_1 = \frac{\dot{U}_1}{Z_T} - \frac{k\dot{U}_2}{Z_T} = \frac{1-k}{Z_T}\dot{U}_1 + \frac{k}{Z_T}(\dot{U}_1 - \dot{U}_2)$$

$$\dot{I}_2 = \frac{k\dot{U}_1}{Z_T} - \frac{k^2\dot{U}_2}{Z_T} = \frac{k}{Z_T}(\dot{U}_1 - \dot{U}_2) - \frac{k(k-1)}{Z_T}\dot{U}_2$$

$$(2\text{-}71)$$

若令 $Y_T = \dfrac{1}{Z_T}$，则式(2-71)又可写成

$$\dot{I}_1 = (1-k)Y_T\dot{U}_1 + kY_T(\dot{U}_1 - \dot{U}_2)$$

$$\dot{I}_2 = kY_T(\dot{U}_1 - \dot{U}_2) - k(k-1)Y_T\dot{U}_2$$

$$(2\text{-}72)$$

与式(2-71)和式(2-72)相对应的等值电路如图 2-12(b)和 (c)所示。

变压器的 Ⅱ 型等值电路中三个阻抗(导纳)都与变比 k 有关，Ⅱ 型的两个并联支路的阻抗(导纳)的符号总是相反的。三个支路阻抗之和恒等于零，即它们构成了谐振三角形。三角形内产生谐振环流，正是这谐振环流在原、副方间的阻抗上(Ⅱ 型的串联支路)产生的电压降，实现了原、副方的变压，而谐振电流本身又完成了原、副方的电流变换，从而使等值电路起到变压器的作用。

三绕组变压器在略去励磁支路后的等值电路如图 2-13(a)所示。图中 Ⅱ 侧和 Ⅲ 侧的阻抗都已折算到 Ⅰ 侧，并在 Ⅱ 侧和 Ⅲ 侧分别增添了理想变压器，其变压比为 $k_{12} = U_{ⅠN}/U_{ⅡN}$ 和 $k_{13} = U_{ⅠN}/U_{ⅢN}$。与双绕组变压器一样，可以作出电气上直接相连的三绕组变压器等值电路，如图 2-13(b)所示。

变压器采用 Ⅱ 型等值电路后，电力系统中与变压器相接的各元件就可以直接应用其参数的实际值。在用计算机进行电力系统计算时，常采用这种处理方法。

例 2-6 试求出例 2-4 中变压器不含励磁支路的 Ⅱ 型等值电路。

解 变压器阻抗折算到高压侧时，含理想变压器的等值电路见图 2-12(a)，例 2-4 已算出 $Z_T = (4.08 + j63.52)\,\Omega$，$k = 110/11 = 10$，因此图 2-12(b)中的各支路阻抗为

$$\frac{Z_T}{k} = \frac{4.08 + j63.52}{10}\,\Omega = (0.408 + j6.352)\,\Omega$$

$$\frac{Z_T}{1-k} = \frac{4.08 + j63.52}{1-10}\,\Omega = (-0.453 - j7.058)\,\Omega$$

$$\frac{Z_T}{k(k-1)} = \frac{4.08 + j63.52}{10 \times (10-1)}\,\Omega = (0.0453 + j0.706)\,\Omega$$

例 2-7 额定电压为 110/11 kV 的三相变压器折算到高压侧的电抗为 100 Ω，绕组电阻和励磁电流均略去不计。给定原方相电压 $\dot{U}_1 = 110/\sqrt{3}$ kV，试就 $\dot{I}_1 = 0$ 和 $\dot{I}_1 = 50$ A 这两

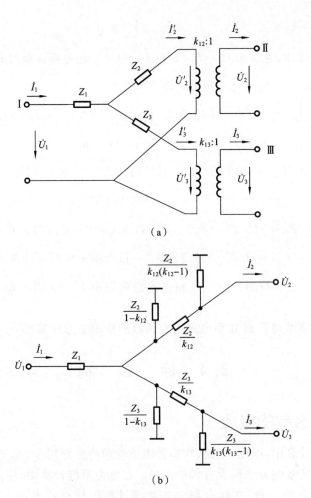

（a）

（b）

图 2-13　三绕组变压器的等值电路

种情况,利用 Ⅱ 型等值电路计算副方的电压和电流。

解　变压器的一相等值电路示于图 2-14,其参数为

$$k = 110/11 = 10$$

$$Z_{10} = Z_T(1-k) = j100/(1-10)\ \Omega = -j11.111\ \Omega$$

$$Z_{12} = Z_T/k = j100/10\ \Omega = j10\ \Omega$$

$$Z_{20} = Z_T/k(k-1) = j100/10(10-1)\ \Omega = j1.111\ \Omega$$

当 $\dot{I}_1 = 0$ 时,副方电压和电流的计算

$$\dot{I}_{10} = \dot{U}_1/Z_{10} = 63.5/(-j11.111)\ \text{kA} = j5.715\ \text{kA}$$

$$\dot{I}_{12} = \dot{I}_1 - \dot{I}_{10} = (0-j5.715)\ \text{kA} = -j5.715\ \text{kA}$$

$$\Delta\dot{U}_{12} = Z_{12}\dot{I}_{12} = j10 \times (-j5.715)\ \text{kV} = 57.15\ \text{kV}$$

$$\dot{U}_2 = \dot{U}_1 - \Delta\dot{U}_{12} = (63.5-57.15)\ \text{kV} = 6.35\ \text{kV} = 11/\sqrt{3}\ \text{kV}$$

$$\dot{I}_{20} = \dot{U}_2/Z_{20} = 6.35/j1.11\ \text{kA} = -j5.715\ \text{kA}$$

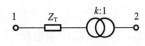

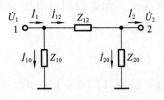

图 2-14　例 2-7 的变压器等值电路

$$\dot{I}_2 = \dot{I}_{12} - \dot{I}_{20} = 0$$

其实在空载情况下,直接由 $\dot{U}_2 = \dot{U}_1/k$ 和 $\dot{I}_2 = k\dot{I}_1$,也可得出相同的结果。

当 $\dot{I}_1 = 0.05$ kA 时,副方电压和电流的计算如下。

$$\dot{I}_{10} = \dot{U}_1/Z_{10} = 63.5/(-j11.111) \text{ kA} = j5.715 \text{ kA}$$

$$\dot{I}_{12} = \dot{I}_1 - \dot{I}_{10} = (-0.05 - j5.715) \text{ kA}$$

$$\Delta\dot{U}_{12} = Z_{12}\dot{I}_{12} = j10 \times (0.05 - j5.715) \text{ kV} = (j0.5 + 57.15) \text{ kV}$$

$$\dot{U}_2 = \dot{U}_1 - \Delta\dot{U}_{12} = (63.5 - j0.5 - 57.15) \text{ kV} = (6.35 - j0.5) \text{ kV}$$

$$\dot{I}_{20} = \dot{U}_2/Z_{20} = (6.35 - j0.5)/j1.111 \text{ kA} = (-j5.715 - 0.45) \text{ kA}$$

$$\dot{I}_2 = \dot{I}_{12} - \dot{I}_{20} = [0.05 - j5.715 - (-j5.715 - 0.45)] \text{ kA} = 0.5 \text{ kA}$$

在负载情况下,变压器副方的电压和电流也可以由 $\dot{U}_2 = (\dot{U}_1 - Z_T\dot{I}_1)/k$ 和 $\dot{I}_2 = k\dot{I}_1$ 算出。

通过本例可以清楚地看到 Ⅱ 型电路的变压器的作用是怎样实现的。

2.4 标 幺 制

2.4.1 标幺制的概念

在一般的电路计算中,电压、电流、功率和阻抗的单位分别用 V,A,W,Ω 表示,这种用实际有名单位表示物理量的方法称为有名单位制。在电力系统计算中,还广泛地采用标幺制。标幺制是相对单位制的一种,在标幺制中各物理量都用标幺值表示。标幺值定义由下式给出。

$$标幺值 = \frac{实际有名值(任意单位)}{基准值(与有名值同单位)} \tag{2-73}$$

例如,某发电机的端电压 U_G 用有名值表示为 10.5 kV,用标幺值表示时必须先选定电压的基准值。如果我们选电压的基准值 $U_B = 10.5$ kV,按定义式(2-73),发电机电压的标幺值 U_G 应为

$$U_{G*} = \frac{U_G}{U_B} = \frac{10.5 \text{ kV}}{10.5 \text{ kV}} = 1.0$$

这就是说,以 10.5 kV 作电压基准值时,发电机电压的标幺值等于 1。电压的基准值也可以选别的数值,例如,若选 $U_B = 10$ kV,则 $U_{G*} = 1.05$;若选 $U_B = 1$ kV,则 $U_{G*} = 10.5$。

由此可见,标幺值是一个没有量纲的数值,对于同一个实际有名值,基准值选得不同,其标幺值也就不同。因此,当我们说一个量的标幺值时,必须同时说明它的基准值,否则,标幺值的意义是不明确的。

当选定电压、电流、功率和阻抗的基准值分别为 U_B, I_B, S_B 和 Z_B 时,相应的标幺值如下。

$$\left.\begin{array}{l} U_* = \dfrac{U}{U_\text{B}} \\[3mm] I_* = \dfrac{I}{I_\text{B}} \\[3mm] S_* = \dfrac{S}{S_\text{B}} = \dfrac{P+\text{j}Q}{S_\text{B}} = \dfrac{P}{S_\text{B}} + \text{j}\dfrac{Q}{S_\text{B}} = P_* + \text{j}Q_* \\[3mm] Z_* = \dfrac{Z}{Z_\text{B}} = \dfrac{R+\text{j}X}{Z_\text{B}} = \dfrac{R}{Z_\text{B}} + \text{j}\dfrac{X}{Z_\text{B}} = R_* + \text{j}X_* \end{array}\right\} \tag{2-74}$$

2.4.2　基准值的选择

基准值的选择,除了要求基准值与有名值同单位外,原则上可以是任意的。但是,采用标幺值的目的是简化计算和便于对计算结果作出分析评价。因此,选择基准值时应考虑尽量能实现这些目的。

在单相电路中,电压 U_p、电流 I、功率 S_p 和阻抗 Z 这四个物理量之间存在以下关系:

$$U_\text{p} = ZI, \quad S_\text{p} = U_\text{p}I$$

如果选择这四个物理量的基准值使它们满足

$$\left.\begin{array}{l} U_\text{p·B} = Z_\text{B}I_\text{B} \\ S_\text{p·B} = U_\text{p·B}I_\text{B} \end{array}\right\} \tag{2-75}$$

即与有名值各量间的关系具有完全相同的方程式,则在标幺制中,便可得到

$$\left.\begin{array}{l} U_\text{p*} = Z_* I_* \\ S_\text{p*} = U_\text{p*} I_* \end{array}\right\} \tag{2-76}$$

上式说明,只要基准值的选择满足式(2-75),则在标幺制中,电路各物理量之间的基本关系式就与有名制中的完全相同。因而有名单位制中的有关公式就可以直接应用到标幺制中。

四个基准值为两个方程所约束,一般选出 $S_\text{p·B}$ 和 $U_\text{p·B}$,这时电流和阻抗的基准值可由式(2-75)求出。

在电力系统分析中,主要涉及对称三相电路的计算。计算时,习惯上多采用线电压 U、线电流(即相电流)I、三相功率 S 和一相等值阻抗 Z。各物理量之间存在下列关系:

$$\left.\begin{array}{l} U = \sqrt{3}ZI = \sqrt{3}U_\text{p} \\ S = \sqrt{3}UI = 3S_\text{p} \end{array}\right\} \tag{2-77}$$

同单相电路一样,应使各量基准值之间的关系与其有名值间的关系具有相同的方程式,即

$$\left.\begin{array}{l} U_\text{B} = \sqrt{3}Z_\text{B}I_\text{B} = \sqrt{3}U_\text{p·B} \\ S_\text{B} = \sqrt{3}U_\text{B}I_\text{B} = 3U_\text{p·B}I_\text{B} = 3S_\text{p·B} \end{array}\right\} \tag{2-78}$$

这样,在标幺制中便有

$$\left.\begin{array}{l} U_* = Z_* I_* = U_\text{p*} \\ S_* = U_* I_* = S_\text{p*} \end{array}\right\} \tag{2-79}$$

由此可见,在标幺制中,三相电路的计算公式与单相电路的计算公式完全相同,线电压和相电压的标幺值相等,三相功率和单相功率的标幺值相等。这样就简化了公式,给计算带来了方便。在选择基准值时,习惯上也只选定 U_B 和 S_B,由此得

$$Z_B = \frac{U_B}{\sqrt{3} I_B} = \frac{U_B^2}{S_B}$$

$$I_B = \frac{S_B}{\sqrt{3} U_B}$$

这样,电流和阻抗的标幺值为

$$\left. \begin{aligned} I_* &= \frac{I}{I_B} = \frac{\sqrt{3} U_B I}{S_B} \\ Z_* &= \frac{R + \mathrm{j}X}{Z_B} = R_* + \mathrm{j}X_* = R \frac{S_B}{U_B^2} + \mathrm{j}X \frac{S_B}{U_B^2} \end{aligned} \right\} \tag{2-80}$$

采用标幺制进行计算,所得结果最后还要换算成有名值,其换算公式为

$$\left. \begin{aligned} U &= U_* U_B \\ I &= I_* I_B = I_* \frac{S_B}{\sqrt{3} U_B} \\ S &= S_* S_B \\ Z &= (R_* + \mathrm{j}X_*) \frac{U_B^2}{S_B} \end{aligned} \right\} \tag{2-81}$$

2.4.3 不同基准值的标幺值间的换算

在电力系统的实际计算中,对于直接电气联系的网络,在制订标幺值的等值电路时,各元件的参数必须按统一的基准值进行归算。然而,从手册或产品说明书中查得的电机和电器的阻抗值,一般都是以各自的额定容量(或额定电流)和额定电压为基准的标幺值(额定标幺阻抗)。由于各元件的额定值可能不同,因此,必须把不同基准值的标幺阻抗换算成统一基准值的标幺值。

进行换算时,先把额定标幺阻抗还原为有名值,例如,对于电抗,按式(2-81)有

$$X_{(\text{有名值})} = X_{(N)*} \frac{U_N^2}{S_N}$$

若统一选定的基准电压和基准功率分别为 U_B 和 S_B,那么以此为基准的标幺电抗值应为

$$X_{(B)*} = X_{(\text{有名值})} \frac{S_B}{U_B^2} = X_{(N)*} \frac{U_N^2}{S_N} \times \frac{S_B}{U_B^2} \tag{2-82}$$

此式可用于发电机和变压器的标幺电抗的换算。对于系统中用来限制短路电流的电抗器,它的额定标幺电抗是以额定电压和额定电流为基准值来表示的。因此,它的换算公式为

$$X_{R(\text{有名值})} = X_{R(N)*} \frac{U_N}{\sqrt{3} I_N}$$

$$X_{R(B)*} = X_{R(\text{有名值})} \frac{S_B}{U_B^2} = X_{R(N)*} \frac{U_N}{\sqrt{3} I_N} \times \frac{S_B}{U_B^2} \tag{2-83}$$

2.4.4 有几级电压的网络中各元件参数标幺值的计算

电力系统中有许多不同电压等级的线路段,它们由变压器来耦联。图 2-15(a)表示由三个不同电压等级的电路经两台变压器耦联所组成的输电系统。略去各元件的电阻和变压器

的励磁支路,可以算出各元件电抗的实际有名值。变压器的漏抗均按原方绕组电压计算,即变压器 T-1 的电抗按Ⅰ侧电压计算;变压器 T-2 的电抗按Ⅱ侧的电压计算。这样,我们就得到各元件电抗用实际有名值表示的等值电路,如图2-15(b)所示。

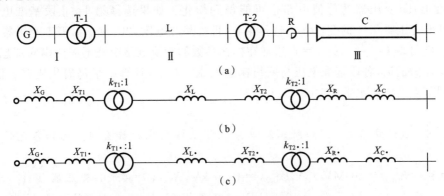

图 2-15　有三段不同电压等级的输电系统

图中

$$X_G = X_{G(N)*}\frac{U_{G(N)}^2}{S_{G(N)}}, \quad X_{T1} = X_{T1(N)*}\frac{U_{T1(N\,I)}^2}{S_{T1(N)}}, \quad k_{T1} = \frac{U_{T1(N\,I)}}{U_{T1(N\,II)}}$$

$$X_R = \frac{X_R\%}{100}\times\frac{U_{R(N)}}{\sqrt{3}\,I_{R(N)}}, \quad X_{T2} = X_{T2(N)*}\frac{U_{T2(N\,II)}^2}{S_{T2(N)}}, \quad k_{T2} = \frac{U_{T2(N\,II)}}{U_{T2(N\,III)}}$$

X_L 和 X_C 分别为架空线路 L 和电缆线路 C 的实际电抗值。百分制也是一种相对单位制,对于同一物理量,如果基准值相同,则百分值$=100\times$标幺值。许多电工产品的参数常用百分值表示,如上式中电抗器的电抗。对于变压器,其额定标幺电抗 $X_{T(N)*}$ 常用下式计算。

$$X_{T(N)*} = \frac{U_S\%}{100}$$

由于三段电路的电压等级不同,彼此间只是通过磁路耦合而没有直接的电气联系,可以对各段电路分别选基准电压,假定分别选为 $U_{B(I)}$、$U_{B(II)}$ 和 $U_{B(III)}$。至于功率,整个输电系统应统一,所以各段的基准功率都是 S_B。

选定基准值以后,可对每一元件都按本段的基准值用式(2-80)将其电抗的实际有名值换算成标幺值,即

$$X_{G*} = X_G\frac{S_B}{U_{B(I)}^2}, \quad X_{T1*} = X_{T1}\frac{S_B}{U_{B(I)}^2}, \quad X_{L*} = X_L\frac{S_B}{U_{B(II)}^2}$$

$$X_{T2*} = X_{T2}\frac{S_B}{U_{B(II)}^2}, \quad X_{R*} = X_R\frac{S_B}{U_{B(III)}^2}, \quad X_{C*} = X_C\frac{S_B}{U_{B(III)}^2}$$

用标幺参数作出的等值电路如图 2-15(c)所示,图中理想变压器的变比也要用标幺值表示。对于变压器 T-1,有

$$k_{T1*} = \frac{k_{T1}}{k_{B(I-II)}} = \frac{U_{T1(N\,I)}/U_{T1(N\,II)}}{U_{B(I)}/U_{B(II)}} \tag{2-84}$$

式中,$k_{B(I-II)}=U_{B(I)}/U_{B(II)}$ 为第Ⅰ段和第Ⅱ段的基准电压之比,称为基准变比(有的书中称标准变比这是不严格的)。同理,对于变压器 T-2,其变比标幺值为

$$k_{\text{T2}*} = \frac{k_{\text{T2}}}{k_{\text{B(II-III)}}} = \frac{U_{\text{T2(NII)}}/U_{\text{T2(NIII)}}}{U_{\text{B(II)}}/U_{\text{B(III)}}} \tag{2-85}$$

这种带有理想变压器的等值电路还可以按 2.3 节的方法化成 Π 型等值电路。通过适当选择基准电压，变压器的等值电路也可能得到简化。如果选择第 I、II 段基准电压之比 $k_{\text{B(I-II)}}$ 等于变压器 T-1 的变比 k_{T1}；选择第 II、III 段基准电压之比 $k_{\text{B(II-III)}}$ 等于变压器 T-2 的变比 k_{T2}，则可得 $k_{\text{T1}*}=1$，$k_{\text{T2}*}=1$，这样在标幺参数的等值电路中就不需要串联理想变压器了。但这样做的话，各段基准电压与网络额定电压不相等，计算结果仍需化成有名值，这样才能看到节点的电压水平。

例 2-8 试计算图 2-15(a) 所示输电系统各元件电抗的标幺值。已知各元件的参数如下：

发电机　$S_{\text{G(N)}}=30\ \text{MV}\cdot\text{A}$，$U_{\text{G(N)}}=10.5\ \text{kV}$，$X_{\text{G(N)}*}=0.26$；变压器 T-1　$S_{\text{T1(N)}}=31.5\ \text{MV}\cdot\text{A}$，$U_{\text{s}}\%=10.5$，$k_{\text{T1}}=10.5/121$；变压器 T-2　$S_{\text{T2(N)}}=15\ \text{MV}\cdot\text{A}$，$U_{\text{s}}\%=10.5$，$k_{\text{T2}}=110/6.6$；电抗器　$U_{\text{R(N)}}=6\ \text{kV}$，$I_{\text{R(N)}}=0.3\ \text{kA}$，$X_{\text{R}}\%=5$；架空线路长 80 km，每千米电抗为 0.4 Ω；电缆线路长 2.5 km，每千米电抗为 0.08 Ω。

解　首先选择基准值。取全系统的基准功率 $S_{\text{B}}=100\ \text{MV}\cdot\text{A}$。为了使标幺参数的等值电路中不出现串联的理想变压器，选取相邻段的基准电压比 $k_{\text{B(I-II)}}=k_{\text{T1}}$，$k_{\text{B(II-III)}}=k_{\text{T2}}$。这样，只要选出三段中某一段的基准电压，其余两段的基准电压就可以由基准变比确定了。我们选第 I 段的基准电压 $U_{\text{B(I)}}=10.5\ \text{kV}$，于是

$$U_{\text{B(II)}} = U_{\text{B(I)}} \times \frac{1}{k_{\text{B(I-II)}}} = 10.5 \times \frac{1}{10.5/121}\ \text{kV} = 121\ \text{kV}$$

$$U_{\text{B(III)}} = U_{\text{B(II)}} \times \frac{1}{k_{\text{B(II-III)}}} = U_{\text{B(I)}} \times \frac{1}{k_{\text{B(I-II)}}\,k_{\text{B(II-III)}}}$$

$$= 10.5 \times \frac{1}{(10.5/121) \times (110/6.6)}\ \text{kV} = 121 \times \frac{1}{110/6.6} = 7.26\ \text{kV}$$

各元件电抗的标幺值为

$$x_1 = X_{\text{G(B)}*} = X_{\text{G(N)}*} \frac{U_{\text{G(N)}}^2}{S_{\text{G(N)}}} \times \frac{S_{\text{B}}}{U_{\text{B(I)}}^2} = 0.26 \times \frac{10.5^2}{30} \times \frac{100}{10.5^2} = 0.87$$

$$x_2 = X_{\text{T1(B)}*} = \frac{U_{\text{s}}\%}{100} \times \frac{U_{\text{T1(NI)}}^2}{S_{\text{T1(N)}}} \times \frac{S_{\text{B}}}{U_{\text{B(I)}}^2} = \frac{10.5}{100} \times \frac{10.5^2}{31.5} \times \frac{100}{10.5^2} = 0.33$$

$$x_3 = X_{\text{L(B)}*} = X_{\text{L}} \frac{S_{\text{B}}}{U_{\text{B(II)}}^2} = 0.4 \times 80 \times \frac{100}{121^2} = 0.22$$

$$x_4 = X_{\text{T2(B)}*} = \frac{U_{\text{s}}\%}{100} \times \frac{U_{\text{T2(NII)}}^2}{S_{\text{T2(N)}}} \times \frac{S_{\text{B}}}{U_{\text{B(II)}}^2} = \frac{10.5}{100} \times \frac{110^2}{15} \times \frac{100}{121^2} = 0.58$$

$$x_5 = X_{\text{R(B)}*} = \frac{U_{\text{R}}\%}{100} \times \frac{U_{\text{R(N)}}}{\sqrt{3}\,I_{\text{R(N)}}} \times \frac{S_{\text{B}}}{U_{\text{B(III)}}^2} = \frac{5}{100} \times \frac{6}{\sqrt{3} \times 0.3} \times \frac{100}{7.26^2} = 1.09$$

$$x_6 = X_{\text{C(B)}*} = X_{\text{C}} \frac{S_{\text{B}}}{U_{\text{B(III)}}^2} = 0.08 \times 2.5 \times \frac{100}{7.26^2} = 0.38$$

计算结果表示于图 2-16 中。每个电抗用两个数表示，横线以上的数代表电抗的标号，横线以下的数表示它的标幺值。

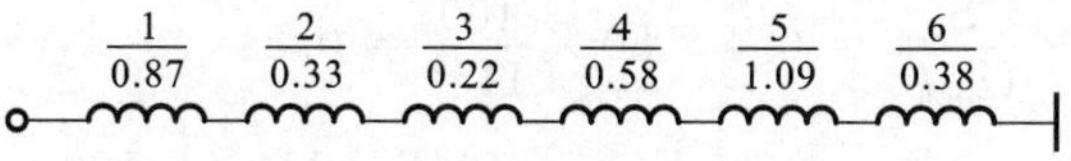

1	2	3	4	5	6
0.87	0.33	0.22	0.58	1.09	0.38

图 2-16　不含理想变压器的等值电路

在实际计算中,总是把基准电压选得等于(或接近于)该电压级的额定电压。这样,可以从计算结果清晰地看到实际电压偏离额定值的程度。为了消除标幺参数等值电路中的理想变压器,又要求相邻两段的基准电压比等于变压器的变比。这两个方面的要求一般是难以同时满足的。在例 2-8 中,我们选取基准电压比等于变压器的变比,使第Ⅲ段的基准电压定为 7.26 kV。在实际的电力系统中,变压器的变比是各不相同的,如果都按变压器的变比来确定相邻两段的基准变比,在计算中还会碰到一些麻烦。以图 2-17 所示的系统为例,若选 $U_{B(I)}=10.5$ kV,且相邻两段的基准变比都等于变压器的变比,便有 $U_{B(II)}=121$ kV,$U_{B(IV)}=12.1$ kV。第Ⅰ、Ⅳ段同是 10 kV 等级,但第Ⅳ段的基准电压却应选得不同。对于第Ⅲ段,按第Ⅰ、Ⅲ段变压器计算,$U_{B(III)}=242$ kV;如果按第Ⅱ、Ⅲ段变压器计算,则 $U_{B(III)}=220$ kV。这种情况下该取哪个数值呢?

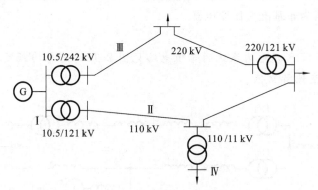

图 2-17　多级电压的电力系统

为了解决上述困难,在工程计算中规定,各个电压等级都以其平均额定电压 U_{av} 作为基准电压。根据我国现行的电压等级,各级平均额定电压规定为

3.15,　6.3,　10.5,　15.75,　37,　115,　230,　345,　525,　1050 kV。

在本书以后各章节的简化计算中,就以上述平均额定电压作为各级基准电压。各变压器的额定电压和实际变比,都取平均额定电压之比。

例 2-9　给定基准功率 $S_B=100$ MV·A,基准电压等于各级平均额定电压。试计算例 2-8 的输电系统各元件参数的标幺值。

解　按题给条件,各级基准电压应为 $U_{B(I)}=10.5$ kV,$U_{B(II)}=115$ kV,$U_{B(III)}=6.3$ kV。各元件电抗标幺值计算如下。

$$x_1 = X_{G(N)*} \frac{U_{G(N)}^2}{S_{G(N)}} \times \frac{S_B}{U_{B(I)}^2} = 0.26 \times \frac{10.5^2}{30} \times \frac{100}{10.5^2} = 0.87$$

$$x_2 = \frac{U_S\%}{100} \times \frac{U_{T1(NI)}^2}{S_{T1(N)}} \times \frac{S_B}{U_{B(I)}^2} = \frac{10.5}{100} \times \frac{10.5^2}{31.5} \times \frac{100}{10.5^2} = 0.33$$

$$x_3 = X_L \times \frac{S_B}{U_{B(\text{II})}^2} = 0.4 \times 80 \times \frac{100}{115^2} = 0.24$$

$$x_4 = \frac{U_S\%}{100} \times \frac{U_{T2(N\text{II})}^2}{S_{T2(N)}} \times \frac{S_B}{U_{B(\text{II})}^2} = \frac{10.5}{100} \times \frac{110^2}{15} \times \frac{100}{115^2} = 0.64$$

$$x_5 = \frac{U_R\%}{100} \times \frac{U_{R(N)}}{\sqrt{3}\,I_{R(N)}} \times \frac{S_B}{U_{B(\text{III})}^2} = \frac{5}{100} \times \frac{6}{\sqrt{3} \times 0.3} \times \frac{100}{6.3^2} = 1.46$$

$$x_6 = X_C \frac{S_B}{U_{B(\text{III})}^2} = 0.08 \times 2.5 \times \frac{100}{6.3^2} = 0.504$$

变压器变比的标幺值为

$$k_{T1*} = \frac{U_{T1(N\text{I})}/U_{T1(N\text{II})}}{U_{B(\text{I})}/U_{B(\text{II})}} = \frac{10.5/121}{10.5/115} = 0.95$$

$$k_{T2*} = \frac{U_{T2(N\text{II})}/U_{T2(N\text{III})}}{U_{B(\text{II})}/U_{B(\text{III})}} = \frac{110/6.6}{115/6.3} = 0.914$$

等值电路图见图 2-15(c)。

从例 2-9 可见，在系统的标幺参数等值电路中保留了反映变比 k_{T*} 的理想变压器，我们称 $k_{T*} \neq 1$ 的变压器为非基准变比变压器。

例 2-10　图 2-17 所示电力系统的等值电路见图 2-18。选平均额定电压为基准电压，试计算各变压器的变比标幺值。

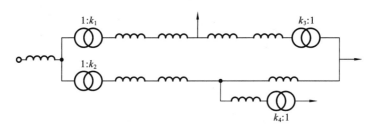

图 2-18　图 2-17 所示电力系统的等值电路

解　$k_1 = \dfrac{k_{T1}}{k_{B(\text{III-I})}} = \dfrac{242/10.5}{230/10.5} = 1.052$，　$k_2 = \dfrac{k_{T2}}{k_{B(\text{II-I})}} = \dfrac{121/10.5}{115/10.5} = 1.052$

$k_3 = \dfrac{k_{T3}}{k_{B(\text{III-II})}} = \dfrac{220/121}{230/115} = 0.909$，　$k_4 = \dfrac{k_{T4}}{k_{B(\text{II-IV})}} = \dfrac{110/11}{115/10.5} = 0.913$

2.4.5　标幺制的特点

采用标幺制有如下一些好处。

（1）易于比较电力系统各元件的特性及参数。同一类型的电机，尽管它们的容量不同，参数的有名值也各不相同，但是换算成以各自的额定功率和额定电压为基准的标幺值以后，参数的数值都有一定的范围。例如隐极同步发电机，$x_d = x_q = 1.5 \sim 2.0$；凸极同步发电机的 $x_d = 0.7 \sim 1.0$。同一类型电机用标幺值画出的空载特性基本上一样。又例如，110 kV、容量自 5600 kV·A 至 60000 kV·A 的三相双绕组变压器，短路电压的额定标幺值都是 0.105。

（2）采用标幺制，能够简化计算公式。交流电路中有一些电量同频率有关，而频率 f 和

电气角速度 $\omega = 2\pi f$ 也可以用标幺值表示。如果选取额定频率 f_N 和相应的同步角速度 $\omega_N = 2\pi f_N$ 作为基准值,则 $f_* = f / f_N$ 和 $\omega_* = \omega / \omega_N = f_*$。用标幺值表示的电抗、磁链和电势分别为 $X_* = \omega_* L_*$,$\Psi_* = I_* L_*$ 和 $E_* = \omega_* \Psi_*$。当频率为额定值时,$f_* = \omega_* = 1$,则有 $X_* = L_*$,$\Psi_* = I_* X_*$ 和 $E_* = \Psi_*$。这些关系常可使某些计算公式得到简化。

(3) 采用标幺制,能在一定程度上简化计算工作。只要基准值选择得当,许多物理量的标幺值就处在某一定的范围内。用名值表示时有些数值不等的量,在标幺制中其数值却相等。例如,在对称三相系统中,线电压和相电压的标幺值相等;当电压等于基准值时,电流的标幺值和功率的标幺值相等;变压器的阻抗标幺值不论归算到哪一侧都一样,并等于短路电压的标幺值。

标幺制也有缺点,主要是没有量纲,因而其物理概念不如有名值明确。

小　结

本章讲述电力网元件等值电路的参数计算和标幺制的应用。

三相交流电力系统常用星形等值电路来模拟,对称运行时,可用一相等值电路进行分析计算。对变压器,不论何种接法,都是采用考虑了相间影响的星形等值电路模型。

架空线路的一相等值参数的计算公式是在三相对称运行状态下导出的。在一相等值电感中考虑了相间互感的影响,一相等值电容也计及了相间电容的作用。架空线路的换位可使各相的等值参数接近相等。

采用分裂导线相当于扩大了导线的等效半径,因而能减小电感,增大电容。

用集中参数等值电路模拟分布参数电路,采用近似参数时,工频下,一个 Ⅱ 型电路可代替 200~300 km 的架空线路。

双绕组变压器等值电路中的电阻、电抗、电导和电纳,可根据变压器铭牌中给出的短路损耗、短路电压、空载损耗和空载电流这四个数据分别算出。对于三绕组变压器,要了解三个绕组的容量比,对于绕组容量不等的变压器,如果给出的短路损耗和短路电压尚未折算为变压器额定容量下的值,先要进行折算,并将折算值分配给各个绕组,然后再按有关公式计算各绕组的电阻和电抗。变压器的参数一般都归算到同一电压等级,参数计算公式中的 U_N 用哪一级额定电压,参数便归算到哪一级。

电力系统计算中习惯采用标幺制。一个物理量的标幺值是指该物理量的实际值与所选基准值的比值。采用标幺制,首先必须选择基准值。基准值的选择,原则上不应有什么限制。实际上基准值的选择总是希望有利于简化计算和对计算结果的分析评价。

电力系统各元件的参数常表示为以本设备的额定容量和额定电压为基准值的标幺值。在组成电力系统的等值电路时,各元件的参数应按全网统一选定的基准值进行标幺值的换算。

在多级电压的电力网中,基准功率是全网统一的,基准电压则按不同电压等级分别选定,在简化计算中,一般选为各级的平均额定电压。

习　题

2-1　110 kV 架空线路长 70 km，导线采用 LGJ-120 型钢芯铝线，计算半径 $r=7.6$ mm，相间距离为 3.3 m，导线分别按等边三角形和水平排列，试计算输电线路的等值电路参数，并比较分析排列方式对参数的影响。

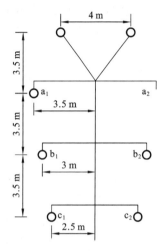

题 2-2 图

2-2　110 kV 架空线路长 90 km，双回路共杆塔，导线及地线在杆塔上的排列如题 2-2 图所示，导线采用 LGJ-120 型钢芯铝线，计算半径 $r=7.6$ mm，试计算输电线路的等值电路参数。

2-3　500 kV 输电线路长 600 km，采用三分裂导线 $3 \times$ LGJQ-400，分裂间距为 400 mm，三相水平排列，相间距离为 11 m，LGJQ-400 导线的计算半径 $r=13.6$ mm。试计算输电线路 Ⅱ 型等值电路的参数：

（1）不计线路参数的分布特性；

（2）近似计及分布特性；

（3）精确计及分布特性。

并对三种条件计算所得结果进行比较分析。

2-4　一台 SFL$_1$-31500/35 型双绕组三相变压器，额定变比为 35/11，查得 $\Delta P_0=30$ kW，$I_0=1.2\%$，$\Delta P_S=177.2$ kW，$U_S=8\%$，求变压器参数归算到高、低压侧的有名值。

2-5　型号为 SFS-40000/220 的三相三绕组变压器，容量比为 100/100/100，额定变比为 220/38.5/11，查得 $\Delta P_0=46.8$ kW，$I_0=0.9\%$，$\Delta P_{S(1-2)}=217$ kW，$\Delta P_{S(1-3)}=200.7$ kW，$\Delta P_{S(2-3)}=158.6$ kW，$U_{S(1-2)}=17\%$，$U_{S(1-3)}=10.5\%$，$U_{S(2-3)}=6\%$。试求归算到高压侧的变压器参数有名值。

2-6　一台 SFSL-31500/110 型三绕组变压器，额定变比为 110/38.5/11，容量比为 100/100/66.7，空载损耗为 80 kW，激磁功率为 850 kvar，短路损耗 $\Delta P_{S(1-2)}=450$ kW，$\Delta P_{S(2-3)}=270$ kW，$\Delta P_{S(1-3)}=240$ kW，短路电压 $U_{S(1-2)}=11.55\%$，$U_{S(2-3)}=8.5\%$，$U_{S(1-3)}=21\%$。试计算变压器归算到各电压级的参数。

2-7　三台单相三绕组变压器组成三相变压器组，每台单相变压器的数据如下：额定容量为 30000 kV·A；容量比为 100/100/50；绕组额定电压为 127/69.86/38.5 kV；$\Delta P_0=19.67$ kW；$I_0=0.332\%$；$\Delta P'_{S(1-2)}=111$ kW；$\Delta P'_{S(2-3)}=92.33$ kW；$\Delta P'_{S(1-3)}=88.33$ kW；$U_{S(1-2)}=9.09\%$；$U_{S(2-3)}=10.75\%$；$U_{S(1-3)}=16.45\%$。试求三相接成 YN，yn，d 时变压器组的等值电路及归算到低压侧的参数有名值。

2-8　一台三相双绕组变压器，已知：$S_N=31500$ kV·A，$k_{TN}=220/11$，$\Delta P_0=59$ kW，$I_0=3.5\%$，$\Delta P_S=208$ kW，$U_S=14\%$。

（1）计算归算到高压侧的参数有名值；

（2）作出 Ⅱ 型等值电路并计算其参数；

（3）当高压侧运行电压为 210 kV,变压器通过额定电流,功率因数为 0.8 时,忽略励磁电流,计算 Ⅱ 型等值电路各支路的电流及低压侧的实际电压,并说明不含磁耦合关系的 Ⅱ 型等值电路是怎样起到变压器作用的。

2-9　系统接线示于题 2-9 图,已知各元件参数如下:

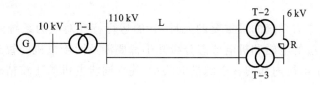

题 2-9 图

发电机 G:$S_N = 30$ MV・A,$U_N = 10.5$ kV,$x = 27\%$。

变压器 T-1:$S_N = 31.5$ MV・A,$k_T = 10.5/121$,$U_S = 10.5\%$。

变压器 T-2、T-3:$S_N = 15$ MV・A,$k_T = 110/6.6$,$U_S = 10.5\%$。

线路 L:$l = 100$ km,$x = 0.4$ Ω/km。

电抗器 R:$U_N = 6$ kV,$I_N = 1.5$ kA,$x_R = 6\%$。

试作不含磁耦合关系的等值电路并计算其标幺值参数。

2-10　对题 2-9 的电力系统,若选各电压级的额定电压作为基准电压,试作含理想变压器的等值电路并计算其参数的标幺值。

2-11　若各电压级均选平均额定电压作为基准电压,并近似地认为各元件的额定电压等于平均额定电压,重作上题的等值电路并计算其参数标幺值。

第3章 同步发电机的基本方程

同步发电机是电力系统的最重要的元件，它的运行特性对电力系统的运行状态起决定性的影响。电力系统的电磁和机电暂态分析几乎都要涉及同步电机的暂态过程。在这一章里，将根据理想同步电机内部的各电磁量的关系，建立同步电机的比较精确而完整的数学模型，为电力系统的暂态研究准备必要的基础知识。

3.1 基 本 前 提

3.1.1 理想同步电机

为了便于分析，常采用以下的简化假设：

(1) 忽略磁路饱和、磁滞、涡流等的影响，假设电机铁芯部分的导磁系数为常数；

(2) 电机转子在结构上对于纵轴和横轴分别对称；

(3) 定子的 a、b、c 三相绕组的空间位置互差 120°电角度，在结构上完全相同，它们均在气隙中产生正弦分布的磁动势；

(4) 电机空载，转子恒速旋转时，转子绕组的磁动势在定子绕组所感应的空载电势是时间的正弦函数；

(5) 定子和转子的槽和通风沟不影响定子和转子的电感，即认为电机的定子和转子具有光滑的表面。

符合上述假设条件的电机称为理想同步电机。

在具有阻尼绕组的凸极同步电机中，共有 6 个有磁耦合关系的线圈。在定子方面有静止的三个相绕组 a、b 和 c，在转子方面有一个励磁绕组 f 和用来代替阻尼绕组的等值绕组 D 和 Q，这三个转子绕组都随转子一起旋转，绕组 f 和绕组 D 位于纵轴向，绕组 Q 位于横轴向。对于没有装设阻尼绕组的隐极同步电机，它的实心转子所起的阻尼作用也可以用等值的阻尼绕组来代表。

3.1.2 假定正向的选取

图 3-1 所示为同步发电机的定子 a 相、b 相和 c 相回路，转子上的励磁回路 f 以及在转子纵轴和横轴方向的两个等值阻尼回路 D 和 Q。在建立这些回路的电压方程式和磁链方程式时，先要规定回路中磁链、电势、电流和电压等量的正方向。图 3-2 中示了出转子旋转的正方向，定子和转子各绕组的相对位置，以及各绕组轴线的正方向，转子横轴（q 轴）落后于纵轴（d 轴）90°。各绕组轴线正方向也就是该绕组磁链的正方向，对本绕组产生正向磁链的电流为该绕组的正电流。定子回路中，定子电流的正方向即为由绕组中性点流向端点的方向，各相感应电势的正方向与相电流的相同，向外电路送出正向相电流的机端相电压是正的

（见图 3-1）。在转子方面，各个绕组感应电势的正方向与本绕组电流的正方向相同。向励磁绕组提供正向励磁电流的外加励磁电压是正的。两个阻尼回路的外加电压均为零。

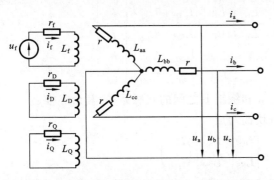 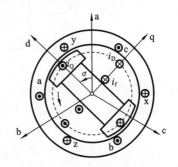

图 3-1 同步发电机的回路图（图中未标出互感）　　　图 3-2 同步发电机各绕组轴线正向示意图

3.2 同步发电机的原始方程

3.2.1 电势方程和磁链方程

根据以上规定的正方向，定子和转子各回路的电势方程可用矩阵写成

$$
\begin{pmatrix} u_a \\ u_b \\ u_c \\ \hline -u_f \\ 0 \\ 0 \end{pmatrix} = - \begin{pmatrix} \dot{\psi}_a \\ \dot{\psi}_b \\ \dot{\psi}_c \\ \hline \dot{\psi}_f \\ \dot{\psi}_D \\ \dot{\psi}_Q \end{pmatrix} - \begin{pmatrix} r & 0 & 0 & & & \\ 0 & r & 0 & & \mathbf{0} & \\ 0 & 0 & r & & & \\ \hline & & & r_f & 0 & 0 \\ & \mathbf{0} & & 0 & r_D & 0 \\ & & & 0 & 0 & r_Q \end{pmatrix} \begin{pmatrix} i_a \\ i_b \\ i_c \\ \hline i_f \\ i_D \\ i_Q \end{pmatrix}
\tag{3-1}
$$

式中，u 为各绕组端电压；i 为各绕组电流；r 为定子每相绕组电阻；ψ 为各绕组的总磁链；$\dot{\psi} = \mathrm{d}\psi/\mathrm{d}t$ 为磁链对时间的导数。

如按矩阵中的虚线进行分块，并将各子块用相应的符号来代表，则方程式（3-1）可写成

$$
\begin{pmatrix} \boldsymbol{u}_{abc} \\ \boldsymbol{u}_{fDQ} \end{pmatrix} = - \begin{pmatrix} \dot{\boldsymbol{\psi}}_{abc} \\ \dot{\boldsymbol{\psi}}_{fDQ} \end{pmatrix} - \begin{pmatrix} \boldsymbol{r}_S & \mathbf{0} \\ \mathbf{0} & \boldsymbol{r}_R \end{pmatrix} \begin{pmatrix} \boldsymbol{i}_{abc} \\ \boldsymbol{i}_{fDQ} \end{pmatrix}
\tag{3-2}
$$

式中，$\boldsymbol{r}_S$ 和 $\boldsymbol{r}_R$ 分别为定子和转子电阻矩阵。

由于各个绕组是互相耦合的，与各绕组相交链的磁通将包括本绕组电流所产生的磁通和由其他绕组的电流产生而与本绕组交链的那部分磁通。各绕组的磁链方程可用矩阵形式表示为

$$\begin{pmatrix} \psi_a \\ \psi_b \\ \psi_c \\ \psi_f \\ \psi_D \\ \psi_Q \end{pmatrix} = \begin{bmatrix} L_{aa} & L_{ab} & L_{ac} & \vdots & L_{af} & L_{aD} & L_{aQ} \\ L_{ba} & L_{bb} & L_{bc} & \vdots & L_{bf} & L_{bD} & L_{bQ} \\ L_{ca} & L_{cb} & L_{cc} & \vdots & L_{cf} & L_{cD} & L_{cQ} \\ \cdots & \cdots & \cdots & \vdots & \cdots & \cdots & \cdots \\ L_{fa} & L_{fb} & L_{fc} & \vdots & L_{ff} & L_{fD} & L_{fQ} \\ L_{Da} & L_{Db} & L_{Dc} & \vdots & L_{Df} & L_{DD} & L_{DQ} \\ L_{Qa} & L_{Qb} & L_{Qc} & \vdots & L_{Qf} & L_{QD} & L_{QQ} \end{bmatrix} \begin{pmatrix} i_a \\ i_b \\ i_c \\ i_f \\ i_D \\ i_Q \end{pmatrix} \tag{3-3}$$

式中，L_{aa} 为绕组 a 的自感系数；L_{ab} 为绕组 a 和绕组 b 之间的互感系数；其余类推。

方程式（3-3）也可以按虚线所作的分块简写成

$$\begin{pmatrix} \boldsymbol{\psi}_{abc} \\ \boldsymbol{\psi}_{fDQ} \end{pmatrix} = \begin{bmatrix} \boldsymbol{L}_{SS} & \boldsymbol{L}_{SR} \\ \boldsymbol{L}_{RS} & \boldsymbol{L}_{RR} \end{bmatrix} \begin{pmatrix} \boldsymbol{i}_{abc} \\ \boldsymbol{i}_{fDQ} \end{pmatrix} \tag{3-4}$$

方程式（3-1）和（3-3）共有 12 个方程式，包含了 6 个绕组的磁链、电流和电压共 18 个运行变量。一般是把各绕组的电压作为给定量，这样就剩下 6 个绕组的磁链和电流共 12 个待求量。作为电机参数的各绕组电阻和自感以及绕组间的互感都应是已知量。

转子旋转时，定、转子绕组的相对位置不断地变化，在凸极机中有些磁通路径的磁导也随着转子的旋转作周期性变化。因此，式（3-3）中的许多自感和互感系数也就随转子位置变化而变化。为此先要分析这些自感和互感系数的变化规律。

3.2.2 电感系数

1. 定子各相绕组的自感系数

现以 a 相为例，当 a 相绕组有电流 i_a 时，将产生正弦分布的磁势 $F_a = w_a i_a$，w_a 为 a 相绕组的等效匝数。磁势 F_a 可以分解为 d 轴分量 $F_a \cos\alpha$ 和 q 轴分量 $F_a \sin\alpha$。如果用 λ_{ad} 和 λ_{aq} 分别表示沿 d 轴和 q 轴方向气隙磁通路径的磁导，则由定子磁势 F_a 沿两个轴向产生的气隙磁通将为

$$\left. \begin{aligned} \Phi_{ad} &= \lambda_{ad} F_a \cos\alpha \\ \Phi_{aq} &= \lambda_{aq} F_a \sin\alpha \end{aligned} \right\} \tag{3-5}$$

和

此外，磁势 F_a 还产生定子绕组漏磁通 $\Phi_{\sigma a} = \lambda_{s\sigma} F_a$，$\lambda_{s\sigma}$ 为漏磁通路径的磁导。

这样，由电流 i_a 产生的与 a 相绕组交链的磁链为

$$\psi_{aa} = w_a(\Phi_{\sigma a} + \Phi_{ad}\cos\alpha + \Phi_{aq}\sin\alpha) = w_a^2 i_a(\lambda_{s\sigma} + \lambda_{ad}\cos^2\alpha + \lambda_{aq}\sin^2\alpha) \tag{3-6}$$

于是有

$$L_{aa} = \psi_{aa}/i_a = w_a^2(\lambda_{s\sigma} + \lambda_{ad}\cos^2\alpha + \lambda_{aq}\sin^2\alpha) = l_0 + l_2\cos2\alpha \tag{3-7}$$

式中

$$\left. \begin{aligned} l_0 &= w_a^2\left[\lambda_{s\sigma} + \frac{1}{2}(\lambda_{ad} + \lambda_{aq})\right] \\ l_2 &= \frac{1}{2}w_a^2(\lambda_{ad} - \lambda_{aq}) \end{aligned} \right\} \tag{3-8}$$

由此可见，定子绕组的自感系数是转子位置角的周期函数，周期为 π。使自感系数 L_{aa} 有最大值和最小值的转子位置示于图 3-3（a）。自感系数 L_{aa} 随 α 角的变化曲线示于图 3-3（b）。

由于定子三相绕组对称，同理可得

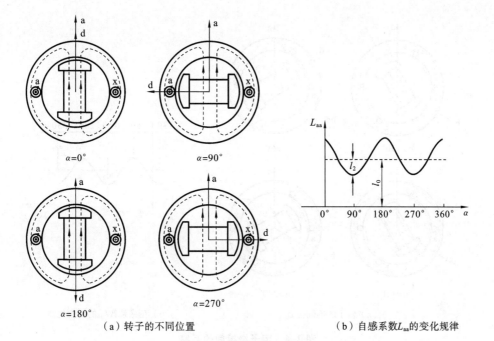

（a）转子的不同位置　　　　　　　　　（b）自感系数L_{aa}的变化规律

图 3-3　定子绕组的自感

$$\left.\begin{array}{l} L_{bb} = l_0 + l_2\cos2(\alpha - 120°) \\ L_{cc} = l_0 + l_2\cos2(\alpha + 120°) \end{array}\right\} \tag{3-9}$$

2. 定子绕组间的互感系数

由定子 a 相电流产生的磁通交链到 b 相绕组的部分也是由气隙磁通和漏磁通两部分组成。如果相绕组间漏磁通路径的磁导为$\lambda_{m\sigma}$，则 a、b 相绕组间的漏磁通为$\Phi_{ba\sigma} = -\lambda_{m\sigma}F_a$，取负号是因为两相绕组轴线相差 120°，a 相正电流产生的磁通将从反方向穿入 b 相绕组。若 b 相绕组的等效匝数为w_b，则由 a 相电流产生交链于 b 相绕组的磁链为

$$\begin{aligned} \psi_{ba} &= w_b\left[\Phi_{ba\sigma} + \Phi_{ad}\cos(\alpha - 120°) + \Phi_{aq}\sin(\alpha + 120°)\right] \\ &= w_a w_b i_a\left[-\lambda_{m\sigma} + \lambda_{ad}\cos\alpha\cos(\alpha - 120°) + \lambda_{aq}\sin\alpha\sin(\alpha - 120°)\right] \end{aligned}$$

定子各相绕组应有相同的等效匝数，即$w_a = w_b = w$。定子 a、b 相间的互感系数为

$$\begin{aligned} L_{ab} = L_{ba} &= \psi_{ba}/i_a = -w^2\left[\lambda_{m\sigma} + \frac{1}{4}(\lambda_{ad} + \lambda_{aq}) + \frac{1}{2}(\lambda_{ad} - \lambda_{aq})\cos2(\alpha + 30°)\right] \\ &= -\left[m_0 + m_2\cos2(\alpha + 30°)\right] \end{aligned} \tag{3-10}$$

式中

$$\left.\begin{array}{l} m_0 = w^2\left[\lambda_{m\sigma} + \dfrac{1}{4}(\lambda_{ad} + \lambda_{aq})\right] \\[2mm] m_2 = \dfrac{1}{2}w^2(\lambda_{ad} - \lambda_{aq}) \end{array}\right\} \tag{3-11}$$

可见，定子各相绕组间的互感系数也是转子位置角的周期函数，周期为 π。其变化部分的幅值与自感系数的相等，即$m_2 = l_2$。通常m_0总大于m_2，因此定子绕组相间互感系数恒为负值。使互感系数L_{ba}有最大值和最小值的转子位置和互感系数L_{ba}随 α 角变化而变化的曲线如图3-4所示。

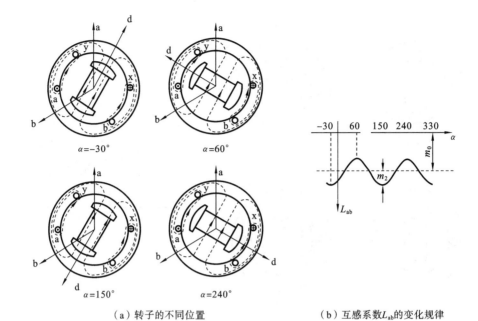

（a）转子的不同位置　　　　　　　　　（b）互感系数L_{ab}的变化规律

图 3-4　定子绕组间的互感

同理可得

$$
\left.
\begin{aligned}
L_{bc} = L_{cb} &= -[m_0 + m_2\cos2(\alpha - 90°)] \\
L_{ca} = L_{ac} &= -[m_0 + m_2\cos2(\alpha + 150°)]
\end{aligned}
\right\}
\tag{3-12}
$$

3. 转子上各绕组的自感系数和互感系数

由于定子的内缘呈圆柱形，不管转子位置如何，凸极机和隐极机一样，由转子绕组电流产生的磁通，其磁路的磁导总是不变的，因此转子各绕组的自感系数 L_{ff}、L_{DD} 和 L_{QQ} 都是常数，并分别改记为 L_f、L_D 和 L_Q。

以励磁绕组为例，设其等效匝数为 w_f，绕组有电流 i_f 时，对本绕组产生的磁链为

$$
\psi_{ff} = w_f^2 i_f(\lambda_{\sigma f} + \lambda_{ad})
$$

故有

$$
L_f = w_f^2(\lambda_{\sigma f} + \lambda_{ad})
\tag{3-13}
$$

式中，$\lambda_{\sigma f}$ 为励磁绕组漏磁通路径的磁导。

同理，转子各绕组间的互感系数亦为常数。两个纵轴绕组（励磁绕组 f 和阻尼绕组 D）之间的互感系数 $L_{fD} = L_{Df} = $ 常数。由于转子的纵轴绕组和横轴绕组的轴线互相垂直，它们之间的互感系数为零，即 $L_{fQ} = L_{Qf} = L_{DQ} = L_{QD} = 0$。

4. 定子绕组和转子绕组间的互感系数

无论是凸极机还是隐极机，这些互感系数都与定子绕组和转子绕组的相对位置有关。现以励磁绕组与定子 a 相绕组间的互感为例，当励磁绕组有电流 i_f 时，其对 a 相绕组产生的互感磁链为

$$
\psi_{af} = ww_f i_f \lambda_{ad}\cos\alpha
$$

因此，

$$L_{fa} = L_{af} = \psi_{af}/i_f = m_{af}\cos\alpha \tag{3-14}$$

式中，$m_{af} = ww_f\lambda_{ad}$。

从图 3-5(a)可见，当转子纵轴(d 轴)与 a 相绕组轴线重合($\alpha=0°$)时，两个绕组间的互感有正的最大值；当转子旋转到 $\alpha=90°$ 或 $\alpha=270°$ 时，由于两个绕组的轴线互相垂直，它们之间的互感为零；而当 $\alpha=180°$ 时，两绕组轴线反向，两者之间的互感系数有负的最大值。互感系数 L_{af} 的变化规律示于图 3-5(b)，其变化周期为 2π。对于 b 相和 c 相绕组也可作类似的分析。由此可得

$$\left.\begin{array}{l} L_{bf} = L_{fb} = m_{af}\cos(\alpha - 120°) \\ L_{cf} = L_{fc} = m_{af}\cos(\alpha + 120°) \end{array}\right\} \tag{3-15}$$

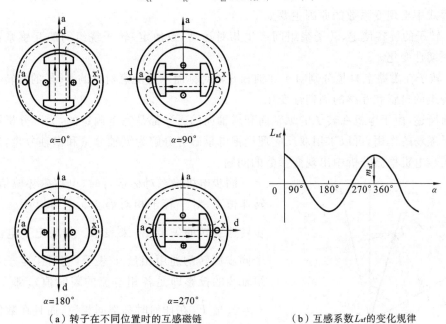

(a) 转子在不同位置时的互感磁链　　　　　(b) 互感系数 L_{af} 的变化规律

图 3-5　定子绕组与励磁绕组间的互感

同理，定子各相绕组与纵轴阻尼绕组间的互感系数为

$$\left.\begin{array}{l} L_{aD} = L_{Da} = m_{aD}\cos\alpha \\ L_{bD} = L_{Db} = m_{aD}\cos(\alpha - 120°) \\ L_{cD} = L_{Dc} = m_{aD}\cos(\alpha + 120°) \end{array}\right\} \tag{3-16}$$

由于转子横轴落后于纵轴 $90°$，故定子绕组和横轴阻尼绕组之间的互感系数为

$$\left.\begin{array}{l} L_{aQ} = L_{Qa} = m_{aQ}\sin\alpha \\ L_{bQ} = L_{Qb} = m_{aQ}\sin(\alpha - 120°) \\ L_{cQ} = L_{Qc} = m_{aQ}\sin(\alpha + 120°) \end{array}\right\} \tag{3-17}$$

由此可见，在磁链方程中许多电感系数都随转子角 α 而周期变化。转子角 α 又是时间的函数，因此，一些自感系数和互感系数也将随时间而周期变化。若将磁链方程式代入电势方程式，则电势方程将成为一组以时间的周期函数为系数的微分方程。这类方程组的求解是颇为困难的。为了解决这个困难，可以通过"坐标变换"，用一组新的变量代替原来的变

量,将变系数的微分方程变换成常系数微分方程,然后求解。下面我们将介绍同步电机暂态分析中最常用的一种"坐标变换"。

3.3 dq0 坐标系的同步电机方程

3.3.1 坐标变换和 dq0 系统

在原始方程中,定子各电磁变量是按三个相绕组也就是对于空间静止不动的三相坐标系列写的,而转子各绕组的电磁变量则是对于随转子一起旋转的 d、q 两相坐标系列写的。磁链方程式中出现变系数的原因主要如下。

（1）转子的旋转使定、转子绕组间产生相对运动,致使定、转子绕组间的互感系数发生相应的周期性变化。

（2）转子在磁路上只是分别对于 d 轴和 q 轴对称而不是随意对称的,转子的旋转也导致定子各绕组的自感和互感的周期性变化。

如前所述,由于电机在转子的纵轴向和横轴向的磁导都是完全确定的,为了分析电枢磁势对转子磁场的作用,可以采用双反应理论把电枢磁势分解为纵轴分量和横轴分量,这就避免了在同步电机稳态分析中出现变参数的问题。

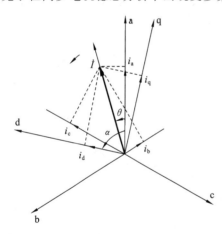

图 3-6　定子电流通用相量

同步电机稳态对称运行时,电枢磁势幅值不变,转速恒定,对于转子相对静止。它可以用一个以同步转速旋转的矢量 $\dot{F}_a$ 来表示。如果定子电流用一个同步旋转的通用相量 $\dot{I}$ 表示(它对于定子各相绕组轴线的投影即是各相电流的瞬时值),那么,相量 $\dot{I}$ 与矢量 $\dot{F}_a$ 在任何时刻都同相位,而且在数值上成比例,如图 3-6 所示。

依照电枢磁势的分解方法,也可以把电流相量分解为纵轴分量 i_d 和横轴分量 i_q。令 θ 表示电流通用相量同 a 相绕组轴线的夹角,则有

$$\left.\begin{array}{l} i_d = I\cos(\alpha - \theta) \\ i_q = I\sin(\alpha - \theta) \end{array}\right\} \tag{3-18}$$

定子三相电流的瞬时值则为

$$\left.\begin{array}{l} i_a = I\cos\theta \\ i_b = I\cos(\theta - 120°) \\ i_c = I\cos(\theta + 120°) \end{array}\right\} \tag{3-19}$$

利用三角恒等式

$$\cos(\alpha - \theta) = \frac{2}{3}\big[\cos\alpha\cos\theta + \cos(\alpha - 120°)\cos(\theta - 120°)$$
$$+ \cos(\alpha + 120°)\cos(\theta + 120°)\big]$$

$$\sin(\alpha-\theta)=\frac{2}{3}\left[\sin\alpha\cos\theta+\sin(\alpha-120°)\cos(\theta-120°)\right.$$
$$\left.+\sin(\alpha+120°)\cos(\theta+120°)\right]$$

即可从式(3-18)和式(3-19)得到

$$\left.\begin{array}{l}i_{d}=\dfrac{2}{3}\left[i_{a}\cos\alpha+i_{b}\cos(\alpha-120°)+i_{c}\cos(\alpha+120°)\right]\\[2mm]i_{q}=\dfrac{2}{3}\left[i_{a}\sin\alpha+i_{b}\sin(\alpha-120°)+i_{c}\sin(\alpha+120°)\right]\end{array}\right\} \tag{3-20}$$

通过这种变换,将三相电流 i_a、i_b、i_c 变换成了等效的两相电流 i_d 和 i_q。可以设想,这两个电流是定子的两个等效绕组 dd 和 qq 中的电流。这组等效的定子绕组 dd 和 qq 不像实际的 a、b、c 三相绕组那样在空间静止不动,而是随着转子一起旋转。等效绕组中的电流产生的磁势对转子相对静止,它所遇到的磁路磁阻恒定不变,相应的电感系数也就变为常数了。

当定子绕组内存在幅值恒定的三相对称电流时,由式(3-20)确定的 i_d 和 i_q 都是常数。这就是说,等效的 dd、qq 绕组的电流是直流。

如果定子绕组中存在三相不对称的电流,只要是一个平衡的三相系统,即满足

$$i_a+i_b+i_c=0$$

仍然可以用一个通用相量来代表三相电流,不过这时通用相量的幅值和转速都是不恒定的,因而它在 d 轴和 q 轴上的投影也是随幅值变化的。

当定子三相电流构成不平衡系统时,三相电流是三个独立的变量,仅用两个新变量(d 轴分量和 q 轴分量)不足以代表原来的三个变量。为此,需要增选第三个新变量 i_0,其值为

$$i_0=\frac{1}{3}(i_a+i_b+i_c) \tag{3-21}$$

关系式(3-21)与常见的对称分量法中零序电流的表达式相似。所不同的是,这里用的是电流的瞬时值,对称分量法中用的则是正弦电流的相量。我们称 i_0 为定子电流的零轴分量。

式(3-20)和式(3-21)构成了一个从 abc 坐标系到 dq0 坐标系的变换,可用矩阵合写成

$$\begin{bmatrix}i_d\\i_q\\i_0\end{bmatrix}=\frac{2}{3}\begin{bmatrix}\cos\alpha & \cos(\alpha-120°) & \cos(\alpha+120°)\\\sin\alpha & \sin(\alpha-120°) & \sin(\alpha+120°)\\\frac{1}{2} & \frac{1}{2} & \frac{1}{2}\end{bmatrix}\begin{bmatrix}i_a\\i_b\\i_c\end{bmatrix} \tag{3-22}$$

或缩记为

$$\boldsymbol{i}_{dq0}=\boldsymbol{P}\boldsymbol{i}_{abc} \tag{3-23}$$

式中

$$\boldsymbol{P}=\frac{2}{3}\begin{bmatrix}\cos\alpha & \cos(\alpha-120°) & \cos(\alpha+120°)\\\sin\alpha & \sin(\alpha-120°) & \sin(\alpha+120°)\\\frac{1}{2} & \frac{1}{2} & \frac{1}{2}\end{bmatrix} \tag{3-24}$$

为变换矩阵。容易验证,矩阵 $\boldsymbol{P}$ 非奇,因此存在逆阵 $\boldsymbol{P}^{-1}$,即

$$\boldsymbol{P}^{-1} = \begin{bmatrix} \cos\alpha & \sin\alpha & 1 \\ \cos(\alpha-120°) & \sin(\alpha-120°) & 1 \\ \cos(\alpha+120°) & \sin(\alpha+120°) & 1 \end{bmatrix} \tag{3-25}$$

利用逆变换可得

$$\boldsymbol{i}_{abc} = \boldsymbol{P}^{-1}\boldsymbol{i}_{dq0} \tag{3-26}$$

或展开写成

$$\begin{bmatrix} i_a \\ i_b \\ i_c \end{bmatrix} = \begin{bmatrix} \cos\alpha & \sin\alpha & 1 \\ \cos(\alpha-120°) & \sin(\alpha-120°) & 1 \\ \cos(\alpha+120°) & \sin(\alpha+120°) & 1 \end{bmatrix} \begin{bmatrix} i_d \\ i_q \\ i_0 \end{bmatrix} \tag{3-27}$$

由此可见,当三相电流不平衡时,每相电流中都含有相同的零轴分量 i_0。由于定子三相绕组完全对称,在空间互相位移 120°电角度,三相零轴电流在气隙中的合成磁势为零,故不产生与转子绕组相交链的磁通。它只产生与定子绕组交链的磁通,其值与转子的位置无关。

上述变换一般称为派克(Park)变换,不仅对定子电流,而且对定子绕组的电压和磁链都可以施行这种变换,变换关系式与电流的相同。

例 3-1 设有三相对称电流 $i_a = I\cos\theta, i_b = I\cos(\theta-120°), i_c = I\cos(\theta+120°), \theta = \theta_0 + \omega't$。若 d、q 轴的旋转速度为 ω,即 $\alpha = \alpha_0 + \omega t$。试求三相电流的 d、q、0 轴分量。

解 利用变换式(3-22),可得

$$i_d = I\cos(\alpha-\theta) = I\cos[(\alpha_0-\theta_0)+(\omega-\omega')t]$$
$$i_q = I\sin(\alpha-\theta) = I\sin[(\alpha_0-\theta_0)+(\omega-\omega')t]$$
$$i_0 = 0$$

现就 $\omega'=0, \omega'=\omega$ 和 $\omega'=2\omega$ 三种情况,将 a、b、c 系统和 d、q、0 系统的电流列于表 3-1。

表 3-1 不同频率的三相对称电流的 d、q、0 轴分量

	a、b、c 系统	d、q、0 系统
$\omega'=0$	$i_a = I\cos\theta_0$ $i_b = I\cos(\theta_0-120°)$ $i_c = I\cos(\theta_0+120°)$	$i_d = I\cos[(\alpha_0-\theta_0)+\omega t]$ $i_q = I\sin[(\alpha_0-\theta_0)+\omega t]$ $i_0 = 0$
$\omega'=\omega$	$i_a = I\cos(\theta_0+\omega t)$ $i_b = I\cos(\theta_0+\omega t-120°)$ $i_c = I\cos(\theta_0+\omega t+120°)$	$i_d = I\cos(\alpha_0-\theta_0)$ $i_q = I\sin(\alpha_0-\theta_0)$ $i_0 = 0$
$\omega'=2\omega$	$i_a = I\cos(\theta_0+2\omega t)$ $i_b = I\cos(\theta_0+2\omega t-120°)$ $i_c = I\cos(\theta_0+2\omega t+120°)$	$i_d = I\cos[(\alpha_0-\theta_0)-\omega t]$ $i_q = I\sin[(\alpha_0-\theta_0)-\omega t]$ $i_0 = 0$

由表可见,三相系统中的对称倍频交流和直流经过派克变换后,所得的 d 轴和 q 轴分量是基频电流,三相系统的对称基频交流则转化为 d、q 轴分量中的直流。由于变换可逆,也可以说,d、q 轴分量中的直流对应于 abc 三相系统的对称基频交流,d、q 轴分量中的基频交流则对应于 abc 系统的直流和倍频电流。

3.3.2　dq0 系统的电势方程

派克变换将 a、b、c 三相变量转换为 d、q、0 轴分量。显然，只应对定子各量施行变换。定子的电势方程为

$$\boldsymbol{u}_{abc} = -\dot{\boldsymbol{\psi}}_{abc} - r_S \boldsymbol{i}_{abc} \tag{3-28}$$

全式左乘 $\boldsymbol{P}$，便得

$$\boldsymbol{u}_{dq0} = -\boldsymbol{P}\dot{\boldsymbol{\psi}}_{abc} - r_S \boldsymbol{i}_{dq0}$$

由于 $\boldsymbol{\psi}_{dq0} = \boldsymbol{P}\boldsymbol{\psi}_{abc}$，分别在两端求取对时间的导数，便有

$$\dot{\boldsymbol{\psi}}_{dq0} = \dot{\boldsymbol{P}}\boldsymbol{\psi}_{abc} + \boldsymbol{P}\dot{\boldsymbol{\psi}}_{abc}$$

由此可得

$$\boldsymbol{P}\dot{\boldsymbol{\psi}}_{abc} = \dot{\boldsymbol{\psi}}_{dq0} - \dot{\boldsymbol{P}}\boldsymbol{\psi}_{abc} = \dot{\boldsymbol{\psi}}_{dq0} - \dot{\boldsymbol{P}}\boldsymbol{P}^{-1}\boldsymbol{\psi}_{dq0} = \dot{\boldsymbol{\psi}}_{dq0} + \boldsymbol{S} \tag{3-29}$$

式中

$$\boldsymbol{S} = -\dot{\boldsymbol{P}}\boldsymbol{P}^{-1}\boldsymbol{\psi}_{dq0}$$

$$= -\frac{2}{3}\begin{bmatrix} -\sin\alpha\dfrac{d\alpha}{dt} & -\sin(\alpha-120°)\dfrac{d\alpha}{dt} & -\sin(\alpha+120°)\dfrac{d\alpha}{dt} \\[2mm] \cos\alpha\dfrac{d\alpha}{dt} & \cos(\alpha-120°)\dfrac{d\alpha}{dt} & \cos(\alpha+120°)\dfrac{d\alpha}{dt} \\[2mm] 0 & 0 & 0 \end{bmatrix}\boldsymbol{P}^{-1}\boldsymbol{\psi}_{dq0}$$

$$= -\frac{2}{3}\begin{bmatrix} 0 & -\dfrac{3}{2}\dfrac{d\alpha}{dt} & 0 \\[2mm] \dfrac{3}{2}\dfrac{d\alpha}{dt} & 0 & 0 \\[2mm] 0 & 0 & 0 \end{bmatrix}\begin{bmatrix} \psi_d \\ \psi_q \\ \psi_0 \end{bmatrix} = \begin{bmatrix} 0 & \omega & 0 \\ -\omega & 0 & 0 \\ 0 & 0 & 0 \end{bmatrix}\begin{bmatrix} \psi_d \\ \psi_q \\ \psi_0 \end{bmatrix} = \begin{bmatrix} \omega\psi_q \\ -\omega\psi_d \\ 0 \end{bmatrix}$$

这样，我们便得到用 d、q、0 轴分量表示的电势方程式为

$$\boldsymbol{u}_{dq0} = -(\dot{\boldsymbol{\psi}}_{dq0} + \boldsymbol{S}) - r_S \boldsymbol{i}_{dq0} \tag{3-30}$$

或者展开写成

$$\left.\begin{aligned} u_d &= -\dot{\psi}_d - \omega\psi_q - ri_d \\ u_q &= -\dot{\psi}_q + \omega\psi_d - ri_q \\ u_0 &= -\dot{\psi}_0 - ri_0 \end{aligned}\right\} \tag{3-31}$$

同原来的方程组(3-28)比较，可以看出，dd 和 qq 绕组中的电势都包含了两个分量，一个是磁链对时间的导数，另一个是磁链同转速的乘积。前者称为变压器电势，后者称为发电机电势。我们还看到式(3-31)中的第三个方程是独立的，这就是说，等效的零轴绕组从磁的意义上说，对其他绕组是隔离的。

从 abc 坐标系到 dq0 坐标系的转换，其物理意义是把观察者的立场从静止的定子上转移到了转子上。由于这一转变，定子的静止三相绕组被两个同转子一起旋转的等效绕组所代替，并且三相的对称交流变成了直流。正因为这样，所以可以通过一种直流电机的模型对

派克变换作出恰当的物理解释（见图 3-7）。我们把同步电机的定子三相绕组放在旋转的电枢上，而把磁极放在定子上，电刷应同磁极相对静止。同步电机的等效绕组 dd 和 qq 分别与图中电刷 d-d 间和电刷 q-q 间的电枢绕组相对应。当电枢旋转时，构成 dd 绕组和 qq 绕组的导体不断地变换，但是 dd 绕组和 qq 绕组的轴线则始终分别对准 d 轴和 q 轴。由于实际的导体对于磁场总是处在相对运动中，因此每一根导体内部都产生切割电势（即发电机电势）。当磁链 ψ_d 和 ψ_q 的大小发生变化时，还要在相应的绕组产生变压器电势。各绕组变压器电势的正方向与该绕组电流的正方向相同，而切割电势的方向可由右手定则确定（见图3-7（b）、（c））。根据这样确定的电势方向，即可写出式（3-31）的前两式。

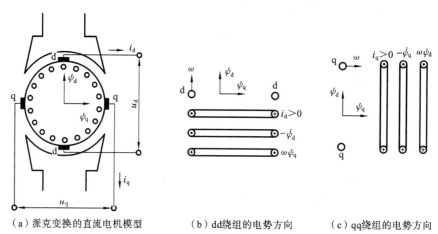

（a）派克变换的直流电机模型　　　（b）dd绕组的电势方向　　　（c）qq绕组的电势方向

图 3-7　派克变换的物理解释

3.3.3　dq0 系统的磁链方程和电感系数

现在讨论磁链方程的变换。将式（3-4）展开写成

$$\boldsymbol{\psi}_{abc} = \boldsymbol{L}_{SS}\boldsymbol{i}_{abc} + \boldsymbol{L}_{SR}\boldsymbol{i}_{fDQ} \tag{3-32}$$

$$\boldsymbol{\psi}_{fDQ} = \boldsymbol{L}_{RS}\boldsymbol{i}_{abc} + \boldsymbol{L}_{RR}\boldsymbol{i}_{fDQ} \tag{3-33}$$

对式（3-32）左乘以 $\boldsymbol{P}$，并利用关系式（3-26），便得

$$\boldsymbol{\psi}_{dq0} = \boldsymbol{P}\boldsymbol{L}_{SS}\boldsymbol{P}^{-1}\boldsymbol{i}_{dq0} + \boldsymbol{P}\boldsymbol{L}_{SR}\boldsymbol{i}_{fDQ} \tag{3-34}$$

$$\boldsymbol{\psi}_{fDQ} = \boldsymbol{L}_{RS}\boldsymbol{P}^{-1}\boldsymbol{i}_{dq0} + \boldsymbol{L}_{RR}\boldsymbol{i}_{fDQ} \tag{3-35}$$

通过矩阵演算可得

$$\boldsymbol{P}\boldsymbol{L}_{SR} = \begin{bmatrix} m_{af} & m_{aD} & 0 \\ 0 & 0 & m_{aQ} \\ 0 & 0 & 0 \end{bmatrix}, \quad \boldsymbol{L}_{RS}\boldsymbol{P}^{-1} = \begin{bmatrix} \dfrac{3}{2}m_{fa} & 0 & 0 \\ \dfrac{3}{2}m_{Da} & 0 & 0 \\ 0 & \dfrac{3}{2}m_{Qa} & 0 \end{bmatrix}$$

$$\boldsymbol{P}\boldsymbol{L}_{SS}\boldsymbol{P}^{-1} = \begin{bmatrix} L_d & 0 & 0 \\ 0 & L_q & 0 \\ 0 & 0 & L_0 \end{bmatrix}$$

式中

$$
\left.\begin{array}{l}
L_{\mathrm{d}} = l_0 + m_0 + \dfrac{1}{2}l_2 + m_2 = w^2\left(\lambda_{s\sigma} + \lambda_{m\sigma} + \dfrac{3}{2}\lambda_{\mathrm{ad}}\right) \\[2mm]
L_{\mathrm{q}} = l_0 + m_0 - \dfrac{1}{2}l_2 - m_2 = w^2\left(\lambda_{s\sigma} + \lambda_{m\sigma} + \dfrac{3}{2}\lambda_{\mathrm{aq}}\right) \\[2mm]
L_0 = l_0 - 2m_0 = w^2\left(\lambda_{s\sigma} - 2\lambda_{m\sigma}\right)
\end{array}\right\} \tag{3-36}
$$

将上述各表达式代入磁链方程(3-34)和磁链方程(3-35)，并将其合写如下：

$$
\begin{pmatrix}
\psi_{\mathrm{d}} \\ \psi_{\mathrm{q}} \\ \psi_0 \\ \psi_{\mathrm{f}} \\ \psi_{\mathrm{D}} \\ \psi_{\mathrm{Q}}
\end{pmatrix}
=
\begin{pmatrix}
L_{\mathrm{d}} & 0 & 0 & m_{\mathrm{af}} & m_{\mathrm{aD}} & 0 \\
0 & L_{\mathrm{q}} & 0 & 0 & 0 & m_{\mathrm{aQ}} \\
0 & 0 & L_0 & 0 & 0 & 0 \\
\dfrac{3}{2}m_{\mathrm{fa}} & 0 & 0 & L_{\mathrm{f}} & L_{\mathrm{fD}} & 0 \\
\dfrac{3}{2}m_{\mathrm{Da}} & 0 & 0 & L_{\mathrm{Df}} & L_{\mathrm{D}} & 0 \\
0 & \dfrac{3}{2}m_{\mathrm{Qa}} & 0 & 0 & 0 & L_{\mathrm{Q}}
\end{pmatrix}
\begin{pmatrix}
i_{\mathrm{d}} \\ i_{\mathrm{q}} \\ i_0 \\ i_{\mathrm{f}} \\ i_{\mathrm{D}} \\ i_{\mathrm{Q}}
\end{pmatrix}
\tag{3-37}
$$

这就是变换到 dq0 坐标系的磁链方程。可以看到，方程中的各项电感系数都变为常数了。因为定子三相绕组已被假想的等效绕组 dd 和 qq 所代替，这两个绕组的轴线总是分别与 d 轴和 q 轴一致的，而 d 轴向和 q 轴向的磁导与转子位置无关，因此磁链与电流的关系(电感系数)自然亦与转子角 α 无关。

式(3-36)中的 L_{d} 和 L_{q} 分别是定子等效绕组 dd 和 qq 的电感系数，称为纵轴同步电感系数和横轴同步电感系数。从式(3-36)可以看到，L_{d} 不但包含定子一相绕组的漏自感，而且包含两相绕组间的漏互感，同时，穿过气隙的电感系数为一相绕组单独作用时的 3/2 倍，也就是说，它是三相电流共同作用下的一种解耦后的一相等值电感系数。同 L_{d} 相对应的电抗就是纵轴同步电抗 x_{d}。同理，L_{q} 也是解耦后的一相等值电感系数，同 L_{q} 相对应的电抗就是横轴同步电抗 x_{q}。

式(3-36)中的 L_0 为一相等值的零轴电感系数。因为定子通以三相零轴电流时，定子三相绕组对称，在气隙中的合成磁势为零，所以，L_0 只与漏自感及漏互感有关。

还需指出，方程式(3-37)右端的系数矩阵变得不对称了，即定子等效绕组和转子绕组间的互感系数不能互易了。从数学上讲，这是由于所采用的变换矩阵 $\boldsymbol{P}$ 不是正交矩阵的缘故。在物理意义上，定子对转子的互感中出现系数 3/2，是因为定子三相合成磁势的幅值为一相磁势的 3/2 倍。

习惯上常将 dq0 系统中的电势方程和磁链方程合称为同步电机的基本方程，亦称派克方程。这组方程比较精确地描述了同步电机内部的电磁过程，它是同步电机(也是电力系统)暂态分析的基础。

3.3.4　功率公式

在 dq0 系统中，同步电机的三相功率为

$$
P = \boldsymbol{u}_{\mathrm{abc}}^{\mathrm{T}}\boldsymbol{i}_{\mathrm{abc}} = \left[\boldsymbol{P}^{-1}\boldsymbol{u}_{\mathrm{dq0}}\right]^{\mathrm{T}}\boldsymbol{P}^{-1}\boldsymbol{i}_{\mathrm{dq0}} = \boldsymbol{u}_{\mathrm{dq0}}^{\mathrm{T}}\left[\boldsymbol{P}^{-1}\right]^{\mathrm{T}}\boldsymbol{P}^{-1}\boldsymbol{i}_{\mathrm{dq0}} = 3u_0 i_0 + \frac{3}{2}(u_{\mathrm{d}}i_{\mathrm{d}} + u_{\mathrm{q}}i_{\mathrm{q}}) \tag{3-38}
$$

由于 P 不是正交矩阵，因此功率的计算公式也同 abc 系统中的公式不一致了。

※3.4 同步电机的常用标幺制

在同步电机运行状态分析中，为了把基本方程中的各物理量表示为标幺值，首先必须选好各量的基准值。我们希望在标幺制中，基本方程的形式不变，如果可能，也希望在转子磁链平衡方程式中不再出现系数 3/2。

先选择定子侧的基准值。基本方程是由原始方程（3-1）和（3-3）演变而来，原始方程是对于三相电压、电流和磁链的瞬时值列写的。因此宜选取定子额定相电压的幅值作为定子电压基准值 $u_B=\sqrt{2}U_N$，选取定子额定相电流的幅值作为定子电流基准值 $i_B=\sqrt{2}I_N$。再选取额定同步转速作为角速度的基准值 $\omega_B=\omega_N=2\pi f_N$。选定这三个量以后，根据基本方程形式不变的条件，可以确定其他各物理量的基准值如下：

阻抗的基准值为 $z_B=u_B/i_B$；

电感的基准值为 $L_B=z_B/\omega_B$；

时间的基准值为 $t_B=1/\omega_B$，即基准角速度转过一弧度所需的时间；

磁链的基准值为 $\psi_B=L_Bi_B=u_B/\omega_B=u_Bt_B$。

此外，再选发电机的额定功率作为功率的基准值，即

$$S_B = 3U_N I_N = 3 \times \frac{u_B}{\sqrt{2}} \times \frac{i_B}{\sqrt{2}} = \frac{3}{2}u_B i_B$$

转子侧基准值选择的关键在于怎样确定转子和定子绕组各电磁量基准值之间的关系。转子方面的阻尼绕组本身就是一种等效绕组，不妨假定它的匝数与励磁绕组匝数相同，或者说已折合成与励磁绕组有相同匝数的绕组，即对阻尼绕组不另选取不同于励磁绕组的基准值。

这里介绍一种常用的选法，就是把同步电机看做等效变压器，按下述条件确定转子电流和定子电流基准值之间的关系：转子基准电流 i_{fB} 产生的磁势应同幅值为 i_B 的定子三相对称电流产生的磁势相等，即

$$i_{fB}w_f = \frac{3}{2}i_B w \quad \text{或} \quad i_{fB} = \frac{3}{2} \times \frac{w}{w_f}i_B = \frac{3}{2}ki_B$$

式中，w 和 w_f 分别为定子绕组和转子绕组的有效匝数；$k=w/w_f$ 表示定子、转子绕组的有效匝数比。

定子和转子绕组作为磁耦合电路，应有相同的功率基准值和时间基准值，于是有

$$u_{fB}i_{fB} = S_{fB} = S_B = \frac{3}{2}u_B i_B$$

由此可得

$$u_{fB} = \frac{3}{2} \times \frac{i_B}{i_{fB}}u_B = \frac{u_B}{k}$$

转子绕组中阻抗、电感、磁链的基准值同电流、电压和时间的基准值之间的关系与定子方面的相同。

按这样选出的基准值，在标幺制的磁链方程中，转子对定子和定子对转子的互感系数变

为相等。

定子、转子各物理量都用标幺值表示时,同步电机的基本方程式可列写如下(为简化书写略去了各字母下标中表示标幺值的符号＊):

$$
\left.
\begin{aligned}
u_d &= -\dot{\psi}_d - \omega\psi_q - ri_d \\
u_q &= -\dot{\psi}_q + \omega\psi_d - ri_q \\
u_0 &= -\dot{\psi}_0 - ri_0 \\
-u_f &= -\dot{\psi}_f - r_f i_f \\
0 &= -\dot{\psi}_D - r_D i_D \\
0 &= -\dot{\psi}_Q - r_Q i_Q
\end{aligned}
\right\} \tag{3-39}
$$

$$
\left.
\begin{aligned}
\psi_d &= L_d i_d + m_{af} i_f + m_{aD} i_D \\
\psi_q &= L_q i_q + m_{aQ} i_Q \\
\psi_0 &= L_0 i_0 \\
\psi_f &= m_{fa} i_d + L_f i_f + L_{fD} i_D \\
\psi_D &= m_{Da} i_d + L_{Df} i_f + L_D i_D \\
\psi_Q &= m_{Qa} i_q + L_Q i_Q
\end{aligned}
\right\} \tag{3-40}
$$

此外,在标幺制中的有功功率计算公式为

$$
\frac{P}{S_B} = \frac{3u_0 i_0 + \frac{3}{2}(u_d i_d + u_q i_q)}{\frac{3}{2} u_B i_B} = 2u_{0*} i_{0*} + u_{d*} i_{d*} + u_{q*} i_{q*}
$$

3.5 基本方程的拉氏运算形式

3.5.1 有阻尼绕组同步电机的运算方程

同步电机的基本方程可以用数值方法求解,也可以通过拉氏变换将原函数的微分方程化为象函数的代数方程,然后求解。假定转子转速恒定,并等于额定转速。对派克方程实行拉普拉斯变换,以 $U_d(p)$、$U_q(p)$、$U_f(p)$、$\Psi_d(p)$、$\Psi_q(p)$、$\Psi_f(p)$、$\Psi_D(p)$、$\Psi_Q(p)$、$I_d(p)$、$I_q(p)$、$I_f(p)$、$I_D(p)$ 和 $I_Q(p)$ 分别表示 $u_d,u_q,u_f,\psi_d,\psi_q,\psi_f,\psi_D,\psi_Q,i_d,i_q,i_f,i_D$ 和 i_Q 的象函数。在标幺制中,当 $\omega_*=1$ 时,电抗和电感数值相等,习惯上常直接用电抗代替电感。零轴分量的计算同 d、q 轴分量无关,可另作处理。这样便得拉氏运算形式的各绕组电势方程和磁链方程如下:

$$
\left.
\begin{aligned}
U_d(p) &= -[p\Psi_d(p) - \psi_{d0}] - \Psi_q(p) - rI_d(p) \\
U_q(p) &= -[p\Psi_q(p) - \psi_{q0}] + \Psi_d(p) - rI_q(p) \\
U_f(p) &= p\Psi_f(p) - \psi_{f0} + r_f I_f(p) \\
0 &= p\Psi_D(p) - \psi_{D0} + r_D I_D(p) \\
0 &= p\Psi_Q(p) - \psi_{Q0} + r_Q I_Q(p)
\end{aligned}
\right\} \tag{3-41}
$$

$$\left.\begin{aligned}\Psi_\mathrm{d}(p) &= x_\mathrm{d}I_\mathrm{d}(p) + x_\mathrm{af}I_\mathrm{f}(p) + x_\mathrm{aD}I_\mathrm{D}(p)\\\Psi_\mathrm{q}(p) &= x_\mathrm{q}I_\mathrm{q}(p) + x_\mathrm{aQ}I_\mathrm{Q}(p)\\\Psi_\mathrm{f}(p) &= x_\mathrm{fa}I_\mathrm{d}(p) + x_\mathrm{f}I_\mathrm{f}(p) + x_\mathrm{fD}I_\mathrm{D}(p)\\\Psi_\mathrm{D}(p) &= x_\mathrm{Da}I_\mathrm{d}(p) + x_\mathrm{Df}I_\mathrm{f}(p) + x_\mathrm{D}I_\mathrm{D}(p)\\\Psi_\mathrm{Q}(p) &= x_\mathrm{Qa}I_\mathrm{q}(p) + x_\mathrm{Q}I_\mathrm{Q}(p)\end{aligned}\right\} \tag{3-42}$$

求解上述方程时，各绕组的电压应作为已知量，磁链初值由初始条件给出。利用上述两组共十个方程即可求得各绕组电流和磁链的象函数表达式。在实际应用中，往往只要计算定子绕组的电流即可，为此，可将转子绕组的电流先行消去。利用式(3-41)和(3-42)中的第三、四式可求得

$$\begin{aligned}I_\mathrm{f}(p) &= \frac{-[p^2(x_\mathrm{af}x_\mathrm{D} - x_\mathrm{aD}x_\mathrm{fD}) + px_\mathrm{af}r_\mathrm{D}]I_\mathrm{d}(p)}{p^2(x_\mathrm{f}x_\mathrm{D} - x_\mathrm{fD}^2) + p(x_\mathrm{f}r_\mathrm{D} + x_\mathrm{D}r_\mathrm{f}) + r_\mathrm{f}r_\mathrm{D}}\\&\quad + \frac{(px_\mathrm{D} + r_\mathrm{D})[U_\mathrm{f}(p) + \psi_\mathrm{f0}] - px_\mathrm{fD}\psi_\mathrm{D0}}{p^2(x_\mathrm{f}x_\mathrm{D} - x_\mathrm{fD}^2) + p(x_\mathrm{f}r_\mathrm{D} + x_\mathrm{D}r_\mathrm{f}) + r_\mathrm{f}r_\mathrm{D}}\end{aligned} \tag{3-43}$$

$$\begin{aligned}I_\mathrm{D}(p) &= \frac{-[p^2(x_\mathrm{aD}x_\mathrm{f} - x_\mathrm{af}x_\mathrm{fD}) + px_\mathrm{aD}r_\mathrm{f}]I_\mathrm{d}(p)}{p^2(x_\mathrm{f}x_\mathrm{D} - x_\mathrm{fD}^2) + p(x_\mathrm{f}r_\mathrm{D} + x_\mathrm{D}r_\mathrm{f}) + r_\mathrm{f}r_\mathrm{D}}\\&\quad + \frac{(px_\mathrm{f} + r_\mathrm{f})\psi_\mathrm{D0} - px_\mathrm{fD}[U_\mathrm{f}(p) + \psi_\mathrm{f0}]}{p^2(x_\mathrm{f}x_\mathrm{D} - x_\mathrm{fD}^2) + p(x_\mathrm{f}r_\mathrm{D} + x_\mathrm{D}r_\mathrm{f}) + r_\mathrm{f}r_\mathrm{D}}\end{aligned} \tag{3-44}$$

将所得的 $I_\mathrm{f}(p)$ 和 $I_\mathrm{D}(p)$ 代入式(3-42)中的第一式，经整理可得

$$\Psi_\mathrm{d}(p) = X_\mathrm{d}(p)I_\mathrm{d}(p) + G_\mathrm{f}(p)[U_\mathrm{f}(p) + \psi_\mathrm{f0}] + G_\mathrm{D}(p)\psi_\mathrm{D0} \tag{3-45}$$

式中

$$X_\mathrm{d}(p) = x_\mathrm{d} - \frac{p^2(x_\mathrm{af}^2x_\mathrm{D} + x_\mathrm{aD}^2x_\mathrm{f} - 2x_\mathrm{af}x_\mathrm{aD}x_\mathrm{Df}) + p(x_\mathrm{af}^2r_\mathrm{D} + x_\mathrm{aD}^2r_\mathrm{f})}{p^2(x_\mathrm{f}x_\mathrm{D} - x_\mathrm{fD}^2) + p(x_\mathrm{f}r_\mathrm{D} + x_\mathrm{D}r_\mathrm{f}) + r_\mathrm{f}r_\mathrm{D}} \tag{3-46}$$

$$G_\mathrm{f}(p) = \frac{p(x_\mathrm{af}x_\mathrm{D} - x_\mathrm{aD}x_\mathrm{fD}) + x_\mathrm{af}r_\mathrm{D}}{p^2(x_\mathrm{f}x_\mathrm{D} - x_\mathrm{fD}^2) + p(x_\mathrm{f}r_\mathrm{D} + x_\mathrm{D}r_\mathrm{f}) + r_\mathrm{D}r_\mathrm{f}} \tag{3-47}$$

$$G_\mathrm{D}(p) = \frac{p(x_\mathrm{aD}x_\mathrm{f} - x_\mathrm{af}x_\mathrm{Df}) + x_\mathrm{aD}r_\mathrm{f}}{p^2(x_\mathrm{f}x_\mathrm{D} - x_\mathrm{fD}^2) + p(x_\mathrm{f}r_\mathrm{D} + x_\mathrm{D}r_\mathrm{f}) + r_\mathrm{D}r_\mathrm{f}} \tag{3-48}$$

类似地，由方程组(3-41)和方程组(3-42)的第五式可求得

$$I_\mathrm{Q}(p) = \frac{-px_\mathrm{aQ}I_\mathrm{q}(p) + \psi_\mathrm{Q0}}{px_\mathrm{Q} + r_\mathrm{Q}} \tag{3-49}$$

将 $I_\mathrm{Q}(p)$ 代入式(3-42)的第二式，便得

$$\Psi_\mathrm{q}(p) = X_\mathrm{q}(p)I_\mathrm{q}(p) + G_\mathrm{Q}(p)\psi_\mathrm{Q0} \tag{3-50}$$

式中

$$X_\mathrm{q}(p) = x_\mathrm{q} - \frac{px_\mathrm{aQ}^2}{px_\mathrm{Q} + r_\mathrm{Q}} \tag{3-51}$$

$$G_\mathrm{Q}(p) = \frac{x_\mathrm{aQ}}{px_\mathrm{Q} + r_\mathrm{Q}} \tag{3-52}$$

上述公式中的 $X_\mathrm{d}(p)$ 和 $X_\mathrm{q}(p)$ 分别称为同步电机的纵轴和横轴运算电抗；$G_\mathrm{f}(p)$、$G_\mathrm{D}(p)$ 和 $G_\mathrm{Q}(p)$ 都称为运算常数。

将式(3-45)和式(3-50)代入式(3-41)中的第一、二两式，便可解出定子电流的 d 轴和 q 轴分量的象函数如下：

$$I_d(p) = \frac{1}{D(p)} \{ -[pX_q(p)+r][U_d(p)-\psi_{d0}]$$

$$-[(p^2+1)X_q(p)+pr]G_f(p)[U_f(p)+\psi_{f0}]$$

$$-[(p^2+1)X_q(p)+pr]G_D(p)\psi_{D0}+X_q(p)[U_q(p)-\psi_{q0}]$$

$$-rG_Q(p)\psi_{Q0} \} \tag{3-53}$$

$$I_q(p) = \frac{1}{D(p)} \{ -[pX_d(p)+r][U_q(p)-\psi_{q0}]+rG_f(p)[U_f(p)+\psi_{f0}]$$

$$+rG_D(p)\psi_{D0}-[(p^2+1)X_d(p)+pr]G_Q(p)\psi_{Q0}$$

$$-X_d(p)[U_d(p)-\psi_{d0}] \} \tag{3-54}$$

式中
$$D(p) = (p^2+1)X_d(p)X_q(p)+pr[X_d(p)+X_q(p)]+r^2$$

　　根据已知的电压象函数 $U_d(p)$、$U_q(p)$、$U_f(p)$ 和初始条件，通过拉氏反变换，即可求得定子电流的 d、q 轴分量的时间函数。但是这种解法的计算工作相当繁琐，不便于实际应用。

　　如果略去定子电阻 r，电流象函数的表达式便简化为

$$I_d(p) = \frac{-p[U_d(p)-\psi_{d0}]}{(p^2+1)X_d(p)}+\frac{U_q(p)-\psi_{q0}}{(p^2+1)X_d(p)}$$

$$-\frac{G_f(p)[U_f(p)+\psi_{f0}]}{X_d(p)}-\frac{G_D(p)\psi_{D0}}{X_d(p)} \tag{3-55}$$

$$I_q(p) = \frac{-p[U_q(p)-\psi_{q0}]}{(p^2+1)X_q(p)}-\frac{U_d(p)-\psi_{d0}}{(p^2+1)X_q(p)}-\frac{G_Q(p)\psi_{Q0}}{X_q(p)} \tag{3-56}$$

　　由式(3-53)~(3-56)可以看到，定子电流由若干项叠加而成，根据参数恒定的假设，其中的每一项都可单独计算。在实际应用中，还常对非零初始条件进行化零处理。这种方法的原理如图 3-8 所示。设有源网络由于运行状态的突变，某一外加电压由原始状态下的 $u_0(t)$ 变为 $u(t)=u_0(t)+\Delta u(t)$（见图 3-8(a)）。突变后网络中的电流（或电压）可由未发生突变时的原有分量（由图 3-8(b)确定）和外加电压增量 $\Delta u(t)$ 单独作用所致的突变增量（由图 3-8(c)确定）相叠加求得。计算突变增量时，网络是无源的，其初始状态应是零状态。必须指出，突变前的状态并不限定是稳态。

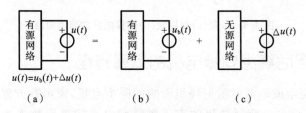

图 3-8　初始条件化零处理示意图

　　若用 $\Delta U_d(p)$、$\Delta U_q(p)$ 和 $\Delta U_f(p)$ 分别表示定子 d 轴电压、q 轴电压和励磁电压增量的象函数，则定子 d 轴和 q 轴电流的突变增量的象函数将为

$$\Delta I_d(p) = -\frac{p\Delta U_d(p)}{(p^2+1)X_d(p)}+\frac{\Delta U_q(p)}{(p^2+1)X_d(p)}-\frac{G_f(p)\Delta U_f(p)}{X_d(p)} \tag{3-57}$$

$$\Delta I_q(p) = -\frac{p\Delta U_q(p)}{(p^2+1)X_q(p)}-\frac{\Delta U_d(p)}{(p^2+1)X_q(p)} \tag{3-58}$$

3.5.2　运算电抗的等值电路

运算电抗 $X_d(p)$ 和 $X_q(p)$ 都有相应的等值电路。为了简化，通常假定在 d 轴方向的三个绕组只有一个公共磁通，而不存在只同两个绕组交链的漏磁通，即认为 $x_{af} = x_{aD} = x_{fD} = x_{ad}$。在 q 轴方向，我们将 x_{aQ} 改记为 x_{aq}。x_{ad} 和 x_{aq} 分别是 d 轴和 q 轴的电枢反应电抗。再以 $x_{\sigma a}$、$x_{\sigma f}$、$x_{\sigma D}$ 和 $x_{\sigma Q}$ 分别表示定子绕组的漏抗，励磁绕组的漏抗，纵轴和横轴阻尼绕组的漏抗。这样，定子、转子的各绕组的电抗就可写成

$$\left.\begin{aligned} x_d &= x_{\sigma a} + x_{ad} \\ x_f &= x_{\sigma f} + x_{ad} \\ x_D &= x_{\sigma D} + x_{ad} \\ x_q &= x_{\sigma a} + x_{aq} \\ x_Q &= x_{\sigma Q} + x_{aq} \end{aligned}\right\} \tag{3-59}$$

根据式(3-59)，纵轴运算电抗 $X_d(p)$ 可简化为

$$X_d(p) = x_{\sigma a} + \cfrac{1}{\cfrac{1}{x_{ad}} + \cfrac{1}{x_{\sigma f} + r_f/p} + \cfrac{1}{x_{\sigma D} + r_D/p}} \tag{3-60}$$

横轴运算电抗 $X_q(p)$ 可以改写成

$$X_q(p) = r_{\sigma a} + \cfrac{1}{\cfrac{1}{x_{aq}} + \cfrac{1}{x_{\sigma Q} + r_Q/p}} \tag{3-61}$$

与以上两式相适应的等值电路如图 3-9 所示。

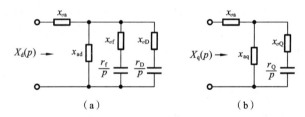

（a）　　　　　　　　　　　（b）

图 3-9　纵轴(a)和横轴(b)运算电抗的等值电路

3.5.3　无阻尼绕组同步电机的运算方程

对于没有阻尼绕组或不考虑阻尼绕组影响的同步电机，象函数方程组(3-41)和(3-42)中的第四、五式可以略去。前面导出的定子磁链和电流的象函数表达式(3-45)、(3-50)、(3-53)和(3-54)仍然适用，只是其中的运算电抗和运算常数应简化为

$$\left.\begin{aligned} X_d(p) &= x_d - \frac{p x_{ad}^2}{p x_f + r_f} \\ X_q(p) &= x_q \\ G_f(p) &= \frac{x_{ad}}{p x_f + r_f} \\ G_D(p) &= G_Q(p) = 0 \end{aligned}\right\} \tag{3-62}$$

3.6　同步电机的对称稳态运行

3.6.1　基本方程的实用化

在上一节我们曾假定：

(1) 转子转速不变并等于额定转速。

(2) 电机纵轴向三个绕组只有一个公共磁通，而不存在只同两个绕组交链的漏磁通。

为了便于实际应用，还可根据所研究问题的特点，对基本方程作进一步的简化。

(3) 略去定子电势方程中的变压器电势，即认为 $\dot{\psi}_d = \dot{\psi}_q = 0$，这条假设适用于不计定子回路电磁暂态过程或者对定子电流中的非周期分量另行考虑的场合。

(4) 定子回路的电阻只在计算定子电流非周期分量衰减时予以计及，而在其他计算中则略去不计。

上述四项假设主要用于一般的短路计算和电力系统的对称运行分析。此外，为了便于计算，还需对定子某些变量的正方向作适当的调整。在本章第一节曾选定 q 轴落后于 d 轴 90°电角度。由电机学可知，当励磁磁势与 d 轴方向一致时，定子空载电势相量 $\dot{E}_0$ 正好位于 q 轴方向，在电力系统分析中习惯于将空载电势改记为 $\dot{E}_q$（以后将要指出，$\dot{E}_q$ 的含义不仅限于空载电势）。同步发电机在实际运行中常带感性负载，定子端电压相量 $\dot{U}$ 和电流相量 $\dot{I}$ 都落后于电势相量 $\dot{E}_q$，因此定子电压和电流的 d 轴分量将位于转子 d 轴的反方向。为了使定子电压和电流的 d 轴分量常有正值，并与习惯的用法一致，我们改选转子 d 轴的负方向作为定子电压（电势）、电流的 d 轴分量的正方向，而其余各量的正方向不变。调整后的各变量的正方向称为实用正向（见图 3-10）。

采用实用正向后，须将本章中在此以前的有关方程中的 u_d 和 i_d 改变符号，再计及前述 (1)、(2) 两项假设条件，可将基本方程改写如下：

$$\left.\begin{aligned}
u_d &= \dot{\psi}_d + \psi_q - r i_d \\
u_q &= -\dot{\psi}_q + \psi_d - r i_q \\
u_f &= \dot{\psi}_f + r_f i_f \\
0 &= \dot{\psi}_D + r_D i_D \\
0 &= \dot{\psi}_Q + r_Q i_Q
\end{aligned}\right\} \tag{3-63}$$

$$\left.\begin{aligned}
\psi_d &= -x_d i_d + x_{ad} i_f + x_{ad} i_D \\
\psi_q &= x_q i_q + x_{aq} i_Q \\
\psi_f &= -x_{ad} i_d + x_f i_f + x_{ad} i_D \\
\psi_D &= -x_{ad} i_d + x_{ad} i_f + x_D i_D \\
\psi_Q &= x_{aq} i_q + x_Q i_Q
\end{aligned}\right\} \tag{3-64}$$

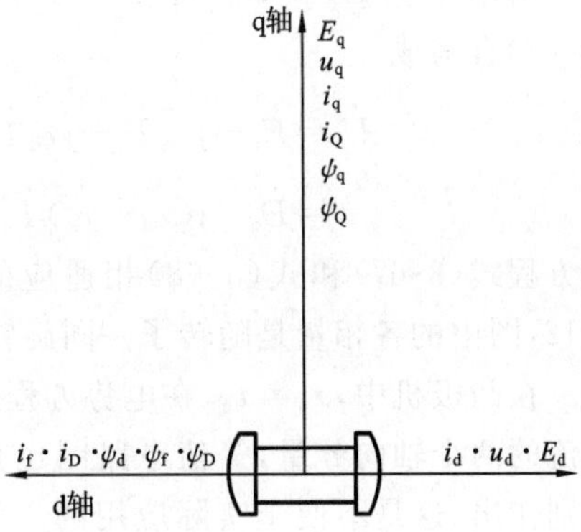

图 3-10　实用正向

在本书以后的有关论述中将使用这些方程。

3.6.2　稳态运行的电势方程式、相量图和等值电路

同步电机对称稳态运行时，定子电流为幅值恒定的三相正序电流，其通用相量 $\dot{I}$ 的长度不变，转速恒定且与转子保持同步。由式(3-18)计及实用正向，可得

$$\left. \begin{array}{l} i_d =- I\cos(\alpha - \theta) =- I\cos(\alpha_0 - \theta_0) \\ i_q = I\sin(\alpha - \theta) = I\sin(\alpha_0 - \theta_0) \end{array} \right\} \tag{3-65}$$

式中，$\theta = \theta_0 + \omega t$ 为电流相量 $\dot{I}$ 与定子 a 相轴线的夹角；$\alpha = \alpha_0 + \omega t$ 为转子 d 轴与定子 a 相轴线的夹角。由于 α_0 和 θ_0 都有定值，故 i_d 和 i_q 都是常数。

稳态时，$\dot{\psi}_d = \dot{\psi}_q = 0$，等效阻尼绕组中电流为零，励磁电流 $i_f = v_f / r_f$ 是常数。略去定子电阻 r，定子电势方程式将为

$$\left. \begin{array}{l} u_q = \psi_d = x_{ad} i_f - x_d i_d = \psi_{fd} - x_d i_d = E_q - x_d i_d \\ u_d = \psi_q = x_q i_q \end{array} \right\} \tag{3-66}$$

式中，$E_q = \psi_{fd} = x_{ad} i_f$，$\psi_{fd}$ 和 E_q 分别代表励磁电流对定子绕组产生的互感磁链（即有用磁链）和相应的感应电势，E_q 即通常所指的空载电势。

定子电压和电流的 d、q 轴分量是三相交流系统中电压和电流通用相量在旋转的 d、q 坐标轴上的投影。若选 q 轴作为虚轴，比 q 轴落后 90°的方向作为实轴，则有 $\dot{U}_d = u_d$，$\dot{I}_d = i_d$，$\dot{U}_q = ju_q$，$\dot{I}_q = ji_q$，$\dot{E}_q = jE_q$，电势方程式(3-66)就可改写成交流相量的形式，即

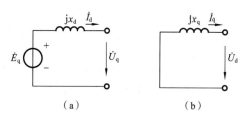

（a）　　　　　（b）

图 3-11　凸极机纵轴向(a)和横轴向(b)的等值电路

$$\left. \begin{array}{l} \dot{U}_q = \dot{E}_q - jx_d \dot{I}_d \\ \dot{U}_d =- jx_q \dot{I}_q \end{array} \right\} \tag{3-67}$$

相应的交流等值电路示于图 3-11。

再令 $\dot{U} = \dot{U}_d + \dot{U}_q$ 和 $\dot{I} = \dot{I}_d + \dot{I}_q$，又可将式(3-67)合写成

$$\begin{aligned} \dot{U} &= \dot{E}_q - jx_q \dot{I}_q - jx_d \dot{I}_d \\ &= \dot{E}_q - j(x_d - x_q)\dot{I}_d - jx_q \dot{I} \end{aligned} \tag{3-68}$$

与方程式(3-67)和式(3-68)相适应的相量图示于图 3-12，图中的各相量是随转子一同旋转的。

在凸极机中，$x_d \neq x_q$，在电势方程式(3-68)中含有电流的两个轴向分量，等值电路图也只能沿两个轴向分别作出，这是不便于实际应用的。为了能用一个等值电路来代表凸极同步电机，或者仅用定子全电流列写电势方程，我们虚拟一个计算用的电势 $\dot{E}_Q$，且

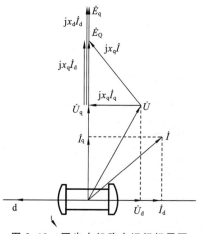

图 3-12　同步电机稳态运行相量图

$$\dot{E}_{Q} = \dot{E}_{q} - \mathrm{j}(x_d - x_q)\dot{I}_d \tag{3-69}$$

借助这个假想电势,方程式(3-68)便简化为

$$\dot{U} = \dot{E}_{Q} - \mathrm{j}x_q\dot{I} \tag{3-70}$$

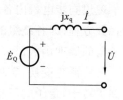

图 3-13 等值隐极机电路

相应的等值电路如图 3-13 所示。实际的凸极机被表示为具有电抗 x_q 和电势 $\dot{E}_Q$ 的等值隐极机。这种处理方法称为等值隐极机法。在相量图中 $\dot{E}_Q$ 和 $\dot{E}_q$ 同相位,但是 E_Q 的数值既同电势 E_q 相关,又同定子电流纵轴分量 I_d 有关,因此,即使励磁电流是常数,E_Q 也会随着运行状态变化而变化。

在实际计算中往往是已知发电机的端电压和电流(或功率),要确定空载电势 $\dot{E}_q$。为了计算凸极机的电势 $\dot{E}_q$,需要将定子电流分解为两个轴向分量,但是 q 轴的方向还是未知的。这种情况下利用方程式(3-70)确定 $\dot{E}_Q$ 是极为方便的。通过 $\dot{E}_Q$ 的计算也就确定了 q 轴的方向。

例 3-2 已知同步电机的参数为:$x_d = 1.0$,$x_q = 0.6$,$\cos\varphi = 0.85$。试求在额定满载运行时的电势 E_q 和 E_Q。

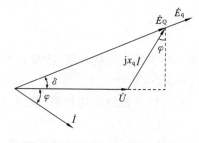

图 3-14 例 3-2 的电势相量图

解 用标幺值计算,额定满载时 $U = 1.0$,$I = 1.0$。

(一)先计算 E_Q。由相量图 3-14 可得

$$\begin{aligned}
E_Q &= \sqrt{(U + x_q I\sin\varphi)^2 + (x_q I\cos\varphi)^2} \\
&= \sqrt{(1 + 0.6 \times 0.53)^2 + (0.6 \times 0.85)^2} = 1.41
\end{aligned}$$

(二)确定 $\dot{E}_Q$ 的相位。相量 $\dot{E}_Q$ 和 $\dot{U}$ 间的相位差

$$\delta = \arctan\frac{x_q I\cos\varphi}{U + x_q I\sin\varphi} = \arctan\frac{0.6 \times 0.85}{1 + 0.6 \times 0.53} = 21°$$

也可以直接计算 $\dot{E}_Q$ 同 $\dot{I}$ 的相位差 $(\delta + \varphi)$

$$\delta + \varphi = \arctan\frac{U\sin\varphi + x_q I}{U\cos\varphi} = \arctan\frac{0.53 + 0.6}{0.85} = 53°$$

(三)计算电流和电压的两个轴向分量。

$$I_d = I\sin(\delta + \varphi) = I\sin 53° = 0.8$$
$$I_q = I\cos(\delta + \varphi) = I\cos 53° = 0.6$$
$$U_d = U\sin\delta = U\sin 21° = 0.36$$
$$U_q = U\cos\delta = U\cos 21° = 0.93$$

(四)计算空载电势 E_q。

$$E_q = E_Q + (x_d - x_q)I_d = 1.41 + (1 - 0.6) \times 0.8 = 1.73$$

小　结

本章介绍同步发电机的基本方程,为电力系统暂态过程研究准备基础知识。

理想同步电机内各绕组电磁量之间的关系可用一组微分方程（即各绕组电势方程）和一组代数方程（即各绕组的磁链方程）来描述。在 a、b、c 坐标系的磁链方程中，有许多系数是转子角的周期函数。

采用派克变换，实现从 abc 坐标系到 dq0 坐标系的转换，把观察者的立场从静止的定子转到了转子，定子的三相绕组被两个同转子一起旋转的等效 dd 绕组和 qq 绕组所代替。变换后，磁链方程的系数变为常数。通过一种直流电机模型，可对派克变换作出恰当的物理解释。

dq0 坐标系的同步电机电势方程和磁链方程合称为同步电机的基本方程。

适当选择基准值，可使标幺制中的基本方程形式不变，而且使定子等效绕组和转子绕组之间的互感具有互易性。

转速恒定时，可以利用拉氏变换求解基本方程。运算电抗是同步电机重要的暂态参数，可以用公式，也可以用等值电路表示。

在基本方程的论述中，对于坐标系及各电磁量的规定正向，不同的文献中常有不同的选择，这都不影响问题的本质。本书假定 q 轴落后于 d 轴 90°电气角，定、转子绕组各电磁量的规定正向遵循电工理论的惯例。为了兼顾电力系统分析中的习惯用法，对某些定子变量的正方向作了必要的调整。

习　　题

3-1　同步电机定子 A、B、C 三相通以正弦电流 i_A，i_B，i_C，转子各绕组均开路，已知 $i_A + i_B + i_C = 0$，试问 $\alpha = 0°$ 和 $\alpha = 90°$ 时 A 相绕组的等值电感 $L_A (= \psi_A / i_A) = ?$

3-2　同步电机定子 A、B、C 三相通以正弦电流 $i_A = i_B = i_C$，转子各绕组均开路，试问 A 相等值电感 $L_A (= \psi_A / i_A) = ?$

3-3　同步电机定子 C 相开路，A、B 相通过电流为 $i_A = -i_B = \cos\omega_N t$，转子各绕组开路。试问 A 相绕组的等值电感 $L_A = \psi_A / i_A = ?$ 当：(1)$\alpha = 0°$ 时；(2)$\alpha = 90°$ 时。

3-4　同步电机定子三相通入直流，$i_A = 1$，$i_B = i_C = -0.5$，求转换到 d、q、0 坐标系的 i_d、i_q 和 i_0。

3-5　同步电机定子三相通入直流，$i_A = 1$，$i_B = -1$，$i_C = 3$，转子转速为 ω_N，$\alpha = \alpha_0 + \omega_N t$，求转换到 dq0 坐标系的 i_d、i_q 和 i_0。

3-6　同步电机定子通以负序电流，$i_A = \cos\omega_N t$，$i_B = \cos(\omega_N t + 120°)$，$i_C = \cos(\omega_N t - 120°)$，求转换到 dq0 坐标系的 i_d、i_q 和 i_0。

3-7　隐极同步发电机 $x_d = 1.5$，$\cos\varphi_N = 0.85$，发电机额定满载运行（$U_G = 1.0$，$I_G = 1.0$），试求其电势 E_q 和 δ，并画出相量图。

3-8　同步发电机 $x_d = 1.1$，$x_q = 0.7$，$\cos\varphi_N = 0.8$，发电机额定满载运行（$U_G = 1.0$，$I_G = 1.0$），试求电势 E_Q，E_q 和 δ，并作出电流、电压和电势的相量图。

第4章 电力网络的数学模型

电力系统的数学模型是对电力系统运行状态的一种数学描述。通过数学模型可以把电力系统中物理现象的分析归结为某种形式的数学问题。电力系统的数学模型主要包括电力网络的模型、发电机的模型以及负荷的模型。

在电力系统的一般运行分析中,网络元件(线路和变压器)常用恒定参数的等值电路代表。在短路计算中,发电机常表示为具有给定电势源的恒参数支路,负荷也用恒定阻抗表示。整个电力系统的稳态可以用一组代数方程组来描述。怎样建立和求解这样的方程组,就是本章要讨论的主要内容。

4.1 节点导纳矩阵

电力网络的运行状态可用节点方程或回路方程来描述。节点方程以母线电压作为待求量,母线电压能唯一地确定网络的运行状态。知道了母线电压,就很容易算出母线功率、支路功率和电流。无论是潮流计算还是短路计算,节点方程的求解结果都极便于应用。

电力系统计算中一般都采用节点方程。本课程中,我们也只介绍节点方程及其应用。

4.1.1 节点方程

在图 4-1(a)所示的简单电力系统中,若略去变压器的励磁功率和线路电容,负荷用阻抗表示,便可得到一个有 5 个节点(包括零电位点)和 7 条支路的等值网络,如图 4-1(b)所示。将接于节点 1 和 4 的电势源和阻抗的串联组合变换成等值的电流源和导纳的并联组合,便得到图 4-1(c)所示的等值网络,其中 $\dot{I}_1 = y_{10}\dot{E}_1$ 和 $\dot{I}_4 = y_{40}\dot{E}_4$ 分别称为节点 1 和 4 的注入电流源。

以零电位点作为计算节点电压的参考点,根据基尔霍夫电流定律,可以写出 4 个独立节点的电流平衡方程为

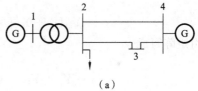

（a）

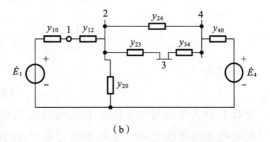

（b）

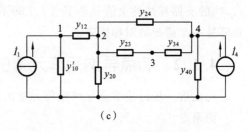

（c）

图 4-1 电力系统及其等值网络

· 63 ·

$$y_{10}\dot{U}_1 + y_{12}(\dot{U}_1 - \dot{U}_2) = \dot{I}_1$$

$$y_{12}(\dot{U}_2 - \dot{U}_1) + y_{20}\dot{U}_2 + y_{23}(\dot{U}_2 - \dot{U}_3) + y_{24}(\dot{U}_2 - \dot{U}_4) = 0$$

$$y_{23}(\dot{U}_3 - \dot{U}_2) + y_{34}(\dot{U}_3 - \dot{U}_4) = 0$$

$$y_{24}(\dot{U}_4 - \dot{U}_2) + y_{34}(\dot{U}_4 - \dot{U}_3) + y_{40}\dot{U}_4 = \dot{I}_4$$

$$\tag{4-1}$$

上述方程组经过整理可以写成

$$Y_{11}\dot{U}_1 + Y_{12}\dot{U}_2 = \dot{I}_1$$

$$Y_{21}\dot{U}_1 + Y_{22}\dot{U}_2 + Y_{23}\dot{U}_3 + Y_{24}\dot{U}_4 = 0$$

$$Y_{32}\dot{U}_2 + Y_{33}\dot{U}_3 + Y_{34}\dot{U}_4 = 0$$

$$Y_{42}\dot{U}_2 + Y_{43}\dot{U}_3 + Y_{44}\dot{U}_4 = \dot{I}_4$$

$$\tag{4-2}$$

式中，$Y_{11} = y_{10} + y_{12}$；$Y_{22} = y_{20} + y_{23} + y_{24} + y_{12}$；$Y_{33} = y_{23} + y_{34}$；$Y_{44} = y_{40} + y_{24} + y_{34}$；$Y_{12} = Y_{21}$ $= -y_{12}$；$Y_{23} = Y_{32} = -y_{23}$；$Y_{24} = Y_{42} = -y_{24}$；$Y_{34} = Y_{43} = -y_{34}$。

一般地，对于有 n 个独立节点的网络，可以列写 n 个节点方程

$$Y_{11}\dot{U}_1 + Y_{12}\dot{U}_2 + \cdots + Y_{1n}\dot{U}_n = \dot{I}_1$$

$$Y_{21}\dot{U}_1 + Y_{22}\dot{U}_2 + \cdots + Y_{2n}\dot{U}_n = \dot{I}_2$$

$$\vdots$$

$$Y_{n1}\dot{U}_1 + Y_{n2}\dot{U}_2 + \cdots + Y_{nn}\dot{U}_n = \dot{I}_n$$

$$\tag{4-3}$$

也可以用矩阵写成

$$\begin{bmatrix} Y_{11} & Y_{12} & \cdots & Y_{1n} \\ Y_{21} & Y_{22} & \cdots & Y_{2n} \\ \vdots & \vdots & & \vdots \\ Y_{n1} & Y_{n2} & \cdots & Y_{nn} \end{bmatrix} \begin{bmatrix} \dot{U}_1 \\ \dot{U}_2 \\ \vdots \\ \dot{U}_n \end{bmatrix} = \begin{bmatrix} \dot{I}_1 \\ \dot{I}_2 \\ \vdots \\ \dot{I}_n \end{bmatrix}$$

$$\tag{4-4}$$

或缩记为

$$\boldsymbol{YU = I} \tag{4-5}$$

矩阵 $\boldsymbol{Y}$ 称为节点导纳矩阵。它的对角线元素 Y_{ii} 称为节点 i 的自导纳，其值等于接于节点 i 的所有支路导纳之和。非对角线元素 Y_{ij} 称为节点 i、j 间的互导纳，它等于直接联接于节点 i、j 间的支路导纳的负值。若节点 i、j 间不存在直接支路，则有 $Y_{ij} = 0$。由此可知节点导纳矩阵是一个稀疏的对称矩阵。

4.1.2　节点导纳矩阵元素的物理意义

现在进一步讨论节点导纳矩阵元素的物理意义。

如果令

$$\dot{U}_k \neq 0, \quad \dot{U}_j = 0 \quad (j = 1, 2, \cdots, n, j \neq k)$$

代入式(4-3)的各式,可得

$$Y_{ik}\dot{U}_k = \dot{I}_i \quad (i = 1, 2, \cdots, n)$$

或

$$Y_{ik} = \frac{\dot{I}_i}{\dot{U}_k}\bigg|_{\dot{U}_j=0, j\neq k} \tag{4-6}$$

当 $k=i$ 时,式(4-6)说明,当网络中除节点 i 以外所有节点都接地时,从节点 i 注入网络的电流与施加于节点 i 的电压之比,即等于节点 i 的自导纳 Y_{ii}。换句话说,自导纳 Y_{ii} 是节点 i 以外的所有节点都接地时节点 i 对地的总导纳。显然,Y_{ii} 应等于与节点 i 相接的各支路导纳之和,即

$$Y_{ii} = y_{i0} + \sum_j y_{ij} \tag{4-7}$$

式中,y_{i0} 为节点 i 与零电位节点之间的支路导纳;y_{ij} 为节点 i 与节点 j 之间的支路导纳。

当 $k\neq i$ 时,式(4-6)说明,当网络中除节点 k 以外所有节点都接地时,从节点 i 流入网络的电流与施加于节点 k 的电压之比,即等于节点 k、i 之间的互导纳 Y_{ik}。在这种情况下,节点 i 的电流实际上是自网络流出并进入地中的电流,所以 Y_{ik} 应等于节点 k、i 之间的支路导纳的负值,即

$$Y_{ik} = -y_{ik} \tag{4-8}$$

不难理解 $Y_{ki} = Y_{ik}$。若节点 i 和 k 没有支路直接相联时,便有 $Y_{ik} = 0$。

节点导纳矩阵的主要特点如下。

(1) 导纳矩阵的元素很容易根据网络接线图和支路参数直观地求得,形成节点导纳矩阵的程序比较简单。

(2) 导纳矩阵是稀疏矩阵。它的对角线元素一般不为零,但在非对角线元素中则存在不少零元素。在电力系统的接线图中,一般每个节点同平均不超过 3~4 个其他节点有直接的支路联接,因此在导纳矩阵的非对角线元素中每行平均仅有 3~4 个非零元素,其余的都是零元素。如果在程序设计中设法排除零元素的存储和运算,就可以大大地节省存储单元和提高计算速度。

例 4-1 某电力系统的等值网络如图 4-2 所示。已知各元件参数的标幺值如下:
$z_{12} = j0.105$, $k_{21} = 1.05$, $z_{45} = j0.184$, $k_{45} = 0.96$, $z_{24} = 0.03 + j0.08$, $z_{23} = 0.024 + j0.065$, $z_{34} = 0.018 + j0.05$, $y_{240} = y_{420} = j0.02$, $y_{230} = y_{320} = j0.016$, $y_{340} = y_{430} = j0.013$。
试作节点导纳矩阵。

解 先讨论网络中含有非基准变比的变压器时导纳矩阵元素的计算。设节点 p、q 间接有变压器支路,如图 4-3 所示。根据 Π 型等值电路,可以写出节点 p、q 的自导纳和节点间的互导纳分别为

$$Y_{pp} = \frac{1}{kz} + \frac{k-1}{kz} = \frac{1}{z}$$

$$Y_{qq} = \frac{1}{kz} + \frac{1-k}{k^2z} = \frac{1}{k^2z}$$

$$Y_{pq} = Y_{qp} = -\frac{1}{kz}$$

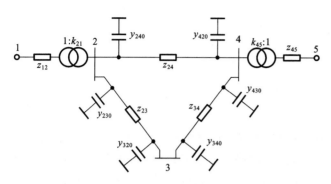

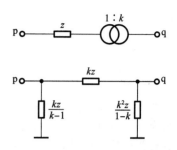

图 4-2　例 4-1 的电力系统等值网络图　　　　图 4-3　变压器支路的等值电路

计及上述关系，导纳矩阵元素可以逐个计算如下：

$$Y_{11} = \frac{1}{z_{12}} = \frac{1}{j0.105} = -j9.5238$$

$$Y_{12} = Y_{21} = -\frac{1}{k_{21}z_{12}} = -\frac{1}{1.05 \times j0.105} = j9.0703$$

$$Y_{22} = y_{230} + y_{240} + \frac{1}{z_{23}} + \frac{1}{z_{24}} + \frac{1}{k_{21}^2 z_{12}}$$

$$= j0.016 + j0.02 + \frac{1}{0.024 + j0.065} + \frac{1}{0.03 + j0.08} + \frac{1}{1.05^2 \times j0.105}$$

$$= 9.1085 - j33.1002$$

$$Y_{23} = Y_{32} = -\frac{1}{z_{23}} = -\frac{1}{0.024 + j0.065} = -4.9989 + j13.5388$$

$$Y_{24} = Y_{42} = -\frac{1}{z_{24}} = -\frac{1}{0.03 + j0.08} = -4.1096 + j10.9589$$

$$Y_{33} = y_{320} + y_{340} + \frac{1}{z_{23}} + \frac{1}{z_{34}}$$

$$= j0.016 + j0.013 + \frac{1}{0.024 + j0.065} + \frac{1}{0.018 + j0.05}$$

$$= 11.3728 - j31.2151$$

$$Y_{34} = Y_{43} = -\frac{1}{z_{34}} = -\frac{1}{0.018 + j0.05} = -6.3739 + j17.7053$$

$$Y_{44} = y_{420} + y_{430} + \frac{1}{z_{24}} + \frac{1}{z_{34}} + \frac{1}{k_{45}^2 z_{45}}$$

$$= j0.02 + j0.013 + \frac{1}{0.03 + j0.08} + \frac{1}{0.018 + j0.05} + \frac{1}{0.96^2 \times j0.184}$$

$$= 10.4835 - j34.5283$$

$$Y_{45} = Y_{54} = -\frac{1}{k_{45}z_{45}} = -\frac{1}{0.96 \times j0.184} = j5.6612$$

$$Y_{55} = \frac{1}{z_{45}} = \frac{1}{j0.184} = -j5.4348$$

将以上计算结果排列成矩阵，便得

$$Y = \begin{bmatrix} \begin{matrix} 0.0000 \\ -j9.5238 \end{matrix} & \begin{matrix} 0.0000 \\ +j9.0703 \end{matrix} & & \\ \begin{matrix} 0.0000 \\ +j9.0703 \end{matrix} & \begin{matrix} 9.1085 \\ -j33.1002 \end{matrix} & \begin{matrix} -4.9989 \\ +j13.5388 \end{matrix} & \begin{matrix} -4.1096 \\ +j10.9589 \end{matrix} \\ & \begin{matrix} -4.9989 \\ +j13.5388 \end{matrix} & \begin{matrix} 11.3728 \\ -j31.2151 \end{matrix} & \begin{matrix} -6.3739 \\ +j17.7053 \end{matrix} \\ & \begin{matrix} -4.1096 \\ +j10.9589 \end{matrix} & \begin{matrix} -6.3739 \\ +j17.7053 \end{matrix} & \begin{matrix} 10.4835 \\ -j34.5283 \end{matrix} & \begin{matrix} 0.0000 \\ +j5.6612 \end{matrix} \\ & & & \begin{matrix} 0.0000 \\ +j5.6612 \end{matrix} & \begin{matrix} 0.0000 \\ -j5.4348 \end{matrix} \end{bmatrix}$$

4.1.3 节点导纳矩阵的修改

在电力系统的运行分析中,往往要计算不同接线方式下的运行状态。网络接线改变时,节点导纳矩阵也要作相应的修改。假定在接线改变前导纳矩阵元素为 $Y_{ij}^{(0)}$,接线改变以后应修改为 $Y_{ij} = Y_{ij}^{(0)} + \Delta Y_{ij}$。现在就几种典型的接线变化,说明修改增量 ΔY_{ij} 的计算方法。

(1) 从网络的原有节点 i 引出一条导纳为 y_{ik} 的支路,同时增加一个节点 k(见图 4-4 (a))。

由于节点数加 1,导纳矩阵将增加一行一列。新增的对角线元素 $Y_{kk} = y_{ik}$。新增的非对角线元素中,只有 $Y_{ik} = Y_{ki} = -y_{ik}$,其余的元素都为零。矩阵的原有部分,只有节点 i 的自导纳应增加 $\Delta Y_{ii} = y_{ik}$。

(2) 在网络的原有节点 i、j 之间增加一条导纳为 y_{ij} 的支路(见图 4-4(b))。

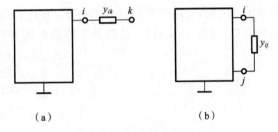

图 4-4 网络接线的改变

由于只增加支路不增加节点,故导纳矩阵的阶次不变。因而只要对与节点 i、j 有关的元素分别增添以下的修改增量即可。

$$\Delta Y_{ii} = \Delta Y_{jj} = y_{ij}, \quad \Delta Y_{ij} = \Delta Y_{ji} = -y_{ij}$$

其余的元素都不必修改。

(3) 在网络的原有节点 i、j 之间切除一条导纳为 y_{ij} 的支路。

这种情况可以当作是在 i、j 节点间增加一条导纳为 $-y_{ij}$ 的支路来处理,因此,导纳矩阵中有关元素的修正增量为

$$\Delta Y_{ii} = \Delta Y_{jj} = -y_{ij}, \quad \Delta Y_{ij} = \Delta Y_{ji} = y_{ij}$$

其他的网络变更情况,可以仿照上述方法进行处理,或者直接根据导纳矩阵元素的物理意义,导出相应的修改公式。

例 4-2 在例 4-1 的电力系统中,将接于节点 4、5 之间的变压器的变比由 $k_{45} = 0.96$ 调整为 $k'_{45} = 0.98$,试修改节点导纳矩阵。

解 将节点 p、q 之间的变压器(见图 4-3)的变比由 k 改为 k',相当于先切除变比为 k 的

变压器，再接入变比为 k' 的变压器。利用例 4-1 解答中导出的关系，与节点 p、q 有关的导纳矩阵元素的修正增量应为

$$\Delta Y_{pp} = 0, \quad \Delta Y_{qq} = \frac{1}{k'^2 z} - \frac{1}{k^2 z}, \quad \Delta Y_{pq} = \Delta Y_{qp} = -\frac{1}{k' z} + \frac{1}{kz}$$

将上述关系式用于节点 4 和 5，可得

$$\Delta Y_{55} = 0, \quad \Delta Y_{44} = \frac{1}{0.98^2 \times j0.184} - \frac{1}{0.96^2 \times j0.184} = j0.2382$$

$$\Delta Y_{45} = \Delta Y_{54} = -\frac{1}{0.98 \times j0.184} + \frac{1}{0.96 \times j0.184} = -j0.1155$$

因此，在修改后的节点导纳矩阵中，有

$$Y_{44} = 10.4835 - j34.5283 + j0.2382 = 10.4835 - j34.2901$$

$$Y_{45} = Y_{54} = j5.6612 - j0.1155 = j5.5457$$

其余的元素都保持原值不变。

4.1.4 支路间存在互感时的节点导纳矩阵

在必须考虑支路之间的互感时，常用的方法是采用一种消去互感的等值电路来代替原来的互感线路组，然后就像无互感的网络一样计算节点导纳矩阵的元素。

现以两条互感支路为例来说明这种处理方法。假定两条支路分别接于节点 p、q 之间和节点 r、s 之间，支路的自阻抗分别为 z_{pq} 和 z_{rs}，支路间的互感阻抗为 z_m，并以小黑点表示互感的同名端（见图 4-5(a)）。这两条支路的电压方程可用矩阵表示为

$$\begin{bmatrix} \dot{U}_p - \dot{U}_q \\ \dot{U}_r - \dot{U}_s \end{bmatrix} = \begin{bmatrix} z_{pq} & z_m \\ z_m & z_{rs} \end{bmatrix} \begin{bmatrix} \dot{I}_{pq} \\ \dot{I}_{rs} \end{bmatrix} \tag{4-9}$$

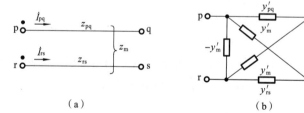

（a）   （b）

图 4-5 互感支路及其等值电路

或者写成

$$\begin{bmatrix} \dot{I}_{pq} \\ \dot{I}_{rs} \end{bmatrix} = \begin{bmatrix} y'_{pq} & y'_m \\ y'_m & y'_{rs} \end{bmatrix} \begin{bmatrix} \dot{U}_p - \dot{U}_q \\ \dot{U}_r - \dot{U}_s \end{bmatrix} \tag{4-10}$$

上式中的导纳矩阵是式(4-9)中阻抗矩阵的逆，其元素为

$$y'_{pq} = \frac{z_{rs}}{z_{rs} z_{pq} - z_m^2}, \quad y'_{rs} = \frac{z_{pq}}{z_{rs} z_{pq} - z_m^2}, \quad y'_m = -\frac{z_m}{z_{rs} z_{pq} - z_m^2}$$

将式(4-10)展开，并作适当改写，可得

$$\left.\begin{aligned}\dot{I}_{pq} &= y'_{pq}(\dot{U}_p - \dot{U}_q) + y'_m(\dot{U}_p - \dot{U}_s) - y'_m(\dot{U}_p - \dot{U}_r)\\ \dot{I}_{rs} &= y'_{rs}(\dot{U}_r - \dot{U}_s) + y'_m(\dot{U}_r - \dot{U}_q) - y'_m(\dot{U}_r - \dot{U}_p)\end{aligned}\right\} \tag{4-11}$$

根据方程式(4-11)可作出消互感等值电路如图 4-5(b)所示。这是一个有四个顶点六条支路的完全网形电路。原有的两条支路其导纳值分别变为 y'_{pq} 和 y'_{rs}(注意：$y'_{pq} \neq 1/z_{pq}$，$y'_{rs} \neq 1/z_{rs}$)。在原两支路的同名端点之间增加了导纳为 $-y'_m$ 的新支路，异名端点之间则增加了导纳为 y'_m 的新支路。利用这个等值电路，就可以按照无互感的情况计算节点导纳矩阵的有关元素。

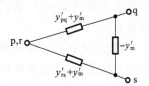

图 4-6　一端共节点的互感支路的等值电路

对于有更多互感支路的情况也可以用同样的方法处理。在实际的电力系统中，互感线路常有一端接于同一条母线的情况。若 pq 支路和 rs 支路的节点 p 和 r 接于同一条母线，则在消互感等值电路中，将节点 p 和 r 接在一起即可，所得的三端点等值电路示于图 4-6。

4.2　网络方程的解法

4.2.1　用高斯消去法求解网络方程

在电力系统分析中，网络方程常采用高斯消去法求解。对于导纳型的节点方程，高斯消去法还具有十分明确的物理意义。消去法实际上就是带有节点电流移置的星网变换(见附录 C)。

现在我们用按列消元的算法求解方程组(4-3)，完成第一次消元后可得

$$\left.\begin{aligned}Y_{11}\dot{U}_1 + Y_{12}\dot{U}_2 + \cdots + Y_{1n}\dot{U}_n &= \dot{I}_1\\ Y_{22}^{(1)}\dot{U}_2 + \cdots + Y_{2n}^{(1)}\dot{U}_n &= \dot{I}_2^{(1)}\\ \vdots\\ Y_{n2}^{(1)}\dot{U}_2 + \cdots + Y_{nn}^{(1)}\dot{U}_n &= \dot{I}_n^{(1)}\end{aligned}\right\} \tag{4-12}$$

式中 $\qquad Y_{ij}^{(1)} = Y_{ij} - \dfrac{Y_{i1}Y_{j1}}{Y_{11}}；\quad \dot{I}_i^{(1)} = \dot{I}_i - \dfrac{Y_{i1}}{Y_{11}}\dot{I}_1$

我们将要说明，通过消元运算对原方程组中第 $2 \sim n$ 个方程式的系数和右端项所作的修正，恰好反映了带电流移置的星网变换的结果。根据导纳矩阵元素的定义

$$-\frac{Y_{i1}}{Y_{11}}\dot{I}_1 = \frac{y_{i1}}{\sum\limits_{k=2}^{n} y_{k1}}\dot{I}_1 = \Delta\dot{I}_i^{(1)}$$

可见，节点 i 的电流增量恰等于从节点 1 的电流中移置过来的部分(见附录的式(C-7))。

系数矩阵非对角线元素的修正增量

$$-\frac{Y_{i1}Y_{j1}}{Y_{11}} = -\frac{(-y_{i1})(-y_{j1})}{\sum\limits_{k=2}^{n} y_{k1}} = -y'_{ij}$$

正好等于星网变换后在节点 i、j 间新增支路导纳的负值（见附录的式（C-1））。

对角线元素的修正增量

$$-\frac{Y_{i1}Y_{1i}}{Y_{11}}=-\frac{y_{i1}y_{1i}}{\sum\limits_{k=2}^{n}y_{k1}}=-\frac{y_{i1}}{\sum\limits_{k=2}^{n}y_{k1}}\left(\sum\limits_{k=2}^{n}y_{k1}-\sum\limits_{\substack{k=2\\k\neq i}}^{n}y_{k1}\right)=-y_{i1}+\sum\limits_{\substack{k=2\\k\neq i}}^{n}y'_{ik}$$

恰好就是星网变换后，新接入节点 i 的支路导纳（取正值）和被拆去的支路导纳（取负值）的代数和。

因此，式（4-12）中的第 2～n 式恰好是消去节点 1 后网络的节点方程。对方程式（4-12）再作一次消元，其系数矩阵便演变为

$$\boldsymbol{Y}^{(2)}=\begin{bmatrix}Y_{11}&Y_{12}&Y_{13}&\cdots&Y_{1n}\\&Y_{22}^{(1)}&Y_{23}^{(1)}&\cdots&Y_{2n}^{(1)}\\&&Y_{33}^{(2)}&\cdots&Y_{3n}^{(2)}\\&&&\vdots&\vdots\\&&&Y_{n3}^{(2)}&\cdots&Y_{nn}^{(2)}\end{bmatrix}$$

一般地，作了 k 次消元后所得系数矩阵为 $\boldsymbol{Y}^{(k)}$，且

$$\boldsymbol{Y}^{(k)}=\begin{bmatrix}Y_{11}&\cdots&Y_{1,k+1}&\cdots&Y_{1n}\\&\ddots&\vdots&&\vdots\\&&Y_{k+1,k+1}^{(k)}&\cdots&Y_{k+1,n}^{(k)}\\&&\vdots&&\vdots\\&&Y_{n,k+1}^{(k)}&\cdots&Y_{nn}^{(k)}\end{bmatrix}$$

式中，右下角的 $n-k$ 阶子块是作完消去节点 $1,2,\cdots,k$ 的星网变换后所得网络的节点导纳矩阵。

对于 n 阶的网络方程，作完 $n-1$ 次消元后方程组的系数矩阵将变为上三角矩阵，即

$$\boldsymbol{Y}^{(n-1)}=\begin{bmatrix}Y_{11}&Y_{12}&\cdots&Y_{1i}&\cdots&Y_{1n}\\&Y_{22}^{(1)}&\cdots&Y_{2i}^{(1)}&\cdots&Y_{2n}^{(1)}\\&&\ddots&\vdots&&\vdots\\&&&Y_{ii}^{(i-1)}&\cdots&Y_{in}^{(i-1)}\\&&&&\vdots\\&&&&&Y_{nn}^{(n-1)}\end{bmatrix}\qquad(4\text{-}13)$$

根据附录 B 的式（B-7），矩阵 $\boldsymbol{Y}^{(n-1)}$ 的元素表达式为

$$Y_{ij}^{(i-1)}=Y_{ij}-\sum_{k=1}^{i-1}\frac{Y_{ik}^{(k-1)}Y_{kj}^{(k-1)}}{Y_{kk}^{(k-1)}}\qquad(4\text{-}14)$$

$$(i=1,2,\cdots,n;j=i,i+1,\cdots,n)$$

式（4-14）右端的各项具有十分明确的物理意义。当 $i\neq j$ 时，Y_{ij} 表示网络在原始状态下节点 i 和节点 j 之间的互导纳，它等于联接节点 i、j 的支路导纳的负值；而在 Σ 符号下的第 k 项则代表通过第 k 次消元（即消去 k 号节点的星网变换），在节点 i、j 间出现的新支路的导纳。当 $j=i$ 时，Y_{ii} 是网络在原始状态下节点 i 的自导纳，它等于与节点 i 联接的各支路导纳值之和；而在 Σ 符号下的第 k 项，则表示通过第 k 次消元从节点 i 拆去支路的导纳与节点 i

新接入支路的导纳之差。

对任意复杂网络,可以反复地应用星网变换,逐渐消去节点,将网络化简到最简单的形式,并求出其解答。然后,将网络逐步还原,就可确定原始网络的运行状态。这样的解题过程,就是用高斯消去法求解网络方程的过程。搞清楚消去法和星网变换的关系,还有助于利用星网变换来分析消元过程中方程组的系数矩阵的演变情况。

例 4-3 用星网变换求解图 4-7(a)所示的网络。

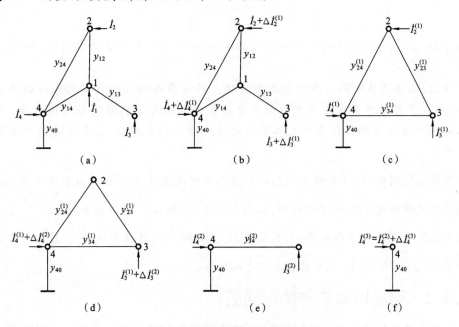

图 4-7 用星网变换求解网络

解 第 1 步,将节点 1 的电流 $\dot{I}_1$ 分散移置到节点 2、3 和 4,使这些节点的电流变为

$$\dot{I}_i^{(1)} = \dot{I}_i + \Delta \dot{I}_i^{(1)} = \dot{I}_i + \frac{y_{1i}}{Y_{11}}\dot{I}_1 \quad (i = 2,3,4)$$

式中,$Y_{11} = \sum\limits_{k=2}^{4} y_{1k}$。

将支路 y_{12}、y_{13} 和 y_{14} 组成的星形电路变换成接于节点 2、3 和 4 的三角形电路,然后将三角形电路中节点 2、4 间的一条支路同原有的支路 y_{24} 合并,便得到图 4-7(c)所示的网络,其中

$$y_{23}^{(1)} = \frac{y_{12} y_{13}}{Y_{11}}, \quad y_{34}^{(1)} = \frac{y_{13} y_{14}}{Y_{11}}, \quad y_{24}^{(1)} = y_{24} + \frac{y_{12} y_{14}}{Y_{11}}$$

经这一步变换,节点 1 被消去,网络的独立节点数减为 3 个。

第 2 步,将节点 2 的电流 $\dot{I}_2^{(1)}$ 分散移置到节点 3 和 4,使这两个节点的电流分别变为

$$\dot{I}_3^{(2)} = \dot{I}_3^{(1)} + \Delta \dot{I}_3^{(2)} = \dot{I}_3^{(1)} + \frac{y_{23}^{(1)}}{y_{23}^{(1)} + y_{24}^{(1)}}\dot{I}_2^{(1)}$$

$$\dot{I}_4^{(2)} = \dot{I}_4^{(1)} + \Delta \dot{I}_4^{(2)} = \dot{I}_4^{(1)} + \frac{y_{24}^{(1)}}{y_{23}^{(1)} + y_{24}^{(1)}} \dot{I}_2^{(1)}$$

然后将 $y_{23}^{(1)}$ 和 $y_{24}^{(1)}$ 串联之后再同 $y_{34}^{(1)}$ 并联便得

$$y_{34}^{(2)} = y_{34}^{(1)} + \frac{y_{23}^{(1)} y_{24}^{(1)}}{y_{23}^{(1)} + y_{24}^{(1)}}$$

经过这一步变换,消去节点 2,使网络的独立节点数减为 2 个(见图 4-7(e))。

第 3 步,把节点 3 的电流 $\dot{I}_3^{(2)}$ 全部移到节点 4,使节点 4 的电流变为

$$\dot{I}_4^{(3)} = \dot{I}_4^{(2)} + \Delta \dot{I}_4^{(3)} = \dot{I}_4^{(2)} + \dot{I}_3^{(2)}$$

然后将支路 $y_{34}^{(2)}$ 舍去,便得到只含一条支路和一个独立节点的最简单网络,如图 4-7(f)所示。

必须指出,第 2 步和第 3 步也是星网变换。第 2 步是对以节点 2 为中心的两支路星形电路,第 3 步是对以节点 3 为中心的一支路星形电路作电流移置和星网变换。因为 1 条支路的星形电路可以当作是 k 支路星形电路中除 1 条支路外,其余支路的导纳都等于零的特例。

利用最后得到的网络(见图 4-7(f)),根据已知的电流 $\dot{I}_4^{(3)}$ 即可算出节点 4 的电压 $\dot{U}_4$。接着把网络还原为图 4-7(e)所示的形式,由已知的 $\dot{U}_4$ 和 $\dot{I}_3^{(2)}$ 即可算出电压 $\dot{U}_3$。下一步把网络还原为图 4-7(c)所示的网络,由已知的 $\dot{U}_4$、$\dot{U}_3$ 和 $\dot{I}_2^{(1)}$ 可以算出 $\dot{U}_2$。最后由原始网络和已知的 $\dot{U}_4$、$\dot{U}_3$、$\dot{U}_2$ 和 $\dot{I}_1$ 便可算出节点 1 的电压 $\dot{U}_1$。

4.2.2 用高斯消去法简化网络

高斯消去法不仅可用于求解网络方程,它也是简化网络的有效方法。利用高斯消去法简化网络,既可以逐个地消去节点,也可以一次消去若干个节点。设有 n 个节点的网络,拟消去其中的 $1, 2, \cdots, m$ 号节点,保留 $m+1, m+2, \cdots, n$ 号节点。原网络的方程为

$$\begin{bmatrix} Y_{11} & Y_{12} & \cdots & Y_{1m} & Y_{1,m+1} & \cdots & Y_{1n} \\ Y_{21} & Y_{22} & \cdots & Y_{2m} & Y_{2,m+1} & \cdots & Y_{2n} \\ \vdots & \vdots & & \vdots & \vdots & & \vdots \\ Y_{m1} & Y_{m2} & \cdots & Y_{mm} & Y_{m,m+1} & \cdots & Y_{mn} \\ Y_{m+1,1} & Y_{m+1,2} & \cdots & Y_{m+1,m} & Y_{m+1,m+1} & \cdots & Y_{m+1,n} \\ \vdots & \vdots & & \vdots & \vdots & & \vdots \\ Y_{n1} & Y_{n2} & \cdots & Y_{nm} & Y_{n,m+1} & \cdots & Y_{nn} \end{bmatrix} \begin{bmatrix} \dot{U}_1 \\ \dot{U}_2 \\ \vdots \\ \dot{U}_m \\ \dot{U}_{m+1} \\ \vdots \\ \dot{U}_n \end{bmatrix} = \begin{bmatrix} \dot{I}_1 \\ \dot{I}_2 \\ \vdots \\ \dot{I}_m \\ \dot{I}_{m+1} \\ \vdots \\ \dot{I}_n \end{bmatrix}$$

或按虚线所作的分块缩写成

$$\begin{bmatrix} \boldsymbol{Y}_{AA} & \boldsymbol{Y}_{AB} \\ \boldsymbol{Y}_{BA} & \boldsymbol{Y}_{BB} \end{bmatrix} \begin{bmatrix} \boldsymbol{U}_A \\ \boldsymbol{U}_B \end{bmatrix} = \begin{bmatrix} \boldsymbol{I}_A \\ \boldsymbol{I}_B \end{bmatrix}$$

或者展开写成

$$\left.\begin{array}{l} \boldsymbol{Y}_{AA}\boldsymbol{U}_A + \boldsymbol{Y}_{AB}\boldsymbol{U}_B = \boldsymbol{I}_A \\ \boldsymbol{Y}_{BA}\boldsymbol{U}_A + \boldsymbol{Y}_{BB}\boldsymbol{U}_B = \boldsymbol{I}_B \end{array}\right\} \tag{4-15}$$

从式(4-15)的第一式解出

$$\boldsymbol{U}_A = \boldsymbol{Y}_{AA}^{-1}(\boldsymbol{I}_A - \boldsymbol{Y}_{AB}\boldsymbol{U}_B)$$

将其代入第二式,经过整理后便得

$$(\boldsymbol{Y}_{BB} - \boldsymbol{Y}_{BA}\boldsymbol{Y}_{AA}^{-1}\boldsymbol{Y}_{AB})\boldsymbol{U}_B = \boldsymbol{I}_B - \boldsymbol{Y}_{BA}\boldsymbol{Y}_{AA}^{-1}\boldsymbol{I}_A$$

令

$$\boldsymbol{Y}'_{BB} = \boldsymbol{Y}_{BB} - \boldsymbol{Y}_{BA}\boldsymbol{Y}_{AA}^{-1}\boldsymbol{Y}_{AB} \tag{4-16}$$

$$\boldsymbol{I}'_B = \boldsymbol{I}_B - \boldsymbol{Y}_{BA}\boldsymbol{Y}_{AA}^{-1}\boldsymbol{I}_A \tag{4-17}$$

便得

$$\boldsymbol{Y}'_{BB}\boldsymbol{U}_B = \boldsymbol{I}'_B \tag{4-18}$$

这就是消去 m 个节点后的网络方程,其中 $\boldsymbol{U}_B$ 为保留节点电压列向量。由于消去了部分节点,网络保留部分的接线发生了变化,同时被消去节点的电流也必须移置到保留节点上来,因此,对导纳矩阵的保留部分以及保留节点的电流都必须作相应的修改。

如果要消去的不是前 m 个节点,而是后 $n-m$ 个节点,读者可以仿照上述方法自己导出有关的计算公式。

在电力系统中往往有许多既不接发电机也不接负荷的节点,这些节点称为联络节点或浮游节点。这些节点的注入电流为零。如果负荷用恒定阻抗表示,则负荷节点也属于这一类节点。消去这类节点时,不存在移置节点电流的问题,只需对节点导纳矩阵作缩减和修改即可。

例 4-4 对图 4-8(a)所示的网络,试求消去节点 1、2、3 后的节点导纳矩阵。各支路导纳的标幺值已注明图中。

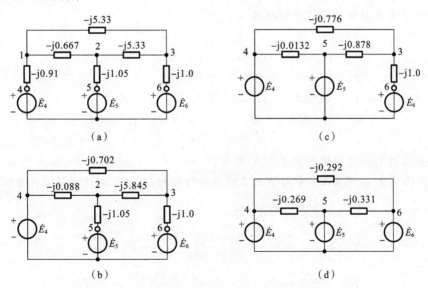

图 4-8 例 4-3 的等值网络及其化简过程

解 根据所给条件可以作出如下原网络的节点导纳矩阵。

$$\boldsymbol{Y} = \begin{array}{c} \\ 1 \\ 2 \\ 3 \\ 4 \\ 5 \\ 6 \end{array} \begin{array}{cccccc} 1 & 2 & 3 & 4 & 5 & 6 \\ \left[\begin{array}{cccc:ccc} -\mathrm{j}6.91 & \mathrm{j}0.667 & \mathrm{j}5.33 & \mathrm{j}0.91 & 0 & 0 \\ \mathrm{j}0.667 & -\mathrm{j}7.05 & \mathrm{j}5.33 & 0 & \mathrm{j}1.05 & 0 \\ \mathrm{j}5.33 & \mathrm{j}5.33 & -\mathrm{j}11.66 & 0 & 0 & \mathrm{j}1.0 \\ \hdashline \mathrm{j}0.91 & 0 & 0 & -\mathrm{j}0.91 & 0 & 0 \\ 0 & \mathrm{j}1.05 & 0 & 0 & -\mathrm{j}1.05 & 0 \\ 0 & 0 & \mathrm{j}1.0 & 0 & 0 & -\mathrm{j}1.0 \end{array}\right] \end{array}$$

（一）采用逐个地消去节点的算法。

（1）消去节点 1，删去 $\boldsymbol{Y}$ 中与节点 1 对应的行和列，并按下式修改保留部分的元素，得

$$Y_{ij}^{(1)} = Y_{ij} - \frac{Y_{i1}Y_{1j}}{Y_{11}}$$

$$Y_{22}^{(1)} = -\mathrm{j}7.05 - \frac{\mathrm{j}0.667 \times \mathrm{j}0.667}{-\mathrm{j}6.91} = -\mathrm{j}6.986$$

$$Y_{23}^{(1)} = Y_{32}^{(1)} = \mathrm{j}5.33 - \frac{\mathrm{j}0.667 \times \mathrm{j}5.33}{-\mathrm{j}6.91} = \mathrm{j}5.845$$

$$Y_{24}^{(1)} = Y_{42}^{(1)} = -\frac{\mathrm{j}0.667 \times \mathrm{j}0.91}{-\mathrm{j}6.91} = \mathrm{j}0.088$$

$$Y_{33}^{(1)} = -\mathrm{j}11.66 - \frac{\mathrm{j}5.33 \times \mathrm{j}5.33}{-\mathrm{j}6.91} = -\mathrm{j}7.55$$

$$Y_{34}^{(1)} = Y_{43}^{(1)} = -\frac{\mathrm{j}5.33 \times \mathrm{j}0.91}{-\mathrm{j}6.91} = \mathrm{j}0.702$$

$$Y_{44}^{(1)} = -\mathrm{j}0.91 - \frac{\mathrm{j}0.91 \times \mathrm{j}0.91}{-\mathrm{j}6.91} = -\mathrm{j}0.79$$

第五行（列）和第六行（列）的元素都保持原值不变。

消去节点 1 后网络的节点导纳矩阵为

$$\boldsymbol{Y}_{(1)} = \begin{array}{c} \\ 2 \\ 3 \\ 4 \\ 5 \\ 6 \end{array} \begin{array}{ccccc} 2 & 3 & 4 & 5 & 6 \\ \left[\begin{array}{ccccc} -\mathrm{j}6.986 & \mathrm{j}5.845 & \mathrm{j}0.088 & \mathrm{j}1.050 & 0 \\ \mathrm{j}5.845 & -\mathrm{j}7.550 & \mathrm{j}0.702 & 0 & \mathrm{j}1.000 \\ \mathrm{j}0.088 & \mathrm{j}0.702 & -\mathrm{j}0.790 & 0 & 0 \\ \mathrm{j}1.050 & 0 & 0 & -\mathrm{j}1.050 & 0 \\ 0 & \mathrm{j}1.000 & 0 & 0 & -\mathrm{j}1.000 \end{array}\right] \end{array}$$

与这个导纳矩阵对应的网络如图 4-8（b）所示。

（2）消去节点 2，删去 $\boldsymbol{Y}_{(1)}$ 中与节点 2 对应的行和列，并按下式修改保留部分元素，得

$$Y_{ij}^{(2)} = Y_{ij}^{(1)} - \frac{Y_{i2}^{(1)}Y_{2j}^{(1)}}{Y_{22}^{(1)}}$$

$$Y_{33}^{(2)} = -\mathrm{j}7.55 - \frac{\mathrm{j}5.845 \times \mathrm{j}5.845}{-\mathrm{j}6.986} = -\mathrm{j}2.660$$

$$Y_{34}^{(2)} = Y_{43}^{(2)} = \mathrm{j}0.702 - \frac{\mathrm{j}5.845 \times \mathrm{j}0.088}{-\mathrm{j}6.986} = \mathrm{j}0.776$$

$$Y_{35}^{(2)} = Y_{53}^{(2)} = -\frac{\mathrm{j}5.845 \times \mathrm{j}1.05}{-\mathrm{j}6.986} = \mathrm{j}0.878$$

$$Y_{44}^{(2)} = -\text{j}0.79 - \frac{\text{j}0.088 \times \text{j}0.088}{-\text{j}6.986} = -\text{j}0.789$$

$$Y_{45}^{(2)} = Y_{54}^{(2)} = -\frac{\text{j}0.088 \times \text{j}1.05}{-\text{j}6.986} = \text{j}0.0132$$

$$Y_{55}^{(2)} = -\text{j}1.05 - \frac{\text{j}1.05 \times \text{j}1.05}{-\text{j}6.986} = -\text{j}0.892$$

其余的元素不必修改。缩减并修改后的导纳矩阵为

$$\boldsymbol{Y}_{(2)} = \begin{array}{c} \\ 3 \\ 4 \\ 5 \\ 6 \end{array} \begin{array}{cccc} 3 & 4 & 5 & 6 \\ \left[\begin{array}{cccc} -\text{j}2.660 & \text{j}0.776 & \text{j}0.878 & \text{j}1.000 \\ \text{j}0.776 & -\text{j}0.789 & \text{j}0.0132 & 0 \\ \text{j}0.878 & \text{j}0.0132 & -\text{j}0.892 & 0 \\ \text{j}1.000 & 0 & 0 & -\text{j}1.000 \end{array}\right] \end{array}$$

与这个导纳矩阵对应的网络如图 4-8(c)所示。

（3）消去节点 3，删去 $\boldsymbol{Y}_{(2)}$ 中与节点 3 对应的行和列，并用下式

$$Y_{ij}^{(3)} = Y_{ij}^{(2)} = -\frac{Y_{i3}^{(2)} Y_{3j}^{(2)}}{Y_{33}^{(2)}}$$

修改保留部分的各元素，最终得到消去节点 1、2、3 后网络的节点导纳矩阵为

$$\boldsymbol{Y}_{(3)} = \begin{array}{c} \\ 4 \\ 5 \\ 6 \end{array} \begin{array}{ccc} 4 & 5 & 6 \\ \left[\begin{array}{ccc} -\text{j}0.561 & \text{j}0.269 & \text{j}0.292 \\ \text{j}0.269 & -\text{j}0.602 & \text{j}0.331 \\ \text{j}0.292 & \text{j}0.331 & -\text{j}0.624 \end{array}\right] \end{array}$$

对应的网络如图 4-8(d)所示。

（二）一次消去三个节点。

对原网络的节点导纳矩阵按虚线分块后可写成

$$\boldsymbol{Y} = \left[\begin{array}{cc} \boldsymbol{Y}_{AA} & \boldsymbol{Y}_{AB} \\ \boldsymbol{Y}_{BA} & \boldsymbol{Y}_{BB} \end{array}\right]$$

式中，$\boldsymbol{Y}_{AA} = \left[\begin{array}{ccc} -\text{j}6.910 & \text{j}0.667 & \text{j}5.330 \\ \text{j}0.667 & -\text{j}7.050 & \text{j}5.330 \\ \text{j}5.330 & \text{j}5.330 & -\text{j}11.660 \end{array}\right]$，$\boldsymbol{Y}_{AB} = \boldsymbol{Y}_{BA} = \left[\begin{array}{ccc} \text{j}0.910 & 0 & 0 \\ 0 & \text{j}1.050 & 0 \\ 0 & 0 & \text{j}1.000 \end{array}\right]$

$$\boldsymbol{Y}_{BB} = \left[\begin{array}{ccc} -\text{j}0.910 & 0 & 0 \\ 0 & -\text{j}1.050 & 0 \\ 0 & 0 & -\text{j}1.000 \end{array}\right]$$

先算出 $\boldsymbol{Y}_{AA}$ 的逆矩阵

$$\boldsymbol{Y}_{AA}^{-1} = \left[\begin{array}{ccc} \text{j}0.419 & \text{j}0.282 & \text{j}0.321 \\ \text{j}0.282 & \text{j}0.406 & \text{j}0.315 \\ \text{j}0.321 & \text{j}0.315 & \text{j}0.376 \end{array}\right]$$

然后根据式(4-16)即可求得

$$\boldsymbol{Y}_{BB}' = \boldsymbol{Y}_{BB} - \boldsymbol{Y}_{BA} \boldsymbol{Y}_{AA}^{-1} \boldsymbol{Y}_{AB} = \left[\begin{array}{ccc} -\text{j}0.562 & \text{j}0.270 & \text{j}0.292 \\ \text{j}0.270 & -\text{j}0.602 & \text{j}0.331 \\ \text{j}0.292 & \text{j}0.331 & -\text{j}0.623 \end{array}\right]$$

4.3 节点阻抗矩阵

4.3.1 节点阻抗矩阵元素的物理意义

在电力系统计算中，节点方程也常写成阻抗形式，即

$$ZI = U \tag{4-19}$$

式中，$Z = Y^{-1}$ 是 n 阶方阵，称为网络的节点阻抗矩阵。

方程式（4-19）可展开写成

$$
\begin{bmatrix}
Z_{11} & Z_{12} & \cdots & Z_{1n} \\
Z_{21} & Z_{22} & \cdots & Z_{2n} \\
\vdots & \vdots & & \vdots \\
Z_{n1} & Z_{n2} & \cdots & Z_{nn}
\end{bmatrix}
\begin{bmatrix}
\dot{I}_1 \\
\dot{I}_2 \\
\vdots \\
\dot{I}_n
\end{bmatrix}
=
\begin{bmatrix}
\dot{U}_1 \\
\dot{U}_2 \\
\vdots \\
\dot{U}_n
\end{bmatrix}
\tag{4-20}
$$

或者写成

$$\sum_{j=1}^{n} Z_{ij} \dot{I}_j = \dot{U}_i \quad (i = 1, 2, \cdots, n)$$

节点阻抗矩阵的对角线元素 Z_{ii} 称为节点 i 的自阻抗或输入阻抗，非对角线元素 Z_{ij} 称为节点 i 和节点 j 之间的互阻抗或转移阻抗。请注意，在第 6 章对转移阻抗另有定义，因此，本书对节点阻抗矩阵的非对角线元素只用互阻抗这一术语。

现在讨论自阻抗和互阻抗的物理意义。如果令

$$\dot{I}_k \neq 0, \quad \dot{I}_j = 0 \quad (j = 1, 2, \cdots, n, j \neq k)$$

代入式（4-20），可得

$$Z_{ik} \dot{I}_k = \dot{U}_i \quad (i = 1, 2, \cdots, n)$$

或

$$Z_{ik} = \left. \frac{\dot{U}_i}{\dot{I}_k} \right|_{\dot{I}_j = 0, j \neq k} \tag{4-21}$$

式（4-21）说明，当在节点 k 单独注入电流，而所有其他节点的注入电流都等于零时，在节点 k 产生的电压与注入电流之比，即等于节点 k 的自阻抗 Z_{kk}；在节点 i 产生的电压与节点 k 的注入电流之比，即等于节点 k 和节点 i 之间的互阻抗 Z_{ik}。若注入节点 k 的电流恰好是 1 单位，则节点 k 的电压在数值上即等于自阻抗 Z_{kk}；节点 i 的电压在数值上即等于互阻抗 Z_{ik}。

因此，Z_{kk} 可以当作是从节点 k 向整个网络看进去的对地总阻抗，或者是把节点 k 作为一端，参考节点（即地）为另一端，从这两个端点看进去的无源两端网络的等值阻抗。

依次在各个节点单独注入电流，计算出网络中的电压分布，从而可求得阻抗矩阵的全部元素。由此可见，节点阻抗矩阵元素的计算是相当复杂的，不可能从网络的接线图和支路参数直观地求出。

还须指出,我们所考虑的电力网络一般是连通的,网络的各部分之间存在着电的或磁的联系。单独在节点 k 注入电流,总会在任一节点 i 出现电压,因此,阻抗矩阵没有零元素,是一个满矩阵。

目前常用的求取阻抗矩阵的方法主要有两种:一种是以上述物理概念为基础的支路追加法;另一种是从节点导纳矩阵求取逆阵。

4.3.2　用支路追加法形成节点阻抗矩阵

支路追加法是根据系统的接线图,从某一个与地相连的支路开始,逐步增加支路,扩大阻抗矩阵的阶次,最后形成整个系统的节点阻抗矩阵。现以图 4-9(a)所示的网络为例,按每次增加一条支路,图(b)~图(h)表示了一种可能的支路追加顺序,即按照如下顺序依次求出相应的节点阻抗矩阵:形成一阶阻抗矩阵(见图(b)),阻抗矩阵增为二阶的(见图(c)),修改二阶矩阵(见图(d)),阻抗矩阵扩大为三阶的(见图(e)),阻抗矩阵扩大到四阶(见图(f)),修改四阶矩阵(见图(g)),再一次修改四阶矩阵(见图(h))。这样便得到了整个网络的节点阻抗矩阵。在支路追加过程中,阻抗矩阵元素的计算和修正始终是以自阻抗和互阻抗的定义作依据的。

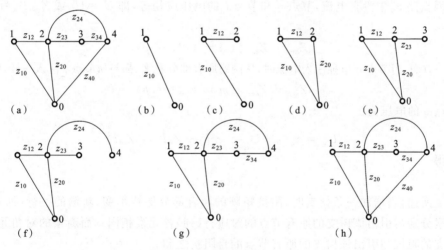

图 4-9　支路追加法

在实际计算中,第一条支路必须是接地支路,以后每次追加的支路必须至少有一个端点与已出现的节点相接。只要遵循这样的条件,支路追加的顺序可以是任意的。但是每一条支路的追加必属于下述两种情况之一:一种是新增支路引出一个新节点,这种情况称为追加树支;另一种是在已有的两个节点间增加新支路,这种情况称为追加连支。追加树支时节点数增加一个,阻抗矩阵便相应地扩大一阶,如图 4-9(c)、(e)、(f)所示的情况。追加连支时网络的节点数不变,阻抗矩阵阶次不变,图 4-9(d)、(g)、(h)所示即属此种情况。

假定用支路追加法已经形成有 p 个节点的部分网络,以及相应的 p 阶节点阻抗矩阵。下面分别按不同的情况,推导支路追加过程中阻抗矩阵元素的计算公式。

1. 追加树支

从已有的节点 i 接上一条阻抗为 z_{iq} 的支路,引出新节点 q(见图 4-10)。这时网络的节

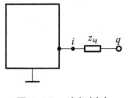

图 4-10 追加树支

点阻抗矩阵将扩大一阶，由原来的 p 阶变为 $p+1=q$ 阶。设新的阻抗矩阵为

$$
\begin{bmatrix}
Z_{11} & Z_{12} & \cdots & Z_{1i} & \cdots & Z_{1p} & Z_{1q} \\
Z_{21} & Z_{22} & \cdots & Z_{2i} & \cdots & Z_{2p} & Z_{2q} \\
\vdots & & & \vdots & & & \vdots \\
Z_{i1} & Z_{i2} & \cdots & Z_{ii} & \cdots & Z_{ip} & Z_{iq} \\
\vdots & & & \vdots & & & \vdots \\
Z_{p1} & Z_{p2} & \cdots & Z_{pi} & \cdots & Z_{pp} & Z_{pq} \\
Z_{q1} & Z_{q2} & \cdots & Z_{qi} & \cdots & Z_{qp} & Z_{qq}
\end{bmatrix}
$$

现在讨论阻抗矩阵中各元素的计算。在网络原有部分的任一节点 m 单独注入电流 $\dot{I}_m$，而其余节点的电流均等于零时，由于支路 z_{iq} 并无电流通过，故该支路的接入不会改变网络原有部分的电流和电压分布状况。这就是说，阻抗矩阵中对应于网络原有部分的全部元素（即矩阵中虚线左上方部分）将保持原有数值不变。

矩阵中新增加的第 q 行和第 q 列元素可以这样求得。网络中任一节点 m 单独注入电流 $\dot{I}_m$ 时，因支路 z_{iq} 中没有电流，节点 q 和节点 i 的电压应相等，即 $\dot{U}_q = \dot{U}_i$ 或 $Z_{qm}\dot{I}_m = Z_{im}\dot{I}_m$，故有

$$Z_{qm} = Z_{im} \quad (m=1,2,\cdots,p) \tag{4-22}$$

另一方面，当节点 q 单独注入电流时，从网络原有部分看来，都与从节点 i 注入一样，所以有

$$Z_{mq} = Z_{mi} \quad (m=1,2,\cdots,p)$$

这时节点 q 的电压为

$$\dot{U}_q = z_{iq}\dot{I}_q + \dot{U}_i = z_{iq}\dot{I}_q + Z_{ii}\dot{I}_q = Z_{qq}\dot{I}_q$$

由此可得

$$Z_{qq} = z_{iq} + Z_{ii} \tag{4-23}$$

综上所述，当增加一条树支时，阻抗矩阵的原有部分保持不变，新增的一行（列）各非对角线元素分别与引出该树支的原有节点的对应行（列）各元素相同。而新增的对角元素则等于该树支的阻抗与引出该树支的原有节点的自阻抗之和。

如果节点 i 是参考点（接地点），则称新增支路为接地树支。由于恒有 $\dot{U}_i = 0$，根据自阻抗和互阻抗的定义，不难得到

$$
\left.
\begin{aligned}
& Z_{mq} = Z_{qm} = 0 \quad (m=1,2,\cdots,p) \\
& Z_{qq} = z_{iq}
\end{aligned}
\right\} \tag{4-24}
$$

2. 追加连支

在已有的节点 k 和节点 m 之间追加一条阻抗为 z_{km} 的连支（见图 4-11）。由于不增加新节点，故阻抗矩阵的阶次不变。如果原有各节点的注入电流保持不变，连支 z_{km} 的接入将改变网络中的电压分布状况。因此，对原有矩阵的各元素都要作相应的修改。为了推导矩阵元素的修改公式，我们从计算接入连支后的网络电压分布入手。

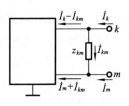

图 4-11 追加连支

如果保持各节点注入电流不变,连支 z_{km} 的接入对网络原有部分的影响就在于,把节点 k 和节点 m 的注入电流分别从 $\dot{I}_k$ 和 $\dot{I}_m$ 改变为 $\dot{I}_k - \dot{I}_{km}$ 和 $\dot{I}_m + \dot{I}_{km}$。这时网络中任一节点 i 的电压可以利用原有的阻抗矩阵元素写为

$$\dot{U}_i = Z_{i1}\dot{I}_1 + Z_{i2}\dot{I}_2 + \cdots + Z_{ik}(\dot{I}_k - \dot{I}_{km}) + \cdots + Z_{im}(\dot{I}_m + \dot{I}_{km}) + \cdots + Z_{ip}\dot{I}_p$$

$$= \sum_{j=1}^{p} Z_{ij}\dot{I}_j - (Z_{ik} - Z_{im})\dot{I}_{km} \tag{4-25}$$

现在要设法用节点注入电流来表示 $\dot{I}_{km}$,从而消去上式中的 $\dot{I}_{km}$,便可求得新的阻抗矩阵元素的计算公式。方程式(4-25)对任何节点都成立,将它用于节点 k 和节点 m,便得

$$\dot{U}_k = \sum_{j=1}^{p} Z_{kj}\dot{I}_j - (Z_{kk} - Z_{km})\dot{I}_{km}$$

$$\dot{U}_m = \sum_{j=1}^{p} Z_{mj}\dot{I}_j - (Z_{mk} - Z_{mm})\dot{I}_{km}$$

而阻抗为 z_{km} 的连支电压方程为

$$\dot{U}_k - \dot{U}_m = z_{km}\dot{I}_{km}$$

将 $\dot{U}_k$ 和 $\dot{U}_m$ 的表达式代入上式,便可解出

$$\dot{I}_{km} = \frac{1}{Z_{kk} + Z_{mm} - 2Z_{km} + z_{km}} \sum_{j=1}^{p} (Z_{kj} - Z_{mj})\dot{I}_j$$

将 $\dot{I}_{km}$ 的表达式代入式(4-25),经过整理便得

$$\dot{U}_i = \sum_{j=1}^{p} \left[Z_{ij} - \frac{(Z_{ik} - Z_{im})(Z_{kj} - Z_{mj})}{Z_{kk} + Z_{mm} - 2Z_{km} + z_{km}} \right] \dot{I}_j = \sum_{j=1}^{p} Z'_{ij}\dot{I}_j$$

于是有

$$Z'_{ij} = Z_{ij} - \frac{(Z_{ik} - Z_{im})(Z_{kj} - Z_{mj})}{Z_{kk} + Z_{mm} - 2Z_{km} + z_{km}} \quad (i,j = 1,2,\cdots,p) \tag{4-26}$$

这就是追加连支后阻抗矩阵元素的计算公式,其中 $Z_{ij}(i,j=1,2,\cdots,p)$ 为连支接入前的原有值。

如果连支所接的节点中,有一个是零电位点,例如 m 为接地点,则称这连支为接地连支,设其阻抗为 z_{k0},上述计算公式将变为

$$Z'_{ij} = Z_{ij} - \frac{Z_{ik}Z_{kj}}{Z_{kk} + z_{k0}} \tag{4-27}$$

这里顺便讨论一种情况。如果在节点 k、m 之间接入阻抗为零的连支,这就相当于把节点 k、m 合并为一个节点。根据式(4-26),第 k 列和第 m 列的元素将分别为

$$Z'_{ik} = Z_{ik} - \frac{(Z_{ik} - Z_{im})(Z_{kk} - Z_{mk})}{Z_{kk} + Z_{mm} - 2Z_{km}}$$

$$Z'_{im} = Z_{im} - \frac{(Z_{ik} - Z_{im})(Z_{km} - Z_{mm})}{Z_{kk} + Z_{mm} - 2Z_{km}} \quad (i = 1,2,\cdots,p)$$

可以证明,$Z'_{ik} = Z'_{im}$,同样地也有 $Z'_{ki} = Z'_{mi}$。

上述关系说明,如将 k、m 两节点短接,经过修改后,第 k 行(列)和第 m 行(列)的对应元

素完全相同。只要将原来这两个节点的注入电流合并到其中的一个节点,另一个节点即可取消并删去阻抗矩阵中对应的行和列,使矩阵降低一阶。

3. 追加变压器支路

电力网络中包含有许多变压器。在追加变压器支路时,也可以区分为追加树支和追加连支两种情况。变压器一般用一个等值阻抗同一个理想变压器相串联的支路来表示。

假定在已有 p 个节点的网络中的节点 k 接一变压器树支,并引出新节点 q（见图 4-12(a)）。这时阻抗矩阵将扩大一阶。因为新接支路没有电流,它的接入不会改变网络原有部分的电压分布状况,因此,阻抗矩阵原有部分的元素将保持不变。

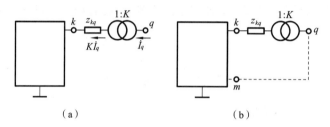

图 4-12 追加变压器树支(a)和连支(b)

新增一行(列)的元素可以这样求得。当网络中任一节点 i 单独注入电流 $\dot{I}_i$,而所有其他节点的注入电流都为零时,都有 $\dot{U}_q = K\dot{U}_k$,或 $Z_{qi}\dot{I}_i = KZ_{ki}\dot{I}_i$,因而

$$Z_{qi} = KZ_{ki} \quad (i = 1, 2, \cdots, p) \tag{4-28}$$

另一方面,当节点 q 单独注入电流 $\dot{I}_q$ 时,从网络原有部分看来,相当于从节点 k 注入电流 $K\dot{I}_q$,故有

$$Z_{iq} = KZ_{ik} \quad (i = 1, 2, \cdots, p) \tag{4-29}$$

这时,节点 q 的电压将为

$$\dot{U}_q = (\dot{U}_k + z_{kq}K\dot{I}_q)K = (Z_{kk}K\dot{I}_q + z_{kp}K\dot{I}_q)K = Z_{qq}\dot{I}_q$$

由此可得

$$Z_{qq} = (Z_{kk} + z_{kq})K^2 \tag{4-30}$$

在网络的已有节点 k, m 之间追加变压器连支时,阻抗矩阵的阶次不变,但要修改它的全部元素。矩阵元素计算公式的推导可以分两步进行(见图 4-12(b))。第一步是从节点 k 追加变压器树支,引出新节点 q,将阻抗矩阵扩大一阶,并按照式(4-28)、(4-29)和(4-30)计算新增加第 q 行和第 q 列的元素。第二步在节点 q 和节点 m 之间追加阻抗为零的连支,应用式(4-26)修改第一步所得矩阵中除第 q 行和第 q 列以外的全部元素,并将第 q 行和第 q 列舍去。按照上述步骤可以推导出追加变压器连支后阻抗矩阵的元素计算公式为

$$Z'_{ij} = Z_{ij} - \frac{(KZ_{ik} - Z_{im})(KZ_{kj} - Z_{mj})}{(Z_{kk} + z_{kq})K^2 + Z_{mn} - 2KZ_{km}} \quad (i, j = 1, 2, \cdots, p) \tag{4-31}$$

4.3.3 用线性方程直接解法对导纳矩阵求逆

节点导纳矩阵同节点阻抗矩阵互为逆矩阵。导纳矩阵很容易形成,因此,在电力系统计

算中常采用对导纳矩阵求逆的方法来得到阻抗矩阵。矩阵求逆有各种不同的算法，这里只介绍解线性方程组的求逆法。

记单位矩阵为 **1**，将 **YZ**＝**1** 展开为

$$\begin{bmatrix} Y_{11} & Y_{12} & \cdots & Y_{1n} \\ Y_{21} & Y_{22} & \cdots & Y_{2n} \\ \vdots & \vdots & & \vdots \\ Y_{n1} & Y_{n2} & \cdots & Y_{nn} \end{bmatrix} \begin{bmatrix} Z_{11} & Z_{12} & \cdots & Z_{1n} \\ Z_{21} & Z_{22} & \cdots & Z_{2n} \\ \vdots & \vdots & & \vdots \\ Z_{n1} & Z_{n2} & \cdots & Z_{nn} \end{bmatrix} = \begin{bmatrix} 1 & & & \\ & 1 & & \\ & & \ddots & \\ & & & 1 \end{bmatrix} \qquad (4\text{-}32)$$

将阻抗矩阵和单位矩阵都按列进行分块，并记

$$\boldsymbol{Z}_j = \begin{bmatrix} Z_{1j} & Z_{2j} & \cdots & Z_{nj} \end{bmatrix}^{\mathrm{T}}$$

$$\boldsymbol{e}_j = \begin{bmatrix} 0 & \cdots & 0 & \underset{\text{第}j\text{个}}{1} & 0 & \cdots & 0 \end{bmatrix}^{\mathrm{T}}$$

$\boldsymbol{Z}_j$ 是由阻抗矩阵的第 j 列元素组成的列向量，$\boldsymbol{e}_j$ 是第 j 个元素为 1，其余所有元素为零的单位列向量。这样，就可将方程组(4-32)分解为 n 组方程组，其形式为

$$\boldsymbol{Y}\boldsymbol{Z}_j = \boldsymbol{e}_j \qquad (j=1,2,\cdots,n) \qquad (4\text{-}33)$$

方程组(4-33)具有明确的物理意义：若把 $\boldsymbol{e}_j$ 当作节点注入电流的列向量，$\boldsymbol{Z}_j$ 就是节点电压的列向量，当只有节点 j 注入单位电流，其余节点的电流都等于零时，网络各节点的电压在数值上就与阻抗矩阵的第 j 列的对应元素相等。

对节点导纳矩阵进行 **LDU** 分解，可将方程组(4-33)写成

$$\boldsymbol{L}\boldsymbol{D}\boldsymbol{U}\boldsymbol{Z}_j = \boldsymbol{e}_j$$

这个方程可以分解为三个方程组：

$$\left.\begin{aligned} \boldsymbol{L}\boldsymbol{F} &= \boldsymbol{e}_j \\ \boldsymbol{D}\boldsymbol{H} &= \boldsymbol{F} \\ \boldsymbol{U}\boldsymbol{Z}_j &= \boldsymbol{H} \end{aligned}\right\} \qquad (4\text{-}34)$$

与附录 B 中的方程组(B-27)对比，单位列向量 $\boldsymbol{e}_j$ 相当于常数向量 $\boldsymbol{B}$，阻抗矩阵的第 j 列 $\boldsymbol{Z}_j$ 相当于待求向量 $\boldsymbol{X}$。利用附录 B 中的式(B-22)、(B-29)和(B-14)，计及 $\boldsymbol{e}_j$ 的特点，可得节点阻抗矩阵第 j 列元素的计算公式为

$$f_i = \begin{cases} 0 & i < j \\ 1 & i = j \\ -\sum_{k=j}^{i-1} l_{ik} f_k & i > j \end{cases} \qquad (4\text{-}35)$$

$$h_i = \begin{cases} 0 & i < j \\ f_i / d_{ii} & i \geqslant j \end{cases} \qquad (4\text{-}36)$$

$$Z_{ij} = h_i - \sum_{k=i+1}^{n} u_{ik} Z_{kj} \quad i = n, n-1, \cdots, 1 \qquad (4\text{-}37)$$

必须注意，由于节点导纳矩阵的元素是复数，三角分解所得的因子矩阵的元素也是复数，因此在应用上述公式时，都要作复数运算。又因为导纳矩阵是对称矩阵，它的因子矩阵 **L** 和 **U** 互为转置矩阵，故只需保留其中的一个。只保留 **L** 阵时，式(4-37)中的 u_{ik} 应换成 l_{ki}；只保留 **U** 阵时，式(4-35)中的 l_{ik} 应换成 u_{ki}。

应用式（4-35）、（4-36）和（4-37），对列标 j 依次取 $n,n-1,\cdots,1$，就可以求得阻抗矩阵的全部元素。在实际计算中也可以根据需要只计算某一列或几列的元素。这种求取节点阻抗矩阵元素的方法，灵活方便，演算迅速，很有实用价值。

※4.4 节点编号顺序的优化

节点导纳矩阵是稀疏矩阵。如果每个节点所联接的非接地支路平均不超过 4 条，则 Y 阵的每一行（或列）的非零元素平均不超过 5 个。对于有 100 个节点的网络，导纳矩阵中零元素将占 95％以上；对于有 1000 个节点的网络，导纳矩阵中零元素将占 99.5％以上。这些零元素无需存储，也不必参加运算。但是在直接解法中，需要反复应用的则是对 Y 阵进行三角分解所得的因子矩阵。在这种分解过程中，Y 阵的稀疏性能否保持，或者能保持到什么程度，这是一个值得研究的问题。

对导纳矩阵作三角分解，假定只保留上三角部分，则有 $DU=R=Y^{(n-1)}$。由附录 B 的式（B-23）可知

$$d_{ii} = Y_{ii}^{(i-1)}$$
$$u_{ij} = Y_{ij}^{(i-1)}/d_{ii} = Y_{ij}^{(i-1)}/Y_{ii}^{(i-1)} \quad (i<j)$$

可见，矩阵 $Y^{(n-1)}$ 的元素分布状况恰好反映了因子矩阵 D 和 U 的元素分布状况。因此，要分析二角分解后能否保持 Y 阵的稀疏性，只要比较一下 Y 阵的上三角部分与矩阵 $Y^{(n-1)}$ 的元素分布状况就可以了。Y 阵的对角线元素一般不为零，D 阵的元素也不为零。

至于 $Y^{(n-1)}$ 的非对角线元素，根据式（4-14）为

$$Y_{ij}^{(i-1)} = Y_{ij} - \sum_{k=1}^{i-1} \frac{Y_{ki}^{(k-1)}Y_{kj}^{(k-1)}}{Y_{kk}^{(k-1)}} \quad (i<j)$$

对于这个表达式，一般不考虑右端 Σ 符号下的总和恰等于 Y_{ij} 的情况。因此，若 $Y_{ij}\neq 0$，则也有 $Y_{ij}^{(i-1)}\neq 0$。当 $Y_{ij}=0$ 时，如果不考虑 Σ 符号下各项之和恰等于零的情况，则只要 Σ 符号下有任一项

$$\frac{Y_{ki}^{(k-1)}Y_{kj}^{(k-1)}}{Y_{kk}^{(k-1)}} \neq 0 \quad (k<i<j)$$

便有 $Y_{ij}^{(i-1)}\neq 0$，这种情况，我们称之为在 Y 阵的三角分解中出现了非零注入元（或"填入"）。根据 4.2 节所作的分析，这一非零项恰好是消去节点 k 时在节点 i 和节点 j 之间出现的新支路的导纳值。这就是说，如果节点 i、j 间原先没有直接支路（即 $Y_{ij}=0$），但在已消去 $k-1$ 个节点的等值网络中，它们都同一个较小编号的节点 $k(k<i<j)$ 有直接支路联系（即 $Y_{ki}^{(k-1)}\neq 0$ 和 $Y_{kj}^{(k-1)}\neq 0$），那么在消去节点 k 时，必然会在节点 i 和节点 j 之间出现一条新支路。这就是非零注入元出现的根据。还须指出，根据同样的道理，即使有 $Y_{ki}=0$，也不一定有 $Y_{ki}^{(k-1)}=0$。因此，先前消去节点时所出现的新支路，会对以后继续消去节点时非零元的出现产生影响。

节点的编号反映了高斯消去法的消元次序，也代表了星网变换时的节点消去次序。我们对图 4-7(a)所示的网络采用不同的节点编号，分析 Y 阵三角分解时非零元的注入情况。Y 阵只存放上三角部分，以・表示它的非零元素，以×表示消元结束后所得上三角矩阵中的

非零注入元。**Y** 阵中上三角部分的非零非对角线元素的数目等于网络的非接地支路数,而同节点的编号无关。但是这些非零元素的分布则取决于节点编号。

在图 4-13 所示的三种节点编号下,**Y** 阵上三角部分都有两个零元素。图 4-13(a)所示的节点编号与图 4-7 的相同。由例 4-3 可知,消去节点 1 时所作的星网变换使节点 2、4 间,节点 2、3 间和节点 3、4 间都出现了新支路。节点 2、4 间的新支路可同原有支路合并,而节点 2、3 间和节点 3、4 间原来是没有支路的,这两条新增支路便构成了三角分解中的非零注入元。如果采用图 4-13(b)所示的节点编号,通过星网变换可知,将没有一个非零注入元出现。而在图 4-13(c)所示的节点编号下,将出现一个非零注入元,它相当于消去节点 2 时在节点 3、4 间出现的新支路。由此可见,在三角分解中非零注入元的数目同节点编号有密切的关系。

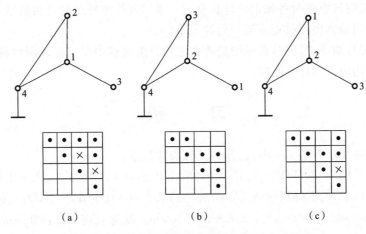

图 4-13 不同节点编号下非零注入元的分布状况

一个有 k 条支路的星形电路的中心节点被消去时,将在原星形电路的 k 个顶点之间出现 $C_k^2 = \frac{1}{2}k(k-1)$ 条支路。如果这 k 个节点之间,原来已存在 d 条支路,那么新增加的支路数,也就是非零注入元的数目为

$$\Delta p = \frac{1}{2}k(k-1) - d \qquad (4-38)$$

为了减少注入元的数目,应该尽量避免先消节点出现大量新增支路的情况。由此可以得到节点编号顺序优化的原则是:消去时增加新支路最少的节点应该优先编号。

在进行节点优化编号时,由于新增支路数 Δp 的计算比较复杂,因此实用上往往略去式(4-38)中的 d,把节点编号顺序优化的原则简化为按节点的联接支路数 k(接地支路除外)最少进行编号。在具体执行时,对联接支路数 k 或新增支路数 Δp 又有不同的算法。如果按网络的原始接线图算出每一节点的 k 值或 Δp 值,并认为这些数值在整个编号过程中都保持不变,则称这种优化编号为静态的。如果在编号过程中,每消去一个节点,都根据网络接线的变化对未消节点的 k 值或 Δp 值进行修改,则称这种优化编号为动态的。显然,动态地按新增支路数最少的原则进行节点编号,效果最佳,但程序最复杂。

小　结

电力网络的稳态可用一组线性代数方程来描述。在电力系统分析中，最常用的是节点分析法。该方法以节点电压为状态量，需要建立节点方程。节点方程有导纳型和阻抗型两种。

根据网络的结构和参数，可以直观地形成节点导纳矩阵。节点导纳矩阵的特点是，高度稀疏、对称和易于修改。

高斯消去法是简化网络，求解网络方程的有效方法。高斯消去法可看作是带电流移置的星网变换的数学概括，消节点的星网变换则可看作是高斯消去法的一种物理背景。

节点阻抗矩阵是节点导纳矩阵的逆。根据节点阻抗矩阵元素的物理意义，可以导出用支路追加法形成阻抗矩阵时各元素的计算公式。采用线性方程组的直接解法求解导纳型网络方程，可以方便地算出阻抗矩阵某一列的元素。

优化节点编号顺序，可使节点导纳矩阵在三角分解过程中尽可能地保持稀疏性，减少非零注入元，以节约内存和计算时间。

习　题

4-1　系统接线示于题 4-1 图，已知各元件参数如下：

发电机 G-1：$S_N=120$ MV・A，$x''_d=0.23$；G-2：$S_N=60$ MV・A，$x''_d=0.14$。

变压器 T-1：$S_N=120$ MV・A，$U_S=10.5\%$；T-2：$S_N=60$ MV・A，$U_S=10.5\%$。

线路参数：$x_1=0.4$ Ω/km，$b_1=2.8\times10^{-6}$ S/km。线路长度 L-1：120 km，L-2：80 km，L-3：70 km。取 $S_B=120$ MV・A，$V_B=V_{av}$，试求标幺制下的节点导纳矩阵。

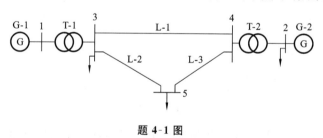

题 4-1 图

4-2　对题 4-1 图所示电力系统，试就下列两种情况分别修改节点导纳矩阵：(1)节点 5 发生三相短路；(2)线路 L-3 中点发生三相短路。

4-3　在题 4-3 图所示的网络中，已给出支路阻抗的标幺值和节点编号，试用支路追加法求节点阻抗矩阵。

4-4　3 节点网络如题 4-4 图所示，各支路阻抗标幺值已注明图中。试根据节点导纳矩阵和节点阻抗矩阵元素的物理意义计算各矩阵元素。

4-5　简单网络如题 4-5 图所示，已知各支路阻抗标幺值，试用支路追加法形成节点阻抗矩阵。试问，如支路追加顺序不同对计算量有何影响？如另选一种节点编号，对计算量又将有何影响？

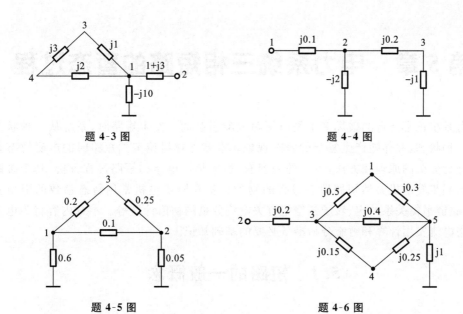

题 4-3 图

题 4-4 图

题 4-5 图

题 4-6 图

4-6 题 4-6 图所示为一 5 节点网络,已知各支路阻抗标幺值及节点编号顺序。

(1)形成节点导纳矩阵 Y；

(2)对 Y 阵进行 LDU 分解；

(3)计算与节点 4 对应的一列阻抗矩阵元素。

4-7 对题 4-7 图所示网络选择一种使非零注入元最少的节点编号顺序,并作出 Y 阵元素和非零注入元的分布图。

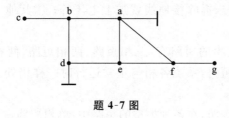

题 4-7 图

第5章 电力系统三相短路的暂态过程

电力系统正常运行的破坏多半是由短路故障引起的。发生短路时,系统从一种状态剧变到另一种状态,并伴随产生复杂的暂态现象。本章着重讨论突然短路时的电磁暂态现象及对其进行分析的原理和方法,主要的内容有,恒电势源电路的短路过程分析,基于磁链守恒原则的同步发电机突然短路暂态过程的物理分析和同步电机常用暂态参数的引出及应用,根据磁链平衡关系的定、转子各绕组有关电流分量的初值计算等。本章内容将为电力系统的短路电流实用计算和暂态分析准备必要的基础知识。

5.1 短路的一般概念

5.1.1 短路的原因、类型及后果

短路是电力系统的严重故障。所谓短路,是指一切不正常的相与相之间或相与地(对于中性点接地的系统)发生通路的情况。

产生短路的原因很多,主要有如下几个方面:① 元件损坏,例如绝缘材料的自然老化,设计、安装及维护不良带来设备缺陷等;② 气象条件恶化,例如雷击造成的闪络放电或避雷器动作,架空线路由于大风或导线覆冰引起电杆倒塌等;③ 违规操作,例如运行人员带负荷拉刀闸,线路或设备检修后未拆除接地线就加上电压等;④ 其他,例如挖沟损伤电缆,鸟兽跨接在裸露的载流部分等。

在三相系统中,可能发生的短路有:三相短路、两相短路、两相短路接地和单相接地短路。三相短路也称为对称短路,系统各相与正常运行时一样仍处于对称状态。其他类型的短路都是不对称短路。

电力系统的运行经验表明,在各种类型的短路中,单相短路占大多数,两相短路较少,三相短路的机会最少。三相短路虽然很少发生,但情况较严重,应给以足够的重视。况且,从短路计算方法来看,一切不对称短路的计算,在采用对称分量法后,都归结为对称短路的计算。因此,对三相短路的研究是有其重要意义的。

各种短路的示意图和代表符号列于表 5-1。

随着短路类型、发生地点和持续时间的不同,短路的后果可能只破坏局部地区的正常供电,也可能威胁整个系统的安全运行。短路的危险后果一般有以下几个方面:

(1)短路故障使短路点附近的支路中出现比正常值大许多倍的电流,由于短路电流的电动力效应,导体间将产生很大的机械应力,可能使导体和它们的支架遭到破坏。

(2)短路电流使设备发热增加,短路持续时间较长时,设备可能过热以致损坏。

(3)短路时系统电压大幅度下降,对用户影响很大。系统中最主要的电力负荷是异步电动机,它的电磁转矩同端电压的平方成正比,电压下降时,电动机的电磁转矩显著减小,转

速随之下降。当电压大幅度下降时，电动机有可能停转，造成产品报废，设备损坏等严重后果。

表 5-1　各种短路的示意图和代表符号

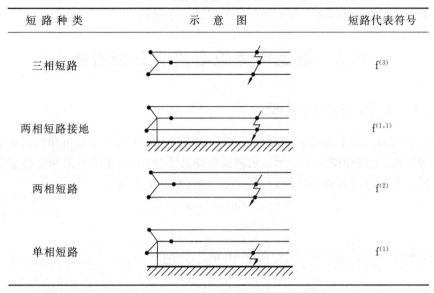

短路种类	示　意　图	短路代表符号
三相短路		f^(3)
两相短路接地		f^(1,1)
两相短路		f^(2)
单相短路		f^(1)

（4）当短路发生地点离电源不远而持续时间又较长时，并列运行的发电厂可能失去同步，破坏系统稳定，造成大片地区停电。这是短路故障的最严重后果。

（5）发生不对称短路时，不平衡电流能产生足够的磁通，在邻近的电路内感应出很大的电动势，这对于架设在高压电力线路附近的通信线路或铁道信号系统等会产生严重的后果。

5.1.2　短路计算的目的

在电力系统和电气设备的设计和运行中，短路计算是解决一系列技术问题所不可缺少的基本计算，这些问题主要如下。

（1）选择有足够机械稳定度和热稳定度的电气设备，例如断路器、互感器、瓷瓶、母线、电缆等，必须以短路计算作为依据。这里包括计算冲击电流以校验设备的电动力稳定度；计算若干时刻的短路电流周期分量以校验设备的热稳定度；计算指定时刻的短路电流有效值以校验断路器的断流能力等。

（2）为了合理地配置各种继电保护和自动装置并正确整定其参数，必须对电力网中发生的各种短路进行计算和分析。在这些计算中不但要知道故障支路中的电流值，还必须知道电流在网络中的分布情况。有时还要知道系统中某些节点的电压值。

（3）在设计和选择发电厂和电力系统电气主接线时，为了比较各种不同方案的接线图，确定是否需要采取限制短路电流的措施等，都要进行必要的短路电流计算。

（4）进行电力系统暂态稳定计算，研究短路对用户工作的影响等，也包含有一部分短路计算的内容。

此外，确定输电线路对通讯的干扰，对已发生故障进行分析，都必须进行短路计算。

在实际工作中，根据一定的任务进行短路计算时，必须首先确定计算条件。所谓计算条件，一般包括短路发生时系统的运行方式、短路的类型和发生地点以及短路发生后所采取的措施等。从短路计算的角度来看，系统运行方式指的是系统中投入运行的发电、变电、输电、用电设备的多少以及它们之间相互联接的情况。计算不对称短路时，还应包括中性点的运行状态。对于不同的计算目的，所采用的计算条件是不同的。

5.2 恒定电势源电路的三相短路

5.2.1 短路的暂态过程

首先分析简单三相 R-L 电路对称短路暂态过程。电路由有恒定幅值和恒定频率的三相对称电势源供电，电路如图 5-1 所示。短路前电路处于稳态，每相的电阻和电感分别为 $R+R'$ 和 $L+L'$。由于电路对称，只写出一相（a 相）的电势和电流为

$$e = E_m \sin(\omega t + \alpha) \left.\right\} $$
$$i = I_m \sin(\omega t + \alpha - \varphi') \tag{5-1}$$

式中，$I_m = \dfrac{E_m}{\sqrt{(R+R')^2 + \omega^2(L+L')^2}}$；$\varphi' = \text{arctg}\dfrac{\omega(L+L')}{R+R'}$。

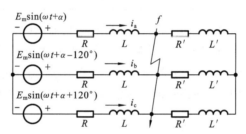

图 5-1 简单三相电路短路

当 f 点发生三相短路时，这个电路即被分成两个独立的电路，其中左边的一个仍与电源相连接，而右边的一个则变为没有电源的短接电路。在短接电路中，电流将从它发生短路瞬间的初始值衰减到零。在与电源相连的左侧电路中，每相的阻抗已变为 $R+j\omega L$，其电流将要由短路前的数值逐渐变化到由阻抗 $R+j\omega L$ 所决定的新稳态值，短路电流计算主要是对这一电路进行的。

假定短路在 $t=0$ 时刻发生，短路后左侧电路仍然是对称的，可以只研究其中的一相，例如 a 相。为此，我们写出 a 相的微分方程式为

$$Ri + L\frac{di}{dt} = E_m \sin(\omega t + \alpha) \tag{5-2}$$

方程式(5-2)的解就是短路的全电流，它由两部分组成：第一部分是方程式(5-2)的特解，它代表短路电流的强制分量；第二部分是方程式(5-2)对应的齐次方程为

$$Ri + L\frac{di}{dt} = 0$$

的一般解，它代表短路电流的自由分量。

短路电流的强制分量与外加电源电势有相同的变化规律，也是恒幅值的正弦交流，习惯

上称为周期分量,并记为 i_p。

$$i_p = I_{pm}\sin(\omega t + \alpha - \varphi) \tag{5-3}$$

式中,$I_{pm} = \dfrac{E_m}{\sqrt{R^2 + (\omega L)^2}}$ 是短路电流周期分量的幅值;$\varphi = \mathrm{arctg}\left(\dfrac{\omega L}{R}\right)$ 是电路的阻抗角;α 是电源电势的初始相角,即 $t=0$ 时的相位角,亦称合闸角。

短路电流的自由分量与外加电源无关,它是按指数规律衰减的直流,亦称为非周期电流,记为

$$i_{ap} = Ce^{pt} = C\exp(-t/T_a) \tag{5-4}$$

式中,$p = -R/L$ 是特征方程 $R + pL = 0$ 的根;$T_a = -1/p = L/R$ 是自由分量衰减的时间常数;C 是积分常数,由初始条件决定,它也是非周期电流的起始值 i_{ap0}。

这样,短路的全电流可以表示为

$$i = i_p + i_{ap} = I_{pm}\sin(\omega t + \alpha - \varphi) + C\exp(-t/T_a) \tag{5-5}$$

根据电路的开闭定律,电感中的电流不能突变,短路前瞬间(以下标[0]表示)的电流 $i_{[0]}$ 应等于短路发生后瞬间(以下标 0 表示)的电流 i_0。将 $t=0$ 分别代入短路前和短路后的电流算式(5-1)和式(5-5),应得

$$I_m\sin(\alpha - \varphi') = I_{pm}\sin(\alpha - \varphi) + C$$

因此

$$C = i_{ap0} = I_m\sin(\alpha - \varphi') - I_{pm}\sin(\alpha - \varphi)$$

将此式代入式(5-5),便得

$$i = I_{pm}\sin(\omega t + \alpha - \varphi) + [I_m\sin(\alpha - \varphi') - I_{pm}\sin(\alpha - \varphi)]\exp(-t/T_a) \tag{5-6}$$

这就是 a 相短路电流的算式。如果用 $\alpha - 120°$ 或 $\alpha + 120°$ 去代替式(5-6)中的 α,就可以得到 b 相或 c 相短路电流的算式。

短路电流各分量之间的关系也可以用相量图表示(见图 5-2)。图中旋转相量 $\dot{E}_m$、$\dot{I}_m$ 和 $\dot{I}_{pm}$ 在静止的时间轴 t 上的投影分别代表电源电势,短路前电流和短路后周期电流的瞬时值。图中所示是 $t=0$ 时的情况。此时,短路前电流相量 $\dot{I}_m$ 在时间轴上的投影为 $I_m\sin(\alpha - \varphi') = i_{[0]}$,而短路后的周期电流相量 $\dot{I}_{pm}$ 的投影则为 $I_{pm}\sin(\alpha - \varphi) = i_{p0}$。一般情况下,$i_{p0} \neq i_{[0]}$。为了保持电感中的电流在短路前后瞬间不发生突变,电路中必须产生一个非周期自由电流,它的初值应为 $i_{[0]}$ 和 i_{p0} 之差。在相量图中短路发生瞬间相量差 $\dot{I}_m - \dot{I}_{pm}$ 在时间轴上的投影就等于非周期电流的初值 i_{ap0}。由此可见,非周期电流初值的大小同短路发生的时刻有关,亦即与短路发

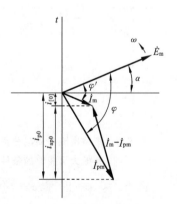

图 5-2　简单三相电路短路时的相量图

生时电源电势的初始相角(或合闸角)α 有关。当相量差 $\dot{I}_m - \dot{I}_{pm}$ 与时间轴平行时,i_{ap0} 之值最大;而当它与时间轴垂直时,$i_{ap0} = 0$。在后一情况下,自由分量不存在,在短路发生瞬间短路前电流的瞬时值刚好等于短路后强制电流的瞬时值,电路从一种稳态直接进入另一种稳

态，而不经历过渡过程。以上所说是一相的情况，对另外两相也可作类似的分析，当然 b 相和 c 相的电流相量应该分别落后于 a 相电流相量 120°和 240°。三相短路时，只有短路电流的周期分量才是对称的，而各相短路电流的非周期分量并不相等。可见，非周期分量有最大初值或零值的情况只可能在一相出现。

5.2.2 短路冲击电流

短路电流最大可能的瞬时值称为短路冲击电流，以 i_{im} 表示。

当电路的参数已知时，短路电流周期分量的幅值是一定的，而短路电流的非周期分量则是按指数规律单调衰减的直流，因此，非周期电流的初值越大，暂态过程中短路全电流的最大瞬时值也就越大。由前面的讨论可知，使非周期电流有最大初值的条件应为：① 相量差 $\dot{I}_m - \dot{I}_{pm}$ 有最大可能值；② 相量差 $\dot{I}_m - \dot{I}_{pm}$ 在 $t=0$ 时与时间轴平行。这就是说，非周期电流的初值既同短路前和短路后电路的情况有关，又同短路发生的时刻（或合闸角 α）有关。在电感性电路中，符合上述条件的情况是：电路原来处于空载状态，短路恰好发生在短路周期电流取幅值的时刻（见图 5-3）。如果短路回路的感抗比电阻大得多 $\omega L \gg R$，就可以近似地认为 $\varphi \approx 90°$，则上述情况相当于短路发生在电源电势刚好过零值，即 $\alpha = 0$ 的时刻。

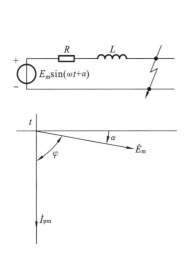

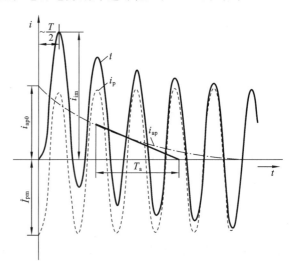

图 5-3 短路电流非周期分量
有最大可能值的条件

图 5-4 非周期分量有最大可能值时的短路电流波形图

将 $I_m = 0$，$\varphi = 90°$ 和 $\alpha = 0$ 代入式(5-6)，便得

$$i = -I_{pm}\cos\omega t + I_{pm}\exp(-t/T_a) \tag{5-7}$$

电流的波形如图 5-4 所示。由图可见，短路电流的最大瞬时值在短路发生后约半个周期出现。若 $f = 50$ Hz，这个时间约为短路发生后 0.01 s。由此可得冲击电流的算式如下

$$i_{im} = I_{pm} + I_{pm}\exp(-0.01/T_a) = [1 + \exp(-0.01/T_a)]I_{pm} = k_{im}I_{pm} \tag{5-8}$$

式中，$k_{im} = 1 + \exp(-0.01/T_a)$ 称为冲击系数，它表示冲击电流为短路电流周期分量幅值的多少倍。当时间常数 T_a 的数值由零变到无限大时，冲击系数的变化范围是 $1 \leqslant k_{im} \leqslant 2$。在实用计算中，当短路发生在发电机电压母线时，取 $k_{im} = 1.9$；短路发生在发电厂高压侧母线

时，取 $k_{im}=1.85$；在其他地点短路时，取 $k_{im}=1.8$。

冲击电流主要用来校验电气设备和载流导体的电动力稳定度。

5.2.3　短路电流的最大有效值

在短路过程中，任一时刻 t 的短路电流有效值 I_t，是指以时刻 t 为中心的一个周期内瞬时电流的均方根值，即

$$I_t = \sqrt{\frac{1}{T}\int_{t-T/2}^{t+T/2} i_t^2 \,\mathrm{d}t} = \sqrt{\frac{1}{T}\int_{t-T/2}^{t+T/2}(i_{pt}+i_{apt})^2 \,\mathrm{d}t} \tag{5-9}$$

式中，i_t，i_{pt} 和 i_{apt} 分别为 t 时刻短路电流及其周期分量和非周期分量的瞬时值。

在电力系统中，短路电流周期分量的幅值在一般情况下是衰减的(见图5-5)。为了简化计算，通常假定：非周期电流在以时间 t 为中心的一个周期内恒定不变，因而它在时间 t 的有效值就等于它的瞬时值，即

$$I_{apt} = i_{apt}$$

对于周期电流，也认为它在所计算的周期内是幅值恒定的，其数值即等于由周期电流包络线所确定的 t 时刻的幅值。因此，t 时刻的周期电流有效值应为

$$I_{pt} = \frac{I_{pmt}}{\sqrt{2}}$$

于是，式(5-9)便简化为

$$I_t = \sqrt{I_{pt}^2 + I_{apt}^2} \tag{5-10}$$

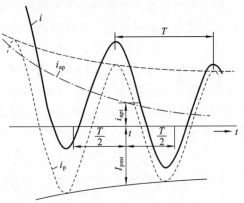

图5-5　短路电流有效值的确定

短路电流的最大有效值出现在短路后的第一个周期。在最不利的情况下发生短路时 $i_{ap0}=I_{pm}$，而第一个周期的中心为 $t=0.01\text{s}$，这时非周期分量的有效值为

$$I_{ap} = I_{pm}\exp(-0.01/T_a) = (k_{im}-1)I_{pm}$$

将这些关系代入式(5-10)，便得到短路电流最大有效值 I_{im} 的计算公式为

$$I_{im} = \sqrt{I_p^2 + \left[(k_{im}-1)\sqrt{2}I_p\right]^2} = I_p\sqrt{1+2(k_{im}-1)^2} \tag{5-11}$$

当冲击系数 $k_{im}=1.9$ 时，$I_{im}=1.62I_p$；当 $k_{im}=1.8$ 时，$I_{im}=1.51I_p$。

5.2.4　短路功率

有些情况下需要用到短路功率(亦称短路容量)的概念。短路容量等于短路电流的最大有效值同短路处的正常工作电压(一般用平均额定电压)的乘积，即

$$S_{im} = \sqrt{3}\,U_{av}I_{im} \tag{5-12}$$

用标幺值表示时、且 $U_B=U_{av}$ 时，有

$$S_{*im} = \frac{\sqrt{3}\,U_{av}I_{im}}{\sqrt{3}\,U_B I_B} = \frac{I_{im}}{I_B} = I_{*im} \tag{5-13}$$

短路容量主要用来校验开关的切断能力。把短路容量定义为短路电流和工作电压的乘

积，是因为一方面开关要能切断这样大的电流，另一方面，在开关断流时其触头应经受住工作电压的作用。在短路的实用计算中，常只用周期分量电流的初始有效值来计算短路功率。

从上述分析可见，为了确定冲击电流、短路电流非周期分量、短路电流的最大有效值以及短路功率等，都必须计算短路电流的周期分量。实际上，大多数情况下短路计算的任务也只是计算短路电流的周期分量。在给定电源电势时，短路电流周期分量的计算只是一个求解稳态正弦交流电路的问题。

5.3 同步电机突然三相短路的物理分析

5.3.1 突然短路暂态过程的特点

同步电机由多个有磁耦合关系的绕组构成，定子绕组同转子绕组之间还有相对运动，同步电机突然短路的暂态过程要比恒电势源电路复杂得多，其冲击电流可能达到额定电流的十几倍。这样大的冲击电流对电机本身和有关电气设备都可能产生严重的影响。

同步电机稳态对称运行（包括稳态对称短路）时，电枢磁势的大小不随时间而变化，而在空间以同步速度旋转，它同转子没有相对运动，因此不会在转子绕组中感应电流。突然短路时，定子电流在数值上发生急剧变化，电枢反应磁通也随着变化，并在转子绕组中感应电流，这种电流又反过来影响定子电流的变化。定子和转子绕组电流的互相影响是同步电机突然短路暂态过程区别于稳态短路的显著特点。

5.3.2 超导体闭合回路磁链守恒原则

根据楞茨定理，任何闭合线圈在运行状态突然变化的瞬间，都应该维持磁链不变，即"闭合回路磁链守恒原则"。这是对突然短路暂态过程进行分析的物理基础。从电压的观点来看，磁链的跃变意味着 $\mathrm{d}\psi/\mathrm{d}t$ 为无限大，即要产生无限大的电势，实际上是不可能的。

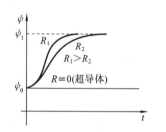

图 5-6　闭合回路磁链守恒原则

图 5-6 所示为闭合回路的磁链由 ψ_0 变到 ψ_1 的变化曲线。从图中我们看到，在突变瞬间，有

$$\frac{\mathrm{d}\psi}{\mathrm{d}t}=0$$

即 $t=0$ 的瞬刻，闭合回路的磁链不能突变。从曲线中我们可以看到，在 $t>0$ 以后，磁链的变化速度与闭合回路的电阻成正比，电阻越大，变化速度越快，如果是超导体即 $R\equiv0$，则闭合回路的磁链就一直保持不变。因为闭合回路的磁链是由电流产生的，即 $\psi=Li$，因此闭合回路的电流也不能突变，这就是闭合回路突变瞬间"电流连续性"原理（证明见附录 D）。

在实际的电机里存在着多个有互感耦合关系的绕组，这些绕组的电阻相对来说是很小的。在进行分析时，我们将对每一个绕组应用磁链守恒原则，以确定每一个绕组在突然短路暂态过程中将出现哪些电流分量，分清哪些是自由电流，哪些是强制电流，然后确定每一个自由分量将按什么规律衰减。在分析中认为同步发电机是理想化的,电机的转速不变,各种参数都用标幺值表示。

5.3.3　无阻尼绕组同步电机突然三相短路的物理分析

突然短路后,定子各相绕组出现的电流,可以根据各相绕组必须维持在短路瞬间的磁链不变的条件来确定。为此,首先必须研究定子各相绕组磁链的变化规律。假定短路前电机处于空载状态。这时 $i_d = i_q = 0$,$\psi_q = 0$,$i_{f[0]} = u_{f[0]}/r_f$,定子绕组的总磁链 Ψ_0 只含有由励磁磁势基波对定子绕组产生的磁链,$\Psi_0 = \psi_d = \psi_{fd} = x_{ad}i_{f[0]}$。当转子以同步转速 ω 旋转时,定子各相绕组的磁链将随 α 角作正弦变化,如图 5-7(b)所示。$\psi_a = \Psi_0\cos(\alpha_0 + \omega t)$,$\psi_b = \Psi_0\cos(\alpha_0 + \omega t - 120°)$,$\psi_c = \Psi_0\cos(\alpha_0 + \omega t + 120°)$。

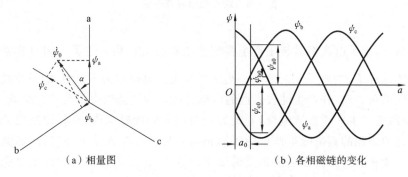

（a）相量图　　　　　　　　（b）各相磁链的变化

图 5-7　定子绕组磁链的变化

如果短路在 $t = 0$ 时刻发生,则此刻 $\alpha = \alpha_0$,定子各相绕组的磁链应为:$\psi_{a0} = \Psi_0\cos\alpha_0$,$\psi_{b0} = \Psi_0\cos(\alpha_0 - 120°)$ 和 $\psi_{c0} = \Psi_0\cos(\alpha_0 + 120°)$。为了维持磁链初值不变,在定子三相绕组中将出现电流,其所产生的磁链 $\Delta\psi_a$,$\Delta\psi_b$ 和 $\Delta\psi_c$ 必须满足:$\Delta\psi_a + \psi_a = \psi_{a0}$,$\Delta\psi_b + \psi_b = \psi_{b0}$ 和 $\Delta\psi_c + \psi_c = \psi_{c0}$。这就要求:

$$\Delta\psi_a = \psi_{a0} - \Psi_0\cos(\alpha_0 + \omega t)$$
$$\Delta\psi_b = \psi_{b0} - \Psi_0\cos(\alpha_0 + \omega t - 120°)$$
$$\Delta\psi_c = \psi_{c0} - \Psi_0\cos(\alpha_0 + \omega t + 120°)$$

因此,在短路发生后,定子绕组中将同时出现两种电流:一种是同步频率($f = \omega/2\pi$)的交流(以下简称基频电流),三相绕组的对称基频电流共同产生一个同步旋转的磁势 $\dot{F}_a$,它的作用在于对定子各相绕组产生交变磁链,用于抵消转子主磁场对定子各相绕组产生的交变磁链;另一种是恒定电流(即直流),三相绕组的直流共同产生一个在空间静止的磁势 $\dot{F}_0$,它对各相绕组分别产生不变的磁链 ψ_{a0}、ψ_{b0} 和 ψ_{c0},这样来维持定子三相绕组的磁链初值不变。图 5-8 表示了三相绕组磁链守恒的相量图和 a 相绕组磁链守恒。顺便指出,定子各相的直流只在空间形成静止的恒定磁势 $\dot{F}_0$,当转子旋转时,由于转子纵轴向和横轴向的磁阻不同,转子每转过 180°电角度,磁阻即经历一个变化周期,只有在这个恒定的磁势上增加一个适应磁阻变化的、具有两倍同步频率的交变分量,才可能得到不变的磁通。因此,定子三相电流中,还应有两倍同步频率的电流(简称倍频电流),与直流分量共同作用,才能维持定子绕组的磁链

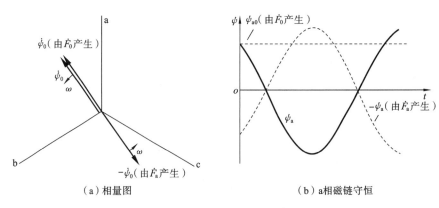

（a）相量图 　　　　　　　　　　　（b）a相磁链守恒

图 5-8　定子绕组磁链守恒

初值不变。

突然短路后,定子电流将对转子产生强烈的电枢反应作用。定子三相对称基频电流产生的电枢旋转磁势 $\dot{F}_a$ 对转子相对静止。当定子绕组的电阻略去不计时,定子电流相量正好位于转子 d 轴的负方向,并产生纯去磁性的电枢反应。为了抵消电枢反应的影响,维持磁链不变,励磁绕组将产生一项直流电流,它的方向与原有的励磁电流相同,使励磁绕组的磁场得到加强。这项附加的直流分量产生的磁通也有一部分要穿入定子绕组,从而激起定子基频电流的更大增长。这就是在突然短路的暂态过程中,定子电流要大大地超过稳态短路电流的原因。

定子电流中的直流分量产生一个空间上静止的磁场,它对以同步转速旋转的转子绕组将产生一个同步频率的交变磁链。定子电流倍频分量所产生的两倍同步转速的旋转磁场,也对转子绕组产生同步频率的交变磁链。为了抵消定子的直流和倍频电流产生的电枢反应,在转子绕组中将出现一种同步频率的电流。转子绕组中的这项基频电流也要施反作用于定子。这个基频电流在转子中产生一个以同步频率脉振的磁场,这个脉振磁场又可以分解为两个依相反方向相对于转子以同步速度旋转的磁场;其中,反转磁场对于定子绕组相对静止,它要影响定子绕组直流分量的数值;另一个正转磁场相对于定子绕组以两倍同步转速旋转,并对定子绕组产生两倍同步频率的交变磁链,定子中的倍频电流也是为了抵消这个交变磁链而产生的。

从以上分析可知,无阻尼绕组同步电机突然短路时,定子电流将包含基频分量、倍频分量和直流分量,这些电流分量分别记为 i', $i_{2\omega}$ 和 i_{ap}。基频和倍频分量都是周期电流,但在实用计算中常略去倍频分量。所谓周期分量习惯上是指基频电流。直流分量也称为非周期分量。倍频电流和非周期电流都是为了维持磁链初值守恒而出现的,都属于自由分量。定子电流的稳态值 i_∞ 是短路电流的强制分量,因此基频电流同稳态电流之差 $\Delta i' = i' - i_\infty$ 也是一种自由电流。由此可见,同恒电势源电路的突然短路相比较,同步电机突然短路时,在自由电流中除了非周期分量以外,还包含有周期分量和倍频分量。转子绕组的自由电流中包含有直流分量 Δi_{fa} 和同步频率交流分量 $\Delta i_{f\omega}$。由励磁电压产生的励磁电流 $i_{f[0]}$ 则属于强制分量。

定子和转子绕组中的各种电流分量及它们之间互相依存的关系如表 5-2 所示。

表 5-2　定、转子绕组各种电流分量之间的关系

	强 制 分 量	自 由 分 量	
定子方面	稳态短路电流	基频自由电流	非周期电流　倍频电流
	i_∞	$\Delta i' = i' - i_\infty$	$i_{ap} \rightarrow i_{2\omega}$
	$\uparrow$	$\uparrow$	$\downarrow\uparrow$
转子方面	励磁电流	自由直流	基频交流
	$i_{f[0]}$	Δi_{fa}	$\Delta i_{f\omega}$

在以上叙述中,将短路电流分解为各种分量,只是为了分析和计算的方便,实际上每一个绕组都只有一个总电流。但是搞清楚突然短路时定子和转子中各种电流分量出现的原因以及它们之间的相互关系,对短路的分析计算是很有帮助的。

5.4　无阻尼绕组同步电机三相短路电流计算

5.4.1　暂态电势和暂态电抗

在电力系统分析中,常用等值电路来代表系统的各种元件,以便把某些待研究的问题归结为对电路的求解。对突然短路的计算分析也是这样。在图 3-11 所示的等值电路中,电势、电压和电流都是指基频分量,这种电路主要适用于稳态分析。在突然短路暂态过程中,定子和转子绕组都要出现多种电流分量,稳态等值电路显然不能适应这种复杂情况,即使是仅考虑定子方面的基频分量和转子方面的直流分量,由于其中包含有待求的自由分量,故稳态等值电路也不便应用。因此,必须制订更适合暂态分析的等值电路。

暂态分析是以磁链守恒原则为基础的。可以设想,依据磁链平衡关系制订的等值电路将能满足暂态分析的需要。

根据方程组(3-64),无阻尼绕组电机的磁链平衡方程为

$$\left.\begin{aligned}
\psi_d &= -x_d i_d + x_{ad} i_f = -x_{\sigma a} i_d + x_{ad}(i_f - i_d) \\
\psi_q &= x_q i_q \\
\psi_f &= -x_{ad} i_d + x_f i_f = x_{ad}(i_f - i_d) + x_{\sigma f} i_f
\end{aligned}\right\} \tag{5-14}$$

与方程组(5-14)相适应的等值电路如图 5-9 所示。

如果从 ψ_d 和 ψ_f 的方程式中消去励磁绕组电流 i_f,又可得到

$$\psi_d = \frac{x_{ad}}{x_f} \psi_f - \left(x_{\sigma a} + \frac{x_{\sigma f} x_{ad}}{x_{\sigma f} + x_{ad}}\right) i_d$$

我们定义

$$E_q' = \frac{x_{ad}}{x_f} \psi_f = \sigma_f \frac{x_{ad}}{x_{\sigma f}} \psi_f \tag{5-15}$$

$$x_d' = x_{\sigma a} + \frac{x_{\sigma f} x_{ad}}{x_{\sigma f} + x_{ad}} = x_{\sigma a} + \sigma_f x_{ad} \tag{5-16}$$

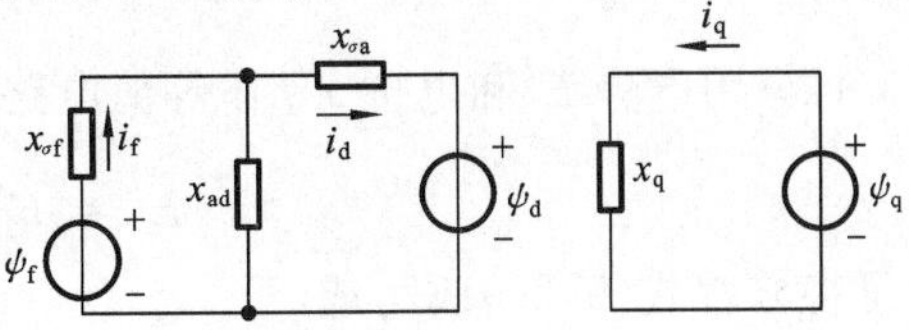

（a）纵轴向　　　　　（b）横轴向

图 5-9　无阻尼绕组电机的磁链平衡等值电路

式中，$\sigma_f = \dfrac{x_{\sigma f}}{x_{\sigma f} + x_{ad}} = \dfrac{x_{\sigma f}}{x_f}$ 是励磁绕组的漏磁系数。

这样，我们便得到下列方程

$$\psi_d = E'_q - x'_d i_d \tag{5-17}$$

与方程式(5-17)相适应的等值电路如图 5-10(a)所示。

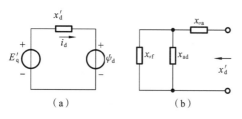

图 5-10　暂态电势和暂态电抗的等值电路

习惯上称 E'_q 为暂态电势，它同励磁绕组的总磁链 ψ_f 成正比。在运行状态突变瞬间，励磁绕组磁链守恒，ψ_f 不能突变，暂态电势 E'_q 也就不能突变。x'_d 称为暂态电抗，如果沿纵轴向把同步电机看做是双绕组变压器，当副方绕组（即励磁绕组）短路时，从原方（即定子绕组）测得的电抗即是 x'_d，其等值电路如图 5-10(b)所示。

当变压器电势 $\dot{\psi}_d = \dot{\psi}_q = 0$ 时，由于 $\psi_d = v_q$ 和 $\psi_q = v_d$，因此定子磁链平衡方程便变为定子电势方程

$$\left.\begin{array}{l} u_q = E'_q - x'_d i_d \\ u_d = x_q i_q \end{array}\right\} \tag{5-18}$$

这组方程既适用于稳态分析，也适用于暂态分析中将变压器电势略去或另作处理的场合。或者说，方程组(5-18)反映了定了方面电势、电压和电流的基频分量之间的关系。所以这组用暂态参数表示的电势方程组也可以写成交流相量的形式

$$\left.\begin{array}{l} \dot{U}_q = \dot{E}'_q - \mathrm{j} x'_d \dot{I}_d \\ \dot{U}_d = -\mathrm{j} x_q \dot{I}_q \end{array}\right\} \tag{5-19}$$

或

$$\dot{U} = \dot{E}'_q - \mathrm{j} x_q \dot{I}_q - \mathrm{j} x'_d \dot{I}_d \tag{5-20}$$

无论是凸极机还是隐极机，一般都有 $x'_d \neq x_q$。为便于工程计算，也常采用等值隐极机法进行处理。具体来说又有以下两种不同的方案。

(1) 用电势 $\dot{E}_Q$ 和电抗 x_q 作等值电路。这时假想电势 $\dot{E}_Q$ 将表示为

$$\dot{E}_Q = \dot{E}'_q + \mathrm{j}(x_q - x'_d)\dot{I}_d \tag{5-21}$$

或者用绝对值表示时

$$E_Q = E'_q + (x_q - x'_d) I_d \tag{5-22}$$

由于 $x_q > x'_d$，故 $E_Q > E'_q$。

(2) 用电势 $\dot{E}'$ 和电抗 x'_d 作等值电路。如果令

$$\dot{E}' = \dot{E}'_q - \mathrm{j}(x_q - x'_d)\dot{I}_q \tag{5-23}$$

便可将方程式(5-20)改写成

$$\dot{U} = \dot{E}' - \mathrm{j} x'_d \dot{I} \tag{5-24}$$

电势 $\dot{E}'$ 常称为暂态电抗后的电势。这个电势没有什么物理意义，纯粹是虚构的计算用电

势,它的相位落后于暂态电势 $\dot{E}'_q$。在不要求精确计算的场合,常认为 E'_q 守恒即是 E' 守恒,并且用 $\dot{E}'$ 的相位代替转子 q 轴的方向。这是一种不太精确的处理方法,但是颇有实用价值。

采用暂态参数时,同步电机的相量图见图 5-11。

暂态电抗是同步电机的结构参数,可以根据设计资料计算出来,也可以进行实测,因此是实在的参数。暂态电势属于运行参数,它只能根据给定的运行状态(稳态或暂态)计算出来,但无法进行实测。暂态电势在运行状态发生突变瞬间能够守恒。利用这一特点,可以从突变前瞬间的稳态中算出它的数值并且直接应用于突变后瞬间的计算中,从而给暂态分析带来极大的方便。

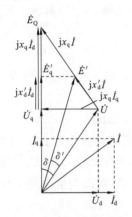

图 5-11　同步电机相量图

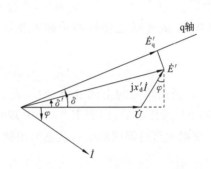

图 5-12　例 5-1 的电势相量图

例 5-1　就例 3-2 的同步电机及所给运行条件,再给出 $x'_d=0.3$,试计算电势 E'_q 和 E'。

解　例 3-2 中已算出 $E_Q=1.41$ 和 $I_d=0.8$,因此

$$E'_q=E_Q+(x'_d-x_q)I_d=1.41+(0.3-0.6)\times 0.8=1.17$$

根据相量图 5-12,可知

$$E'=\sqrt{(U+x'_d I\sin\varphi)^2+(x'_d I\cos\varphi)^2}=\sqrt{(1+0.3\times 0.53)^2+(0.3\times 0.85)^2}=1.187$$

电势 $\dot{E}'$ 同机端电压 $\dot{U}$ 的相位差为

$$\delta'=\text{arctg}\frac{x'_d I\cos\varphi}{U+x'_d I\sin\varphi}=\text{arctg}\frac{0.3\times 0.85}{1+0.3\times 0.53}=12.4°$$

5.4.2　不计衰减时的短路电流算式

在突然短路暂态过程中定子、转子各绕组将出现各种电流分量以维持各绕组的磁链初值不变。这些电流分量之间存在着两组对应关系。利用这些关系并根据磁链平衡条件,可以进行定子、转子各电流分量的计算。

假定在空载下发生机端短路。首先计算定子基频交流和转子绕组的直流。在这些电流分量共同作用下,应使定子各相绕组磁链为零,转子绕组磁链保持初值 ψ_{f0}。于是可得图 5-13所示的磁链平衡等值电路,其方程式如下。

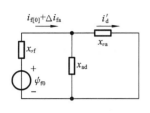

图 5-13　磁链平衡
等值电路

$$x_{ad}(i_{f[0]} + \Delta i_{fa}) - x_d i'_d = 0 \atop x_f(i_{f[0]} + \Delta i_{fa}) - x_{ad} i'_d = \psi_{f0}} \quad (5\text{-}25)$$

短路前定子电流为零，故 $\psi_{f0} = x_f i_{f[0]}$。由上述方程可以解出

$$i'_d = \frac{\dfrac{x_{ad}}{x_f}\psi_{f0}}{x'_d} = \frac{E'_{q0}}{x'_d} \quad (5\text{-}26)$$

$$\Delta i_{fa} = \frac{x_{ad}}{x_f} i'_d = \frac{x_d - x'_d}{x_{ad}} \times \frac{E'_{q0}}{x'_d} \quad (5\text{-}27)$$

定子基频交流的纵轴分量 i'_d 有正值，故位于转子 d 轴的负方向，并产生去磁性电枢反应。而转子自由直流 Δi_{fa} 也是正的，同原有励磁电流同方向。

顺便指出，定子的基频电流也可以由稳态参数的电势方程（3-67）算出。短路时 $u_d = u_q = 0$，故有

$$i_q = 0, \quad i'_d = E_q/x_d \quad (5\text{-}28)$$

但须注意，电势 E_q 应是励磁绕组的全部直流（包括强制分量 $i_{f[0]}$ 和自由分量 Δi_{fa}）所产生的，即

$$E_q = x_{ad}(i_{f[0]} + \Delta i_{fa}) = E_{q[0]} + \Delta E_{qa}$$

电势 $E_{q[0]}$ 表示短路前瞬间的空载电势，ΔE_{qa} 表示由励磁绕组的自由直流产生的附加电势。在短路发生后 Δi_{fa} 是待求的，因而 E_q 也是未知的。但是，由于暂态电势 E'_q 不能突变，便有 $E'_{q0} = E'_{q[0]}$。根据短路前瞬间的运行状态算出的暂态电势值，可以直接应用于短路后瞬间的计算中。

短路进入稳态后，如果励磁电压没有变化，励磁绕组的电流将恢复初值，相应地将有 $E_{q\infty} = E_{q[0]}$。利用下式确定稳态短路电流是比较方便的，即

$$i_{d\infty} = \frac{E_{q\infty}}{x_d} = \frac{E_{q[0]}}{x_d} \quad (5\text{-}29)$$

这样，基频电流的自由分量将为

$$\Delta i'_d = i'_d - i_{d\infty} = \frac{E'_{q0}}{x'_d} - \frac{E_{q\infty}}{x_d} = \frac{E'_{q0}}{x'_d} - \frac{E_{q[0]}}{x_d} \quad (5\text{-}30)$$

顺便指出，如果知道暂态电势的稳态值 $E'_{q\infty}$，也可利用暂态参数计算稳态短路电流。不计定子电阻时，定子基频电流的 q 轴分量为零。

现在讨论定子电流中的直流分量和倍频分量以及励磁绕组中的基频电流。在这些电流分量共同作用下，应使励磁绕组的磁链为零，定子三相绕组的磁链保持初值。将定子三相磁链的初值 $\psi_{a0} = \Psi_0 \cos\alpha_0$，$\psi_{b0} = \Psi_0 \cos(\alpha_0 - 120°)$ 和 $\psi_{c0} = \Psi_0 \cos(\alpha_0 + 120°)$ 转换到 dq0 坐标系可得

$$\psi_d = \psi_{d\omega} = \Psi_0 \cos\omega t, \quad \psi_q = \psi_{q\omega} = \Psi_0 \sin\omega t$$

根据上述磁链平衡条件，可就纵、横轴向分别作出等值电路如图 5-14 所示。相应的方程式为

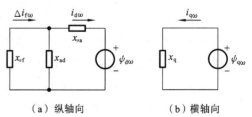

（a）纵轴向　　　　（b）横轴向

图 5-14　磁链平衡等值电路

$$x_{ad}\Delta i_{f\omega} - x_d i_{d\omega} = \psi_{d\omega} = \Psi_0 \cos\omega t$$
$$x_f \Delta i_{f\omega} - x_{ad} i_{d\omega} = 0 \qquad\qquad\qquad (5\text{-}31)$$
$$x_q i_{q\omega} = \psi_{q\omega} = \Psi_0 \sin\omega t$$

注意到空载下短路时，$\Psi_0 = x_{ad} i_{f[0]} = \dfrac{x_{ad}}{x_f}\psi_{f0} = E'_{q0}$，由方程组（5-31）或者直接由等值电路可以解出

$$i_{d\omega} = -\frac{\psi_{d\omega}}{x'_d} = -\frac{\Psi_0}{x'_d}\cos\omega t = -\frac{E'_{q0}}{x'_d}\cos\omega t \qquad (5\text{-}32)$$

$$\Delta i_{f\omega} = \frac{x_{ad}}{x_f} i_{d\omega} = -\frac{x_d - x'_d}{x_{ad}}\times\frac{E'_{q0}}{x'_d}\cos\omega t \qquad (5\text{-}33)$$

$$i_{q\omega} = \frac{\psi_{q\omega}}{x_q} = \frac{\Psi_0}{x_q}\sin\omega t = \frac{E'_{q0}}{x_q}\sin\omega t \qquad (5\text{-}34)$$

这样，我们就求得了定子 d 轴和 q 轴电流的全部分量。定子的 d 轴电流为

$$i_d = i'_d + i_{d\omega} = i_{d\infty} + (i'_d - i_\infty) + i_{d\omega} = \frac{E_{q[0]}}{x_d} + \left(\frac{E'_{q0}}{x'_d} - \frac{E_{q[0]}}{x_d}\right) - \frac{E'_{q0}}{x'_d}\cos\omega t \quad (5\text{-}35)$$

q 轴电流为

$$i_q = i_{q\omega} = \frac{E'_{q0}}{x_q}\sin\omega t \qquad (5\text{-}36)$$

我们看到，在 dq0 坐标系中短路电流包含有直流分量和基频分量。经过坐标变换，dq0 坐标系中的直流便转化为 abc 坐标系中的基频交流，而 dq0 坐标系中的基频交流则转化为 abc 坐标系中的非周期电流和倍频电流。例如，定子 a 相电流为

$$i_a = -i_d\cos(\omega t + \alpha_0) + i_q\sin(\omega t + \alpha_0)$$
$$= -\left[\frac{E_{q[0]}}{x_d} + \left(\frac{E'_{q0}}{x'_d} - \frac{E_{q[0]}}{x_d}\right)\right]\cos(\omega t + \alpha_0)$$
$$+ \frac{E'_{q0}}{x'_d}\cos\omega t\cos(\omega t + \alpha_0) + \frac{E'_{q0}}{x_q}\sin\omega t\sin(\omega t + \alpha_0)$$

经过一些简单的变换便得

$$i_a = -\frac{E_{q[0]}}{x_d}\cos(\omega t + \alpha_0) - \left(\frac{E'_{q0}}{x'_d} - \frac{E_{q[0]}}{x_d}\right)\cos(\omega t + \alpha_0)$$
$$+ \frac{E'_{q0}}{2}\left(\frac{1}{x'_d} + \frac{1}{x_q}\right)\cos\alpha_0 + \frac{E'_{q0}}{2}\left(\frac{1}{x'_d} - \frac{1}{x_q}\right)\cos(2\omega t + \alpha_0) \qquad (5\text{-}37)$$

这就是定子电流的全式（不计衰减）。其中直流分量的出现同合闸角 α_0 有关。当 $\alpha_0 = 90°$ 时，a 相电流中将没有非周期分量，但倍频分量则同 α_0 的数值无关，它只是由于转子纵轴向和横轴向的磁阻不同而产生的。

励磁绕组电流（不计衰减）的全式为

$$i_f = i_{f[0]} + \Delta i_{fa} + \Delta i_{f\omega} = i_{f[0]} + \frac{(x_d - x'_d)E'_{q0}}{x_{ad}x'_d} - \frac{(x_d - x'_d)E'_{q0}}{x_{ad}x'_d}\cos\omega t \qquad (5\text{-}38)$$

图 5-15 为无阻尼绕组同步电机突然短路时定子 a 相绕组和励磁绕组的电流波形图（不计衰减）。

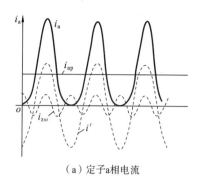

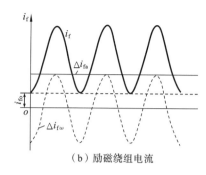

（a）定子a相电流 　　　　　　　　　（b）励磁绕组电流

图 5-15　无阻尼绕组电机突然三相短路时不计衰减的电流波形图（$\alpha_0 = 0°$）

5.4.3　自由电流的衰减

随着时间的推移，由于存在电阻，故所有绕组的磁链都将发生变化，并逐渐过渡到新的稳态值。所有为了维持磁链初值不变而出现的自由电流都将逐渐消失，或者说按不同的时间常数衰减到零。

在一个孤立的电感线圈中，自由电流衰减时间常数等于它的电感同电阻之比，即 $T = L/R$，时间常数的负倒数 $-1/T$ 就是描述电感线圈暂态过程的微分方程式的特征方程的根。当存在几个互有磁耦合关系的绕组时，自由电流的衰减因子也是由电路的微分方程组的特征方程的根确定的。同步电机的定子、转子绕组间存在着磁耦合关系，用严格的数学方法进行分析计算是相当繁琐的。对于无阻尼绕组的情况，在实用计算中，为了确定自由电流的衰减，常采用以下的简化原则。

（1）在短路瞬间为了保持本绕组磁链不变而出现的自由电流，如果它产生的磁通对本绕组相对静止，那么这个自由电流即按本绕组的时间常数衰减。一切同该自由电流发生依存关系的其他自由电流（本绕组的或外绕组的）均按同一时间常数衰减。

（2）某绕组的时间常数即该绕组的电感（同其他绕组有磁耦合关系的电感）和电阻之比，忽略其他绕组电阻的影响。

根据这两项原则，定子自由电流的非周期分量产生的磁通对定子绕组相对静止，它将按定子绕组的时间常数 T_a 衰减，同它有依存关系的定子电流倍频分量及转子电流的基频分量都按同一时间常数衰减；励磁绕组的自由直流产生的磁通对励磁绕组相对静止，它将按励磁绕组的时间常数 T'_d 衰减，同它有依存关系的定子基频电流的自由分量也按这个时间常数衰减。

时间常数 T_a 由定子绕组的电感（计及同转子励磁绕组的磁耦合关系）与电阻之比确定。定子直流分量产生的磁通在空间相对静止，而转子以同步转速旋转，使该磁通路径的磁导不断地变化，也就是使定子绕组的等效电抗不断变化，当此磁通通过转子纵轴时，定子绕组的等效电抗为 x'_d，而通过横轴时，则为 x_q。所以定子绕组的等效电抗介于 x'_d 与 x_q 之间。从电流的算式（5-37）也可以看到，限制直流分量的电抗恰为 x'_d 和 x_q 的并联值的两倍，我们就取它作为定子绕组的等效电抗，这也是同步电机的一种负序电抗。因此，时间常数 T_a 可表示为

$$T_{\mathrm{a}} = \frac{2x'_{\mathrm{d}} x_{\mathrm{q}}}{\omega r (x'_{\mathrm{d}} + x_{\mathrm{q}})} \tag{5-39}$$

式中,电抗和电阻用标幺值,$\omega = 2\pi f = 314\,\mathrm{rad/s}\,(f = 50\ \mathrm{Hz})$, T_{a} 的单位是 s。

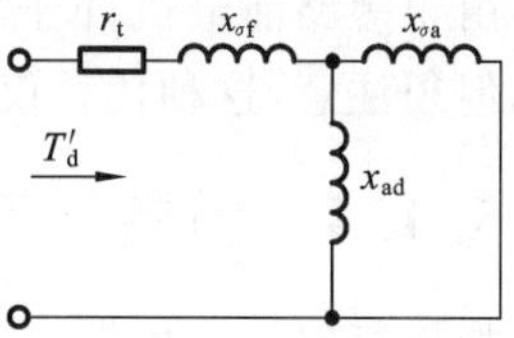

图 5-16　确定 T'_{d} 的等值电路

确定时间常数 T'_{d} 时,也应计及短路的定子绕组的影响。把励磁绕组作为原方,短路的定子绕组作为副方,利用图 5-16 所示的变压器等值电路可以求得时间常数 T'_{d}。

$$\begin{aligned}
T'_{\mathrm{d}} &= \frac{1}{\omega r_{\mathrm{f}}}\left(x_{\sigma\mathrm{f}} + \frac{x_{\sigma\mathrm{a}} x_{\mathrm{ad}}}{x_{\sigma\mathrm{a}} + x_{\mathrm{ad}}}\right) = \frac{x_{\mathrm{f}}}{\omega r_{\mathrm{f}}} \times \frac{x_{\sigma\mathrm{f}} x_{\sigma\mathrm{a}} + x_{\sigma\mathrm{f}} x_{\mathrm{ad}} + x_{\sigma\mathrm{a}} x_{\mathrm{ad}}}{x_{\mathrm{f}}(x_{\sigma\mathrm{a}} + x_{\mathrm{ad}})} \\
&= \frac{x_{\mathrm{f}}}{\omega r_{\mathrm{f}}} \times \frac{1}{x_{\mathrm{d}}}\left(x_{\sigma\mathrm{a}} + \frac{x_{\sigma\mathrm{f}} x_{\mathrm{ad}}}{x_{\mathrm{f}}}\right) = T'_{\mathrm{d}0}\frac{x'_{\mathrm{d}}}{x_{\mathrm{d}}}
\end{aligned} \tag{5-40}$$

式中,$T'_{\mathrm{d}0} = \dfrac{x_{\mathrm{f}}}{\omega r_{\mathrm{f}}}$ 是定子绕组开路时励磁绕组的时间常数。

计及自由电流的衰减,定子的 d 轴和 q 轴电流分别为

$$\left.\begin{aligned}
i_{\mathrm{d}} &= \frac{E_{\mathrm{q}[0]}}{x_{\mathrm{d}}} + \left(\frac{E'_{\mathrm{q}0}}{x'_{\mathrm{d}}} - \frac{E_{\mathrm{q}[0]}}{x_{\mathrm{d}}}\right)\exp\left(-\frac{t}{T'_{\mathrm{d}}}\right) - \frac{E'_{\mathrm{q}0}}{x'_{\mathrm{d}}}\exp\left(-\frac{t}{T_{\mathrm{a}}}\right)\cos\omega t \\
i_{\mathrm{q}} &= \frac{E'_{\mathrm{q}0}}{x_{\mathrm{q}}}\exp\left(-\frac{t}{T_{\mathrm{a}}}\right)\sin\omega t
\end{aligned}\right\} \tag{5-41}$$

定子 a 相的电流

$$\begin{aligned}
i_{\mathrm{a}} &= -\frac{E_{\mathrm{q}[0]}}{x_{\mathrm{d}}}\cos(\omega t + \alpha_0) - \left(\frac{E'_{\mathrm{q}0}}{x'_{\mathrm{d}}} - \frac{E_{\mathrm{q}[0]}}{x_{\mathrm{d}}}\right)\exp\left(-\frac{t}{T'_{\mathrm{d}}}\right)\cos(\omega t + \alpha_0) \\
&\quad + \frac{E'_{\mathrm{q}0}}{2}\left(\frac{1}{x'_{\mathrm{d}}} + \frac{1}{x_{\mathrm{q}}}\right)\exp\left(-\frac{t}{T_{\mathrm{a}}}\right)\cos\alpha_0 \\
&\quad + \frac{E'_{\mathrm{q}0}}{2}\left(\frac{1}{x'_{\mathrm{d}}} - \frac{1}{x_{\mathrm{q}}}\right)\exp\left(-\frac{t}{T_{\mathrm{a}}}\right)\cos(2\omega t + \alpha_0)
\end{aligned} \tag{5-42}$$

励磁绕组的电流

$$i_{\mathrm{f}} = i_{\mathrm{f}[0]} + \frac{(x_{\mathrm{d}} - x'_{\mathrm{d}})E'_{\mathrm{q}0}}{x_{\mathrm{ad}} x'_{\mathrm{d}}}\exp\left(-\frac{t}{T'_{\mathrm{d}}}\right) - \frac{(x_{\mathrm{d}} - x'_{\mathrm{d}})E'_{\mathrm{q}0}}{x_{\mathrm{ad}} x'_{\mathrm{d}}}\exp\left(-\frac{t}{T_{\mathrm{a}}}\right)\cos\omega t \tag{5-43}$$

电流变化的波形如图 5-17 所示。

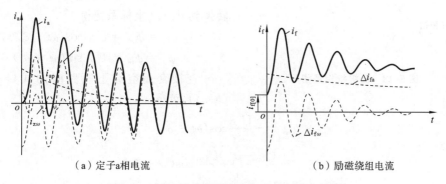

（a）定子a相电流　　　　　　　　　　　（b）励磁绕组电流

图 5-17　无阻尼绕组同步电机突然三相短路时的电流波形图($\alpha_0 = 0°$)

由于短路前电机处于空载状态，故有 $E'_{q0} = E_{q[0]}$。在电流的算式中也可用 $E_{q[0]}$ 代替 E'_{q0}，但须注意，这种代替仅限于计算空载下的短路。

5.4.4　负载状态下的突然短路

如果短路前电机带有某种负载，则突然短路后仍然是应用磁链守恒原则进行分析。由磁链平衡方程组(5-25)解出的定子基频电流 d 轴分量的算式仍与空载短路时的一样，但式中的暂态电势值 E'_{q0} 应根据短路前瞬间的负载情况算出。在求取励磁绕组的自由直流时必须注意，在负载下短路时有

$$\psi_{f0} = x_f i_{f[0]} - x_{ad} i_{d[0]}$$

由式(5-18)可知

$$i_{d[0]} = \frac{E'_{q0} - v_{q[0]}}{x'_d} = \frac{E'_{q0} - U_{[0]}\cos\delta_0}{x'_d}$$

由方程组(5-25)的第二式可得

$$\Delta i_{fa} = \frac{1}{x_f}(x_{ad} i'_d + \psi_{f0} - x_f i_{f[0]}) = \frac{x_{ad}}{x_f}(i'_d - i_{d[0]})$$

$$= \frac{x_{ad}}{x_f} \times \frac{U_{[0]}\cos\delta_0}{x'_d} = \frac{(x_d - x'_d)U_{[0]}\cos\delta_0}{x_{ad} x'_d} \tag{5-44}$$

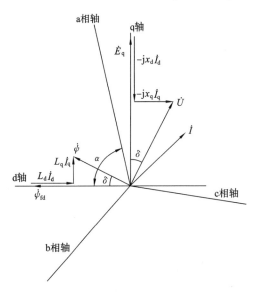

图 5-18　凸极机相量图

定子电流的非周期分量和倍频分量仍按定子绕组的磁链初值保持不变的条件确定。图 5-18 为凸极机稳态运行的相量图，定子磁链通用相量 $\dot{\Psi}$ 比定子端电压通用相量 $\dot{U}$ 超前 90°，因而相量 $\dot{\Psi}$ 同转子纵轴的夹角为 δ，在数值上 $\Psi = U$。短路前瞬间定子三相绕组的磁链初值将为

$$\psi_{a0} = \Psi_{[0]}\cos(\alpha_0 - \delta_0) = U_{[0]}\cos(\alpha_0 - \delta_0)$$

$$\psi_{b0} = U_{[0]}\cos(\alpha_0 - \delta_0 - 120°)$$

$$\psi_{c0} = U_{[0]}\cos(\alpha_0 - \delta_0 + 120°)$$

转换到 d、q、0 坐标系便得

$$\psi_d = \psi_{d\omega} = U_{[0]}\cos(\omega t + \delta_0)$$

$$\psi_q = \psi_{q\omega} = U_{[0]}\sin(\omega t + \delta_0)$$

直接套用空载下短路时的式(5-32)～(5-34)，可得

$$i_{d\omega} = -\frac{U_{[0]}}{x'_d}\cos(\omega t + \delta_0)$$

$$\Delta i_{f\omega} = -\frac{(x_d - x'_d)U_{[0]}}{x_{ad} x'_d}\cos(\omega t + \delta_0)$$

$$i_{q\omega} = \frac{U_{[0]}}{x_q}\sin(\omega t + \delta_0)$$

引入衰减因子后，定子电流 d 轴和 q 轴分量分别为

$$i_d = \frac{E_{q[0]}}{x_d} + \left(\frac{E'_{q0}}{x'_d} - \frac{E_{q[0]}}{x_d}\right)\exp\left(-\frac{t}{T'_d}\right) - \frac{U_{[0]}}{x'_d}\exp\left(-\frac{t}{T_a}\right)\cos(\omega t + \delta_0)$$
$$i_q = \frac{U_{[0]}}{x_q}\exp\left(-\frac{t}{T_a}\right)\sin(\omega t + \delta_0) \tag{5-45}$$

经过变换和整理,便得定子 a 相电流的算式为

$$i_a = -\frac{E_{q[0]}}{x_d}\cos(\omega t + \alpha_0) - \left(\frac{E'_{q0}}{x'_d} - \frac{E_{q[0]}}{x_d}\right)\exp\left(-\frac{t}{T'_d}\right)\cos(\omega t + \alpha_0)$$
$$+ \frac{U_{[0]}}{2}\left(\frac{1}{x'_d} + \frac{1}{x_q}\right)\exp\left(-\frac{t}{T_a}\right)\cos(\alpha_0 - \delta_0)$$
$$+ \frac{U_{[0]}}{2}\left(\frac{1}{x'_d} - \frac{1}{x_q}\right)\exp\left(-\frac{t}{T_a}\right)\cos(2\omega t + \alpha_0 + \delta_0) \tag{5-46}$$

励磁绕组的电流为

$$i_f = i_{f[0]} + \frac{(x_d - x'_d)U_{[0]}\cos\delta_0}{x_{ad}x'_d}\exp\left(-\frac{t}{T'_d}\right)$$
$$- \frac{(x_d - x'_d)U_{[0]}}{x_{ad}x'_d}\exp\left(-\frac{t}{T_a}\right)\cos(\omega t + \delta_0) \tag{5-47}$$

如果短路不是直接发生在发电机端,而是在有外接电抗 x_e 之后,则在应用式(5-39)～(5-43)和式(5-45)～(5-47)时,可以认为是发电机定子绕组的漏电抗增大了 x_e。在计算电流或时间常数时,只要用 $x_d + x_e$、$x'_d + x_e$ 和 $x_q + x_e$ 去分别代替 x_d,x'_d 和 x_q 就可以了。由于外接电抗 x_e 已计入定子漏抗,式(5-46)和式(5-47)中的电压 $U_{[0]}$ 将不再是机端电压,而应取为短路点的电压。

例 5-2　对例 3-2 的同步发电机,再补充以下参数:定子电阻 $r = 0.005$,定子漏抗 $x_{\sigma a} = 0.15$,励磁绕组时间常数 $T'_{d0} = 5$ s。试计算下列情况下的定子电流和励磁绕组电流:(1)空载而有额定端电压时机端三相短路;(2)额定满载下机端三相短路;(3)额定满载下距离发电机端有电抗 $x_e = 0.5$ 和电阻 $r_e = 0.05$ 处发生三相短路。

解　(一)空载下的短路电流计算。

为简单起见,定子回路的电阻只用来确定非周期电流的衰减时间常数,而忽略它对电流数值的影响。

$$T_a = \frac{2x'_d x_q}{\omega r(x'_d + x_q)} = \frac{2 \times 0.3 \times 0.6}{314 \times 0.005 \times (0.3 + 0.6)} \text{ s} = 0.255 \text{ s}$$

$$T'_d = \frac{x'_d}{x_d}T'_{d0} = \frac{0.3}{1.0} \times 5 \text{ s} = 1.5 \text{ s}$$

空载时,$E_{q[0]} = E'_{q0} = U_{[0]} = 1.0$,$\delta_0 = 0°$,利用式(5-46)可得

$$i_a = -\cos(\omega t + \alpha_0) - \left(\frac{1}{0.3} - 1\right)e^{-0.667t}\cos(\omega t + \alpha_0)$$
$$+ \frac{1}{2}\left(\frac{1}{0.3} + \frac{1}{0.6}\right)e^{-3.93t}\cos\alpha_0 + \frac{1}{2}\left(\frac{1}{0.3} - \frac{1}{0.6}\right)e^{-3.93t}\cos(2\omega t + \alpha_0)$$
$$= -\cos(\omega t + \alpha_0) - 2.33e^{-0.667t}\cos(\omega t + \alpha_0) + 2.5e^{-3.93t}\cos\alpha_0$$
$$+ 0.833e^{-3.93t}\cos(2\omega t + \alpha_0)$$

为计算励磁绕组的电流，先求出

$$x_{ad} = x_d - x_{\sigma a} = 1.0 - 0.15 = 0.85$$
$$i_{f[0]} = E_{q[0]}/x_{ad} = 1.18$$

利用式(5-47)可得

$$i_f = i_{f[0]} + \Delta i_{fa} + \Delta i_{f\omega} = 1.18 + \frac{1-0.3}{0.85 \times 0.3}e^{-0.667t} - \frac{1-0.3}{0.85 \times 0.3}e^{-3.93t}\cos\omega t$$
$$= 1.18 + 2.75e^{-0.667t} - 2.75e^{-3.93t}\cos\omega t$$

（二）额定满载下的短路计算。

由例 3-2 和例 5-1 已求得 $E_{q[0]} = 1.73, E'_{q0} = 1.17, \delta_0 = 21.1°$。由此可得

$$i_{f[0]} = E_{q[0]}/x_{ad} = 1.73/0.85 = 2.04$$

利用式(5-46)可得

$$i_a = -1.73\cos(\omega t + \alpha_0) - \left(\frac{1.17}{0.3} - 1.73\right)e^{-0.667t}\cos(\omega t + \alpha_0)$$
$$+ \frac{1}{2}\left(\frac{1}{0.3} + \frac{1}{0.6}\right)e^{-3.93t}\cos(\alpha_0 - 21.1°) + \frac{1}{2}\left(\frac{1}{0.3} - \frac{1}{0.6}\right)e^{-3.93t}\cos(2\omega t + \alpha_0 + 21.1°)$$
$$= -1.73\cos(\omega t + \alpha_0) - 2.17e^{-0.667t}\cos(\omega t + \alpha_0)$$
$$+ 2.5e^{-3.93t}\cos(\alpha_0 - 21.1°) + 0.833e^{-3.93t}\cos(2\omega t + \alpha_0 + 21.1°)$$

利用式(5-47)可得

$$i_f = 2.04 + \frac{1-0.3}{0.85 \times 0.3}e^{-0.667t}\cos 21.1° - \frac{1-0.3}{0.85 \times 0.3}e^{-3.93t}\cos(\omega t + 21.1°)$$
$$= 2.04 + 2.56e^{-0.667t} - 2.75e^{-3.93t}\cos(\omega t + 21.1°)$$

（三）在有一定的外接阻抗后发生短路。

先计算时间常数

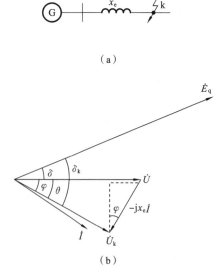

（a）

（b）

图 5-19　例 5-2 的电路图(a)和电势
相量图(b)

$$T_a = \frac{2(x'_d + x_e)(x_q + x_e)}{\omega(r + r_e)(x'_d + x_q + 2x_e)}$$
$$= \frac{2 \times 0.8 \times 1.1}{314 \times 0.055 \times (0.3 + 0.6 + 1)}\ s$$
$$= 0.0536\ s$$
$$T'_d = \frac{0.3 + 0.5}{1 + 0.5} \times 5\ s = 2.67\ s$$

还要计算短路点 k 在短路发生前的电压 $\dot{U}_k$。根据相量图 5-19 可得

$$U_k = \sqrt{(U - x_e I\sin\varphi)^2 + (x_e I\cos\varphi)^2}$$
$$= \sqrt{(1 - 0.5 \times 0.53)^2 + (0.5 \times 0.85)^2}$$
$$= 0.849$$

电压相量 $\dot{U}_k$ 落后于端电压 $\dot{U}$ 的角度为

$$\theta = \operatorname{arctg}\frac{x_e I\cos\varphi}{U - x_e I\sin\varphi} = \operatorname{arctg}\frac{0.425}{0.745} = 29.7°$$

电压相量 $\dot{U}_k$ 落后于电势 $\dot{E}_q$ 的相角

$$\delta_k = \delta + \theta = 21.1° + 29.7° = 50.8°$$

应用式(5-46)和式(5-47)时,电抗 x'_d、x_d 和 x_q 均应增添 x_e,并且用 U_k 和 δ_k 分别代替 $U_{[0]}$ 和 δ_0,这样便可算出

$$i_a = -\frac{1.73}{1.5}\cos(\omega t + \alpha_0) - \left(\frac{1.17}{0.8} - \frac{1.73}{1.5}\right)e^{-0.375t}\cos(\omega t + \alpha_0)$$

$$+ \frac{0.849}{2}\left(\frac{1}{0.8} + \frac{1}{1.1}\right)e^{-18.64t}\cos(\alpha_0 - 50.8°)$$

$$+ \frac{0.849}{2}\left(\frac{1}{0.8} - \frac{1}{1.1}\right)e^{-18.64t}\cos(2\omega t + \alpha_0 + 50.8°)$$

$$= -1.15\cos(\omega t + \alpha_0) - 0.31e^{-0.375t}\cos(\omega t + \alpha_0)$$

$$+ 0.927e^{-18.64t}\cos(\alpha_0 - 50.8°) + 0.146e^{-18.64t}\cos(2\omega t + \alpha_0 + 50.8°)$$

$$i_f = 2.04 + \frac{(1-0.3)\times 0.849 \times \cos 50.8°}{0.85 \times 0.8}e^{-0.375t}$$

$$- \frac{(1-0.3)\times 0.849}{0.85 \times 0.8}e^{-18.64t}\cos(\omega t + 50.8°)$$

$$= 2.04 + 0.559e^{-0.375t} - 0.884e^{-18.64t}\cos(\omega t + 50.8°)$$

5.5　有阻尼绕组同步电机的突然三相短路

5.5.1　突然短路的物理过程

有阻尼绕组电机突然短路的暂态过程与无阻尼绕组电机的基本相似,但也有某些特点。有阻尼绕组电机突然短路时,定子电流中包含有基频分量、直流分量和倍频分量;转子各绕组中也要出现自由直流和基频自由电流。出现这些电流分量的原因如同无阻尼绕组的情况一样,可以从磁链守恒原则得到适当的说明。

有阻尼绕组的电机中,在转子的纵轴向有励磁绕组和阻尼绕组,在横轴向也有阻尼绕组。电机在对称稳态运行时,定子三相对称基频电流共同产生的电枢磁势对转子相对静止,而且幅值恒定,不会在转子各绕组中感应产生电流。突然短路时,定子基频电流突然增大,电枢反应磁通也突然增加,励磁绕组和阻尼绕组为了保持磁链不变,都要感应产生自由直流,由它产生磁通来抵消电枢反应磁通的增量。转子各绕组的自由直流产生的磁通都有一部分要穿过气隙进入定子,并在定子绕组中感应产生电势的自由分量以及相应的定子基频电流的自由分量。必须注意,在转子纵轴向的励磁绕组和阻尼绕组之间存在互感关系,突然短路瞬间它们当中任一个绕组的磁链守恒都是靠两个绕组的自由电流共同维持的。

5.5.2　次暂态电势和次暂态电抗

对于有阻尼绕组电机,由式(3-64)的磁链平衡方程,计及式(3-59),可以作出等值电路如图 5-20 所示。

纵轴向的等值电路又可简化为图 5-21(a)所示的电路。应用戴维南定理可以导出

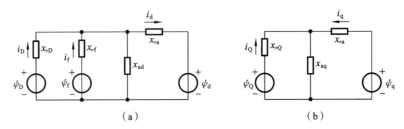

图 5-20　有阻尼绕组电机纵轴向(a)和横轴向(b)磁链平衡的等值电路

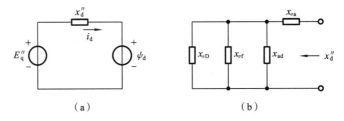

图 5-21　次暂态电势 E''_q 和次暂态电抗 x''_d 的等值电路

$$E''_q = \frac{\dfrac{\psi_f}{x_{\sigma f}} + \dfrac{\psi_D}{x_{\sigma D}}}{\dfrac{1}{x_{ad}} + \dfrac{1}{x_{\sigma f}} + \dfrac{1}{x_{\sigma D}}} = \sigma_{eq} x_{ad} \left(\frac{\psi_f}{x_{\sigma f}} + \frac{\psi_D}{x_{\sigma D}} \right) \tag{5-48}$$

$$x''_d = x_{\sigma a} + \frac{1}{\dfrac{1}{x_{ad}} + \dfrac{1}{x_{\sigma f}} + \dfrac{1}{x_{\sigma D}}} = x_{\sigma a} + \sigma_{eq} x_{ad} \tag{5-49}$$

式中，$\sigma_{eq} = \dfrac{\dfrac{x_{\sigma f} x_{\sigma D}}{x_{\sigma f} + x_{\sigma D}}}{x_{ad} + \dfrac{x_{\sigma f} x_{\sigma D}}{x_{\sigma f} + x_{\sigma D}}} = \dfrac{\sigma_f \sigma_D}{1 - (1 - \sigma_f)(1 - \sigma_D)}$；　$\sigma_D = \dfrac{x_{\sigma D}}{x_{\sigma D} + x_{ad}}$

E''_q 称为横轴次暂态电势，它同励磁绕组的总磁链 ψ_f 和纵轴阻尼绕组的总磁链 ψ_D 呈线性关系。在运行状态突变瞬间，ψ_f 和 ψ_D 都不能突变，所以电势 E''_q 也不能突变。x''_d 称为纵轴次暂态电抗，如果沿同步电机纵轴向把电机看做是三绕组变压器，次暂态电抗 x''_d 就是这个变压器的两个副方绕组（即励磁绕组和纵轴阻尼绕组）都短路时从原方（定子绕组侧）测得的电抗（见图 5-21(b)）。σ_D 是纵轴阻尼绕组的漏磁系数。如果用一个等值绕组来代替励磁绕组和纵轴阻尼绕组，σ_{eq} 就是这个等值绕组的漏磁系数。

同样地，横轴方向的等值电路也可以作类似的简化（见图 5-22(a)）。图中的 E''_d 称为纵轴次暂态电势，x''_q 称为横轴次暂态电抗，这两个次暂态参数的表达式如下

$$E''_d = \frac{\dfrac{\psi_Q}{x_{\sigma Q}}}{\dfrac{1}{x_{\sigma Q}} + \dfrac{1}{x_{aq}}} = \sigma_Q x_{aq} \frac{\psi_Q}{x_{\sigma Q}} \tag{5-50}$$

$$x''_q = x_{\sigma a} + \frac{1}{\dfrac{1}{x_{\sigma Q}} + \dfrac{1}{x_{aq}}} = x_{\sigma a} + \sigma_Q x_{aq} \tag{5-51}$$

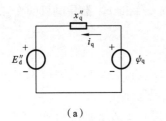 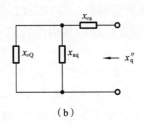

（a）　　　　　　　　　　（b）

图 5-22　次暂态电势 E''_d 和次暂态电抗 x''_q 的等值电路

式中

$$\sigma_Q = \frac{x_{\sigma Q}}{x_{\sigma Q} + x_{aq}}$$

电势 E''_d 同横轴阻尼绕组的总磁链 ψ_Q 成正比，运行状态发生突变时，ψ_Q 不能突变，电势 E''_d 也就不能突变。次暂态电抗 x''_q 的等值电路如图 5-22(b) 所示。σ_Q 称为横轴阻尼绕组的漏磁系数。

引入次暂态电势和次暂态电抗以后，同步电机的磁链平衡方程可以改写为

$$\left.\begin{array}{l} \psi_d = E''_q - x''_d i_d \\ \psi_q = E''_d + x''_q i_q \end{array}\right\} \tag{5-52}$$

当电机处于稳态或忽略变压器电势时，$\psi_d = u_q$，$\psi_q = u_d$，得定子电势方程为

$$\left.\begin{array}{l} u_q = E''_q - x''_d i_d \\ u_d = E''_d + x''_q i_q \end{array}\right\} \tag{5-53}$$

也可用交流相量的形式写成

$$\left.\begin{array}{l} \dot{U}_q = \dot{E}''_q - jx''_d \dot{I}_d \\ \dot{U}_d = \dot{E}''_d - jx''_q \dot{I}_q \end{array}\right\} \tag{5-54}$$

或

$$\dot{U} = (\dot{E}''_q + \dot{E}''_d) - jx''_d \dot{I}_d - jx''_q \dot{I}_q$$
$$= \dot{E}'' - jx''_d \dot{I}_d - jx''_q \dot{I}_q \tag{5-55}$$

式中，$\dot{E}'' = \dot{E}''_d + \dot{E}''_q$ 称为次暂态电势。电势相量图见图 5-23。

为了避免按两个轴向制作等值电路和列写方程，可采用等值隐极机的处理方法，将式(5-55)改写为

$$\dot{U} = \dot{E}'' - jx''_d \dot{I} - j(x''_q - x''_d) \dot{I}_q$$

略去此式右端的第三项，便得

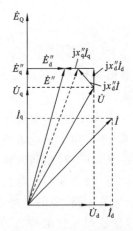

图 5-23　同步电机相量图

$$\dot{U} = \dot{E}'' - jx''_d \dot{I} \tag{5-56}$$

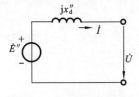

图 5-24　简化的次暂态参数等值电路

这样确定的次暂态电势在图 5-23 中用虚线示出。由于 x''_d 和 x''_q 在数值上相差不大，由式(5-55)和式(5-56)确定的次暂态电势在数值上和相位上都相差很小。因此，在实用计算中，对于有阻尼绕组电机常根据式(5-56)作出等值电路（见图 5-24），并认为其中的电势 $\dot{E}''$ 的数值是不能突变的。

还须指出，正如暂态参数一样，次暂态电抗 x''_d 和 x''_q 都是电机的实际参数，而次暂态电势 E''_d，E''_q 和 E'' 则是虚拟的计算用参数。

例 5-3 同步发电机有如下的参数：$x_d=1.0$，$x_q=0.6$，$x'_d=0.3$，$x''_d=0.21$，$x''_q=0.31$，$\cos\varphi=0.85$。试计算额定满载下的 E_q，E'_q，E''_q，E''_d，E''。

解 本例电机参数除次暂态电抗外，都与例 5-1 的电机的相同，可以直接利用例 3-2 和例 5-1 的下列计算结果：$E_q=1.73$，$E'_q=1.17$，$\delta=21.1°$，$U_q=0.93$，$U_d=0.36$，$I_q=0.6$，$I_d=0.8$。

根据上述数据可以继续算出

$$E''_q = U_q + x''_d I_d = 0.93 + 0.21 \times 0.8 = 1.098$$

$$E''_d = U_d - x''_q I_q = 0.36 - 0.31 \times 0.6 = 0.174$$

$$E'' = \sqrt{(E''_q)^2 + (E''_d)^2} = 1.112$$

$$\delta'' = \delta - \text{arctg}\frac{E''_d}{E''_q} = 21.1° - 9° = 12.1°$$

电势相量图见图 5-25。

如果按近似式(5-56)计算，由相量图 4-20 可知

$$\begin{aligned} E'' &= \sqrt{(U + x''_d I\sin\varphi)^2 + (x''_d I\cos\varphi)^2} \\ &= \sqrt{(1 + 0.21 \times 0.53)^2 + (0.21 \times 0.85)^2} \\ &= 1.126 \end{aligned}$$

$$\delta'' = \text{arctg}\frac{x''_d I\cos\varphi}{U + x''_d I\sin\varphi} = \text{arctg}\frac{0.1785}{1.111} = 9.13°$$

同前面的精确计算结果相比较，电势幅值相差甚小，相角误差略大。

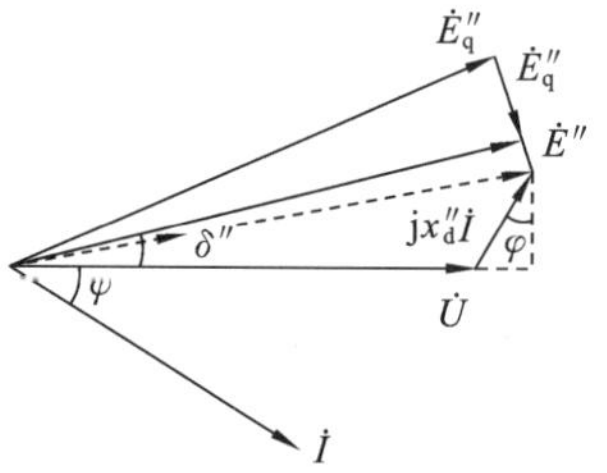

图 5-25 例 5-3 的电势相量图

到现在为止，我们导出了分别用稳态、暂态和次暂态参数列写的同步电机定子电势方程式，并作出了相应的等值电路。各种不同的电势方程式都可用于稳态或暂态分析。但须注意，在每种电势方程中所用的电势同电抗间具有明确的对应关系，切不可混淆。由于次暂态、暂态和同步电抗一般都当作是常数，为方便计算起见，总希望相对应的电势方程（或等值电路）中的电势也是常数。所以，当转子各回路磁链守恒时，宜采用暂态（或次暂态）参数列写的电势方程；当励磁绕组的电流不变时，则采用稳态参数的电势方程较为方便。

利用方程组(3-67)、(5-18)和(5-53)，可以得到各种电势之间的相互关系为

$$E_q = E'_q + (x_d - x'_d)i_d = E''_q + (x_d - x''_d)i_d \tag{5-57}$$

$$E''_d = (x_q - x''_q)i_q = \frac{x_q - x''_q}{x_q}v_d \tag{5-58}$$

5.5.3 有阻尼绕组电机的短路电流

有阻尼绕组电机突然短路的分析计算方法与无阻尼绕组电机的相似。先应用磁链守恒原则确定各绕组电流的各种分量，然后确定自由电流的衰减时间常数，最后得到各绕组总电

流的计算公式。

根据磁链守恒原则,在定子电流基频分量和转子各绕组的直流分量共同作用下,定子绕组的交变磁链应等于零,转子各绕组磁链维持初值不变;在定子直流分量(包括倍频分量)和转子电流基频分量的共同作用下,定子各相绕组磁链将维持初值不变,转子各绕组的交变磁链应等于零。利用磁链平衡等值电路图 5-20,可以分别作出计算定子电流基频分量和转子直流分量的等值电路(见图 5-26)以及计算定子直流分量(包括倍频分量)和转子基频分量的等值电路(见图 5-27)。图中 Δi_{Da}、Δi_{Qa}、$\Delta i_{\mathrm{D}\omega}$ 和 $\Delta i_{\mathrm{Q}\omega}$ 分别为 d 轴和 q 轴阻尼绕组的自由直流和基频交流。阻尼绕组电流的强制分量为零。

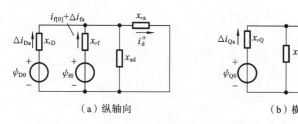

（a）纵轴向   （b）横轴向

图 5-26 磁链平衡等值电路

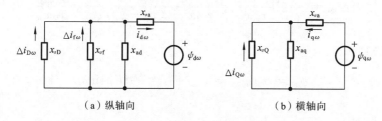

（a）纵轴向   （b）横轴向

图 5-27 磁链平衡等值电路

现在讨论负载下突然短路的计算。根据图 5-26 所示的等值电路,容易求得

$$i_{\mathrm{d}}'' = E_{\mathrm{q}0}'' / x_{\mathrm{d}}'' \tag{5-59}$$

$$i_{\mathrm{q}}'' = - E_{\mathrm{d}0}'' / x_{\mathrm{q}}'' \tag{5-60}$$

式中,次暂态电势的各轴分量的初值可根据短路前瞬间的运行状态算出。

$$E_{\mathrm{q}0}'' = u_{\mathrm{q}[0]} + x_{\mathrm{d}}'' i_{\mathrm{d}[0]} = U_{[0]} \cos\delta_0 + x_{\mathrm{d}}'' i_{\mathrm{d}[0]}$$

$$E_{\mathrm{d}0}'' = \frac{x_{\mathrm{q}} - x_{\mathrm{q}}''}{x_{\mathrm{q}}} u_{\mathrm{d}[0]} = \frac{x_{\mathrm{q}} - x_{\mathrm{q}}''}{x_{\mathrm{q}}} U_{[0]} \sin\delta_0$$

当短路进入稳态后,如果 $E_{\mathrm{q}\infty} = E_{\mathrm{q}[0]}$,则有

$$i_{\mathrm{d}\infty} = E_{\mathrm{q}[0]} / x_{\mathrm{d}}$$

故纵轴基频电流的自由分量为

$$i_{\mathrm{d}}'' - i_{\mathrm{d}\infty} = \frac{E_{\mathrm{q}0}''}{x_{\mathrm{d}}''} - \frac{E_{\mathrm{q}[0]}}{x_{\mathrm{d}}} \tag{5-61}$$

由于 $i_{\mathrm{q}\infty} = 0$,故 i_{q}'' 全部为自由分量。

现在计算转子各绕组的自由直流。由等值电路图 5-26(a)可以写出

$$x_{\mathrm{f}}(i_{\mathrm{f}[0]} + \Delta i_{\mathrm{fa}}) + x_{\mathrm{ad}}\Delta i_{\mathrm{Da}} - x_{\mathrm{ad}}i_{\mathrm{d}}'' = \psi_{\mathrm{f}0}$$

$$x_{\mathrm{ad}}(i_{\mathrm{f}[0]} + \Delta i_{\mathrm{fa}}) + x_{\mathrm{D}}\Delta i_{\mathrm{Da}} - x_{\mathrm{ad}}i_{\mathrm{d}}'' = \psi_{\mathrm{D}0}$$

励磁绕组和 d 轴阻尼绕组的磁链初值可由短路前瞬间的磁链平衡关系求得

$$\psi_{f0} = x_f i_{f[0]} - x_{ad} i_{d[0]}$$

$$\psi_{D0} = x_{ad} i_{f[0]} - x_{ad} i_{d[0]}$$

由以上两组方程可得

$$\left.\begin{array}{l} x_f \Delta i_{fa} + x_{ad} \Delta i_{Da} = x_{ad} (i''_d - i_{d[0]}) \\ x_{ad} \Delta i_{fa} + x_D \Delta i_{Da} = x_{ad} (i''_d - i_{d[0]}) \end{array}\right\} \tag{5-62}$$

方程组(5-62)说明，由于短路而出现的定子基频电流纵轴电枢反应磁链的增量，对于转子纵轴向的每一个绕组都是靠两个绕组的自由直流共同作用来抵消的。

因为 $i_{d[0]} = \dfrac{E''_{q0} - U_{q[0]}}{x''_d} = \dfrac{E''_{q0} - U_{[0]} \cos\delta_0}{x''_d}$，故 $i''_d - i_{d[0]} = \dfrac{U_{[0]} \cos\delta_0}{x''_d}$。由方程组(5-62)可得

$$\left.\begin{array}{l} \Delta i_{fa} = \dfrac{x_{ad} x_{\sigma D}}{x_f x_D - x^2_{ad}} \times \dfrac{U_{[0]} \cos\delta_0}{x''_d} \\[3mm] \Delta i_{Da} = \dfrac{x_{ad} x_{\sigma f}}{x_f x_D - x^2_{ad}} \times \dfrac{U_{[0]} \cos\delta_0}{x''_d} \end{array}\right\} \tag{5-63}$$

在 q 轴方向，由图 5-26(b)可得

$$\Delta i_{Qa} = \frac{\psi_{Q0}}{x_{\sigma Q} + \dfrac{x_{\sigma a} x_{aq}}{x_q}} = \frac{x_q \psi_{Q0}}{x_{\sigma Q} x_q + (x_q - x_{aq}) x_{aq}} = \frac{x_q \psi_{Q0}}{x_Q x''_q}$$

在短路发生前瞬间

$$\psi_{Q0} = x_{aq} i_{q[0]} = x_{aq} \frac{v_{d[0]}}{x_q} = \frac{x_{aq}}{x_q} U_{[0]} \sin\delta_0$$

因此

$$\Delta i_{Qa} = \frac{x_{aq} U_{[0]} \sin\delta_0}{x_Q x''_q} = \frac{(x_q - x''_q) U_{[0]} \sin\delta_0}{x_{aq} x''_q} \tag{5-64}$$

在图 5-27 所示等值电路中，定子三相磁链初值的 d、q 轴分量和无阻尼绕组时的一样，即 $\psi_{d\omega} = U_{[0]} \cos(\omega t + \delta_0)$ 和 $\psi_{q\omega} = U_{[0]} \sin(\omega t + \delta_0)$。参照以上的求解过程，可以直接写出

$$\left.\begin{array}{l} i_{d\omega} = -\dfrac{\psi_{d\omega}}{x''_d} = -\dfrac{U_{[0]}}{x''_d} \cos(\omega t + \delta_0) \\[3mm] i_{q\omega} = \dfrac{\psi_{q\omega}}{x''_q} = \dfrac{U_{[0]}}{x''_q} \sin(\omega t + \delta_0) \end{array}\right\} \tag{5-65}$$

以及

$$\left.\begin{array}{l} \Delta i_{f\omega} = \dfrac{x_{ad} x_{\sigma D}}{x_f x_D - x^2_{ad}} i_{d\omega} = -\dfrac{x_{ad} x_{\sigma D}}{x_f x_D - x^2_{ad}} \times \dfrac{U_{[0]}}{x''_d} \cos(\omega t + \delta_0) \\[3mm] \Delta i_{D\omega} = \dfrac{x_{ad} x_{\sigma f}}{x_f x_D - x^2_{ad}} i_{d\omega} = -\dfrac{x_{ad} x_{\sigma f}}{x_f x_D - x^2_{ad}} \times \dfrac{U_{[0]}}{x''_d} \cos(\omega t + \delta_0) \end{array}\right\} \tag{5-66}$$

在 q 轴方向则有

$$\Delta i_{Q\omega} = -\frac{x_{aq}}{x_{\sigma Q} + x_{aq}} i_{q\omega} = -\frac{(x_q - x''_q) U_{[0]}}{x_{aq} x''_q} \sin(\omega t + \delta_0) \tag{5-67}$$

这样，我们便得到定子电流的 d 轴和 q 轴分量分别为

$$
\left.\begin{aligned}
i_{\mathrm{d}} &= i_{\mathrm{d}}'' + i_{\mathrm{d}\omega} = i_{\mathrm{d}\infty} + (i_{\mathrm{d}}'' - i_{\mathrm{d}\infty}) + i_{\mathrm{d}\omega} \\
&= \frac{E_{\mathrm{q}[0]}}{x_{\mathrm{d}}} + \left(\frac{E_{\mathrm{q}0}''}{x_{\mathrm{d}}''} - \frac{E_{\mathrm{q}[0]}}{x_{\mathrm{d}}}\right) - \frac{U_{[0]}}{x_{\mathrm{d}}''}\cos(\omega t + \delta_0) \\
i_{\mathrm{q}} &= i_{\mathrm{q}}'' + i_{\mathrm{q}\omega} = -\frac{E_{\mathrm{d}0}''}{x_{\mathrm{q}}''} + \frac{U_{[0]}}{x_{\mathrm{q}}''}\sin(\omega t + \delta_0)
\end{aligned}\right\}
\tag{5-68}
$$

经过变换和整理,可得 a 相电流为

$$
\begin{aligned}
i_{\mathrm{a}} =& -i_{\mathrm{d}}\cos(\omega t + \alpha_0) + i_{\mathrm{q}}\sin(\omega t + \alpha_0) \\
=& -\left[\frac{E_{\mathrm{q}[0]}}{x_{\mathrm{d}}} + \left(\frac{E_{\mathrm{q}0}''}{x_{\mathrm{d}}''} - \frac{E_{\mathrm{q}[0]}}{x_{\mathrm{d}}}\right)\right]\cos(\omega t + \alpha_0) - \frac{E_{\mathrm{d}0}''}{x_{\mathrm{q}}''}\sin(\omega t + \alpha_0) \\
& + \frac{U_{[0]}}{2}\left(\frac{1}{x_{\mathrm{d}}''} + \frac{1}{x_{\mathrm{q}}''}\right)\cos(\delta_0 - \alpha_0) + \frac{U_{[0]}}{2}\left(\frac{1}{x_{\mathrm{d}}''} - \frac{1}{x_{\mathrm{q}}''}\right)\cos(2\omega t + \delta_0 + \alpha_0)
\end{aligned}
\tag{5-69}
$$

前面曾指出,定子电流的倍频分量是为了补偿由于转子旋转所产生的磁阻变化而出现的。这里说的"磁阻"应理解为暂态过程中的一种等效磁阻。在暂态过程中,计及转子各轴向的各种闭合回路的作用,同步电机在两个轴向的等效电抗应为 x_{d}'' 和 x_{q}''(或者在无阻尼绕组时为 x_{d}' 和 x_{q}),磁阻反比于电抗,上述等效磁阻正是对应于这些次暂态(或暂态)电抗的。对于凸极机,次暂态电抗 x_{d}'' 和 x_{q}'' 的数值一般都有一些差别(至于 x_{d}' 和 x_{q},其差别就更明显了),相应的等效磁阻也就不相等。所以凸极机在短路暂态过程中其定子电流常含有倍频分量。隐极式汽轮发电机的 x_{d}'' 和 x_{q}'' 接近于相等,倍频分量可以略去不计。

转子各绕组电流的计算公式如下。

励磁绕组的电流

$$
i_{\mathrm{f}} = i_{\mathrm{f}[0]} + \Delta i_{\mathrm{fa}} + \Delta i_{\mathrm{f}\omega} = i_{\mathrm{f}[0]} + \frac{x_{\mathrm{ad}}x_{\sigma\mathrm{D}}U_{[0]}}{(x_{\mathrm{f}}x_{\mathrm{D}} - x_{\mathrm{ad}}^2)x_{\mathrm{d}}''}\left[\cos\delta_0 - \cos(\omega t + \delta_0)\right]
\tag{5-70}
$$

纵轴阻尼绕组的电流

$$
i_{\mathrm{D}} = \Delta i_{\mathrm{Da}} + \Delta i_{\mathrm{D}\omega} = \frac{x_{\mathrm{ad}}x_{\sigma\mathrm{f}}U_{[0]}}{(x_{\mathrm{f}}x_{\mathrm{D}} - x_{\mathrm{ad}}^2)x_{\mathrm{d}}''}\left[\cos\delta_0 - \cos(\omega t + \delta_0)\right]
\tag{5-71}
$$

横轴阻尼绕组的电流

$$
i_{\mathrm{Q}} = \Delta i_{\mathrm{Qa}} + \Delta i_{\mathrm{Q}\omega} = \frac{(x_{\mathrm{q}} - x_{\mathrm{q}}'')U_{[0]}}{x_{\mathrm{aq}}x_{\mathrm{q}}''}\left[\sin\delta_0 - \sin(\omega t + \delta_0)\right]
\tag{5-72}
$$

5.5.4　自由电流的衰减

定子电流中的直流分量和倍频分量以及转子各绕组中的基频电流都依定子绕组的时间常数 T_{a} 衰减,在有阻尼绕组的情况下为

$$
T_{\mathrm{a}} = \frac{2x_{\mathrm{d}}''x_{\mathrm{q}}''}{\omega r(x_{\mathrm{d}}'' + x_{\mathrm{q}}'')}
\tag{5-73}
$$

定子横轴基频电流的自由分量同横轴阻尼绕组的自由直流相对应,都按横轴阻尼绕组(在定子绕组短路情况下)的时间常数 T_{q}'' 衰减。确定 T_{q}'' 的等值电路如图 5-28 所示。

$$
T_{\mathrm{q}}'' = \frac{x_{\mathrm{q}}''}{x_{\mathrm{q}}}T_{\mathrm{q}0}''
\tag{5-74}
$$

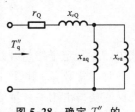

图 5-28　确定 T_{q}'' 的等值电路

式中,$T_{\mathrm{q}0}'' = x_{\mathrm{Q}}/\omega r_{\mathrm{Q}}$ 是定子绕组开路时横轴阻尼绕组的时间常数。

定子纵轴基频电流的自由分量同励磁绕组和纵轴阻尼绕组的自由直流相对应，其衰减规律比较复杂。图 5-29 所示为根据实际摄取的定子短路电流波形图所作出的基频电流峰值的变化曲线。由图可见，定子纵轴基频电流（定子电阻很小且在空载下短路时，可以认为横轴基频电流等于零）可以近似分为按不同的时间常数衰减的两个分量，其中迅速衰减的分量称为次暂态分量，其时间常数为 T''_d；衰减比较缓慢的分量称为暂态分量，其时间常数为 T'_d。通常 T'_d 要比 T''_d 大许多倍。由此可知，励磁绕组和纵轴阻尼绕组的自由直流都含有两个分量：次暂态分量和暂态分量。

图 5-29 突然三相短路时定子基频电流峰值变化曲线

时间常数 T'_d 和 T''_d 的比较精确的数值应由纵轴运算电抗 $X_d(p)$ 的零点确定，其算式为

$$\left. \begin{array}{l} T'_d = (T'_f + T'_D)\dfrac{1+q}{2} \\[2mm] T''_d = (T'_f + T'_D)\dfrac{1-q}{2} \end{array} \right\} \tag{5-75}$$

式中

$$T'_f = T'_{d0}\frac{x'_f}{x_f}; \quad T'_D = T_D\frac{x'_D}{x_D}; \quad q = \sqrt{1 - \frac{4\sigma'_{fD}T'_f T'_D}{(T'_f + T'_D)^2}}$$

$$T_D = \frac{x_D}{\omega r_D}; \quad \sigma'_{fD} = 1 - \frac{(x'_{ad})^2}{x'_f x'_D}; \quad x'_{ad} = \frac{x_{\sigma a}x_{ad}}{x_{\sigma a} + x_{ad}}$$

$$x'_f = x_{\sigma f} + x'_{ad}; \quad x'_D = x_{\sigma D} + x'_{ad}$$

在上述各量中，T'_f 是定子绕组短路、阻尼绕组开路时，励磁绕组的时间常数；T'_D 是定子绕组短路、励磁绕组开路时，纵轴阻尼绕组的时间常数；T'_{d0} 是定子绕组和阻尼绕组都开路时，励磁绕组的时间常数；T_D 是定子绕组和励磁绕组都开路时，纵轴阻尼绕组的时间常数；σ'_{fD} 是定子绕组短路时励磁绕组和纵轴阻尼绕组间的漏磁系数。

由于计算比较繁琐，实际上很少采用式（5-75），经常应用的是另一组简化的近似公式为

$$\left. \begin{array}{l} T'_d \approx \dfrac{x'_d}{x_d}T'_{d0} \\[2mm] T''_d \approx \dfrac{x''_d}{x'_d}T'_{d0} \end{array} \right\} \tag{5-76}$$

式中，T''_{d0} 是定子绕组开路、励磁绕组短路时，纵轴阻尼绕组的时间常数。

时间常数 T'_d 和 T''_d 确定以后，严格地说，应该将定子电流的象函数 $I_d(p)$ 展开，通过拉氏反变换得出相关分量的算式。但是，实际上常采用近似方法进行计算。通常，阻尼绕组的电阻相对来说要比励磁绕组的电阻大，阻尼绕组的自由直流大部分按时间常数 T''_d 衰减，只有小部分按时间常数 T'_d 衰减。而励磁绕组的自由直流则大部分属于暂态分量，小部分属于

次暂态分量。由于时间常数 T'_d 和 T''_d 在数值上相差较大,当次暂态分量迅速衰减时,暂态分量还变化甚小。这就是说,当阻尼绕组的自由直流已大部分衰减时,励磁绕组的自由直流还很少变化。因此,在实际计算中,常以阻尼绕组电流为零(相当于阻尼绕组开路或不存在),而对励磁绕组仍然以磁链守恒为条件,利用电机的暂态参数计算定子纵轴基频自由电流的暂态分量。

$$\Delta i'_d = \frac{E'_{q[0]}}{x'_d} - \frac{E_{q[0]}}{x_d} \tag{5-77}$$

于是次暂态分量

$$\Delta i''_d = (i''_d - i_{d\infty}) - \Delta i'_d = \frac{E''_{q0}}{x''_d} - \frac{E'_{q[0]}}{x'_d} \tag{5-78}$$

对于励磁绕组的自由直流,也以阻尼绕组开路为条件,求得其暂态分量

$$\Delta i'_{fa} = \frac{(x_d - x'_d)U_{[0]}\cos\delta_0}{x_{ad}x'_d} \tag{5-79}$$

而次暂态分量

$$\Delta i''_{fa} = \Delta i_{fa} - \Delta i'_{fa} = \frac{x_{ad}x_{\sigma D}U_{[0]}\cos\delta_0}{(x_f x_D - x^2_{ad})x''_d} - \frac{(x_d - x'_d)U_{[0]}\cos\delta_0}{x_{ad}x'_d} \tag{5-80}$$

在本章的论述中阻尼绕组本身就是一个等值绕组,阻尼绕组的电流纯属自由电流,衰减又很迅速,这里就不作进一步的分析了。

顺便指出,对于有阻尼绕组同步发电机,在扰动前后不发生突变的是次暂态电势 E''_q 和 E''_d。如果在阻尼绕组不存在的假定下按照公式

$$E'_q = U_q + x'_d i_d$$

再确定一个暂态电势 E'_q,那么,在运行状态突变瞬间便会有 $E'_{q[0]} \neq E'_{q0}$。因为按照 E''_q 不变所确定的定子基频电流纵轴分量的初值不可能再满足 E'_q 守恒的条件。

引入衰减因子以后,定子电流的 d 轴和 q 轴分量分别为

$$\left.\begin{aligned}
i_d &= \frac{E_{q[0]}}{x_d} + \left(\frac{E''_{q0}}{x''_d} - \frac{E'_{q[0]}}{x'_d}\right)\exp\left(-\frac{t}{T''_d}\right) + \left(\frac{E'_{q[0]}}{x'_d} - \frac{E_{q[0]}}{x_d}\right)\exp\left(-\frac{t}{T'_d}\right) \\
&\quad - \frac{U_{[0]}}{x''_d}\exp\left(-\frac{t}{T_a}\right)\cos(\omega t + \delta_0) \\
i_q &= -\frac{E''_{d0}}{x''_q}\exp\left(-\frac{t}{T''_q}\right) + \frac{U_{[0]}}{x''_q}\exp\left(-\frac{t}{T_a}\right)\sin(\omega t + \delta_0)
\end{aligned}\right\} \tag{5-81}$$

经过变换和整理,可得定子 a 相电流

$$\begin{aligned}
i_a &= -\frac{E_{q[0]}}{x_d}\cos(\omega t + \alpha_0) - \left(\frac{E''_{q0}}{x''_d} - \frac{E'_{q[0]}}{x'_d}\right)\exp\left(-\frac{t}{T''_d}\right)\cos(\omega t + \alpha_0) \\
&\quad - \left(\frac{E'_{q[0]}}{x'_d} - \frac{E_{q[0]}}{x_d}\right)\exp\left(-\frac{t}{T'_d}\right)\cos(\omega t + \alpha_0) - \frac{E''_{d0}}{x''_q}\exp\left(-\frac{t}{T''_q}\right)\sin(\omega t + \alpha_0) \\
&\quad + \frac{U_{[0]}}{2}\left(\frac{1}{x''_d} + \frac{1}{x''_q}\right)\exp\left(-\frac{t}{T_a}\right)\cos(\delta - \alpha_0) \\
&\quad + \frac{U_{[0]}}{2}\left(\frac{1}{x''_d} - \frac{1}{x''_q}\right)\exp\left(-\frac{t}{T_a}\right)\cos(2\omega t + \delta + \alpha_0)]
\end{aligned} \tag{5-82}$$

励磁绕组的电流

$$i_f = i_{f[0]} + \left[\frac{x_{ad} x_{\sigma D} U_{[0]} \cos\delta_0}{(x_f x_D - x_{ad}^2) x_d''} - \frac{(x_d - x_d') U_{[0]} \cos\delta_0}{x_{ad} x_d'} \right] \exp\left(-\frac{t}{T_d''}\right)$$

$$+ \frac{(x_d - x_d') U_{[0]} \cos\delta_0}{x_{ad} x_d'} \exp\left(-\frac{t}{T_d'}\right)$$

$$- \frac{x_{ad} x_{\sigma D} U_{[0]}}{(x_f x_D - x_{ad}^2) x_d''} \exp\left(-\frac{t}{T_a}\right) \cos(\omega t + \delta_0) \tag{5-83}$$

图 5-30 所示为有阻尼绕组同步电机空载突然短路（$\alpha_0 = 0°$）时，定子绕组、励磁绕组和纵轴阻尼绕组的电流波形。励磁绕组的自由直流在短路发生后的一段短时间内非但不衰减，反而有增大的趋势，这是因为纵轴阻尼绕组的自由直流衰减很快，励磁绕组为了保持磁链守恒，必须使其自由直流按同样的速度得到相应的增加，以抵偿来自阻尼绕组的互感磁链的衰减。

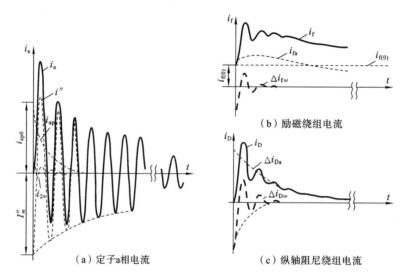

（a）定子a相电流　　　　　　（c）纵轴阻尼绕组电流

图 5-30　有阻尼绕组电机空载突然三相短路电流波形图（$\alpha_0 = 0°$）

如果短路不是发生在机端，而是在有外接电抗 x_e 之后，则在以上的所有电流计算公式和时间常数计算公式中的 x_d、x_d'、x_d''、x_q 和 x_q'' 都必须相应地分别换成 $x_d + x_e$，$x_d' + x_e$，$x_d'' + x_e$，$x_q + x_e$ 和 $x_q'' + x_e$。

例 5-4　对例 5-3 的同步发电机再补充给出参数：$x_{\sigma a} = 0.15$，$x_{ad} = 0.85$，$X_{aq} = 0.45$，$r = 0.005$，$x_{\sigma f} = 0.18$，$x_{\sigma D} = 0.1$，$x_{\sigma Q} = 0.25$，$T_{d0}' = 5$ s，$T_D = 2$ s，$T_{q0}'' = 1.4$ s。试计算各种时间常数和额定满载情况下机端三相短路时的电流。

解　（一）各种时间常数的计算。

$$T_a = \frac{2 x_d'' x_q''}{\omega r (x_d'' + x_q'')} = \frac{2 \times 0.21 \times 0.31}{314 \times 0.005 \times (0.21 + 0.31)} \text{ s} = 0.16 \text{ s}$$

$$T_q'' = \frac{x_q''}{x_q} T_{q0}'' = \frac{0.31}{0.6} \times 1.4 \text{ s} = 0.72 \text{ s}$$

利用精确公式（5-75）确定时间常数 T_d' 和 T_d''，须先作下列计算：

$$x'_{ad} = \frac{x_{\sigma a} x_{ad}}{x_{\sigma a} + x_{ad}} = \frac{0.15 \times 0.85}{0.15 + 0.85} = 0.128$$

$$x'_f = x_{\sigma f} + x'_{ad} = 0.18 + 0.128 = 0.308$$

$$x'_D = x_{\sigma D} + x'_{ad} = 0.10 + 0.128 = 0.228$$

$$T'_f = \frac{x'_f}{x_f} T'_{d0} = \frac{0.308}{0.18 + 0.85} \times 5 \text{ s} = 1.5 \text{ s}$$

$$T'_D = \frac{x'_D}{x_D} T_D = \frac{0.228}{0.10 + 0.85} \times 2 \text{ s} = 0.48 \text{ s}$$

$$\sigma'_{fD} = 1 - \frac{(x'_{ad})^2}{x'_f x'_D} = 1 - \frac{0.128^2}{0.308 \times 0.228} = 0.767$$

$$q = \sqrt{1 - \frac{4\sigma'_{fD} T'_f T'_D}{(T'_f + T'_D)^2}} = \sqrt{1 - \frac{4 \times 0.767 \times 1.5 \times 0.48}{(1.5 + 0.48)^2}} = 0.66$$

然后得

$$T''_d = \frac{1}{2}(1 - q)(T'_f + T'_D) = \frac{1}{2}(1 - 0.66)(1.5 + 0.48) \text{ s} = 0.34 \text{ s}$$

$$T'_d = \frac{1}{2}(1 + q)(T'_f + T'_D) = \frac{1}{2}(1 + 0.66)(1.5 + 0.48) \text{ s} = 1.64 \text{ s}$$

现在用近似公式(5-76)计算。根据定义

$$T''_{d0} = \frac{1}{\omega r_D}\left(\frac{x_{\sigma f} x_{ad}}{x_{\sigma f} + x_{ad}} + x_{\sigma D}\right), \quad T_D = \frac{x_{\sigma D} + x_{ad}}{\omega r_D}$$

故有

$$T''_{d0} = \frac{\dfrac{x_{\sigma f} x_{ad}}{x_{\sigma f} + x_{ad}} + x_{\sigma D}}{x_{\sigma D} + x_{ad}} T_D = \frac{\dfrac{0.18 \times 0.85}{0.18 + 0.85} + 0.1}{0.1 + 0.85} \times 2 \text{ s} = 0.52 \text{ s}$$

于是

$$T''_d \approx \frac{x''_d}{x'_d} T''_{d0} = \frac{0.21}{0.30} \times 0.52 \text{ s} = 0.36 \text{ s}$$

$$T'_d \approx \frac{x'_d}{x_d} T'_{d0} = \frac{0.3}{1.0} \times 5 \text{ s} = 1.5 \text{ s}$$

(二)机端三相短路电流计算。

利用例 5-1 和例 5-3 已求得的结果:$E_{q[0]} = 1.73$,$E'_{q[0]} = 1.17$,$E''_{q0} = 1.098$,$E''_{d0} = 0.174$,$\delta_0 = 21.1°$。时间常数 T'_d 和 T''_d 用精确计算值,直接套用式(5-82)和(5-83)可得

$$i_a = -1.73\cos(\omega t + \alpha_0) - 1.33 e^{-2.97t}\cos(\omega t + \alpha_0) - 2.17 e^{-0.608t}\cos(\omega t + \alpha_0)$$

$$- 0.56 e^{-1.38t}\sin(\omega t + \alpha_0) + 4 e^{-6.3t}\cos(21.1° - \alpha_0)$$

$$+ 0.77 e^{-6.3t}\cos(2\omega t + \alpha_0 + 21.1°)$$

$$i_f = 2.04 - 1.09 e^{-2.97t} + 2.56 e^{-0.609t} - 1.58 e^{-6.3t}\cos(\omega t + 21.1°)$$

5.6　强行励磁对短路暂态过程的影响

在前面的讨论中,我们曾假定励磁电压不变。实际上,在现代电力系统中,同步发电机都配有自动励磁调节装置。强行励磁装置是自动励磁调节系统的一个组成部分,当发生短

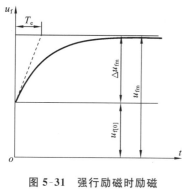

图 5-31 强行励磁时励磁
电压上升曲线

路或由于其他原因使机端电压显著下降时，强行励磁装置动作，使施于励磁绕组的电压 u_f 增大，从而增大励磁电流以恢复机端电压。

强行励磁装置动作时，励磁电压 u_f 的上升规律比较复杂。为了便于进行数学分析，通常假定励磁电压 u_f 从它的初值按指数规律上升到某一终值 u_{fm}，其变化曲线如图 5-31 所示。

$$
\begin{aligned}
u_f(t) &= u_{f[0]} + (u_{fm} - u_{f[0]})[1 - \exp(-t/T_e)] \\
&= u_{f[0]} + \Delta u_f(t)
\end{aligned}
\tag{5-84}
$$

式中

$$
\Delta u_f(t) = (u_{fm} - u_{f[0]})\left[1 - \exp\left(-\frac{t}{T_e}\right)\right] = \Delta u_{fm}\left[1 - \exp\left(-\frac{t}{T_e}\right)\right]
\tag{5-85}
$$

通常称 u_{fm} 为强励顶值电压；$\Delta u_f(t)$ 是励磁电压的强励增量；T_e 是励磁系统的时间常数。

在强行励磁作用下，定子电流将得到相应的增量。根据式（3-57）并计及实用正向，定子电流强励增量的象函数为

$$
\Delta I_{df}(p) = \frac{G_f(p)}{X_d(p)}\Delta U_f(p) = \frac{G_f(p)}{X_d(p)} \times \frac{\Delta u_{fm}}{p(1 + T_e p)}
$$

通过拉氏反变换可得

$$
\Delta i_{df}(t) = L^{-1}\left[\frac{G_f(p)}{X_d(p)} \times \frac{\Delta u_{fm}}{p(1 + T_e p)}\right] = \frac{x_{ad}\Delta u_{fm}}{x_d r_f}F(t)
\tag{5-86}
$$

当不计阻尼绕组影响，且 $T'_d \neq T_e$ 时，便有

$$
F(t) = 1 - \frac{T'_d \exp(-t/T'_d) - T_e \exp(-t/T_e)}{T'_d - T_e}
\tag{5-87}
$$

由强行励磁所带来的定子电流增量 $\Delta i_{df}(t)$ 也属于定子电流的强制分量，而且在不计定子回路电阻时是基频电流的一项纵轴分量。

如果忽略强励装置动作上的时延，认为励磁电压强励增量开始作用的时间和短路的起算时间相同，则可以把由式（5-86）确定的定子电流强励增量直接添加到定子电流纵轴分量的计算式（5-45）或式（5-81）中。

在强励作用下，电势 E_q 增加了，发电机的端电压将逐渐恢复。发电机的端电压一旦恢复到额定值，自动调节励磁装置即将机端电压维持在额定值上。这时，励磁电流、空载电势和定子电流的强励增量将不再按原有规律增长，而是按机端电压保持为额定值的条件而变化。短路过程中，端电压能否恢复到额定值？何时恢复到额定值？这同短路点的远近有关。当短路点很远时，即 x_e 很大，短路对发电机的影响就比较小，端电压 U 的下降不很大，强励动作后，在暂态过程的某一时间 t_{cr}，端电压即恢复到额定值 U_N，这个时间 t_{cr} 称为临界时间。如果短路发生在近处，即 x_e 很小，短路电流很大，在整个暂态过程中强行励磁的作用始终不能克服短路电流的去磁作用，端电压就一直不能恢复到额定值。那么，在上述两种情况之间，我们将找到一个电抗值 $x_e = x_{cr}$，在这个电抗值下发生短路时，机端电压刚好在暂态过程结束时恢复到额定值，这个电抗就称为临界电抗。图 5-32 所示为电抗 x_e 取不同值时定子基频电流和端电压的变化曲线（图中的虚线为不考虑强励作用时的曲线）。由图可见，当

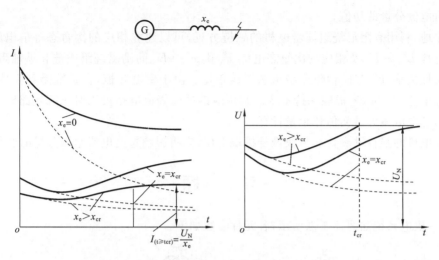

图 5-32　强行励磁对短路电流和机端电压的影响

$x_e \geqslant x_{cr}$ 时,由于强行励磁的作用,短路电流基频分量的稳态值都要大于它的起始值。

在短路分析中,对于每一种给定条件,都可以找出相应的临界电抗值 x_{cr}。如果 $x_e = x_{cr}$,则稳态短路电流值即为 $I_\infty = U_N / x_e$;如果 $x_e > x_{cr}$,则又可找到一个相应的临界时间 t_{cr},当 $t \geqslant t_{cr}$ 时,短路电流的基频分量将保持不变并等于 $I_{(t \geqslant t_{cr})} = U_N / x_e$。

从以上的分析可以看出,强行励磁对短路过程有显著的影响,在计算中不能不加以考虑。强行励磁的作用却又与许多因素有关,这些因素包括强励顶值电压、励磁系统的等值时间常数、发电机励磁绕组的时间常数以及短路点的远近等。

小　　结

短路是电力系统的严重故障。短路冲击电流、短路电流最大有效值和短路容量是校验电气设备的重要数据。

闭合回路磁链守恒原则是对同步电机突然短路过程进行物理分析的基础。根据磁链守恒原则可以说明,突然三相短路时同步电机定子、转子绕组将出现哪些电流分量及它们相互之间的依存关系。在自由电流中,定子绕组中的基频分量与转子绕组的直流分量相对应,定子绕组的倍频和直流分量则与转子绕组的基频分量相对应。自由电流产生的磁链与哪个绕组相对静止,便按该绕组(计及与别的绕组的磁耦合关系)的时间常数衰减。在有阻尼绕组同步电机中,转子纵轴向存在励磁绕组和阻尼绕组,这些转子绕组的直流自由分量(及与其对应的定子基频电流自由分量)包含两个按不同时间常数衰减的分量,这两个不同的时间常数应由转子两个绕组(计及与定子绕组的互感)共同确定。

对于无阻尼绕组同步电机,暂态电势 E'_q 与励磁绕组的磁链成正比。由于磁链守恒,因此暂态电势 E'_q 在运行状态发生突变时能保持不变。暂态电势 E'_q 是电力系统暂态分析中为方便计算而设定的一个变量。

根据无阻尼绕组同步电机的磁链方程,可以建立以暂态电势 E'_q 和暂态电抗 X'_d 表示的同步电机暂态等值电路。利用磁链平衡等值电路可以确定三相短路时定子、转子各绕组中各种自由电流分量的初值。

同样地，利用有阻尼绕组同步电机的磁链方程，可以建立相应的次暂态等值电路，引出次暂态电势 E''_q 和 E''_d 及相应的次暂态电抗 x''_d 和 x''_q。E''_q 同励磁绕组磁链和纵轴阻尼绕组磁链呈线性关系，E''_d 与横轴阻尼绕组磁链成正比。由于磁链守恒，在系统受到突然扰动瞬间次暂态电势 E''_q 和 E''_d 都能保持不变。利用磁链平衡等值电路可以对三相短路时定子、转子绕组的有关电流分量初值作定量计算。

同步电机的强行励磁旨在尽快恢复机端电压，它将影响短路电流基频分量的变化规律。

习　题

5-1　供电系统如题 5-1 图所示，各元件参数如下。

题 5-1 图

线路 L：长 50 km，$x=0.4$ Ω/km；

变压器 T：$S_N=10$ MV·A，$U_s=10.5\%$，$k_T=110/11$。假定供电点电压为106.5 kV，保持恒定，当空载运行时变压器低压母线发生三相短路。试计算：

（1）短路电流周期分量，冲击电流，短路电流最大有效值及短路功率等的有名值；

（2）当 A 相非周期分量电流有最大或零初始值时，相应的 B 相及 C 相非周期电流的初始值。

5-2　上题系统若短路前变压器满载运行，低压侧运行电压为 10 kV，功率因数 0.9（感性），试计算非周期分量电流的最大初始值，并与上题空载短路比较。

5-3　一台无阻尼绕组同步发电机，已知：$P_N=150$ MW，$\cos\varphi_N=0.85$，$U_N=15.75$ kV，$x_d=1.04$，$x_q=0.69$，$x'_d=0.31$。发电机额定满载运行，试计算电势 E_q，E'_q 和 E'，并画出相量图。

5-4　一台有阻尼绕组同步发电机，其参数为：$P_N=50$ MW，$\cos\varphi_N=0.8$，$U_N=10.5$ kV，$f_N=50$ Hz，$x_d=1.2$，$x_q=0.8$，$x_{ad}=1.0$，$x_{aq}=0.6$，$r=0.005$，$\sigma_f=0.091$，$r_f=0.0011$，$\sigma_D=0.091$，$\sigma_Q=0.25$，$r_D=0.002$，$r_Q=0.004$，转子参数已归算到定子侧。试计算发电机的暂态和次暂态电抗及各时间常数。

5-5　题 5-3 的发电机，已知 $T'_{d0}=7.3$ s，在额定满载运行时机端发生三相短路。试求：（1）起始暂态电流；（2）基频分量电流随时间变化的表达式；（3）0.2 s 基频分量的有效值。

5-6　若上题发电机经 0.5 Ω 的外接电抗后发生三相短路，试作上题同样内容的计算，并比较计算结果。

5-7　一台有阻尼绕组同步发电机，已知：$P_N=200$ MW，$\cos\varphi_N=0.85$，$U_N=15.75$ kV，$x_d=x_q=1.962$，$x'_d=0.246$，$x''_d=0.146$，$x''_q=0.21$，$x_2=0.178$，$T'_{d0}=7.4$ s，$T''_{d0}=0.62$ s，$T''_{q0}=1.64$ s。发电机在额定电压下负载运行，带有负荷（180＋j110）MV·A，机端发生三相短路。试求：

(1) E_q,E'_q,E''_q,E''_d,E''短路前瞬刻和短路瞬刻的值；

(2) 起始次暂态电流,非周期分量电流的最大初始值,倍频分量电流的初始有效值；

(3) 0.5 s 基频分量电流的有效值。

5-8　题 5-6 的发电机,若外接电抗 x_e 等于临界电抗 x_{cr},试求强行励磁作用下的稳态短路电流 I_∞,并与起始暂态电流进行比较分析。

第6章 电力系统三相短路电流的实用计算

电力系统三相短路计算主要是短路电流周期(基频)分量的计算,在给定电源电势时,实际上就是稳态交流电路的求解。本章的主要内容包括,基于节点方程的三相短路计算的原理和方法,短路发生瞬间和以后不同时刻短路电流周期分量的实用计算。

6.1 短路电流计算的基本原理和方法

6.1.1 电力系统节点方程的建立

利用节点方程作故障计算,需要形成系统的节点导纳(或阻抗)矩阵。首先根据给定的电力系统运行方式制订系统的等值电路,并进行各元件标幺值参数的计算,然后利用变压器和线路的参数形成不含发电机和负荷的节点导纳矩阵 Y_N。

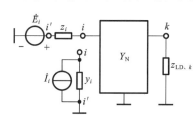

图 6-1 发电机和负荷等值电路的接入

发电机作为含源支路通常表示为电势源 $\dot{E}_i$ 与阻抗 z_i 的串联支路,接于发电机端节点 i 和零电位点之间,电势源 $\dot{E}_i$ 的施加点 i' 称为电势源节点,而支路的端节点 i 则为无源节点(见图 6-1)。在建立节点方程时,经常将发电机支路表示为电流源 $\dot{I}_i(=\dot{E}_i/z_i)$ 和导纳 $y_i(=1/z_i)$ 的并联组合,电流源 $\dot{I}_i$ 的注入点 i 称为电流源节点,而节点 i' 则成为零电位点(短路点),如图 6-1 所示。接入发电机支路后,Y_N 阵中与机端节点 i 对应的对角线元素应增加发电机导纳 y_i。

有源支路用电流源表示时,最终形成的系统节点导纳矩阵 Y 与 Y_N 阵同阶。在需要利用已知电势进行短路计算时,是否需要增设电势源节点(如节点 i')并相应扩大导纳矩阵的阶次,这取决于所选用的求解方法。

节点的负荷在短路计算中一般作为节点的接地支路并用恒定阻抗表示,其数值由短路前瞬间的负荷功率和节点实际电压算出,即

$$z_{LD.k} = U_k^2/\overset{*}{S}_{LD.k} \quad 或 \quad y_{LD.k} = \overset{*}{S}_{LD.k}/U_k^2 \tag{6-1}$$

节点 k 接入负荷,相当于在 Y_N 阵中与节点 k 对应的对角元素中增加负荷导纳 $y_{LD.k}$。

最后形成包括所有发电机支路和负荷支路的节点方程如下

$$YU = I \tag{6-2}$$

式中,Y 阵与 Y_N 阵阶次相同,其差别只在于 Y_N 阵不含发电机和负荷;节点电流向量 I 中只有发电机端节点的电流不为零。有非零电流源注入的节点称为有源节点。

系统中的同步调相机可按发电机处理。在进行起始次暂态电流计算时,大型同步电动

机、感应电动机以及以电动机为主要成分的综合负荷,特别是在短路点近处的这些负荷,必要时也可以用有源支路表示,并仿照发电机进行处理。

在电力系统短路电流的工程计算中,许多实际问题的解决(如电网设计中的电气设备选择)并不需要十分精确的结果,于是产生了近似计算的方法。在近似算法中主要是对系统元件模型和标幺参数计算作了简化处理。在元件模型方面,忽略发电机、变压器和输电线路的电阻,不计输电线路的电容,略去变压器的励磁电流(三相三柱式变压器的零序等值电路除外),负荷忽略不计或只作近似估计。在标幺参数计算方面,在选取各级平均额定电压作为基准电压时,忽略各元件(电抗器除外)的额定电压和相应电压级平均额定电压的差别,认为变压器变比等于其对应侧平均额定电压之比,即所有变压器的标幺变比都等于1。此外,有时还假定所有发电机的电势具有相同的相位,加上所有元件仅用电抗表示,这就避免了复数运算,把短路电流的计算简化为直流电路的求解。

必须指出,在计算机已普遍应用的情况下,如果有必要,只要能提供短路计算所需的准确的原始数据,就能对短路进行更精确的计算,并不存在什么障碍。

例 6-1 在例 4-1 的电力系统中分别在节点 1 和节点 5 接入发电机支路,其标幺值参数为:$\dot{E}_1 = \dot{E}_5 = 1.0$,$z_1 = j0.15$ 和 $z_5 = j0.22$。(1)修改节点导纳矩阵;(2)采用近似算法,略去线路的电阻和电容,取变压器的标幺变比等于1,重新形成节点导纳矩阵。

解 (一)利用例 4-1 的计算结果,只需对节点 1 和节点 5 的自导纳作修正。

$$Y_{11} = -j9.5238 + \frac{1}{j0.15} = -j16.1905$$

$$Y_{55} = -j5.4348 + \frac{1}{j0.22} = -j9.9802$$

修正后的导纳矩阵为

$$\mathbf{Y} = \begin{bmatrix} 0.0000 & 0.0000 & & & \\ -j16.1905 & +j9.0703 & & & \\ 0.0000 & 9.1085 & -4.9989 & -4.1096 & \\ +j9.0703 & j33.1002 & +j13.5388 & +j10.9589 & \\ & -4.9989 & 11.3728 & -6.3739 & \\ & +j13.5388 & -j31.2151 & +j17.7053 & \\ & -4.1096 & -6.3739 & 10.4835 & 0.0000 \\ & +j10.9589 & +j17.7053 & -j34.5283 & +j5.6612 \\ & & & 0.0000 & 0.0000 \\ & & & +j5.6612 & -j9.9802 \end{bmatrix}$$

(二)按近似算法重新计算导纳矩阵各元素。

$$Y_{11} = -j16.1905, \quad Y_{12} = Y_{21} = j9.5238$$

$$Y_{22} = \frac{1}{j0.065} + \frac{1}{j0.08} + \frac{1}{j0.105} = -j15.3846 - j12.5 - j9.5238 = -j37.4084$$

$$Y_{23} = Y_{32} = -\frac{1}{j0.065} = j15.3846$$

$$Y_{24} = Y_{42} = -\frac{1}{j0.08} = j12.5$$

$$Y_{33} = \frac{1}{j0.065} + \frac{1}{j0.05} = -j15.3846 - j20 = -j35.3846$$

$$Y_{34} = Y_{43} = -\frac{1}{j0.05} = j20$$

$$Y_{44} = \frac{1}{j0.08} + \frac{1}{j0.05} + \frac{1}{j0.184} = -j12.5 - j20 - j5.4348 = -j37.9348$$

$$Y_{45} = Y_{54} = -\frac{1}{j0.184} = j5.4348, \quad Y_{55} = -j9.9802$$

将以上计算结果排成导纳矩阵

$$Y = \begin{bmatrix} -j16.1905 & j9.5238 & & & \\ j9.5238 & -j37.4084 & j15.3846 & j12.5000 & \\ & j15.3846 & -j35.3846 & j20.0000 & \\ & j12.5000 & j20.0000 & -j37.9348 & j5.4348 \\ & & & j5.4348 & -j9.9802 \end{bmatrix}$$

例 6-2　在例 2-8 的电力系统中，电缆线路的末端发生三相短路，已知发电机电势为 10.5 kV。试分别按元件标幺参数的精确值和近似值计算短路点电流的有名值。

解　（一）对各元件标幺参数作精确计算。

选基准功率 $S_B = 100$ MV·A，$U_{B(I)} = 10.5$ kV，$U_{B(II)} = 121$ kV，$U_{B(III)} = 7.26$ kV，便可直接利用例 2-8 的参数计算结果。发电机电势的标幺值为 $E = 10.5/10.5 = 1.0$，如图 6-2 所示。

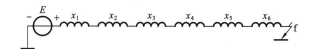

图 6-2　例 6-2 的电力系统等值电路

电缆线路末端短路时，短路电流为

$$I_f = \frac{E}{X_\Sigma} I_{B(III)} = \frac{1}{X_\Sigma} I_{B(III)}$$

$$X_\Sigma = x_1 + x_2 + x_3 + x_4 + x_5 + x_6$$

$$= 0.87 + 0.33 + 0.22 + 0.58 + 1.09 + 0.38 = 3.47$$

$$I_{B(III)} = \frac{S_B}{\sqrt{3}U_{B(III)}} = \frac{100}{\sqrt{3} \times 7.26} \text{ kA} = 7.95 \text{ kA}$$

$$I_f = 7.95/3.47 \text{ kA} = 2.29 \text{ kA}$$

（二）对各元件标幺参数作近似计算。

仍选基准功率 $S_B = 100$MV·A。基准电压等于平均额定电压，即 $U_{B(I)} = 10.5$ kV，$U_{B(II)} = 115$ kV，$U_{B(III)} = 6.3$ kV。变压器的变比为相邻两段平均额定电压之比。各元件电抗的标幺值计算如下。

发电机的电抗　　　　　　　　　$x_1 = 0.26 \times \dfrac{100}{30} = 0.87$

变压器 T-1 的电抗　　　　　　$x_2 = \dfrac{10.5}{100} \times \dfrac{100}{31.5} = 0.33$

架空线路的电抗　　　　　　　$x_3 = 0.4 \times 80 \times \dfrac{100}{115^2} = 0.24$

变压器 T-2 的电抗　　　　　　$x_4 = \dfrac{10.5}{100} \times \dfrac{100}{15} = 0.7$

电抗器的电抗　　　　　　　　$x_5 = 0.05 \times \dfrac{6}{\sqrt{6} \times 0.3} \times \dfrac{100}{6.3^2} = 1.46$

电缆线路的电抗　　　　　　　$x_6 = 0.08 \times 2.5 \times \dfrac{100}{6.3^2} = 0.504$

$$X_\Sigma = 0.87 + 0.33 + 0.24 + 0.7 + 1.46 + 0.504 = 4.104$$

$$I_{B(\mathrm{III})} = \dfrac{100}{\sqrt{3} \times 6.3} \text{ kA} = 9.17 \text{ kA}$$

$$I_f = 9.17/4.104 \text{ kA} = 2.24 \text{ kA}$$

可见,近似计算结果的相对误差只有 2.2%,在短路电流的工程计算中是容许的。

6.1.2　利用节点阻抗矩阵计算短路电流

假定系统中的节点 f 经过渡阻抗 z_f 发生短路。这个过渡阻抗 z_f 不参与形成网络的节点导纳(或阻抗)矩阵。图 6-3 所示方框内的有源网络代表系统正常状态的等值网络。

现在我们保持故障处的边界条件不变,把网络的原有部分同故障支路分开(见图 6-3)。容易看出,对于正常状态的网络而言,发生短路相当于在故障节点 f 增加了一个注入电流 $-\dot{I}_f$(短路电流以流出故障点为正,节点电流则以注入为正)。因此,网络中任一节点 i 的电压可表示为

$$\dot{U}_i = \sum_{j \in G} Z_{ij} \dot{I}_j - Z_{if} \dot{I}_f \tag{6-3}$$

式中,G 为网络内有源节点的集合。

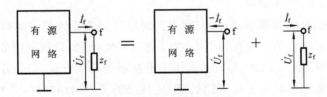

图 6-3　对称短路分析

由式(6-3)可知,任一节点 i 的电压都由两项叠加而成。第一项是 Σ 符号下的总和,它表示当 $\dot{I}_f = 0$ 时由网络内所有电源在节点 i 产生的电压,也就是短路前瞬间正常运行状态下的节点电压,这是节点电压的正常分量,记为 $\dot{U}_i^{(0)}$。第二项是当网络中所有电流源都断开,电势源都短接时,仅仅由短路电流 $\dot{I}_f$ 在节点 i 产生的电压,这就是节点电压的故障分量。上述两个分量的叠加,就等于发生短路后节点 i 的实际电压,即

$$\dot{U}_i = \dot{U}_i^{(0)} - Z_{if} \dot{I}_f \tag{6-4}$$

式(6-4)也适用于故障节点 f，于是有

$$\dot{U}_{\mathrm{f}} = \dot{U}_{\mathrm{f}}^{(0)} - Z_{\mathrm{ff}} \dot{I}_{\mathrm{f}} \tag{6-5}$$

式中，$\dot{U}_{\mathrm{f}}^{(0)} = \sum_{j \in G} Z_{\mathrm{f}j} \dot{I}_j$ 是短路前故障点的正常电压；Z_{ff} 是故障节点 f 的自阻抗，也称输入阻抗。

式(6-5)也可以根据戴维南定理直接写出，与这个方程相适应的等值电路如图 6-4 所示。式(6-5)含有两个未知量 $\dot{U}_{\mathrm{f}}$ 和 $\dot{I}_{\mathrm{f}}$，需要根据故障点的边界条件再写出一个方程才能求解。这个条件是

$$\dot{U}_{\mathrm{f}} - z_{\mathrm{f}} \dot{I}_{\mathrm{f}} = 0 \tag{6-6}$$

由式(6-5)和(6-6)可解出

$$\dot{I}_{\mathrm{f}} = \frac{\dot{U}_{\mathrm{f}}^{(0)}}{Z_{\mathrm{ff}} + z_{\mathrm{f}}} \tag{6-7}$$

而网络中任一节点的电压为

$$\dot{U}_i = \dot{U}_i^{(0)} - \frac{Z_{i\mathrm{f}}}{Z_{\mathrm{ff}} + z_{\mathrm{f}}} \dot{U}_{\mathrm{f}}^{(0)} \tag{6-8}$$

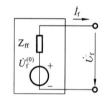

图 6-4　有源两端网络

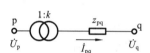

图 6-5　支路电流计算

任一支路(见图 6-5)的电流为

$$\dot{I}_{\mathrm{pq}} = \frac{k \dot{U}_{\mathrm{p}} - \dot{U}_{\mathrm{q}}}{z_{\mathrm{pq}}} \tag{6-9}$$

对于非变压器支路，令 $k=1$ 即可。

从式(6-7)和式(6-8)可以看到，式中所用到的阻抗矩阵元素都带有列标 f。这就是说，如果网络在正常状态下的节点电压为已知，为了进行短路计算，只须利用节点阻抗矩阵中与故障点 f 对应的一列元素。因此，尽管是采用了阻抗型的节点方程，但是并不需要作出全部阻抗矩阵。在短路的实际计算中，一般只需形成网络的节点导纳矩阵，并根据具体要求，用第 4 章所讲的方法求出阻抗矩阵的某一列或某几列元素即可。在应用节点阻抗矩阵进行短路计算时，我们都将采用这种算法。

在不要求精确计算的场合，可以不计负荷电流的影响。在形成节点导纳矩阵时，所有节点的负荷都略去不计，短路前网络处于空载状态，各节点电压的正常分量的标幺值都取作等于 1。这样，式(6-7)和式(6-8)便分别简化成

$$\dot{I}_{\mathrm{f}} = \frac{1}{Z_{\mathrm{ff}} + z_{\mathrm{f}}} \tag{6-10}$$

$$\dot{U}_i = 1 - \frac{Z_{i\mathrm{f}}}{Z_{\mathrm{ff}} + z_{\mathrm{f}}} \tag{6-11}$$

金属性短路时 $z_f=0$，因此只要知道节点阻抗矩阵的有关元素就可以进行短路计算了。

图 6-6 为对称短路简化计算的原理框图。

输入数据
形成节点导纳矩阵并进行三角分解
选择故障点f
计算节点阻抗矩阵第f列元素
用式（6-10）计算短路电流$\dot{I}_f$
用式（6-11）计算各节点电压
用式（6-9）计算指定支路的电流
输出结果

图 6-6 对称短路计算原理框图

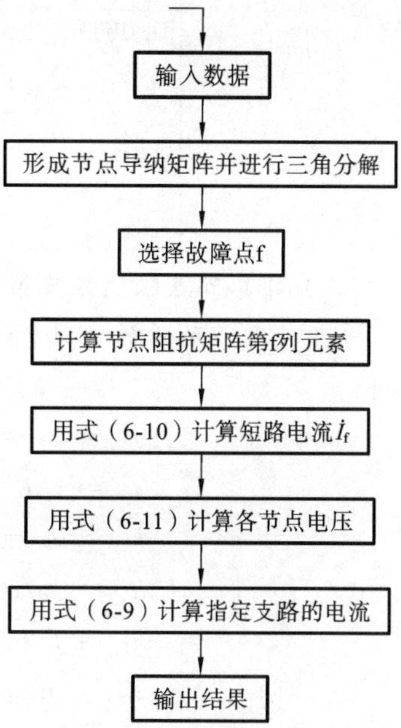

例 6-3 在例 6-1 的电力系统中节点 3 发生三相短路(见图 6-7)，试用节点阻抗矩阵计算短路电流及网络中的电流分布。线路的电阻和电容略去不计，变压器的标幺变比等于 1。

解 (一) 对例 6-1 解答(二)所得 **Y** 阵进行三角分解，形成因子表。

应用附录 B 的式(B-31)计算因子矩阵各元素

$$d_{11}=Y_{11}=-\mathrm{j}16.1905$$

$$u_{12}=Y_{12}/d_{11}=\mathrm{j}9.5238/(-\mathrm{j}16.1905)=-0.5882$$

$$u_{13}=u_{14}=u_{15}=0$$

$$\begin{aligned}d_{22}&=Y_{22}-u_{12}^2d_{11}\\&=-\mathrm{j}37.4084-(-0.5882)^2\times(-\mathrm{j}16.1905)\\&=-\mathrm{j}31.8062\end{aligned}$$

$$u_{23}=Y_{23}/d_{22}=\mathrm{j}15.3846/(-\mathrm{j}31.8062)=-0.4837$$

$$u_{24}=Y_{24}/d_{22}=\mathrm{j}12.5/(-\mathrm{j}31.8062)=-0.3930,\quad u_{25}=0$$

$$d_{33}=Y_{33}-u_{23}^2d_{22}=-\mathrm{j}35.3846-(-0.4837)^2\times(-\mathrm{j}31.8062)=-\mathrm{j}27.9431$$

$$\begin{aligned}u_{34}&=(Y_{34}-u_{23}u_{24}d_{22})/d_{33}\\&=[\mathrm{j}20-(-0.4837)\times(0.3930)\times(-\mathrm{j}31.8062)]/(-\mathrm{j}27.9431)\\&=-0.9321,\end{aligned}$$

$$u_{35}=0$$

$$\begin{aligned}d_{44}&=Y_{44}-u_{24}^2d_{22}-u_{34}^2d_{33}\\&=-\mathrm{j}37.9348-(-0.3930)^2\times(-\mathrm{j}31.8062)-(-0.9321)^2\times(-\mathrm{j}27.9431)\\&=-\mathrm{j}8.7441\end{aligned}$$

$$u_{45}=Y_{45}/d_{44}=\mathrm{j}5.4348/(-\mathrm{j}8.7441)=-0.6215$$

$$d_{55}=Y_{55}-u_{45}^2d_{44}=-\mathrm{j}9.9802-(-0.6215)^2\times(-\mathrm{j}8.7441)=-\mathrm{j}6.6023$$

1
z_{12}
2
z_{24}
4
z_{45}
5
z_1
z_{23}
z_{34}
z_5
$\dot{E}_1$
3
$\dot{E}_5$

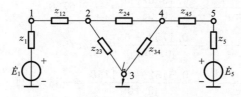

图 6-7 例 6-3 的电力系统等值网络

将 u_{ij} 存放在上三角的非对角线部分，对 d_{ii} 取其倒数存放在对角线位置，便得因子表为

$$
\begin{array}{cccc}
\text{j}0.0618 & -0.5882 & & \\
& \text{j}0.0314 & -0.4837 & -0.3930 \\
& & \text{j}0.0358 & -0.9321 \\
& & & \text{j}0.1144 & -0.6215 \\
& & & & \text{j}0.1515
\end{array}
$$

（二）计算节点阻抗矩阵第 3 列的元素。

采用 4.3 节所讲的方法，套用式（4-35）、式（4-36）和式（4-37），取 $j=3$，计及 $u_{ij}=l_{ji}$，可得

$$f_1 = f_2 = 0, \quad f_3 = 1, \quad f_4 = -u_{34}f_3 = 0.9321$$

$$f_5 = -u_{45}f_4 = 0.6215 \times 0.9321 = 0.5793$$

$$h_1 = h_2 = 0, \quad h_3 = 1/d_{33} = \text{j}0.0358$$

$$h_4 = f_4/d_{44} = 0.9321/(-\text{j}8.7441) = \text{j}0.1066$$

$$h_5 = f_5/d_{55} = 0.5793/(-\text{j}6.6023) = \text{j}0.0877$$

$$Z_{53} = h_5 = \text{j}0.0877$$

$$Z_{43} = h_4 - u_{45}Z_{53} = \text{j}0.1066 - (-0.6215) \times \text{j}0.0877 = \text{j}0.1611$$

$$Z_{33} = h_3 - u_{34}Z_{43} = \text{j}0.0358 - (-0.9321) \times \text{j}0.1611 = \text{j}0.1860$$

$$Z_{23} = -u_{23}Z_{33} - u_{24}Z_{43} = 0,4837 \times \text{j}0.1860 + 0.3930 \times \text{j}0.1611 = \text{j}0.1533$$

$$Z_{13} = -u_{12}Z_{23} = 0.5882 \times \text{j}0.1533 = \text{j}0.0902$$

（三）短路电流及网络中电流分布计算。

因网络中没有负荷，系统处于空载，各节点电压均与发电机电势相等，即 $\dot{U}_i^{(0)}=1.0$。

$$\dot{I}_f = \dot{U}_3^{(0)}/Z_{33} = 1/\text{j}0.1860 = -\text{j}5.3766$$

$$\dot{U}_1 = \dot{U}_1^{(0)} - Z_{13}\dot{I}_f = 1 - \text{j}0.0902 \times (-\text{j}5.3766) = 0.5152$$

$$\dot{U}_2 = \dot{U}_2^{(0)} - Z_{23}\dot{I}_f = 1 - \text{j}0.1533 \times (-\text{j}5.3766) = 0.1758$$

$$\dot{U}_4 = \dot{U}_4^{(0)} - Z_{43}\dot{I}_f = 1 - \text{j}0.1611 \times (-\text{j}5.3766) = 0.1336$$

$$\dot{U}_5 = \dot{U}_5^{(0)} - Z_{53}\dot{I}_f = 1 - \text{j}0.0877 \times (-\text{j}5.3766) = 0.5282$$

$$\dot{I}_{54} = \frac{\dot{U}_5 - \dot{U}_4}{z_{45}} = \frac{0.5282 - 0.1336}{\text{j}0.184} = -\text{j}2.1445$$

$$\dot{I}_{43} = \frac{\dot{U}_4 - \dot{U}_3}{z_{34}} = \frac{0.1336 - 0}{\text{j}0.05} = -\text{j}2.6720$$

$$\dot{I}_{23} = \frac{\dot{U}_2 - \dot{U}_3}{z_{23}} = \frac{0.1758 - 0}{\text{j}0.065} = -\text{j}2.7046$$

$$\dot{I}_{12} = \frac{\dot{U}_1 - \dot{U}_2}{z_{12}} = \frac{0.5152 - 0.1758}{\text{j}0.105} = -\text{j}3.2321$$

$$\dot{I}_{24} = \frac{\dot{U}_2 - \dot{U}_4}{z_{24}} = \frac{0.1758 - 0.1336}{\text{j}0.08} = -\text{j}0.5275$$

为了进行比较，现将利用例 6-1 解答（一）的 $\boldsymbol{Y}$ 阵所进行计算的部分结果列写如下。

$$Z_{53} = -0.0006 + \text{j}0.0941, \quad Z_{43} = -0.0002 + \text{j}0.1659$$

$$Z_{33} = 0.0090 + j0.1917, \quad Z_{23} = -0.0023 + j0.1599$$
$$Z_{13} = -0.0013 + j0.0896$$
$$U_3^{(0)} = 1.0250, \quad I_f = 5.3404$$

故障前短路点电压高于发电机电势,是考虑了线路电容的缘故。从短路电流的数值可见,近似计算结果的相对误差还不到 1%。

6.1.3　利用电势源对短路点的转移阻抗计算短路电流

在电力系统短路的实际计算中,有时需要知道各电源提供的短路电流,或者按已知的电源电势直接计算短路电流。在这种情况下,电势源对短路点的转移阻抗就是一个很有用的概念。对于一个多电源的线性网络[见图 6-8(a)],根据叠加原理总可以把节点 f 的短路电流表示成

$$\dot{I}_f = \sum_{i \in G} \dot{E}_i / z_{fi} \tag{6-12}$$

式中,G 是有源支路的集合,$\dot{E}_i$ 为第 i 个有源支路的电势,z_{fi} 便称为第 i 个电势源对短路点 f 的转移阻抗。为了与节点阻抗矩阵的非对角线元素(互阻抗)相区别,本章中转移阻抗用小写字母 z 表示。

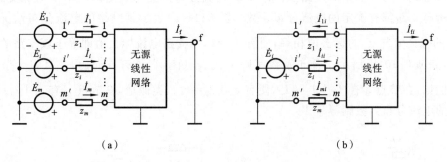

图 6-8　叠加原理的应用

根据式(6-12)[参看图 6-8(b)],当网络中只有电势源 i 单独存在,其他电源电势都等于零时,电势 $\dot{E}_i$ 与短路点电流 $\dot{I}_{fi}$ 之比即等于电源 i 对短路点 f 的转移阻抗 z_{fi},也就是电势源节点 i' 和短路点 f 之间的转移阻抗;电势 $\dot{E}_i$ 与电源支路 m 的电流 $\dot{I}_{mi}$ 之比即等于电源 i 和电源 m 之间的转移阻抗 z_{mi},也就是电势源节点 i' 和电势源节点 m' 之间的转移阻抗。

利用节点阻抗矩阵可以方便地计算转移阻抗。当电势源 $\dot{E}_i$ 单独存在时,相当于在节点 i 单独注入电流 $\dot{I}_i = \dot{E}_i / z_i$,这时在节点 f 将产生电压 $\dot{U}_{fi}^{(0)} = Z_{fi}\dot{I}_i$,若将节点 f 短路,便有电流 $\dot{I}_{fi} = \dot{U}_{fi}^{(0)}/Z_{ff}$。于是可得

$$z_{fi} = \frac{\dot{E}_i}{\dot{I}_{fi}} = \frac{Z_{ff}}{Z_{fi}} z_i \tag{6-13}$$

同理可以得到电势源 i 和电势源 m 之间的转移阻抗为

$$z_{im} = z_i z_m / Z_{im} \tag{6-14}$$

通过电流分布系数计算转移阻抗也是一种实用的方法。对于图 6-8(a)所示的系统,令

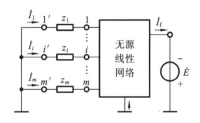

图 6-9　电流分布系数的确定

所有电源电势都等于零，只在节点 f 接入电势 $\dot{E}$，使产生电流 $\dot{I}_f = \dot{E}/Z_{ff}$。这时各电源支路电流对电流 $\dot{I}_f$ 之比便等于该电源支路对节点 f 的电流分布系数（见图 6-9）。电源 i 的电流分布系数为

$$c_i = \dot{I}_i / \dot{I}_f$$

电流分布系数也可以利用节点阻抗矩阵进行计算。

节点 f 单独注入电流 $-\dot{I}_f$ 时，第 i 个电势源支路的端节点 i 的电压为 $\dot{U}_i = -Z_{if}\dot{I}_f$，而该电源支路的电流为 $\dot{I}_i = -\dot{U}_i/z_i$（见图 6-9）。由此可得

$$c_i = \frac{\dot{I}_i}{\dot{I}_f} = \frac{Z_{if}}{z_i} \tag{6-15}$$

对照式（6-13），计及 $Z_{if} = Z_{fi}$，这样便可得到计算转移阻抗的又一个公式

$$z_{fi} = \frac{Z_{ff}}{c_i} \tag{6-16}$$

电流分布系数是说明网络中电流分布情况的一种参数，它只同短路点的位置、网络的结构和参数有关。对于确定的短路点网络中的电流分布是完全确定的。不仅电源支路，而且网络中所有支路都有确定的电流分布系数。图 6-10(a) 表示某网络的电流分布情况。若令电势 $\dot{E}$ 的标幺值与 Z_{ff} 的标幺值相等，便有 $\dot{I}_f = 1$，各支路电流标幺值即等于该支路的电流分布系数，如图 6-10(b) 所示。分布系数实际上代表电流，它是有方向的，并且符合节点电流定律。例如，在节点 a 有 $\dot{I}_1 + \dot{I}_2 = \dot{I}_4$，便有 $c_1 + c_2 = c_4$。类似地，在节点 b 有 $c_3 + c_4 = c_f$。而短路点的电流分布系数则等于 1。

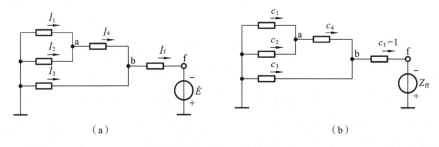

（a）　　　　　　　　　　　　　　　（b）

图 6-10　支路电流和分布系数

现在我们对节点间的互阻抗（节点阻抗矩阵的非对角线元素）和转移阻抗的概念作些比较，以明确它们之间的区别。图 6-11 所示方框内的网络代表经过无源化处理的某系统的等值网络，即原网络中的电势源均被短接，电流源均被断开。

节点 i 单独注入电流 $\dot{I}_i$ 时，在节点 j 产生的电压 $\dot{U}_j$ 与电流 $\dot{I}_i$ 之比即等于节点 i、j 之间的互阻抗 Z_{ji}（见图 6-11(a)）。

节点 i 单独施加电势 $\dot{E}_i$ 时，该电势与其在节点 j 产生的短路电流 $\dot{I}_j$ 之比即等于节点 i、j 之间的转移阻抗 z_{ji}（见图 6-11(b)）。

确定互阻抗时，采用的是某节点的注入电流和另一节点的电压。确定转移阻抗时，采用

的是某节点的施加电势和另一节点的短路电流。

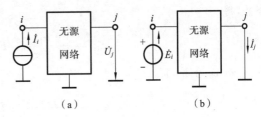

图 6-11 互阻抗和转移阻抗的比较

互阻抗在任何一对节点之间均有定义。零电位节点对任何节点的互阻抗都等于零。转移阻抗只在电势源节点和短路点之间,或电势源节点与电势源节点(无源化的电势源节点的电位为零也相当于短路点)之间才有实际意义。

互阻抗和转移阻抗也有共同之处,它们都是网络中某处的电压(电势)与另一处电流的复数比例系数,具有阻抗的量纲,但不代表实际的阻抗,即使网络中不存在负电阻元件,互阻抗和转移阻抗都可能出现负的实数部分。

对于不太复杂的电力系统,在制订等值电路并完成元件参数计算后,并不需要形成节点导纳矩阵(或阻抗矩阵),可以直接对原网络进行等值变换求得转移阻抗。一种做法是,通过电源支路等值合并和网络变换,把原网络简化成一端接等值电势源另一端接短路点的单一支路,该支路的阻抗即等于短路点的输入阻抗,也就是等值电势源对短路点的转移阻抗,然后通过网络还原,并利用电流分布系数的概念,最后算出各电势源对短路点的转移阻抗。进行网络变换还可以采取另一种方法:在保留电势源节点和短路点的条件下,通过原网络的等值变换逐步消去一切中间节点,最终形成以电势源节点(含零电位节点)和短路点为顶点的全网形电路,这个最终电路中联接电势源节点和短路点的支路阻抗即为该电源对短路点的转移阻抗。具体的做法可参看例题6-4和6-5。

例 6-4 在图 6-12(a)所示的网络中,a,b 和 c 为电源点,f 为短路点。试通过网络变换求得短路点的输入阻抗,各电源点的电流分布系数及其对短路点的转移阻抗。

解 (一)进行网络变换计算短路点的输入阻抗,步骤如下。

第 1 步,将 z_1, z_4,和 z_5 组成的星形电路化成三角形电路,其三边的阻抗为 z_8, z_9 和 z_{10}(见图6-12(b))。

$$z_8 = z_1 + z_4 + z_1 z_4 / z_5, \quad z_9 = z_1 + z_5 + z_1 z_5 / z_4, \quad z_{10} = z_4 + z_5 + z_4 z_5 / z_1$$

第 2 步,将 z_8 和 z_9 支路在节点a分开,分开后每条支路都带有电势 $\dot{E}_1$,然后将 z_8 和 z_2

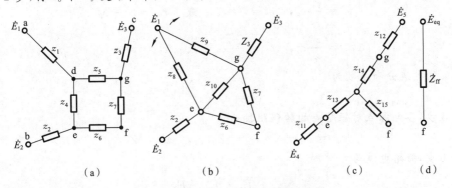

图 6-12 例 6-4 的网络及其变换过程

合并,得

$$z_{11} = \frac{z_8 z_2}{z_8 + z_2}, \quad \dot{E}_4 = \frac{\dot{E}_1 z_2 + \dot{E}_2 z_8}{z_8 + z_2}$$

将 z_9 和 z_3 合并,得

$$z_{12} = \frac{z_9 z_3}{z_9 + z_3}, \quad \dot{E}_5 = \frac{\dot{E}_1 z_3 + \dot{E}_3 z_9}{z_3 + z_9}$$

第 3 步,将由 z_6, z_7 和 z_{10} 组成的三角形电路化成由 z_{13}, z_{14} 和 z_{15} 组成的星形电路。

$$z_{13} = \frac{z_6 z_{10}}{z_6 + z_7 + z_{10}}, \quad z_{14} = \frac{z_7 z_{10}}{z_6 + z_7 + z_{10}}, \quad z_{15} = \frac{z_6 z_7}{z_6 + z_7 + z_{10}}$$

第 4 步,将阻抗为 $z_{11} + z_{13}$,电势为 $\dot{E}_4$ 的支路同阻抗为 $z_{12} + z_{14}$,电势为 $\dot{E}_5$ 的支路合并,得

$$\dot{E}_{eq} = \frac{\dot{E}_4 (z_{12} + z_{14}) + \dot{E}_5 (z_{11} + z_{13})}{z_{12} + z_{14} + z_{11} + z_{13}}$$

$$z_{16} = \frac{(z_{12} + z_{14})(z_{11} + z_{13})}{z_{12} + z_{14} + z_{11} + z_{13}}$$

最后,可得短路点的输入阻抗为

$$Z_{ff} = z_{15} + z_{16}$$

短路电流为

$$\dot{I}_f = \dot{E}_{eq} / Z_{ff}$$

电势 $\dot{E}_{eq}$ 实际上就是短路发生前节点 f 的电压 $\dot{U}_f^{(0)}$。

（二）逆着网络变换的过程,计算电流分布系数和转移阻抗,其步骤如下。

第 1 步,短路点的电流分布系数

$$c_f = 1$$

电流分布系数相当于电流, z_{16} 中的电流将按与阻抗成反比的原则分配到原来的两条支路,于是可得

$$c_5 = \frac{z_{16}}{z_{12} + z_{14}} c_f, \quad c_4 = \frac{z_{16}}{z_{11} + z_{13}} c_f \quad \text{或} \quad c_4 = c_f - c_5$$

第 2 步,将 c_4 和 c_5 也按同样的原则分配到原来的支路,由此可得

$$c_2 = \frac{z_{11}}{z_2} c_4, \quad c_8 = \frac{z_{11}}{z_8} c_4 \quad \text{或} \quad c_8 = c_4 - c_2$$

$$c_3 = \frac{z_{12}}{z_3} c_5, \quad c_9 = \frac{z_{12}}{z_9} c_5 \quad \text{或} \quad c_9 = c_5 - c_3$$

电源点 a 的电流分布系数为

$$c_1 = c_8 + c_9$$

第 3 步,各电源点对短路点的转移阻抗为

$$z_{fa} = Z_{ff} / c_1, \quad z_{fb} = Z_{ff} / c_2, \quad z_{fc} = Z_{ff} / c_3$$

第 4 步,短路电流为

$$\dot{I}_f = \frac{\dot{E}_1}{z_{fa}} + \frac{\dot{E}_2}{z_{fb}} + \frac{\dot{E}_3}{z_{fc}}$$

顺便指出,如果节点 c 不是电势源节点,而是零电位点,则解题过程仍然一样,只在演算过程的有关算式中令 $\dot{E}_3 = 0$ 即可。

例 6-5　网络图同上例,试通过网络变换直接求出各电源点对短路点的转移阻抗。

解　通过星网变换,将电源点和短路点以外的一切节点统统消去,在最后所得的网络中,各电源点同短路点之间的支路阻抗即为该电源点对短路点的转移阻抗。变换过程如图 6-13 所示。现说明如下:

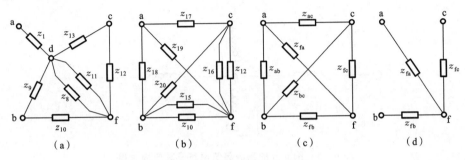

图 6-13　某网络的变换过程

第 1 步,将图 6-12(a)所示中由 z_2、z_4、z_6 和由 z_3、z_5、z_7 组成的星形电路分别变换成由 z_8、z_9、z_{10} 和 z_{11}、z_{12}、z_{13} 组成的三角形电路[见图 6-13(a)],从而消去节点 e 和 g。

$$z_9 = z_2 + z_4 + z_2 z_4 / z_6, \quad z_{10} = z_2 + z_6 + z_2 z_6 / z_4$$
$$z_8 = z_4 + z_6 + z_4 z_6 / z_2, \quad z_{13} = z_3 + z_5 + z_3 z_5 / z_7$$
$$z_{12} = z_3 + z_7 + z_3 z_7 / z_5, \quad z_{11} = z_5 + z_7 + z_5 z_7 / z_3$$

第 2 步,将 z_8 和 z_{11} 合并为

$$z_{14} = \frac{z_8 z_{11}}{z_8 + z_{11}}$$

然后,将由 z_1、z_9、z_{13} 和 z_{14} 组成的 4 支路星形电路变换成以节点 a、b、c 和 f 为顶点的完全网形电路,从而消去节点 d,网形电路的 6 条支路阻抗分别为

$$z_{15} = z_9 z_{14} Y_\Sigma, \quad z_{16} = z_{13} z_{14} Y_\Sigma, \quad z_{17} = z_1 z_{13} Y_\Sigma,$$
$$z_{18} = z_1 z_9 Y_\Sigma, \quad z_{19} = z_1 z_{14} Y_\Sigma, \quad z_{20} = z_9 z_{13} Y_\Sigma$$

$$Y_\Sigma = \frac{1}{z_1} + \frac{1}{z_9} + \frac{1}{z_{13}} + \frac{1}{z_{14}}$$

第 3 步,计算各电源点对短路点的转移阻抗

$$z_{fa} = z_{19}, \quad z_{fb} = \frac{z_{10} z_{15}}{z_{10} + z_{15}}, \quad z_{fc} = \frac{z_{12} z_{16}}{z_{12} + z_{16}}$$

例 6-6　在例 6-1 的电力系统中,仍在节点 3 发生三相短路,试求短路点的输入阻抗和各电源支路对短路点的电流分布系数和转移阻抗。输电线路的电阻和电容略去不计,各变压器的标幺变比等于 1。

解　(一)利用网络变换法求解。

系统等值电路如图 6-14(a)所示。对各支路电抗进行标号,根据前例已知条件有

$$x_1 = 0.15, \quad x_2 = 0.105, \quad x_3 = 0.08, \quad x_4 = 0.184,$$

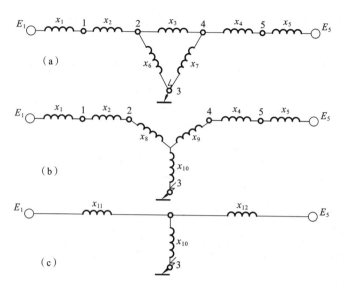

图 6-14　例 6-6 的系统等值电路及其变换过程

$$x_5 = 0.22, \quad x_6 = 0.065, \quad x_7 = 0.05$$

第 1 步，将 x_3、x_6 和 x_7 组成的三角形电路变换成 x_8、x_9 和 x_{10} 组成的星形电路，即

$$x_8 = \frac{x_3 x_6}{x_3 + x_6 + x_7} = \frac{0.08 \times 0.065}{0.08 + 0.065 + 0.05} = \frac{0.0052}{0.195} = 0.0267$$

$$x_9 = \frac{x_3 x_7}{x_3 + x_6 + x_7} = \frac{0.08 \times 0.05}{0.195} = 0.0205$$

$$x_{10} = \frac{x_6 x_7}{x_3 + x_6 + x_7} = \frac{0.065 \times 0.05}{0.195} = 0.0167$$

第 2 步，将 x_1、x_2 和 x_8 串联组成 x_{11}，将 x_5、x_4 和 x_9 串联组成 x_{12}，即

$$x_{11} = 0.15 + 0.105 + 0.0267 = 0.2817$$

$$x_{12} = 0.22 + 0.184 + 0.0205 = 0.4245$$

第 3 步，将 x_{11} 和 x_{12} 并联成 x_{13}，即

$$x_{13} = \frac{x_{11} x_{12}}{x_{11} + x_{12}} = \frac{0.2817 \times 0.4245}{0.2817 + 0.4245} = 0.1693$$

短路点的输入阻抗为

$$Z_{33} = j(x_{13} + x_{10}) = j(0.1693 + 0.0167) = j0.1860$$

第 4 步，计算电流分布系数，即

$$c_3 = 1$$

$$c_1 = \frac{x_{12}}{x_{11} + x_{12}} c_3 = \frac{0.4245}{0.7062} = 0.6011$$

$$c_5 = \frac{x_{11}}{x_{11} + x_{12}} c_3 = \frac{0.2817}{0.7062} = 0.3989$$

第 5 步，计算转移阻抗，即

$$z_{31} = \frac{Z_{33}}{c_1} = \frac{j0.1860}{0.6011} = j0.3094$$

$$z_{35} = \frac{Z_{33}}{c_5} = \frac{j0.1860}{0.3989} = j0.4663$$

（二）利用节点阻抗矩阵进行计算。

例 6-3 的计算结果已给出 $Z_{33} = j0.1860, Z_{13} = j0.0901, Z_{53} = j0.0877$。因此，

$$c_1 = \frac{Z_{13}}{z_1} = \frac{j0.0902}{j0.15} = 0.6013$$

$$c_5 = \frac{Z_{53}}{z_5} = \frac{j0.0877}{j0.22} = 0.3986$$

$$z_{31} = \frac{Z_{33}}{c_1} = \frac{j0.1860}{0.6013} = j0.3093$$

$$z_{35} = \frac{Z_{33}}{c_5} = \frac{j0.1860}{0.3986} = j0.4666$$

6.2　起始次暂态电流和冲击电流的实用计算

起始次暂态电流就是短路电流周期分量（指基频分量）的初值。只要把系统所有的元件都用其次暂态参数代表，次暂态电流的计算就同稳态电流的计算一样了。系统中所有静止元件的次暂态参数都与其稳态参数相同，而旋转电机的次暂态参数则不同于其稳态参数。

在突然短路瞬间，同步电机（包括同步电动机和调相机）的次暂态电势保持着短路发生前瞬间的数值。根据简化相量图 6-15，取同步发电机在短路前瞬间的端电压为 $U_{[0]}$，电流为 $I_{[0]}$ 和功率因数角为 $\varphi_{[0]}$，利用下式即可近似地算出次暂态电势值，即

$$E''_0 \approx U_{[0]} + x'' I_{[0]} \sin\varphi_{[0]} \tag{6-17}$$

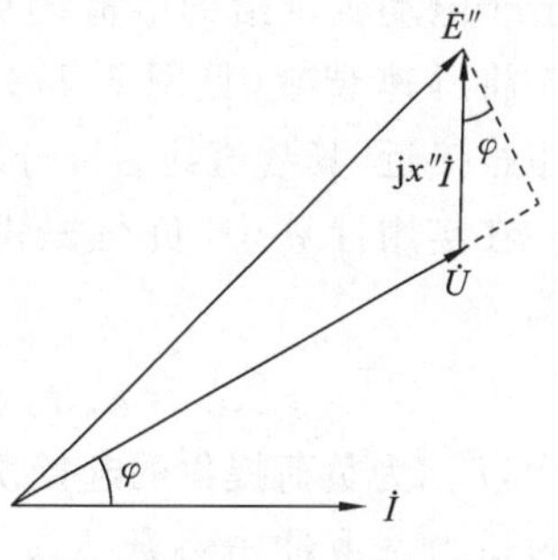

在实用计算中，汽轮发电机和有阻尼绕组的凸极发电机的次暂态电抗可以取为 $x'' = x''_d$。

假定发电机在短路前额定满载运行，$U_{[0]} = 1, I_{[0]} = 1$，$\sin\varphi_{[0]} = 0.53, x'' = 0.13 \sim 0.20$，则有

$$E''_0 \approx 1 + (0.13 \sim 0.20) \times 1 \times 0.53 = 1.07 \sim 1.11$$

如果不能确知同步发电机短路前的运行参数，则近似地取 $E''_0 = 1.05 \sim 1.1$ 亦可。不计负载影响时，常取 $E''_0 = 1$。

电力系统的负荷中包含有大量的异步电动机。在正常运行情况下，异步电动机的转差率很小（$s = 2\% \sim 5\%$），可以近似地当做依同步转速运行。根据短路瞬间转子绕组磁链守恒的原则，异步电动机也可以用与转子绕组的总磁链成正比的次暂态电势以及相应的次暂态电抗来代表。异步电机次暂态电抗的额定标幺值可由下式确定。

$$x'' = 1/I_{st} \tag{6-18}$$

式中，I_{st} 是异步电机启动电流的标幺值（以额定电流为基准），一般为 $4 \sim 7$，因此近似地可取 $x'' = 0.2$。

图 6-16 为异步电动机的次暂态参数简化相量图。由图可得次暂态电势的近似计算公

图 6-15　同步发电机简化相量图

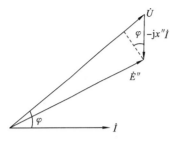

图 6-16　异步电动机简化相量图

式为

$$E''_0 \approx U_{[0]} - x''I_{[0]}\sin\varphi_{[0]} \tag{6-19}$$

式中，$U_{[0]}$、$I_{[0]}$ 和 $\varphi_{[0]}$ 分别为短路前异步电动机的端电压、电流以及电压和电流间的相位差。

异步电动机的次暂态电势 E'' 要低于正常情况下的端电压。在系统发生短路后，只当电动机端的残余电压小于 E''_0 时，电动机才会暂时地作为电源向系统供给一部分短路电流。

由于配电网络中电动机的数目很多，要查明它们在短路前的运行状态是困难的，而且电动机所提供的短路电流数值不大，因此，在实用计算中，只有对短路点附近能显著地供给短路电流的大型电动机才按式(6-18)和式(6-19)算出次暂态电抗和次暂态电势。其他的电动机，则看作是系统负荷节点中综合负荷的一部分。综合负荷的参数须由该地区用户的典型成分及配电网典型线路的平均参数来确定。在短路瞬间，这个综合负荷也可以近似地用一个含次暂态电势和次暂态电抗的等值支路来表示。以额定运行参数为基准，综合负荷的电势和电抗的标幺值约为 $E''=0.8$ 和 $x''=0.35$。次暂态电抗中包括电动机电抗 0.2 和降压变压器以及馈电线路的估计电抗 0.15。

由于异步电动机的电阻较大，在突然短路后，由异步电动机供给的电流的周期分量和非周期分量都将迅速衰减(见图 6-17)，而且衰减的时间常数也很接近，其数值约为百分之几秒。

在实用计算中，负荷提供的冲击电流可以表示为

$$i_{im\cdot LD} = k_{im\cdot LD}\sqrt{2}I''_{LD} \tag{6-20}$$

式中，I''_{LD} 为负荷提供的起始次暂态电流的有效值，通过适当选取冲击系数 $k_{im\cdot LD}$ 可以把周期电流的衰减估计进去。对于小容量的电动机和综合负荷，取 $k_{im\cdot LD}=1$；容量为 $200\sim500$ kW 的异步电动机，取 $k_{im\cdot LD}=1.3\sim1.5$；容量为 $500\sim1000$ kW 的异

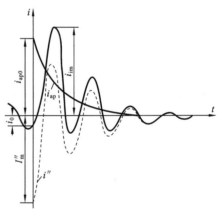

图 6-17　异步电动机短路电流波形图

步电动机，取 $k_{im\cdot LD}=1.5\sim1.7$；容量为 1000 kW 以上的异步电动机，取 $k_{im\cdot LD}=1.7\sim1.8$。同步电动机和调相机冲击系数之值和相同容量的同步发电机的大约相等。

这样，计及负荷影响时短路点的冲击电流为

$$i_{im} = k_{im}\sqrt{2}I'' + k_{im\cdot LD}\sqrt{2}I''_{LD} \tag{6-21}$$

式中的第一项为发电机提供的冲击电流。

例 6-7　试计算图 6-18(a)所示电力系统在 f 点发生三相短路时的冲击电流。系统各元件的参数如下。

发电机 G：60 MV・A；$x''_d=0.12$。调相机 SC：5 MV・A，$x''_d=0.2$。变压器 T-1：31.5 MV・A，$U_s\%=10.5$；T-2：20 MV・A，$U_s\%=10.5$；T-3：7.5 MV・A，$U_s\%=10.5$。线路

L-1:60 km;L-2:20 km;L-3:10 km。各条线路电抗均为 0.4 Ω/km。负荷 LD-1:30 MV・
A;LD-2:18 MV・A;LD-3:6 MV・A。

解　先将全部负荷计入,以额定标幺电抗为 0.35,电势为 0.8 的电源表示。

（一）选取 $S_B=100$ MV・A 和 $U_B=U_{av}$,算出等值网络(见图 6-18(b))中的各电抗的标幺值如下:

发电机　$x_1=0.12\times\dfrac{100}{60}=0.2$　　　　　调相机　$x_2=0.2\times\dfrac{100}{5}=4$

负荷 LD-1　$x_3=0.35\times\dfrac{100}{30}=1.17$　　　负荷 LD-2　$x_4=0.35\times\dfrac{100}{18}=1.95$

负荷 LD-3　$x_5=0.35\times\dfrac{100}{6}=5.83$　　　变压器 T-1　$x_6=0.105\times\dfrac{100}{31.5}=0.33$

变压器 T-2　$x_7=0.105\times\dfrac{100}{20}=0.53$　　变压器 T-3　$x_8=0.105\times\dfrac{100}{7.5}=1.4$

线路 L-1　$x_9=0.4\times60\times\dfrac{100}{115^2}=0.18$　　线路 L-2　$x_{10}=0.4\times20\times\dfrac{100}{115^2}=0.06$

线路 L-3　$x_{11}=0.4\times10\times\dfrac{100}{115^2}=0.03$

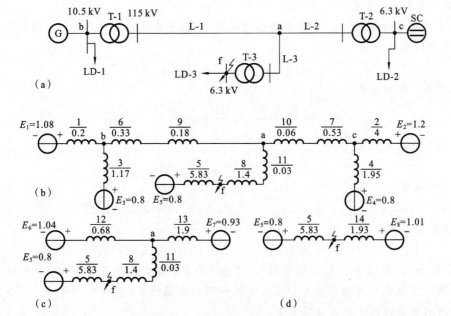

图 6-18　例 6-7 的电力系统及其等值网络

取发电机的次暂态电势 $E_1=1.08$。调相机按短路前额定满载运行,可得
$$E_2=U+x''_d I=1+0.2\times1=1.2$$

（二）进行网络化简。
$$x_{12}=(x_1\ /\!/\ x_3)+x_6+x_9=\dfrac{0.2\times1.17}{0.2+1.17}+0.33+0.18=0.68$$

$$x_{13} = (x_2 // x_4) + x_7 + x_{10} = \frac{4 \times 1.95}{4 + 1.95} + 0.53 + 0.06 = 1.9$$

$$x_{14} = (x_{12} // x_{13}) + x_{11} + x_8 = \frac{0.68 \times 1.9}{0.68 + 1.9} + 0.03 + 1.4 = 1.93$$

$$E_6 = \frac{E_1 x_3 + E_3 x_1}{x_1 + x_3} = \frac{1.08 \times 1.17 + 0.8 \times 0.2}{0.2 + 1.17} = 1.04$$

$$E_7 = \frac{E_2 x_4 + E_4 x_2}{x_2 + x_4} = \frac{1.2 \times 1.95 + 0.8 \times 4}{4 + 1.95} = 0.93$$

$$E_8 = \frac{E_6 x_{13} + E_7 x_{12}}{x_{12} + x_{13}} = \frac{1.04 \times 1.9 + 0.93 \times 0.68}{0.68 + 1.9} = 1.01$$

（三）起始次暂态电流的计算。

由变压器 T-3 方面供给的为

$$I'' = \frac{E_8}{x_{14}} = \frac{1.01}{1.93} = 0.523$$

由负荷 LD-3 供给的为

$$I''_{LD3} = \frac{E_5}{x_5} = \frac{0.8}{5.83} = 0.137$$

（四）计算冲击电流。

为了判断负荷 LD-1 和 LD-2 是否供给冲击电流，先验算一下节点 b 和 c 的残余电压。

a 点的残余电压为
$$U_a = (x_8 + x_{11})I'' = (1.4 + 0.03)0.523 = 0.75$$

线路 L-1 的电流为
$$I''_{L1} = \frac{E_6 - V_a}{x_{12}} = \frac{1.04 - 0.75}{0.68} = 0.427$$

线路 L-2 的电流为
$$I''_{L2} = I'' - I''_{L1} = 0.523 - 0.427 = 0.096$$

b 点残余电压为
$$U_b = U_a + (x_9 + x_6)I''_{L1} = 0.75 + (0.18 + 0.33)0.427 = 0.97$$

c 点残余电压为
$$U_c = U_a + (x_{10} + x_7)I''_{L2} = 0.75 + (0.06 + 0.53)0.096 = 0.807$$

因 U_b 和 U_c 都高于 0.8，所以负荷 LD-1 和 LD-2 不会变成电源而供给短路电流。因此，由变压器 T-3 方面来的短路电流都是发电机和调相机供给的，可取 $k_{im} = 1.8$。而负荷 LD-3 供给的短路电流则取冲击系数等于 1。

短路处电压级的基准电流为

$$I_B = \frac{100}{\sqrt{3} \times 6.3} \text{ kA} = 9.16 \text{ kA}$$

短路处的冲击电流为

$$i_{im} = (1.8 \times \sqrt{2}I'' + \sqrt{2}I''_{LD3})I_B = (1.8 \times \sqrt{2} \times 0.523 + \sqrt{2} \times 0.137)9.16 \text{ kA}$$
$$= 13.97 \text{ kA}$$

在近似计算中，考虑到负荷 LD-1 和 LD-2 离短路点较远，可将它们略去不计。把同步

发电机和调相机的次暂态电势都取作 $E''=1$，此时短路点的输入电抗（负荷 LD-3 除外）为

$$X_{\text{ff}} = [(x_1 + x_6 + x_9) \mathbin{/\!/} (x_2 + x_7 + x_{10})] + x_{11} + x_8$$

$$= [(0.2 + 0.33 + 0.18) \mathbin{/\!/} (4 + 0.53 + 0.06)] + 0.03 + 1.4 = 2.05$$

因而由变压器 T-3 方面供给的短路电流为

$$I'' = 1/2.05 = 0.49$$

短路处的冲击电流为

$$i_{\text{im}} = (1.8 \times \sqrt{2} I'' + \sqrt{2} I''_{\text{LD3}}) I_B = (1.8 \times \sqrt{2} \times 0.49 + \sqrt{2} \times 0.137) 9.16 \text{ kA}$$

$$= 13.20 \text{ kA}$$

这个数值较前面算得的约小 6%。因此，在实际计算中采用这种简化是容许的。

6.3　短路电流计算曲线及其应用

6.3.1　计算曲线的概念

在工程计算中，常利用计算曲线来确定短路后任意指定时刻短路电流的周期分量。对短路点的总电流和在短路点邻近支路的电流分布计算，计算曲线具有足够的准确度。

根据式(5-81)和式(5-86)，短路电流的周期分量可表示为

$$\left. \begin{aligned}
I_{\text{p}\cdot\text{d}} &= \frac{E_{\text{q}[0]}}{x_{\text{d}}} + \left(\frac{E'_{\text{q}[0]}}{x'_{\text{d}}} - \frac{E_{\text{q}[0]}}{x_{\text{d}}}\right) \exp\left(-\frac{t}{T'_{\text{d}}}\right) \\
&\quad + \left(\frac{E''_{\text{q0}}}{x''_{\text{d}}} - \frac{E'_{\text{q[0]}}}{x'_{\text{d}}}\right) \exp\left(-\frac{t}{T''_{\text{d}}}\right) + \frac{x_{\text{ad}} \Delta v_{\text{fm}}}{x_{\text{d}} r_{\text{f}}} F(t) \\
I_{\text{p}\cdot\text{q}} &= -\frac{E''_{\text{d0}}}{x''_{\text{q}}} \exp\left(-\frac{t}{T''_{\text{q}}}\right)
\end{aligned} \right\} \tag{6-22}$$

$$I_{\text{p}} = \sqrt{I_{\text{p}\cdot\text{d}}^2 + I_{\text{p}\cdot\text{q}}^2} \tag{6-23}$$

从上述公式可见，短路周期电流是许多参数的复杂函数。这些参数包括：① 发电机的各种电抗和时间常数以及反映短路前运行状态的各种电势的初值；② 说明强励效果的励磁系统的参数；③ 短路点离机端的距离；④ 时间 t。

在发电机（包括励磁系统）的参数和运行初态给定后，短路电流将只是短路点距离（用从机端到短路点的外接电抗 x_{e} 表示）和时间 t 的函数。我们把归算到发电机额定容量的外接电抗的标幺值与发电机纵轴次暂态电抗的标幺值之和定义为计算电抗，并记为

$$x_{\text{js}} = x''_{\text{d}} + x_{\text{e}} \tag{6-24}$$

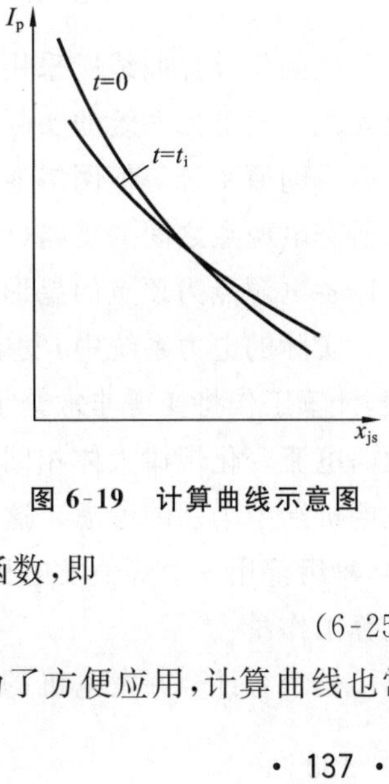

图 6-19　计算曲线示意图

这样，短路电流周期分量的标幺值可表示为计算电抗和时间的函数，即

$$I_{\text{p}*} = f(x_{\text{js}}, t) \tag{6-25}$$

反映这一函数关系的一组曲线就称为计算曲线（见图6-19）。为了方便应用，计算曲线也常

作成数字表。

6.3.2　计算曲线的制作条件

现在介绍根据我国电力系统实际情况绘制的计算曲线。考虑到我国的发电厂大部分功

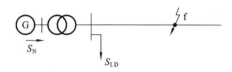

图 6-20　制作计算曲线的典型接线图

率是从高压母线送出，制作曲线时选用了图 6-20 所示的典型接线。短路前发电机额定满载运行，50% 的负荷接于发电厂的高压母线，其余的负荷功率经输电线送到短路点以外。

在短路过程中，负荷用恒定阻抗表示，即

$$z_{LD} = \frac{U^2}{S_{LD}}(\cos\varphi + \mathrm{j}\sin\varphi) \tag{6-26}$$

式中，取 $U=1$ 和 $\cos\varphi=0.9$。

发电机都配有强行励磁装置，强励顶值电压取为额定运行状态下励磁电压的1.8倍。励磁系统等值时间常数 T_e，对于汽轮发电机取为 0.25s，对于水轮发电机取为 0.02 s。

由于我国制造和使用的发电机组型号繁多，为使计算曲线具有通用性，选取了容量从 12 MW 到 200 MW 的 18 种不同型号的汽轮发电机作为样机。对于给定的计算电抗值 x_{js} 和时间 t，分别算出每种电机的周期电流值，取其算术平均值作为在该给定 x_{js} 和 t 值下汽轮发电机的短路周期电流值，并用以绘制汽轮发电机的计算曲线。对于水轮发电机则选取了容量从 12.5 MW 至 225 MW 的 17 种不同型号的机组作为样机，用同样的方法制作水轮发电机的计算曲线。上述计算曲线以数字表的形式列于附录 D。

计算曲线只作到 $x_{js}=3.45$ 为止。当 $x_{js} \geqslant 3.45$ 时，可以近似地认为短路周期电流的幅值已不随时间改变，直接按下式计算即可

$$I_{p*} = 1/x_{js} \tag{6-27}$$

6.3.3　计算曲线的应用

在制作计算曲线所采用的网络（见图 6-20）中只含一台发电机，且计算电抗又与负荷支路无关。而电力系统的实际接线是比较复杂的，在应用计算曲线之前，首先必须把略去负荷支路后的原系统等值网络通过变换化成只含短路点和若干个电源点的完全网形电路，并略去所有电源点之间的支路（因为这些支路对短路处的电流没有影响），便得到以短路点为中心以各电源点为顶点的星形电路。然后对星形电路的每一支分别应用计算曲线。

实际的电力系统中，发电机的数目是很多的，如果每一台发电机都用一个电源点来代表，计算工作将变得非常繁重。因此，在工程计算中常采用合并电源的方法来简化网络。把短路电流变化规律大体相同的发电机尽可能多地合并起来，同时对于条件比较特殊的某些发电机给予个别的考虑。这样，根据不同的具体条件，可将网络中的电源分成为数不多的几组，每组都用一个等值发电机来代表。这种方法既能保证必要的计算精度，又可大量地减少计算工作量。

是否容许合并发电机的主要依据是：估计它们的短路电流变化规律是否相同或相近。

这里的主要影响因素有两个:一个是发电机的特性(指类型和参数等),另一个是对短路点的电气距离。在离短路点甚近时,发电机本身特性对短路电流的变化规律具有决定性的影响。如果短路点非常遥远,发电机到短路点之间的电抗数值甚大,发电机的参数不同所引起的短路电流变化规律差异将极大地削弱。因此,与短路点的电气距离相差不大的同类型发电机可以合并,远离短路点的同类型发电厂可以合并,直接接于短路点的发电机(或发电厂)应予以单独考虑。网络中功率为无限大的电源应该单独计算,因为它提供的短路电流周期分量是不衰减的。

现举两个例子说明上述原则的应用。图 6-21 所示为某发电厂的主接线,所有名称相同的元件的参数都是一样的。当 f_1 点发生短路时,用一个发电机来代替整个发电厂并不会引起什么误差,因为全厂的发电机几乎是处在相同的情况之下。当短路发生在 f_2 点时,这样的代替在实用上还是容许的,但是有一些误差,因为发电机 G-2 比另两台发电机离短路点要远些。如果短路发生在 f_3 点,则发电机 G-2 应该单独处理,而另两台仍可合并成一台。又例如在图 6-22 所示的系统中,在 f 点发生三相短路时,发电机 G-1 必须作个别处理,发电机 G-2 亦应作个别处理,而其余的所有发电厂都可以按类型进行合并,即按火电厂和水电厂分别合并。

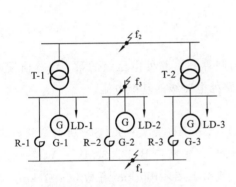

图 6-21　发电厂主接线图

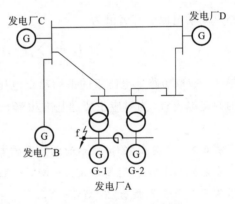

图 6-22　电力系统接线图

应用计算曲线法的具体计算步骤如下。

(1)绘制等值网络。

a.选取基准功率 S_B 和基准电压 $U_B = U_{av}$;

b.发电机电抗用 x''_d,略去网络各元件的电阻、输电线路的电容和变压器的励磁支路;

c.无限大功率电源的内电抗等于零;

d.略去负荷。

(2)进行网络变换。

按前面所讲的原则,将网络中的电源合并成若干组,例如,共有 g 组,每组用一个等值发电机代表。无限大功率电源(如果有的话)另成一组。求出各等值发电机对短路点的转移电抗 $x_{fi}(i=1,2,\cdots,g)$ 以及无限大功率电源对短路点的转移电抗 x_{fs}。

(3)将前面求出的转移电抗按各相应的等值发电机的容量进行归算,便得到各等值发电机对短路点的计算电抗。

$$x_{jsi} = x_{fi} \frac{S_{Ni}}{S_B} \quad (i = 1, 2, \cdots, g) \tag{6-28}$$

式中，S_{Ni} 为第 i 台等值发电机的额定容量，即它所代表的那部分发电机的额定容量之和。

（4）由 $x_{js1}, x_{js2}, \cdots, x_{jsg}$ 分别根据适当的计算曲线找出指定时刻 t 各等值发电机提供的短路周期电流的标幺值 $I_{pt1*}, I_{pt2*}, \cdots, I_{ptg*}$。

（5）网络中无限大功率电源供给的短路周期电流是不衰减的，并由下式确定。

$$I_{pS*} = \frac{1}{x_{fS}} \tag{6-29}$$

（6）计算短路电流周期分量的有名值。

第 i 台等值发电机提供的短路电流为

$$I_{pti} = I_{pti*} I_{Ni} = I_{pti*} \frac{S_{Ni}}{\sqrt{3} U_{av}} \tag{6-30}$$

无限大功率电源提供的短路电流为

$$I_{pS} = I_{pS*} I_B = I_{pS*} \frac{S_B}{\sqrt{3} U_{av}} \tag{6-31}$$

短路点周期电流的有名值为

$$I_{pt} = \sum_{i=1}^{g} I_{pti*} \frac{S_{Ni}}{\sqrt{3} U_{av}} + I_{pS*} \frac{S_B}{\sqrt{3} U_{av}} \tag{6-32}$$

式中，U_{av} 应取短路处电压级的平均额定电压；I_{Ni} 为归算到短路处电压级的第 i 台等值发电机的额定电流；I_B 为对应于所选基准功率 S_B 在短路处电压级的基准电流。

例 6-8 在图 6-23(a) 所示的电力系统中，发电厂 A 和 B 都是火电厂，各元件的参数如下：发电机 G-1 和 G-2：每台 31.25 MV·A；$x''_d = 0.13$。发电厂 B：235.3 MV·A，$x'' = 0.3$。变压器 T-1 和 T-2：每台 20 MV·A，$V_S\% = 10.5$。线路 L：2×100 km，每回 0.4 Ω/km。试计算 f 点发生短路时 0.5 s 和 2 s 的短路周期电流。分以下两种情况考虑：（1）发电机 G-1，G-2 及发电厂 B 各用一台等值机代表；（2）发电机 G-2 和发电厂 B 合并为一台等值机。

解 （一）制订等值网络及进行参数计算。

选取 $S_B = 100$ MV·A，$U_B = U_{av}$。计算各元件参数的标幺值。

发电机 G-1 和 G-2 $x_1 = x_2 = 0.13 \times \dfrac{100}{31.25} = 0.416$

变压器 T-1 和 T-2 $x_4 = x_5 = 0.105 \times \dfrac{100}{20} = 0.525$

发电机 B $x_3 = 0.3 \times \dfrac{100}{235.3} = 0.127$

线路 L $x_6 = \dfrac{1}{2} \times 0.4 \times 100 \times \dfrac{100}{115^2} = 0.151$

将计算结果标注于图 6-23(b) 中。

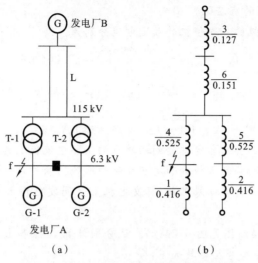

图 6-23　例 6-8 的电力系统及其等值网络

（二）计算各电源对短路点的转移电抗和计算电抗。

（1）发电机 G-1、G-2 和发电厂 B 各用一台等值机代表。

发电机 G-2 对短路点的转移电抗为

$$x_{f2} = 0.416 + 0.525 + 0.525 + \frac{(0.416 + 0.525) \times 0.525}{0.127 + 0.151} = 3.243$$

发电厂 B 对短路点的转移电抗为

$$x_{f3} = 0.127 + 0.151 + 0.525 + \frac{(0.127 + 0.151) \times 0.525}{0.416 + 0.525} = 0.958$$

发电机 G-1 对短路点的转移电抗 $x_{f1} = 0.416$。

各电源的计算电抗如下

$$x_{js2} = x_{f2} \times \frac{31.25}{100} = 1.013, \quad x_{js3} = x_{f3} \times \frac{235.3}{100} = 2.254, \quad x_{js1} = 0.13$$

（2）发电机 G-2 和发电厂 B 合并，用一台等值机表示时

$$x_{f(2/\!/3)} = (0.416 + 0.525) /\!/ (0.127 + 0.151) + 0.525 = 0.74,计算电抗为$$

$$x_{js(2/\!/3)} = 0.74 \times \frac{31.25 + 235.3}{100} = 1.97$$

（三）查汽轮发电机计算曲线数字表，将结果记入表 6-1 中。

表 6-1　短路电流计算结果

时间/s	电流值	短路电流来源			G-2 与 B 合并	短路点总电流/kA	
		G-1	G-2	B		1	2
0.5	标幺值	3.918	0.944	0.453	0.515		
	有名值/kA	11.220	2.704	9.768	12.58	23.693	23.800
2	标幺值	2.801	1.033	0.458	0.529		
	有名值/kA	8.022	2.958	9.876	12.92	20.856	20.942

（四）计算短路电流的有名值。

归算到短路处电压级的各等值机的额定电流分别为

$$I_{N1} = I_{N2} = \frac{31.25}{\sqrt{3} \times 6.3} kA = 2.864 \ kA$$

$$I_{N3} = \frac{235.3}{\sqrt{3} \times 6.3} kA = 21.564 \ kA$$

$$I_{N2} + I_{N3} = 24.428 \ kA$$

利用式(6-30)和式(6-32)算出各电源送到短路点的实际电流值及其总和,将结果列入表6-1中。表中短路点总电流的两列数值分别对应于例题所给的两种计算条件。

对比两种条件下所得计算结果可知,将发电机 G-2 同发电厂 B 合并为一台等值机是适宜的。

例 6-9 电力系统接线图见图 6-24(a)。试分别计算 f_1 点和 f_2 点三相短路时 0.2 s 和 1 s 的短路电流。各元件型号及参数如下:

发电机 G-1 和 G-2:水轮发电机,每台 257 MV·A,$x''_d = 0.2004$。发电机 G-3:汽轮发电机,412 MV·A,$x''_d = 0.296$。变压器 T-1 和 T-2:每台 260 MV·A,$U_S\% = 14.35$。变压器 T-3:420 MV·A,$U_S\% = 14.6$。变压器 T-4:260 MV·A,$U_S\% = 8$。线路 L-1:240 km,$x = 0.411 \ \Omega/km$。线路 L-2:230 km,$x = 0.321 \ \Omega/km$。线路 L-3:90 km,$x = 0.321 \ \Omega/km$。系统 S-1 和 S-2:容量无限大,$x = 0$。

解 （一）参数计算及网络化简。

(1) 选 $S_B = 1000 \ MV·A$,$U_B = U_{av}$,作等值网络并计算其参数,所得结果记于图 6-24(b)中。

(2) 进行网络化简。作星网变换消去图 6-24(b)中的节点 a,算出发电机 G-3 到母线 b 的电抗为

$$x_{3b} = 0.718 + 0.348 + 0.24 + 0.308 + \frac{(0.718 + 0.348)(0.24 + 0.308)}{0.62} = 2.556$$

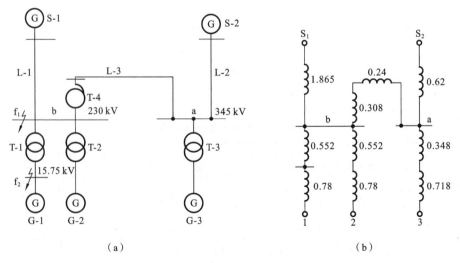

（a）　　　　　　　　　　　（b）

图 6-24 例 6-9 的电力系统及其等值网络

系统 S-2 到母线 b 的电抗为

$$x_{S2b} = 0.62 + 0.24 + 0.308 + \frac{0.62(0.24 + 0.308)}{0.718 + 0.348} = 1.487$$

这样,便得到图 6-25(a)所示的等值网络。

再将系统 S-1 和 S-2 合并,可得

$$x_{Sb} = 1.865 /\!/ 1.487 = 0.827$$

简化后的网络如图 6-25(b)所示。

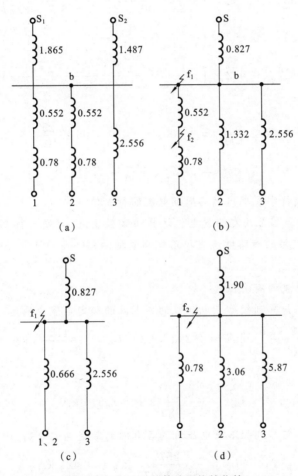

图 **6-25**　例 6-9 的等值网络的化简

(二)转移电抗和计算电抗的计算。

(1)短路发生在 f_1 点。发电机 G-1 和 G-2 可以合并为一台等值机,它对短路点的转移电抗为

$$x_{f(1/\!/2)} = \frac{1}{2} \times 1.332 = 0.666$$

计算电抗为

$$x_{js(1/\!/2)} = 0.666 \times \frac{2 \times 257}{1000} = 0.342$$

发电机 G-3 的计算电抗为

$$x_{js3} = x_{3b} \times \frac{412}{1000} = 1.053$$

（2）短路发生在 f_2 点。对于发电机 G-1 是直接机端短路，必须单独计算。发电机 G-2、G-3 以及系统 S 对短路点 f_2 的转移电抗可从图 6-25(b)所示的等值网络用星网变换消去节点 b 求得，利用式(C-2)，有

$$x_{f2} = 1.332 \times 0.552 \times \left(\frac{1}{1.332} + \frac{1}{0.552} + \frac{1}{2.556} + \frac{1}{0.827} \right) = 3.06$$

$$x_{f3} = 2.556 \times 0.552 \times \left(\frac{1}{1.332} + \frac{1}{0.552} + \frac{1}{2.556} + \frac{1}{0.827} \right) = 5.87$$

$$x_{fS} = 0.827 \times 0.552 \times \left(\frac{1}{1.332} + \frac{1}{0.552} + \frac{1}{2.556} + \frac{1}{0.827} \right) = 1.90$$

各电源的计算电抗为

$$x_{js1} = 0.78 \times \frac{257}{1000} = 0.200, \quad x_{js2} = 3.06 \times \frac{257}{1000} = 0.786$$

$$x_{js3} = 5.87 \times \frac{412}{1000} = 2.418$$

（三）查计算曲线数字表求出短路周期电流的标幺值。

对于发电机 G-1 和 G-2 用水轮发电机计算曲线数字表，对发电机 G-3 用汽轮发电机计算曲线数字表，系统提供的短路电流直接用转移电抗按式(6-29)计算。所得结果记入表 6-2 中。

（四）计算短路电流的有名值。

（1）f_1 点短路时，归算到短路点电压级的各电源的额定电流分别为

$$I_{N1} + I_{N2} = \frac{2 \times 257}{\sqrt{3} \times 230} \text{ kA} = 1.290 \text{ kA}, \quad I_{N3} = \frac{412}{\sqrt{3} \times 230} \text{ kA} = 1.034 \text{ kA}$$

基准电流为

$$I_B = \frac{1000}{\sqrt{3} \times 230} \text{ kA} = 2.510 \text{ kA}$$

（2）f_2 点短路时，归算到短路点电压级的各电源的额定电流分别为

$$I_{N1} = I_{N2} = \frac{257}{\sqrt{3} \times 15.75} \text{ kA} = 9.421 \text{ kA},$$

$$I_{N3} = \frac{412}{\sqrt{3} \times 15.75} \text{ kA} = 15.103 \text{ kA}$$

基准电流为

$$I_B = \frac{1000}{\sqrt{3} \times 15.75} \text{ kA} = 36.657 \text{ kA}$$

利用式(6-30)～(6-32)即可算出各电源送到短路点的电流实际值及其总和，所得结果记于表 6-2 中。

表 6-2　短路电流计算结果

			G-1	G-2	G-3	系统 S	短路点总电流/kA
f₁ 点短路	0.2s	标幺值		2.68	0.908	1.209	
		有名值/kA		3.457	0.939	3.035	7.431
	1s	标幺值		2.745	1.001	1.209	
		有名值/kA		3.541	1.035	3.035	7.611
f₂ 点短路	0.2s	标幺值	3.856	1.307	0.404	0.526	
		有名值/kA	36.327	12.313	6.102	19.282	74.024
	1s	标幺值	3.563	1.520	0.424	0.526	
		有名值/kA	33.567	14.320	6.404	19.282	73.573

6.4　短路电流周期分量的近似计算

在短路电流的最简化计算中,可以假定短路电路联接到内阻抗为零的恒电势电源上。因此,短路电流周期分量的幅值不随时间变化而变化,只有非周期分量是衰减的。

计算时略去负荷,选定基准功率 S_B 和基准电压 $U_B = U_{av}$,算出短路点的输入电抗的标幺值 X_{ff*},而电源的电势标幺值取作 1,于是短路电流周期分量的标幺值为

$$I_{p*} = 1/X_{ff*} \qquad (6-33)$$

有名值为

$$I_p = I_{p*} I_B = I_B/X_{ff*} \qquad (6-34)$$

相应的短路功率为

$$S = S_B/X_{ff*} \qquad (6-35)$$

这样算出的短路电流(或短路功率)要比实际的大些。但是它们的差别随短路点距离的增大而迅速地减小。因为短路点愈远,电源电压恒定的假设条件就愈接近实际情况,尤其是当发电机装有自动励磁调节器时,更是如此。利用这种简化的算法,可以对短路电流(或短路功率)的最大可能值作出近似的估计。

在计算电力系统的某个发电厂(或变电所)内的短路电流时,往往缺乏整个系统的详细数据。在这种情况下,可以把整个系统(该发电厂或变电所除外)或它的一部分看作是一个由无限大功率电源供电的网络。例如,在图 6-26 所示的电力系统中,母线 c 以右的部分实际包含有许多发电厂、变电所和线路,可以表示为经一定的电抗 x_S 接 c 点的无限大功率电源。如果在网络中的母线 c 发生三相短路,该部分系统提供的短路电流 I_S(或短路功率 S_S)

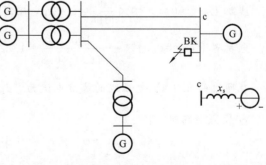

图 6-26　电力系统图

是已知的,则无限大功率电源到母线 c 之间的电抗 x_S 可以利用式(6-34)或式(6-35)推算出来,即

$$x_{S*} = \frac{I_B}{I_S} = \frac{S_B}{S_S} \tag{6-36}$$

式中,I_S 和 S_S 都用有名值;x_{S*} 是以 S_B 为基准功率的电抗标幺值。

如果连上述短路电流的数值也不知道,那么,还可以从与该部分系统连接的变电所装设的断路器的切断容量得到极限利用的条件来近似地计算系统的电抗。例如,在图 6-26 所示中,已知断路器 BK 的额定切断容量,即认为在断路器后发生三相短路时,该断路器的额定切断容量刚好被充分利用。这种计算方法将通过例题 6-11 作具体说明。

例 6-10　在图 6-27(a)所示的电力系统中,三相短路分别发生在 f_1 点和 f_2 点,试计算短路电流周期分量,如果:(1)系统对母线 a 处的短路功率为 1000 MV·A;(2)母线 a 的电压为恒定值。各元件的参数如下。

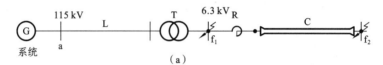

(a)

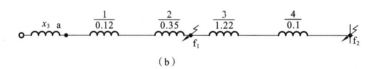

(b)

图 6-27　例 6-10 的电力系统及其等值网络

线路 L:40 km,$x=0.4$ Ω/km。变压器 T:30 MV·A,$U_S\%=10.5$。电抗器 R:6.3 kV,0.3 kV,$x\%=4$。电缆 C:0.5 km,$x=0.08$ Ω/km。

解　取 $S_B=100$ MV·A,$U_B=U_{av}$。先计算第一种情况。

系统用一个无限大功率电源代表,它到母线 a 的电抗标幺值为

$$x_S = \frac{S_B}{S_S} = \frac{100}{1000} = 0.1$$

各元件的电抗标幺值分别计算如下。

线路 L:$x_1=0.4\times40\times\dfrac{100}{115^2}=0.12$;变压器 T:$x_2=0.105\times\dfrac{100}{30}=0.35$

电抗器 R:$x_3=0.04\times\dfrac{100}{\sqrt{3}\times6.3\times0.3}=1.22$;电缆 C:$x_4=0.08\times0.5\times\dfrac{100}{6.3^2}=0.1$

在网络的 6.3 kV 电压级的基准电流为　$I_B=\dfrac{100}{\sqrt{3}\times6.3}$ kA$=9.16$ kA

当 f_1 点短路时,有

$$X_{ff} = x_S + x_1 + x_2 = 0.1+0.12+0.35 = 0.57$$

短路电流为　$I=\dfrac{I_B}{X_{ff}}=\dfrac{9.16}{0.57}$ kA$=16.07$ kA

当 f_2 点短路时,有

$$X_{ff} = x_S + x_1 + x_2 + x_3 + x_4 = 0.1 + 0.12 + 0.35 + 1.22 + 0.1 = 1.89$$

短路电流为

$$I = \frac{9.16}{1.89}\,kA = 4.85\,kA$$

对于第二种情况,无限大功率电源直接接于母线 a,即 $x_S = 0$。所以,在 f_1 点短路时,有

$$X_{ff} = x_1 + x_2 = 0.12 + 0.35 = 0.47, \quad I = \frac{9.16}{0.47}\,kA = 19.49\,kA$$

在 f_2 点短路时,有

$$X_{ff} = x_1 + x_2 + x_3 + x_4 = 0.12 + 0.35 + 1.22 + 0.1 = 1.79,$$

$$I = \frac{9.16}{1.79}\,kA = 5.12\,kA$$

比较以上的计算结果可知,如把无限大功率电源直接接于母线 a,则短路电流的数值在 f_1 点短路时要增大 21%,而在 f_2 点短路时只增大 6%。

例 6-11 在图 6-28(a)所示的电力系统中,三相短路发生在 f 点,试求短路后 0.5s 的短路功率。连接到变电所 C 母线的电力系统的电抗是未知的,装设在该处(115 kV 电压级)的断路器 BK 的额定切断容量为 2500 MV·A。火力发电厂 1 的容量为 60 MV·A,$x = 0.3$;水力发电厂 2 的容量为 480 MV·A,$x = 0.4$;线路 L-1 的长度为 10 km;L-2 为 6 km;L-3 为 3×24 km;各条线路的电抗均为每回 0.4 Ω/km。

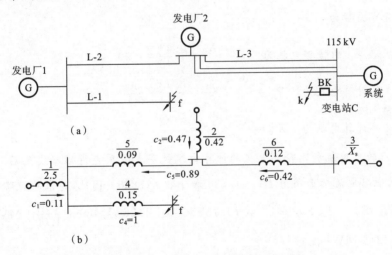

图 6-28 例 6-11 的电力系统及其等值网络

解 (一)取基准功率 $S_B = 500$ MV·A,$U_B = U_{av}$。算出各元件的标幺值电抗,注明在图 6-28(b)所示的等值网络中。

(二)根据变电所 C 处断路器 BK 的额定切断容量的极限确定未知系统的电抗。近似地认为断路器的额定切断容量 $S_{N(BK)}$ 即等于 k 点三相短路时与短路电流周期分量的初值相对应的短路功率。

在 k 点发生短路时,发电厂 1 和 2 对短路点的转移电抗为

$$x_{k(1//2)} = [(x_1 + x_5) \,//\, x_2] + x_6 = [(2.5 + 0.09) \,//\, 0.42] + 0.12 = 0.48$$

在短路开始瞬间,该两发电厂供给的短路功率为

$$S_{k(1/\!/2)} = \frac{S_B}{x_{k(1/\!/2)}} = \frac{500}{0.48}\ \mathrm{MV \cdot A} = 1042\ \mathrm{MV \cdot A}$$

因此,未知系统供给的短路功率应为

$$S_{kS} = S_{N(BK)} - S_{k(1/\!/2)} = (2500 - 1042)\ \mathrm{MV \cdot A} = 1458\ \mathrm{MV \cdot A}$$

故系统的电抗应为

$$x_S = \frac{S_B}{S_{kS}} = \frac{500}{1458} = 0.34$$

（三）简化等值网络,求对短路点 f 的组合电抗。其步骤如下:

$$x_7 = x_S + x_6 = 0.34 + 0.12 = 0.46, \quad x_8 = x_7 /\!/ x_2 = 0.46 /\!/ 0.42 = 0.22$$

$$x_9 = x_8 + x_5 = 0.22 + 0.09 = 0.31, \quad x_{10} = x_9 /\!/ x_1 = 0.31 /\!/ 2.5 = 0.28$$

$$X_{ff} = x_{10} + x_4 = 0.28 + 0.15 = 0.43$$

（四）用分布系数法求各电源对短路点的转移电抗,并把转移电抗换算为计算电抗。

火力发电厂 1 的分布系数为　　$c_1 = \dfrac{x_{10}}{x_1} = \dfrac{0.28}{2.5} = 0.11$

支路 5 的分布系数为　　$c_5 = 1 - c_1 = 1 - 0.11 = 0.89$

水力发电厂 2 的分布系数为　　$c_2 = \dfrac{x_8}{x_2} c_5 = \dfrac{0.22}{0.42} \times 0.89 = 0.47$

系统的分布系数为　　$c_6 = \dfrac{x_8}{x_7} c_5 = \dfrac{0.22}{0.46} \times 0.89 = 0.43$

系统对短路点 f 的转移电抗为　　$x_{fS} = \dfrac{X_{ff}}{c_6} = \dfrac{0.43}{0.42} = 1.00$

发电厂 1 的计算电抗为　　$X_{js1} = \dfrac{X_{ff}}{c_1} \times \dfrac{S_{N1}}{S_B} = \dfrac{0.43}{0.11} \times \dfrac{60}{500} = 0.47$

发电厂 2 的计算电抗为　　$X_{js2} = \dfrac{X_{ff}}{c_2} \times \dfrac{S_{N2}}{S_B} = \dfrac{0.43}{0.47} \times \dfrac{480}{500} = 0.88$

（五）由汽轮发电机和水轮发电机的计算曲线数字表分别查得短路发生后 0.5s 发电厂 1 和 2 提供的短路电流标幺值为 $I_{1*} = 1.788$ 和 $\dot{I}_{2*} = 1.266$。因此,待求的短路功率为

$$S_f = I_{1*} S_{N1} + I_{2*} S_{N2} + \frac{S_B}{x_{fS}} = \left(1.788 \times 60 + 1.266 \times 480 + \frac{500}{1.00}\right)\ \mathrm{MV \cdot A}$$

$$= 1215\ \mathrm{MV \cdot A}$$

小　结

　　本章着重讨论了计算短路电流周期分量的原理和方法,主要介绍了基于节点阻抗矩阵的算法和利用转移阻抗的算法。这些方法对于简单和复杂系统都适用。

　　对于比较简单的网络,并不需要建立节点方程,可以直接通过网络的等值变换求得短路点的输入阻抗和电源点对短路点的转移阻抗。

　　特别要注意互阻抗(节点阻抗矩阵的非对角线元素)和转移阻抗的联系和区别。互阻抗和转移阻抗都表示异处电压(电势)与电流之比,互阻抗通过模拟开路试验求得,转移阻抗则

通过模拟短路试验求得。两者都具有阻抗的量纲,若将前者(即互阻抗)称为开路转移阻抗,则后者可称为短路转移阻抗。

计算曲线是反映短路电流周期分量、计算电抗与时间的函数关系的一簇曲线。计算曲线可以用来确定短路后不同时刻的短路电流,使用时,先要将转移电抗换算成计算电抗。

在大规模电力系统中,只要知道系统同某局部网络连接点上的短路容量,就可以进行该局部网络短路电流的近似计算,这是工程计算中常用的一种方法。

习 题

6-1 某系统的等值电路如题 6-1 图所示,已知各元件的标幺参数如下:$E_1=1.05$,$E_2=1.1$,$x_1=x_2=0.2$,$x_3=x_4=x_5=0.6$,$x_6=0.9$,$x_7=0.3$。试用网络变换法求电源对短路点的等值电势和输入电抗。

6-2 在题 6-2 图所示的网络中,已知:$x_1=0.3$,$x_2=0.4$,$x_3=0.6$,$x_4=0.3$,$x_5=0.5$,$x_6=0.2$。(1)试求各电源对短路点的转移电抗;(2)求各电源及各支路的电流分布系数。

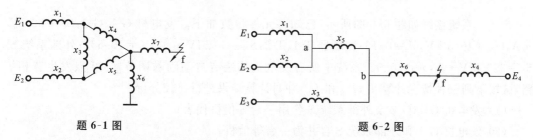

题 6-1 图   题 6-2 图

6-3 系统接线如题 6-3 图所示,已知各元件参数如下。

发电机 G:$S_N=60$ MV·A,$x''_d=0.14$,变压器 T:$S_N=30$ MV·A,$U_S=8\%$

线路 L:$l=20$ km,$x=0.38$ Ω/km

试求 f 点三相短路时的起始次暂态电流,冲击电流、短路电流最大有效值和短路功率等的有名值。

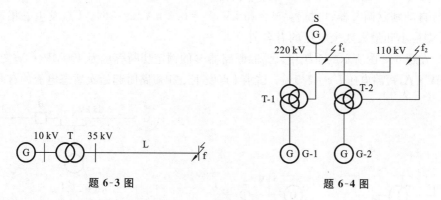

题 6-3 图   题 6-4 图

6-4 在题 6-4 图所示系统中,已知各元件参数如下。

发电机 G-1、G-2:$S_N=60$ MV·A,$x''_d=0.15$;

变压器 T-1、T-2:$S_N=60$ MV·A,$U_{S(1-2)}=17\%$,$U_{S(2-3)}=6\%$,$U_{S(1-3)}=10.5\%$;

外部系统 $S:S_N=300$ MV·A，$x''_S=0.4$。

试分别计算 220 kV 母线 f_1 点和 110 kV 母线 f_2 点发生三相短路时短路点的起始次暂态电流的有名值。

6-5　系统接线如题 6-5 图，已知各元件参数如下。

发电机 G-1：$S_N=60$ MV·A，$x''_d=0.15$；发电机 G-2：$S_N=150$ MV·A，$x''_d=0.2$；

变压器 T-1：$S_N=60$ MV·A，$U_S=12\%$；变压器 T-2：$S_N=90$ MV·A，$U_S=12\%$；

线路 L：每回路 $l=80$ km，$x=0.4$ Ω/km；负荷 LD：$S_{LD}=120$ MV·A，$x''_{LD}=0.35$。

试分别计算 f_1 点和 f_2 点发生三相短路时起始次暂态电流和冲击电流的有名值。

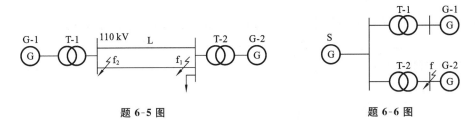

题 6-5 图　　　　　　　　　　　题 6-6 图

6-6　系统接线如题 6-6 图所示，已知各元件参数如下。发电机 G-1、G-2：$S_N=60$ MV·A，$U_N=10.5$ kV，$x''=0.15$；变压器 T-1、T-2：$S_N=60$ MV·A，$U_S=10.5\%$；外部系统 S：$S_N=300$ MV·A，$x''_S=0.5$。系统中所有发电机均装有自动励磁调节器。f 点发生三相短路，试按下列三种情况计算 I_0，$I_{0.2}$ 和 I_∞，并对计算结果进行比较分析。

（1）发电机 G-1，G-2 及外部系统 S 各用一台等值机代表；

（2）发电机 G-1 和外部系统 S 合并为一台等值机；

（3）发电机 G-1，G-2 及外部系统 S 全部合并为一台等值机。

6-7　在题 6-7 图所示网络中，已知条件如下。发电机：$S_N=50$ MV·A，$x'_d=0.33$，无阻尼绕组，装有自动励磁调节器；变压器：$U_S=10.5\%$。f 点发生三相短路时，欲使短路后 0.2 s 的短路功率不超过 100 MV·A，问变压器允许装设的最大容量是多少？

6-8　在题 6-8 图所示网络中，已知条件如下。汽轮发电机：$S_N=60$ MV·A，$x''_d=0.12$，装有自动励磁调节器；电抗器：$U_N=6$ kV，$I_N=0.3$ kA，$x=5\%$。f 点发生三相短路，试求发电机端最小和最大残余电压的有名值。

6-9　在题 6-9 图所示的系统中，已知：断路器 B 的额定切断容量为 400MV·A；变压器容量为 10MV·A，短路电压 $U_S=7.5\%$。试求 f 点发生三相短路时起始次暂态电流的有名值。

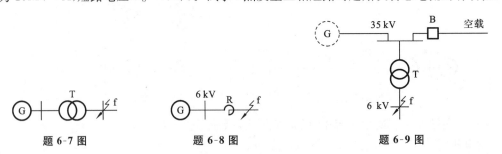

题 6-7 图　　　　　题 6-8 图　　　　　题 6-9 图

6-10　对于题 4-1 图所示网络，略去负荷，试用节点阻抗矩阵法求节点 5 发生三相短路时,短路点的短路电流及线路 L-2、L-3 的电流。

6-11　电力系统等值电路如题 6-11 图所示,支路阻抗的标幺值已注明图中。

(1)形成节点导纳矩阵(或节点阻抗矩阵),并用以计算节点 3 的三相短路电流。

(2)另选一种方法计算短路电流,并用以验证(1)的计算结果。

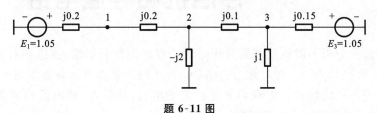

题 **6-11** 图

第7章　电力系统各元件的序阻抗和等值电路

对称分量法是分析不对称故障的常用方法。根据对称分量法，一组不对称的三相量可以分解为正序、负序和零序三相对称的三相量。在不同序别的对称分量作用下，电力系统的各元件可能呈现不同的特性。本章将着重讨论发电机、变压器、输电线路和负荷的各序参数，特别是电网元件的零序参数及等值电路。

7.1　对称分量法在不对称短路计算中的应用

7.1.1　不对称三相量的分解

在三相电路中，对于任意一组不对称的三相相量（电流或电压），可以分解为三组三相对称的相量，当选择 a 相作为基准相时，三相相量与其对称分量之间的关系（如电流）为

$$\begin{bmatrix} \dot{I}_{a(1)} \\ \dot{I}_{a(2)} \\ \dot{I}_{a(0)} \end{bmatrix} = \frac{1}{3} \begin{bmatrix} 1 & a & a^2 \\ 1 & a^2 & a \\ 1 & 1 & 1 \end{bmatrix} \begin{bmatrix} \dot{I}_a \\ \dot{I}_b \\ \dot{I}_c \end{bmatrix} \tag{7-1}$$

式中，运算子 $a = e^{j120°}$，$a^2 = e^{j240°}$，且有 $1 + a + a^2 = 0$；$\dot{I}_{a(1)}$、$\dot{I}_{a(2)}$、$\dot{I}_{a(0)}$ 分别为 a 相电流的正序、负序和零序分量，并且有

$$\left. \begin{aligned} \dot{I}_{b(1)} &= a^2 \dot{I}_{a(1)}, \dot{I}_{c(1)} = a \dot{I}_{a(1)} \\ \dot{I}_{b(2)} &= a \dot{I}_{a(2)}, \dot{I}_{c(2)} = a^2 \dot{I}_{a(2)} \\ \dot{I}_{b(0)} &= \dot{I}_{c(0)} = \dot{I}_{a(0)} \end{aligned} \right\} \tag{7-2}$$

由上式可以作出三相量的三组对称分量如图 7-1 所示。

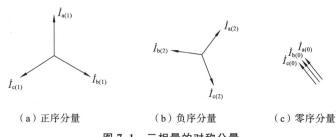

（a）正序分量　　　　（b）负序分量　　　　（c）零序分量

图 7-1　三相量的对称分量

我们看到，正序分量的相序与正常对称运行下的相序相同，而负序分量的相序则与正序相反，零序分量则三相同相位。

将一组不对称的三相量分解为三组对称分量，这种分解，如同第 3 章的派克变换一样，

也是一种坐标变换。把式(7-1)写成

$$\boldsymbol{I}_{120} = \boldsymbol{S}\boldsymbol{I}_{abc} \qquad (7\text{-}3)$$

矩阵 $\boldsymbol{S}$ 称为对称分量变换矩阵。当已知三相不对称的相量时,可由上式求得各序对称分量。已知各序对称分量时,也可以用反变换求出三相不对称的相量,即

$$\boldsymbol{I}_{abc} = \boldsymbol{S}^{-1} \boldsymbol{I}_{120} \qquad (7\text{-}4)$$

式中

$$\boldsymbol{S}^{-1} = \begin{bmatrix} 1 & 1 & 1 \\ a^2 & a & 1 \\ a & a^2 & 1 \end{bmatrix} \qquad (7\text{-}5)$$

展开式(7-4)并计及式(7-2),有

$$\left. \begin{aligned} \dot{I}_a &= \dot{I}_{a(1)} + \dot{I}_{a(2)} + \dot{I}_{a(0)} \\ \dot{I}_b &= a^2 \dot{I}_{a(1)} + a\dot{I}_{a(2)} + \dot{I}_{a(0)} = \dot{I}_{b(1)} + \dot{I}_{b(2)} + \dot{I}_{b(0)} \\ \dot{I}_c &= a\dot{I}_{a(1)} + a^2 \dot{I}_{a(2)} + \dot{I}_{a(0)} = \dot{I}_{c(1)} + \dot{I}_{c(2)} + \dot{I}_{c(0)} \end{aligned} \right\} \qquad (7\text{-}6)$$

电压的三相相量与其对称分量之间的关系也与电流的一样。

7.1.2 序阻抗的概念

我们以一个静止的三相电路元件为例来说明序阻抗的概念。如图 7-2 所示,各相自阻抗分别为 z_{aa}, z_{bb}, z_{cc};相间互阻抗为 $z_{ab} = z_{ba}, z_{bc} = z_{cb}$, $z_{ca} = z_{ac}$。当元件通过三相不对称的电流时,元件各相的电压降为

$$\begin{bmatrix} \Delta \dot{U}_a \\ \Delta \dot{U}_b \\ \Delta \dot{U}_c \end{bmatrix} = \begin{bmatrix} z_{aa} & z_{ab} & z_{ac} \\ z_{ba} & z_{bb} & z_{bc} \\ z_{ca} & z_{cb} & z_{cc} \end{bmatrix} \begin{bmatrix} \dot{I}_a \\ \dot{I}_b \\ \dot{I}_c \end{bmatrix} \qquad (7\text{-}7)$$

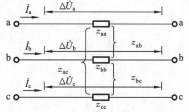

图 7-2 静止三相电路元件

或写为

$$\Delta \boldsymbol{U}_{abc} = \boldsymbol{Z} \boldsymbol{I}_{abc} \qquad (7\text{-}8)$$

应用式(7-3)、式(7-4)将三相量变换成对称分量,可得

$$\Delta \boldsymbol{U}_{120} = \boldsymbol{S}\boldsymbol{Z}\boldsymbol{S}^{-1} \boldsymbol{I}_{120} = \boldsymbol{Z}_{sc} \boldsymbol{I}_{120} \qquad (7\text{-}9)$$

式中,$\boldsymbol{Z}_{sc} = \boldsymbol{S}\boldsymbol{Z}\boldsymbol{S}^{-1}$ 称为序阻抗矩阵。

当元件结构参数完全对称,即 $z_{aa} = z_{bb} = z_{cc} = z_s$,$z_{ab} = z_{bc} = z_{ca} = z_m$ 时

$$\boldsymbol{Z}_{sc} = \begin{bmatrix} z_s - z_m & 0 & 0 \\ 0 & z_s - z_m & 0 \\ 0 & 0 & z_s + 2z_m \end{bmatrix} = \begin{bmatrix} z_{(1)} & 0 & 0 \\ 0 & z_{(2)} & 0 \\ 0 & 0 & z_{(0)} \end{bmatrix} \qquad (7\text{-}10)$$

为一对角线矩阵。将式(7-9)展开,得

$$\left. \begin{aligned} \Delta \dot{U}_{a(1)} &= z_{(1)} \dot{I}_{a(1)} \\ \Delta \dot{U}_{a(2)} &= z_{(2)} \dot{I}_{a(2)} \\ \Delta \dot{U}_{a(0)} &= z_{(0)} \dot{I}_{a(0)} \end{aligned} \right\} \qquad (7\text{-}11)$$

式(7-11)表明，在三相参数对称的线性电路中，各序对称分量具有独立性。也就是说，当电路通以某序对称分量的电流时，只产生同一序对称分量的电压降。反之，当电路施加某序对称分量的电压时，电路中也只产生同一序对称分量的电流。这样，我们可以对正序、负序和零序分量分别进行计算。

如果三相参数不对称，则矩阵 $\boldsymbol{Z}_{sc}$ 的非对角元素将不全为零，因而各序对称分量将不具有独立性。也就是说，通以正序电流所产生的电压降中，不仅包含正序分量，还可能有负序或零序分量。这时，就不能按序进行独立计算。

根据以上的分析，所谓元件的序阻抗，是指元件三相参数对称时，元件两端某一序的电压降与通过该元件同一序电流的比值，即

$$\left.\begin{aligned} z_{(1)} &= \Delta\dot{U}_{a(1)}/\dot{I}_{a(1)} \\ z_{(2)} &= \Delta\dot{U}_{a(2)}/\dot{I}_{a(2)} \\ z_{(0)} &= \Delta\dot{U}_{a(0)}/\dot{I}_{a(0)} \end{aligned}\right\} \tag{7-12}$$

$z_{(1)}$、$z_{(2)}$ 和 $z_{(0)}$ 分别称为该元件的正序阻抗，负序阻抗和零序阻抗。电力系统每个元件的正、负、零序阻抗可能相同，也可能不同，视元件的结构而定。

7.1.3　对称分量法在不对称短路计算中的应用

现以图 7-3 所示简单电力系统为例来说明应用对称分量法计算不对称短路的一般原理。

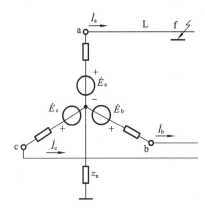

图 7-3　简单电力系统的单相短路

一台发电机接于空载输电线路，发电机中性点经阻抗 z_n 接地。在线路某处 f 点发生单相（例如 a 相）短路，使故障点出现了不对称的情况。a 相对地阻抗为零（不计电弧等电阻），a 相对地电压 $\dot{U}_{fa}=0$，而 b、c 两相的电压 $\dot{U}_{fb}\neq0$，$\dot{U}_{fc}\neq0$（见图 7-4(a)）。此时，故障点以外的系统其余部分的参数（指阻抗）仍然是对称的。

现在原短路点人为地接入一组三相不对称的电势源，电势源的各相电势与上述各相不对称电压大小相等、方向相反，如图 7-4(b)所示。这种情况与发生不对称故障是等效的，也就是说，网络中发生的不对称故障可以用在故障点接入一组不对称的电势源来代替。这组不对称电势源可以分解成正序、负序和零序三组对称分量，如图 7-4(c)所示。根据叠加原理，图 7-4(c)所示的状态可以当作是(d)、(e)、(f)三个图所示状态的叠加。

图 7-4(d)所示的电路称为正序网络，其中只有正序电势在作用（包括发电机的电势和故障点的正序分量电势），网络中只有正序电流，各元件呈现的阻抗就是正序阻抗。图 7-4(e)及(f)所示的电路分别称为负序网络和零序网络。因为发电机只产生正序电势，所以，在负序和零序网络中，只有故障点的负序和零序分量电势在作用，网络中也只有同一序的电流，元件也只呈现同一序的阻抗。

根据这三个电路图，可以分别列出各序网络的电压方程式。因为每一序都是三相对称的，只需列出一相便可以了。在正序网络中，当以 a 相为基准相时，有

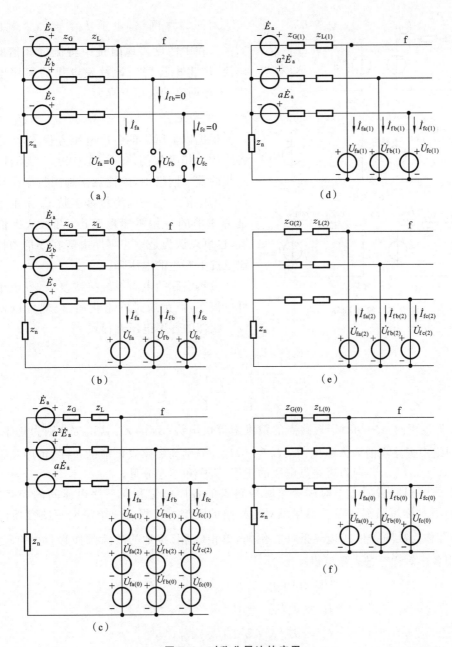

图 7-4 对称分量法的应用

$$\dot{E}_a - (z_{G(1)} + z_{L(1)})\dot{I}_{fa(1)} - z_n(\dot{I}_{fa(1)} + \dot{I}_{fb(1)} + \dot{I}_{fc(1)}) = \dot{U}_{fa(1)}$$

因为 $\dot{I}_{fa(1)} + \dot{I}_{fb(1)} + \dot{I}_{fc(1)} = \dot{I}_{fa(1)} + a^2\dot{I}_{fa(1)} + a\dot{I}_{fa(1)} = 0$，正序电流不流经中性线，中性点接地阻抗 z_n 上的电压降为零，它在正序网络中不起作用。这样，正序网络的电压方程可写成

$$\dot{E}_a - (z_{G(1)} + z_{L(1)})\dot{I}_{fa(1)} = \dot{U}_{fa(1)}$$

负序电流也不流经中性线，而且发电机的负序电势为零，因此，负序网络的电压方程为

$$0 - (z_{G(2)} + z_{L(2)})\dot{I}_{fa(2)} = \dot{U}_{fa(2)}$$

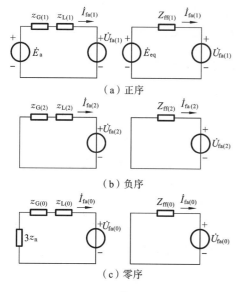

（a）正序

（b）负序

（c）零序

图 7-5　等值网络

对于零序网络，由于 $\dot{I}_{fa(0)} + \dot{I}_{fb(0)} + \dot{I}_{fc(0)} = 3\dot{I}_{fa(0)}$，在中性点接地阻抗中将流过 3 倍的零序电流，产生电压降。计及发电机的零序电势为零，零序网络的电压方程为

$$0 - (z_{G(0)} + z_{L(0)} + 3z_n)\dot{I}_{fa(0)} = \dot{U}_{fa(0)}$$

根据以上所得的各序电压方程式，可以绘出各序的一相等值网络（见图 7-5）。必须注意，在一相的零序网络中，中性点接地阻抗必须增大为原来的 3 倍。这是因为接地阻抗 z_n 上的电压降是由 3 倍的一相零序电流产生的，从等值观点看，也可以认为是一相零序电流在 3 倍中性点接地阻抗上产生的电压降。

虽然实际的电力系统接线复杂，发电机的数目也很多，但是通过网络化简，仍然可以得到与以上相似的各序电压方程式

$$\left.\begin{array}{l} \dot{E}_{eq} - Z_{ff(1)}\dot{I}_{fa(1)} = \dot{U}_{fa(1)} \\[4pt] 0 - Z_{ff(2)}\dot{I}_{fa(2)} = \dot{U}_{fa(2)} \\[4pt] 0 - Z_{ff(0)}\dot{I}_{fa(0)} = \dot{U}_{fa(0)} \end{array}\right\} \tag{7-13}$$

式中，$\dot{E}_{eq}$ 为正序网络中相对于短路点的戴维南等值电势；$Z_{ff(1)}, Z_{ff(2)}, Z_{ff(0)}$ 分别为正序、负序和零序网络中短路点的输入阻抗；$\dot{I}_{fa(1)}, \dot{I}_{fa(2)}, \dot{I}_{fa(0)}$ 分别为短路点电流的正序、负序和零序分量；$\dot{U}_{fa(1)}, \dot{U}_{fa(2)}, \dot{U}_{fa(0)}$ 分别为短路点电压的正序、负序和零序分量。

方程式（7-13）说明了不对称短路时短路点的各序电流和同一序电压间的相互关系，它对各种不对称短路都适用。根据不对称短路的类型可以得到三个说明短路性质的补充条件，通常称为故障条件或边界条件。例如，单相（a 相）接地的故障条件为 $\dot{U}_{fa} = 0$、$\dot{I}_{fb} = 0$、$\dot{I}_{fc} = 0$，用各序对称分量表示可得

$$\left.\begin{array}{l} \dot{U}_{fa} = \dot{U}_{fa(1)} + \dot{U}_{fa(2)} + \dot{U}_{fa(0)} = 0 \\[4pt] \dot{I}_{fb} = a^2\dot{I}_{fa(1)} + a\dot{I}_{fa(2)} + \dot{I}_{fa(0)} = 0 \\[4pt] \dot{I}_{fc} = a\dot{I}_{fa(1)} + a^2\dot{I}_{fa(2)} + \dot{I}_{fa(0)} = 0 \end{array}\right\} \tag{7-14}$$

由式（7-13）和式（7-14）的 6 个方程，便可解出短路点电压和电流的各序对称分量。

综上所述，计算不对称故障的基本原则就是，把故障处的三相阻抗不对称表示为电压和电流相量的不对称，使系统其余部分保持为三相阻抗对称的系统。这样，借助对称分量法并利用三相阻抗对称电路各序具有独立性的特点进行分析计算，其过程就可得到简化。

7.2　同步发电机的负序和零序电抗

同步发电机在对称运行时，只有正序电势和正序电流，此时的电机参数就是正序参数。

前几章已讨论过的 x_d、x_q、x'_d、x''_d、x''_q 等均属于正序电抗。

当发电机定子绕组中通过负序基频电流时,它产生的负序旋转磁场与正序基频电流产生的旋转磁场转向正好相反,因此,负序旋转磁场同转子之间有两倍同步转速的相对运动。负序电抗取决于定子负序旋转磁场所遇到的磁阻(或磁导)。由于转子纵横轴间不对称,随着负序旋转磁场同转子间的相对位置的不同,负序磁场所遇到的磁阻也不同,负序电抗也就不同。图 7-6(a)和(b)分别表示负序旋转磁场对正转子纵轴和横轴时确定负序电抗的等值电路。由图可见,$x_{2d}=x''_d$ 和 $x_{2q}=x''_q$。对于无阻尼绕组电机,图中代表阻尼绕组的支路应断开,于是有 $x_{2d}=x'_d$ 和 $x_{2q}=x_q$。因此,负序电抗将在 x''_d 和 x''_q(对于无阻尼绕组电机则在 x'_d 和 x_q)之间变化。

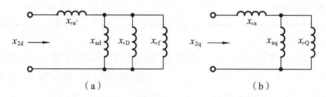

图 7-6 确定发电机负序电抗的等值电路

实际上,当系统发生不对称短路时,包括发电机在内的网络中出现的电磁现象是相当复杂的。定子绕组的负序电流所产生的负序旋转磁场将在转子各绕组感生两倍同步频率的电流。转子倍频电流所建立的倍频脉振磁场又可以分解为两个不同转向、相对于转子以两倍同步转速旋转的磁场。其中同转子转向相反的旋转磁场相对于定子的负序旋转磁场是静止的,并且起着削弱负序气隙磁场的作用,转子各绕组(或转子本体)的阻尼作用越强,定子负序电流产生的气隙磁通被抵消得就越多,负序电抗值也就越小。另一个与转子转向相同的旋转磁场相对于定子以三倍同步速旋转,它将在定子绕组内感应出三倍同步频率的正序电势。如果定子绕组及其外电路的连接状态允许三倍频率电流流通,那么,三倍基频的正序电势将产生三倍基频的正序电流。而且,由于故障处的三相不对称,因此在三倍基频的正序电势作用下,网络中还要出现三倍基频的负序电流。这项电流通入定子绕组又将在转子各绕组感生四倍基频的电流。转子纵横轴间的不对称,将导致发电机还产生五倍基频的正序电势。这样,基频负序电流便在定子绕组中派生一系列奇次谐波电流,在转子绕组中派生一系列偶次谐波电流。

高次谐波电流的大小同转子纵横轴间不对称的程度有关。当转子完全对称时,由定子基频负序电流所感生的转子纵横轴向的脉振磁场被分别分解为两个转向相反的旋转磁场以后,正转磁场恰好互相抵消,只剩下对定子负序磁场相对静止的反转磁场,它与定子负序磁场相互平衡,这样就不会在定子电路中出现高次谐波电流。

顺便指出,在不对称短路的暂态过程中,定子的非周期自由电流将在定子绕组中派生一系列的偶次谐波自由电流,在转子绕组中派生一系列的奇次谐波自由电流。这些高次谐波电流也是由转子纵横轴间的不对称引起的。

由此可见,在发生不对称短路时,发电机转子纵横轴间的不对称,导致定、转子绕组无论是在稳态还是在暂态过程中,都将出现一系列的高次谐波电流,这就使对发电机序参数的分析变复杂了。为使发电机负序电抗具有确定的含义,我们取发电机负序端电压的基频分量与负序电流基频分量的比值，作为计算电力系统基频短路电流时发电机的负序阻抗。

根据比较精确的数学分析，对于同一台发电机，在不同种类的不对称短路中，负序电抗并不相同，其计算公式列于表 7-1。

表 7-1　发电机负序电抗的计算公式

短路种类	负序电抗
单相短路	$x_{(2)}^{(1)} = \sqrt{\left(x_d'' + \dfrac{x_{(0)}}{2}\right)\left(x_q'' + \dfrac{x_{(0)}}{2}\right)} - \dfrac{x_{(0)}}{2}$
两相短路	$x_{(2)}^{(2)} = \sqrt{x_d'' x_q''}$
两相短路接地	$x_{(2)}^{(1,1)} = \dfrac{x_d'' x_q'' + \sqrt{x_d'' x_q'' (2x_{(0)} + x_d'')(2x_{(0)} + x_q'')}}{2x_{(0)} + x_d'' + x_q''}$

表中的 $x_{(0)}$ 为发电机的零序电抗。当同步发电机经外接电抗 x_e 短路时，表中的 x_d''、x_q'' 和 $x_{(0)}$ 应分别以 $x_d'' + x_e$，$x_q'' + x_e$ 和 $x_{(0)} + x_e$ 代替，这时，转子纵横轴间不对称的程度将被削弱。当纵横轴向的电抗接近相等时，表中三个公式的计算结果差别很小。电力系统的短路故障一般发生在线路上，所以在短路电流的实用计算中，同步电机本身的负序电抗可以认为与短路种类无关，并取为 x_d'' 和 x_q'' 的算术平均值，即

$$x_{(2)} = \frac{1}{2}(x_d'' + x_q'') \tag{7-15}$$

对于无阻尼绕组凸极机，取为 x_d' 和 x_q 的几何平均值，即

$$x_{(2)} = \sqrt{x_d' x_q} \tag{7-16}$$

作为近似估计，对于汽轮发电机及有阻尼绕组的水轮发电机，可采用 $x_{(2)} = 1.22 x_d'$；对于无阻尼绕组的发电机，可采用 $x_{(2)} = 1.45 x_d'$。如无电机的确切参数，也可按表7-2取值。

表 7-2　同步电机负序和零序电抗的典型值

电机类型	$x_{(2)}$	$x_{(0)}$	电机类型	$x_{(2)}$	$x_{(0)}$
汽轮发电机	0.16	0.06	无阻尼绕组水轮发电机	0.45	0.07
有阻尼绕组水轮发电机	0.25	0.07	同步调相机和大型同步电动机	0.24	0.08

注：均为以电机额定值为基准的标幺值。

当发电机定子绕组通过基频零序电流时，由于各相电枢磁势大小相等，相位相同，且在空间相差 120°电角度，它们在气隙中的合成磁势为零，所以，发电机的零序电抗仅由定子线圈的等值漏磁通确定。但是零序电流所产生的漏磁通与正序（或负序）电流所产生的漏磁通是不同的（见式(3-36)），其差别与绕组结构型式有关。零序电抗的变化范围大致是 $x_{(0)} = (0.15 \sim 0.6) x_d''$。

7.3　变压器的零序等值电路及其参数

7.3.1　普通变压器的零序等值电路及其参数

变压器的等值电路表征了一相原、副方绕组间的电磁关系。不论变压器通以哪一序的

电流,都不会改变一相原、副方绕组间的电磁关系,因此,变压器的正序、负序和零序等值电路具有相同的形状,图 7-7 为不计绕组电阻和铁芯损耗时变压器的零序等值电路。

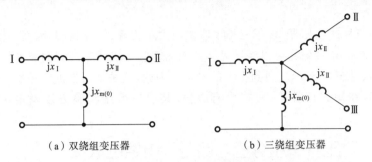

（a）双绕组变压器　　　　　　　（b）三绕组变压器

图 7-7　变压器的零序等值电路

变压器等值电路中的参数不仅与变压器的结构有关,有的参数也与所通电流的序别有关。变压器各绕组的电阻,与所通过的电流的序别无关。因此,变压器的正序、负序和零序的等值电阻相等。

变压器的漏抗,反映了原、副方绕组间磁耦合的紧密情况。漏磁通的路径与所通电流的序别无关。因此,变压器的正序、负序和零序的等值漏抗也相等。

变压器的励磁电抗,取决于主磁通路径的磁导。当变压器通以负序电流时,主磁通的路径与通以正序电流时完全相同。因此,负序励磁电抗与正序的相同。由此可见,变压器正、负序等值电路及其参数是完全相同的。

变压器的零序励磁电抗与变压器的铁芯结构密切相关。图 7-8 所示为三种常用的变压器铁芯结构及零序励磁磁通的路径。

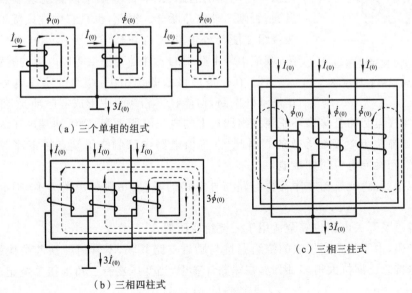

（a）三个单相的组式

（b）三相四柱式

（c）三相三柱式

图 7-8　零序主磁通的磁路

对于由三个单相变压器组成的三相变压器组,每相的零序主磁通与正序主磁通一样,都有独立的铁芯磁路(见图 7-8(a))。因此,零序励磁电抗与正序的相等。对于三相四柱式(或五柱式）变压器，零序主磁通也能在铁芯中形成回路，磁阻很小，因而零序励磁电抗的数值很大。以上两种变压器，在短路计算中都可以当作 $x_{m(0)} \approx \infty$，即忽略励磁电流，把励磁支路断开。

对于三相三柱式变压器，由于三相零序磁通大小相等、相位相同，因而不能像正序（或负序）主磁通那样，一相主磁通可以经过另外两相的铁芯形成回路。它们被迫经过绝缘介质和外壳形成回路（见图 7-8(c)），遇到很大的磁阻。因此，这种变压器的零序励磁电抗比正序励磁电抗小得多，在短路计算中，应视为有限值，其值一般用实验方法确定，大致是 $x_{m(0)} = 0.3 \sim 1.0$。

7.3.2　变压器零序等值电路与外电路的联接

变压器的零序等值电路与外电路的联接，取决于零序电流的流通路径，因而与变压器三相绕组联接形式及中性点是否接地有关。不对称短路中，零序电压（或电势）是施加在相线和大地之间的。根据这一点，我们可从以下三个方面来讨论变压器零序等值电路与外电路的联接情况。

（1）当外电路向变压器某侧三相绕组施加零序电压时，如果能在该侧绕组产生零序电流，则等值电路中该侧绕组端点与外电路接通；如果不能产生零序电流，则从电路等值的观点，可以认为变压器该侧绕组与外电路断开。根据这个原则，只有中性点接地的星形接法（用 YN 表示）绕组才能与外电路接通。

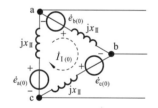

图 7-9　YN,d 接法变压器三角形侧的零序环流

（2）当变压器绕组具有零序电势（由另一侧绕组的零序电流感生的）时，如果它能将零序电势施加到外电路上去并能提供零序电流的通路，则等值电路中该侧绕组端点与外电路接通，否则与外电路断开。据此，也只有中性点接地的 YN 接法绕组才能与外电路接通。至于能否在外电路产生零序电流，则应由外电路中的元件是否提供零序电流的通路而定。

（3）在三角形接法的绕组中，绕组的零序电势虽然不能作用到外电路，但能在三相绕组中形成零序环流，如图 7-9 所示。此时，零序电势将被零序环流在绕组漏抗上的电压降所平衡，绕组两端电压为零。这种情况，与变压器绕组短接是等效的。因此，在等值电路中该侧绕组端点接零序等值中性点（等值中性点与地同电位时则接地）。

根据以上三点，变压器零序等值电路与外电路的联接，一般可用图 7-10 所示的开关电路来表示。

上述各点及开关电路也完全适用于三绕组变压器。

顺便指出，由于三角形接法的绕组漏抗与励磁支路并联，不管何种铁芯结构的变压器，一般励磁电抗总比漏抗大得多，因此，在短路计算中，当变压器有三角形接法绕组时，都可以近似地取 $x_{m(0)} \approx \infty$。

7.3.3　中性点有接地阻抗时变压器的零序等值电路

当中性点经阻抗接地的 YN 接法绕组通过零序电流时，中性点接地阻抗上将流过三倍

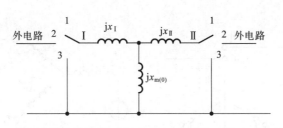

变压器绕组接法	开关位置	绕组端点与外电路的联接
Y	1	与外电路断开
YN	2	与外电路接通
d	3	与外电路断开，但与励磁支路并联

图 7-10　变压器零序等值电路与外电路的联接

零序电流，并且产生相应的电压降，使中性点与地有不同电位（见图 7-11(a)）。因此，在单相零序等值电路中，应将中性点阻抗增大为三倍，并同它所接入的该侧绕组的漏抗相串联，如图 7-11(b)所示。

应该注意，图 7-11(b)所示中的参数包括中性点接地阻抗，都是折算到同一电压级（同一侧）的折算值。同时，变压器中性点的电压，也要在求出各绕组的零序电流之后才能求得。

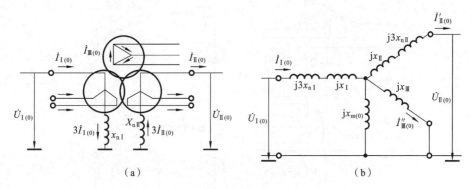

图 7-11　变压器中性点经电抗接地时的零序等值电路

7.3.4　自耦变压器的零序等值电路及其参数

自耦变压器中两个有直接电气联系的自耦绕组，一般是用来联系两个直接接地的系统的。中性点直接接地的自耦变压器的零序等值电路及其参数、等值电路与外电路联接的情况、短路计算中励磁电抗 $x_{m(0)}$ 的处理等，都与普通变压器的相同。但应注意，由于两个自耦绕组共用一个中性点和接地线，因此，我们不能直接从等值电路中已折算的电流值求出中性点的入地电流。中性点的入地电流，应等于两个自耦绕组零序电流实际有名值之差的三倍（见图 7-12(a)），即 $\dot{I}_n = 3(\dot{I}_{I(0)} - \dot{I}_{II(0)})$。

当自耦变压器的中性点经电抗接地时，中性点电位不像普通变压器那样，只受一个绕组的零序电流影响，而是要受两个绕组的零序电流影响。因此，中性点接地电抗对零序等值电

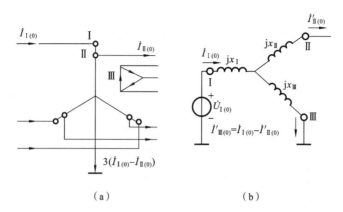

图 7-12　中性点直接接地自耦变压器及其零序等值电路

路及其参数的影响，也与普通变压器不同。

图 7-13(a)所示为三绕组自耦变压器及其折算到 I 侧的零序等值电路。将 III 侧绕组开路（即三角形开口），并设中性点电压为 $\dot{U}_n$，绕组端点对地电压为 $\dot{U}_{I(0)}$，$\dot{U}_{II(0)}$，绕组端点对中性点电压为 $\dot{U}_{In}$，$\dot{U}_{IIn}$，于是有

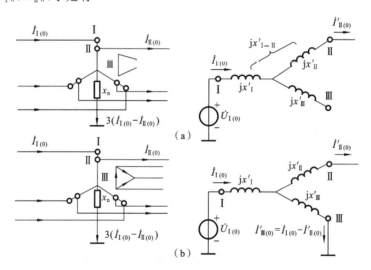

图 7-13　中性点经电抗接地的自耦变压器及其零序等值电路

$$\left.\begin{array}{l} \dot{U}_{I(0)} = \dot{U}_{In} + \dot{U}_n \\ \dot{U}_{II(0)} = \dot{U}_{IIn} + \dot{U}_n \end{array}\right\} \tag{7-17}$$

若 I、II 侧间的变比为 $k_{12} = U_{IN}/U_{IIN}$，则可以得到归算到 I 侧的等值电抗

$$\mathrm{j}x'_{I} + \mathrm{j}x'_{II} = \mathrm{j}x'_{I\text{-}II} = \frac{\dot{U}_{I(0)} - \dot{U}'_{II(0)}}{\dot{I}_{I(0)}} = \frac{(\dot{U}_{In} + \dot{U}_n) - (\dot{U}_{IIn} + \dot{U}_n)k_{12}}{\dot{I}_{I(0)}}$$

$$= \frac{\dot{U}_{In} - \dot{U}_{IIn}k_{12}}{\dot{I}_{I(0)}} + \frac{\dot{U}_n(1 - k_{12})}{\dot{I}_{I(0)}}$$

上式等号右边第一项是变压器直接接地时 I-II 间归算到 I 侧的等值电抗，即

$$\frac{\dot{U}_{\text{I n}} - \dot{U}_{\text{II n}} k_{12}}{\dot{I}_{\text{I}(0)}} = \mathrm{j} x_{\text{I-II}}$$

而 $\dfrac{\dot{U}_{\text{n}}}{\dot{I}_{\text{I}(0)}} = \dfrac{\mathrm{j}3 x_{\text{n}} (\dot{I}_{\text{I}(0)} - \dot{I}_{\text{II}(0)})}{\dot{I}_{\text{I}(0)}} = \mathrm{j}3 x_{\text{n}} (1 - k_{12})$，于是

$$\mathrm{j} x'_{\text{I-II}} = \mathrm{j} x_{\text{I-II}} + \mathrm{j}3 x_{\text{n}} (1 - k_{12})^2 = \mathrm{j} x_{\text{I}} + \mathrm{j} x_{\text{II}} + \mathrm{j}3 x_{\text{n}} (1 - k_{12})^2 \tag{7-18}$$

若将 II 侧绕组开路，则自耦变压器相当于一台 YN,d 接法的普通变压器。其折算到 I 侧的等值电抗为

$$\mathrm{j} x'_{\text{I}} + \mathrm{j} x'_{\text{III}} = \mathrm{j} x'_{\text{I-III}} = \mathrm{j} x_{\text{I-III}} + \mathrm{j}3 x_{\text{n}} = \mathrm{j} x_{\text{I}} + \mathrm{j} x_{\text{III}} + \mathrm{j}3 x_{\text{n}} \tag{7-19}$$

若将 I 侧绕组开路，也是一台 YN,d 接法的普通变压器，折算到 I 侧的等值电抗为

$$\mathrm{j} x'_{\text{II}} + \mathrm{j} x'_{\text{III}} = \mathrm{j} x'_{\text{II-III}} = \mathrm{j} x_{\text{II-III}} + \mathrm{j}3 x_{\text{n}} k_{12}^2 = \mathrm{j} x_{\text{II}} + \mathrm{j} x_{\text{III}} + \mathrm{j}3 x_{\text{n}} k_{12}^2 \tag{7-20}$$

由式(7-18)、式(7-19)、式(7-20)即可求得各绕组折算到 I 侧的等值漏抗分别为

$$\left. \begin{aligned} x'_{\text{I}} &= \frac{1}{2}(x'_{\text{I-II}} + x'_{\text{I-III}} - x'_{\text{II-III}}) = x_{\text{I}} + 3 x_{\text{n}} (1 - k_{12}) \\ x'_{\text{II}} &= \frac{1}{2}(x'_{\text{I-II}} + x'_{\text{II-III}} - x'_{\text{I-III}}) = x_{\text{II}} + 3 x_{\text{n}} k_{12} (k_{12} - 1) \\ x'_{\text{III}} &= \frac{1}{2}(x'_{\text{I-III}} + x'_{\text{II-III}} - x'_{\text{I-II}}) = x_{\text{III}} + 3 x_{\text{n}} k_{12} \end{aligned} \right\} \tag{7-21}$$

从上式可以看到，中性点经阻抗接地的自耦变压器与普通变压器不同，零序等值电路中包括三角形侧在内的各侧等值电抗，均含有与中性点接地电抗有关的附加项，而普通变压器则仅在中性点电抗接入侧增加附加项。

与普通变压器一样，中性点的实际电压也不能直接从等值电路中求得。对于自耦变压器，只有求出两个自耦绕组零序电流的实际有名值后才能求得中性点的电压，它等于两个自耦绕组零序电流实际有名值之差的三倍乘以 x_{n} 的实际有名值。

例 7-1　有一自耦变压器，其铭牌参数为：额定容量 120000 kVA；额定电压 220/121/11 kV；折算到额定容量的短路电压 $U_{\text{S(I-II)}}\% = 10.6$，$U_{\text{S(I-III)}}\% = 36.4$，$U_{\text{S(II-III)}}\% = 23$。若将其高压侧三相短路接地，中压侧加以 10 kV 零序电压，如图 7-14(a)所示，则试求下列情况下各绕组和中性点流过的电流：(1) 第 III 绕组开口，中性点直接接地；(2) 第 III 绕组接成三角形，中性点直接接地；(3) 第 III 绕组接成三角形，中性点经 12.5 Ω 电抗接地。

解　先计算各绕组的等值电抗。

$$U_{\text{SI}}\% = \frac{1}{2}(U_{\text{S(I-II)}}\% + U_{\text{S(I-III)}}\% - U_{\text{S(II-III)}}\%) = \frac{1}{2}(10.6 + 36.4 - 23) = 12$$

$$U_{\text{SII}}\% = \frac{1}{2}(U_{\text{S(I-II)}}\% + U_{\text{S(II-III)}}\% - U_{\text{S(I-III)}}\%) = \frac{1}{2}(10.6 + 23 - 36.4) = -1.4$$

$$U_{\text{SIII}}\% = \frac{1}{2}(U_{\text{S(I-III)}}\% + U_{\text{S(II-III)}}\% - U_{\text{S(I-II)}}\%) = \frac{1}{2}(36.4 + 23 - 10.6) = 24.4$$

归算到 121 kV 侧的各绕组等值电抗为

$$x_{\text{I}} = \frac{U_{\text{SI}}\%}{100} \times \frac{U_{\text{N}}^2}{S_{\text{N}}} \times 10^3 = \frac{12}{100} \times \frac{121^2}{120000} \times 10^3 \ \Omega = 14.6 \ \Omega$$

$$x_{\text{II}} = \frac{U_{\text{SII}}\%}{100} \times \frac{U_{\text{N}}^2}{S_{\text{N}}} \times 10^3 = \frac{-1.4}{100} \times \frac{121^2}{120000} \times 10^3 \ \Omega = -1.7 \ \Omega$$

$$x_{\text{III}} = \frac{U_{\text{SIII}}\%}{100} \times \frac{U_{\text{N}}^2}{S_{\text{N}}} \times 10^3 = \frac{24.4}{100} \times \frac{121^2}{120000} \times 10^3 \ \Omega = 29.8 \ \Omega$$

（1）第Ⅲ绕组开口、中性点直接接地时，其等值电路见图 7-14(b)。121 kV 侧的零序电流为

$$I_{\text{II}(0)} = \frac{U_{\text{II}(0)}}{x_{\text{I}} + x_{\text{II}}} = \frac{10000}{14.6 - 1.7} \ \text{A} = 775 \ \text{A}$$

220 kV 侧零序电流的实际值为

$$I_{\text{I}(0)} = I'_{\text{I}(0)} k_{21} = 775 \times \frac{121}{220} \ \text{A} = 426 \ \text{A}$$

自耦变压器公共绕组的电流为

$$I_{\text{II}(0)} - I_{\text{I}(0)} = (775 - 426) \ \text{A} = 349 \ \text{A}$$

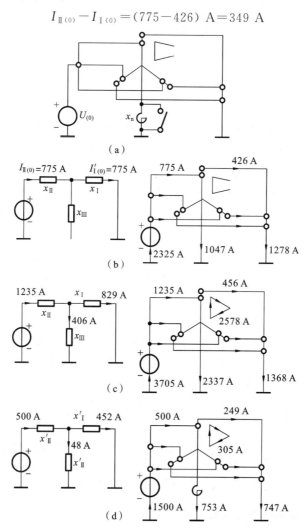

图 7-14　自耦变压器零序电流计算结果

经接地中性点的入地电流为

$$I_n = 3(I_{II(0)} - I_{I(0)}) = 3 \times 349 \text{ A} = 1047 \text{ A}$$

计算结果如图 7-14(b) 所示。

（2）第Ⅲ绕组接成三角形、中性点直接接地时，其等值电路见图 7-14(c)。由图有

$$I_{II(0)} = \frac{U_{II(0)}}{\dfrac{x_I x_{III}}{x_I + x_{III}} + x_{II}} = \frac{10000}{\dfrac{14.6 \times 29.8}{14.6 + 29.8} - 1.7} \text{ A} = 1235 \text{ A}$$

$$I'_{I(0)} = I_{II(0)} \frac{x_{III}}{x_I + x_{III}} = 1235 \times \frac{29.8}{14.6 + 29.8} \text{ A} = 829 \text{ A}$$

$$I'_{III(0)} = I_{II(0)} - I'_{I(0)} = (1235 - 829) \text{ A} = 406 \text{ A}$$

220 kV 侧零序电流的实际值　$I_{I(0)} = I'_{I(0)} k_{21} = 829 \times \dfrac{121}{220} \text{ A} = 456 \text{ A}$

绕组Ⅲ中零序电流的实际值　$I_{III(0)} = \dfrac{1}{\sqrt{3}} I'_{III(0)} k_{23} = \dfrac{1}{\sqrt{3}} \times 406 \times \dfrac{121}{11} \text{ A} = 2578 \text{ A}$

中性点入地电流的实际值　$I_n = 3(I_{II(0)} - I_{I(0)}) = 3 \times (1235 - 456) \text{ A} = 2337 \text{ A}$

计算结果如图 7-14(c) 所示。

（3）第Ⅲ绕组接成三角形、中性点经 12.5 Ω 的电抗接地时，其等值电路如图 7-14(d) 所示。等值电路中归算到Ⅱ侧并计及中性点接地电抗影响后的各绕组等值电抗为

$$x'_I = x_I + 3x_n(1 - k_{12})k_{21}^2 = \left[14.6 + 3 \times 12.5 \times \left(1 - \frac{220}{121}\right)\left(\frac{121}{220}\right)^2 \right] \Omega = 5.3 \ \Omega$$

$$x'_{II} = x_{II} + 3x_n k_{12}(k_{12} - 1)k_{21}^2 = \left[-1.7 + 3 \times 12.5 \times \frac{220}{121} \times \left(\frac{220}{121} - 1\right) \times \left(\frac{121}{220}\right)^2 \right] \Omega$$
$$= 15.2 \ \Omega$$

$$x'_{III} = x_{III} + 3x_n k_{12} k_{21}^2 = \left[29.8 + 3 \times 12.5 \times \frac{220}{121} \times \left(\frac{121}{220}\right)^2 \right] \Omega = 50.4 \ \Omega$$

于是有

$$I_{II(0)} = \frac{U_{II(0)}}{x'_{II} + \dfrac{x'_I x'_{III}}{x'_I + x'_{III}}} = \frac{10000}{15.2 + \dfrac{5.3 \times 50.4}{5.3 + 50.4}} \text{ A} = 500 \text{ A}$$

$$I'_{I(0)} = I_{II(0)} \frac{x'_{III}}{x_I + x'_{III}} = 500 \times \frac{50.4}{5.3 + 50.4} \text{ A} = 452 \text{ A}$$

$$I_{I(0)} = I'_{I(0)} k_{21} = 452 \times \frac{121}{220} \text{ A} = 249 \text{ A}$$

$$I'_{III(0)} = I_{II(0)} \frac{x'_I}{x'_I + x'_{III}} = 500 \times \frac{5.3}{5.3 + 50.4} \text{ A} = 48 \text{ A}$$

$$I_{III(0)} = \frac{1}{\sqrt{3}} I'_{III(0)} k_{23} = \frac{1}{\sqrt{3}} \times 48 \times \frac{121}{11} \text{ A} = 305 \text{ A}$$

$$I_n = 3(I_{II(0)} - I_{I(0)}) = 3 \times (500 - 249) \text{ A} = 753 \text{ A}$$

$$U_n = I_n x_n = 753 \times 12.5 \text{ V} = 9.4 \text{ kV}$$

计算结果如图 7-14(d) 所示。

7.4 架空输电线路的零序阻抗及其等值电路

输电线路的正、负序阻抗及等值电路完全相同，这里只讨论零序阻抗。当输电线路通过零序电流时，由于三相零序电流大小相等、相位相同，因此，必须借助大地及架空地线来构成零序电流的通路。这样，架空输电线路的零序阻抗与电流在地中的分布有关，精确计算是很困难的。

7.4.1 "单导线-大地"回路的自阻抗和互阻抗

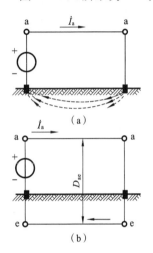

图 7-15 "单导线-大地"回路

图 7-15(a)所示为一"导线-大地"回路。导线 aa 与大地平行，导线中流过电流 $\dot{I}_a$，经由大地返回。设大地体积无限大，且具有均匀的电阻率，则地中电流就会流经一个很大的范围，这种"单导线-大地"的交流电路，可以用卡松(Carson)线路来模拟，如图7-15(b)所示。卡松线路就是用一虚拟导线 ee 作为地中电流的返回导线。该虚拟导线位于架空线 aa 的下方，与 aa 的距离为 D_{ae}。D_{ae} 是大地电阻率 ρ_e 的函数。适当选择 D_{ae} 的值，可使这种线路计算所得的电感值与试验测得的值相等。

用 r_a 和 r_c 分别代表单位长度导线 aa 的电阻及大地的等值电阻。r_a 可按式(2-1)计算。大地电阻 r_e 是所通交流电频率的函数，可用卡松的经验公式计算

$$r_e = \pi^2 f \times 10^{-4} = 9.87 f \times 10^{-4} \ \Omega/km \qquad (7\text{-}22)$$

对于 $f = 50$ Hz

$$r_e \approx 0.05 \ \Omega/km \qquad (7\text{-}23)$$

L_a 和 L_e 分别代表导线 aa 和虚拟导线 ee 单位长度的自感，M 代表导线 aa 和虚拟导线 ee 间单位长度的互感。利用式(2-5)和式(2-6)可以求得"单导线-大地"回路单位长度的电感为

$$L_s = L_a + L_e - 2M = 2 \times 10^{-7} \left[\left(\ln \frac{2l}{D_s} - 1 \right) + \left(\ln \frac{2l}{D_{se}} - 1 \right) - 2 \left(\ln \frac{2l}{D_{ae}} - 1 \right) \right]$$

$$= 2 \times 10^{-7} \ln \frac{D_{ae}^2}{D_s D_{se}} = 2 \times 10^{-7} \ln \frac{D_e}{D_s} \ \text{H/m} \qquad (7\text{-}24)$$

式中，D_{se} 是虚拟导线 ee 的自几何均距；$D_e = D_{ae}^2/D_{se}$ 代表地中虚拟导线的等值深度，它是大地电阻率 $\rho_e(\Omega \cdot m)$ 和频率 f(Hz)的函数，即

$$D_e = 660 \sqrt{\frac{\rho_e}{f}} \ \text{m} \qquad (7\text{-}25)$$

这样，"单导线-大地"回路的自阻抗为

$$z_s = r_a + r_e + j\omega L_s = r_a + r_e + j2\pi f_N \times 2 \times 10^{-4} \ln \frac{D_e}{D_s}$$

$$= \left(r_a + r_e + j0.1445 \lg \frac{D_e}{D_s} \right) \ \Omega/km \qquad (7\text{-}26)$$

如果有两根平行长导线都以大地作为电流的返回路径,也可以用一根虚拟导线 ee 来代表地中电流的返回导线,这样就形成了两个平行的"单导线-大地"回路,如图 7-16 所示。记两导线轴线间的距离为 D,两导线与虚拟导线间的距离分别为 D_{ae} 和 D_{be}。两个回路之间单位长度的互阻抗 z_m 可以这样求得:当一个回路通以单位电流时,在另一个回路单位长度上产生的电压降,在数值上即等于 z_m。

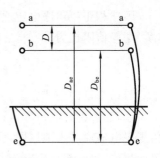

图 7-16　两平行的"单导线-大地"回路

$$z_m = r_e + j0.0628 \times \left[\left(\ln\frac{2l}{D} - 1 \right) - \left(\ln\frac{2l}{D_{ae}} - 1 \right) \right.$$
$$\left. - \left(\ln\frac{2l}{D_{be}} - 1 \right) + \left(\ln\frac{2l}{D_{se}} - 1 \right) \right]$$
$$= \left(r_e + j0.1445\lg\frac{D_{ae}D_{be}}{DD_{se}} \right) \ \Omega/\text{km} \tag{7-27}$$

由于虚拟导线 ee 远离导线 aa 和 bb,故有 $\frac{D_{ae}D_{be}}{D_{se}} = D_e$,上式可简写成

$$z_m = \left(r_e + j0.1445\lg\frac{D_e}{D} \right) \ \Omega/\text{km} \tag{7-28}$$

7.4.2　三相输电线路的零序阻抗

图 7-17 所示为以大地为回路的三相输电线路,地中电流返回路径仍以一根虚拟导线表示。

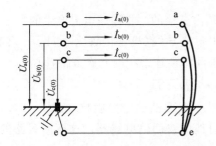

图 7-17　以大地为回路的三相输电线路

这样就形成了三个平行的"单导线-大地"回路。若每相导线半径都是 r,单位长度的电阻为 r_a,而且三相导线实现了整循环换位。当输电线路通以零序电流时,在 a 相回路每单位长度上产生的电压降为

$$\dot{U}_{a(0)} = z_s\dot{I}_{a(0)} + z_m\dot{I}_{b(0)} + z_m\dot{I}_{c(0)}$$
$$= (z_s + 2z_m)\dot{I}_{a(0)} \tag{7-29}$$

因此,三相线路每单位长度的一相等值零序阻抗为

$$z_{(0)} = \dot{U}_{a(0)}/\dot{I}_{a(0)} = z_s + 2z_m \tag{7-30}$$

采用此式与采用式(7-10)所得的结果相同,因为整循环换位的输电线路是一个静止的三相对称元件。

将 z_s 和 z_m 的表达式(7-26)和式(7-28)代入式(7-30),并用三相导线的互几何均距 D_{eq} 代替式(7-28)中的 D,便得

$$z_{(0)} = r_a + 3r_e + j0.1445\lg\frac{D_e^3}{D_s D_{eq}^2}$$
$$= \left(r_a + 3r_e + j0.4335\lg\frac{D_e}{D_{sT}} \right) \ \Omega/\text{km} \tag{7-31}$$

式中,$D_{sT} = \sqrt[3]{D_s D_{eq}^2}$ 称为三相导线组的自几何均距。

因三相正（负）序电流之和为零，故由式（7-29）或直接由式（7-10）可以得到输电线路正（负）序等值阻抗为

$$z_{(1)} = z_{(2)} = z_s - z_m = \left(r_a + j0.1445\lg\frac{D_{eq}}{D_s}\right) \Omega/\text{km}$$

上式与第 2 章的公式完全相同。

比较上式与式（7-31）可以看到，输电线路的零序阻抗比正序阻抗大。这一方面由于三倍零序电流通过大地返回，大地电阻使线路每相等值电阻增大，另一方面，由于三相零序电流同相位，每一相零序电流产生的自感磁通与来自另两相的零序电流产生的互感磁通是互相助增的，这就使一相的等值电感增大。

由于输电线路所经地段的大地电阻率一般是不均匀的，因此，零序阻抗一般要通过实测才能得到较为准确的数值。在一般的计算中，可以取 $D_e = 1000$ m 并按式（7-31）进行计算。

7.4.3 平行架设的双回输电线路的零序阻抗及等值电路

平行架设的双回线路都通过零序电流时，任一回线路与一相导线交链的磁通中不仅有另外两相零序电流产生的互感磁通，还有另一回路三相零序电流产生的互感磁通，并且双回路都以大地作为零序电流的返回通路。平行线路 I 和 II 之间每单位长度的一相等值互阻抗可以利用式（7-28）计算，但要用线路 I 和线路 II 的导线之间的互几何均距 $D_{\text{I-II}}$ 来代替该式中的 D，即

$$z_{\text{I-II}(0)} = 3\left(r_e + j0.1445\lg\frac{D_e}{D_{\text{I-II}}}\right)\Omega/\text{km} \tag{7-32}$$

上式右方出现系数 3 是因为线路之间的互阻抗电压降是由三倍的一相零序电流产生的。

线路 I 和 II 之间的互几何均距 $D_{\text{I-II}}$ 等于线路 I 中每一导线（设其位置为 a_1, b_1, c_1）到线路 II 中每一导线（设其位置为 a_2, b_2, c_2）的所有九个轴间距离连乘积的九次方根，即

$$D_{\text{I-II}} = \sqrt[9]{D_{a_1a_2}D_{a_1b_2}D_{a_1c_2}D_{b_1a_2}D_{b_1b_2}D_{b_1c_2}D_{c_1a_2}D_{c_1b_2}D_{c_1c_2}} \tag{7-33}$$

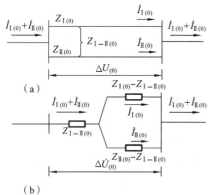

图 7-18 双回平行输电线路的零序等值电路

现在讨论平行双回路的零序阻抗。图 7-18（a）表示两端都共母线的双回输电线路。这两回线路的电压降分别为

$$\left.\begin{aligned}\Delta\dot{U}_{\text{I}(0)} &= \Delta\dot{U}_{(0)} = Z_{\text{I}(0)}\dot{I}_{\text{I}(0)} + Z_{\text{I-II}(0)}\dot{I}_{\text{II}(0)}\\ \Delta\dot{U}_{\text{II}(0)} &= \Delta\dot{U}_{(0)} = Z_{\text{II}(0)}\dot{I}_{\text{II}(0)} + Z_{\text{I-II}(0)}\dot{I}_{\text{I}(0)}\end{aligned}\right\} \tag{7-34}$$

式中，$\dot{I}_{\text{I}(0)}$ 和 $\dot{I}_{\text{II}(0)}$ 分别为线路 I 和 II 中的零序电流；$Z_{\text{I}(0)}$ 和 $Z_{\text{II}(0)}$ 分别为不计两回线路间互相影响时线路 I 和 II 的一相零序等值阻抗；$Z_{\text{I-II}(0)}$ 为平行线路 I 和 II 之间的零序互阻抗。

方程式（7-34）可改写为

$$\left.\begin{aligned}\Delta\dot{U}_{(0)} &= (Z_{\text{I}(0)} - Z_{\text{I-II}(0)})\dot{I}_{\text{I}(0)} + Z_{\text{I-II}(0)}(\dot{I}_{\text{I}(0)} + \dot{I}_{\text{II}(0)})\\ \Delta\dot{U}_{(0)} &= (Z_{\text{II}(0)} - Z_{\text{I-II}(0)})\dot{I}_{\text{II}(0)} + Z_{\text{I-II}(0)}(\dot{I}_{\text{I}(0)} + \dot{I}_{\text{II}(0)})\end{aligned}\right\} \tag{7-35}$$

根据式(7-35),可以绘出双回平行输电线路的零序等值电路,如图 7-18(b)所示。如果双回路完全相同,即 $Z_{\mathrm{I}(0)} = Z_{\mathrm{II}(0)} = Z_{(0)}$,则 $\dot{I}_{\mathrm{I}(0)} = \dot{I}_{\mathrm{II}(0)}$,此时,计及平行回路间相互影响后每一回路一相的零序等值阻抗为

$$Z'_{(0)} = Z_{(0)} + Z_{\mathrm{I-II}(0)} \tag{7-36}$$

由此可见,平行线路间互阻抗使输电线路的零序等值阻抗增大了。

7.4.4 架空地线对输电线路零序阻抗及等值电路的影响

图 7-19 所示为有架空地线的单回输电线路零序电流的通路。线路中的零序电流入地之后,由大地和架空地线返回,此时,地中电流 $\dot{I}_{\mathrm{e}} = 3\dot{I}_{(0)} - \dot{I}_{\mathrm{g}}$。我们不妨设想架空地线也由三相组成,每相电流 $\dot{I}_{\mathrm{g}0} = \dot{I}_{\mathrm{g}}/3$。这样,架空地线的影响可以按平行架设的输电线路来处理,所不同的是架空地线电流的方向与输电线路零序电流的方向相反。据此,可以作出有架空地线输电线路的等值零序阻抗示意图(见图 7-20(a))。

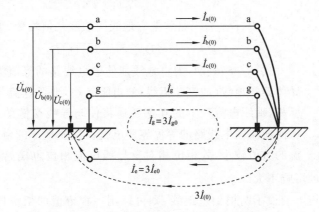

图 7-19 有架空地线时零序电流的通路

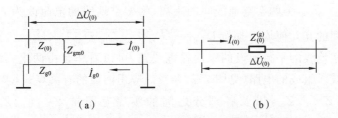

(a)   (b)

图 7-20 有架空地线输电线路的等值零序阻抗

根据图 7-20(a),可以列出输电线路和架空地线的电压降方程,注意到架空地线两端接地,可得

$$\left.\begin{array}{l} \Delta\dot{U}_{(0)} = Z_{(0)}\dot{I}_{(0)} - Z_{\mathrm{gm}0}\dot{I}_{\mathrm{g}0} \\ \Delta\dot{U}_{\mathrm{g}0} = Z_{\mathrm{g}0}\dot{I}_{\mathrm{g}0} - Z_{\mathrm{gm}0}\dot{I}_{(0)} = 0 \end{array}\right\} \tag{7-37}$$

式中,$Z_{(0)}$ 为无架空地线时输电线路的零序阻抗;$Z_{\mathrm{g}0}$ 为架空地线-大地回路的自阻抗;$Z_{\mathrm{gm}0}$ 为架空地线与输电线路间的互阻抗。

由方程式(7-37)可以解出

$$\Delta \dot{U}_{(0)} = \left(Z_{(0)} - \frac{Z_{\text{gm0}}^2}{Z_{\text{g0}}} \right) \dot{I}_{(0)} = Z_{(0)}^{(\text{g})} \dot{I}_{(0)}$$

式中

$$Z_{(0)}^{(\text{g})} = Z_{(0)} - \frac{Z_{\text{gm0}}^2}{Z_{\text{g0}}} \tag{7-38}$$

这就是具有架空地线的三相输电线路每相的等值零序阻抗。

由于一相等值电路中 $\dot{I}_{\text{g0}} = \dot{I}_{\text{g}}/3$，用式(7-26)算出的 Z_{g0} 的单位长度值应乘以 3，即

$$z_{\text{g0}} = 3 \left(r_{\text{g}} + r_{\text{e}} + \text{j}0.1445\lg \frac{D_{\text{e}}}{D_{\text{sg}}} \right) \Omega/\text{km} \tag{7-39}$$

式中，r_{g} 为架空地线单位长度的电阻；D_{sg} 为架空地线的自几何均距。

利用式(7-28)可以求得 Z_{gm0} 的单位长度值为

$$z_{\text{gm0}} = 3 \left(r_{\text{e}} + \text{j}0.1445\lg \frac{D_{\text{e}}}{D_{\text{L-g}}} \right) \Omega/\text{km} \tag{7-40}$$

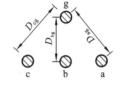

图 7-21　导线和架空地线的布置

式中，$D_{\text{L-g}}$ 为线路和架空地线间的互几何均距(见图 7-21)，即

$$D_{\text{L-g}} = \sqrt[3]{D_{\text{ag}} D_{\text{bg}} D_{\text{cg}}} \tag{7-41}$$

式(7-38)表明，架空地线能使输电线路的等值零序阻抗减小。良导体架空地线(如钢芯铝线)的电阻较小，地线电流与导线电流接近于反相，地线电流产生的互感磁通将使与导线交链的总磁通明显减少，从而减小输电线路的等值零序电抗。钢质地线的电阻较大，地线中电流的数值较小，其相位相对于导线电流相位也偏离反相较远，因而对输电线路零序电抗的影响不大。

若输电线路杆塔上装设了两根架空地线，则可以用一根等值的架空地线来处理。即等值电路和计算公式的形式仍不变，只是在计算 z_{g0}、z_{gm0} 的公式中将架空地线的自几何均距改为 $D_{\text{sg}}' = \sqrt{D_{\text{sg}} d_{\text{g}_1 \text{g}_2}}$，$d_{\text{g}_1 \text{g}_2}$ 为两架空地线间的距离；将架空地线的电阻改为 $r_{\text{g}}' = r_{\text{g}}/2$；将架空地线与输电线路间的互几何均距改为 $D_{\text{L-g}}' = \sqrt[6]{D_{\text{ag}_1} D_{\text{bg}_1} D_{\text{cg}_1} D_{\text{ag}_2} D_{\text{bg}_2} D_{\text{cg}_2}}$。

对于具有架空地线的平行架设的双回输电线路，可以看作是由两组三相输电线路和一组(两根)架空地线所组成的电路(见图 7-22(a))。应用前面的有关算式，求得这三部分的零序自阻抗 $Z_{\text{I}(0)}$、$Z_{\text{II}(0)}$、Z_{g0}，以及各部分之间的零序互阻抗 $Z_{\text{I-II}(0)}$、$Z_{\text{gm0 I}}$、$Z_{\text{gm0 II}}$。由图 7-22(a)写出电压降方程为

$$\left. \begin{aligned} \Delta \dot{U}_{(0)} &= Z_{\text{I}(0)} \dot{I}_{\text{I}(0)} + Z_{\text{I-II}(0)} \dot{I}_{\text{II}(0)} - Z_{\text{gm0 I}} \dot{I}_{\text{g0}} \\ \Delta \dot{U}_{(0)} &= Z_{\text{II}(0)} \dot{I}_{\text{II}(0)} + Z_{\text{I-II}(0)} \dot{I}_{\text{I}(0)} - Z_{\text{gm0 II}} \dot{I}_{\text{g0}} \\ 0 &= Z_{\text{g0}} \dot{I}_{\text{g0}} - Z_{\text{gm0 I}} \dot{I}_{\text{I}(0)} - Z_{\text{gm0 II}} \dot{I}_{\text{II}(0)} \end{aligned} \right\} \tag{7-42}$$

从上列方程式中消去 $\dot{I}_{\text{g0}}$，经整理之后得

$$\left. \begin{aligned} \Delta \dot{U}_{(0)} &= Z_{\text{I}(0)}^{(\text{g})} \dot{I}_{\text{I}(0)} + Z_{\text{I-II}(0)}^{(\text{g})} \dot{I}_{\text{II}(0)} \\ \Delta \dot{U}_{(0)} &= Z_{\text{II}(0)}^{(\text{g})} \dot{I}_{\text{II}(0)} + Z_{\text{I-II}(0)}^{(\text{g})} \dot{I}_{\text{I}(0)} \end{aligned} \right\} \tag{7-43}$$

式中，$Z_{I(0)}^{(g)} = Z_{I(0)} - \dfrac{Z_{gm0\,I}^2}{Z_{g0}}$，$Z_{II(0)}^{(g)} = Z_{II(0)} - \dfrac{Z_{gm0\,II}^2}{Z_{g0}}$，$Z_{I-II(0)}^{(g)} = Z_{I-II(0)} - \dfrac{Z_{gm0\,I}\,Z_{gm0\,II}}{Z_{g0}}$，它们分别

为计及架空地线影响后线路 I、II 的零序自阻抗和互阻抗。

由式(7-43)可以绘出零序等值电路，如图 7-22(b)所示。

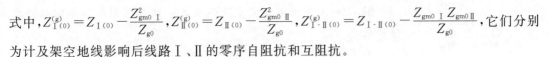

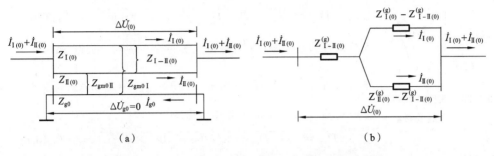

图 7-22 有架空地线的双回输电线及其零序等值电路

若两平行线路的参数相同，即 $Z_{I(0)} = Z_{II(0)} = Z_{(0)}$，且架空地线对两线路的相对位置也是对称的，即 $Z_{gm0\,I} = Z_{gm0\,II} = Z_{gm0}$，则计及架空地线影响后每回输电线路的一相等值零序阻抗为

$$Z'^{(g)}_{(0)} = Z'_{(0)} - 2\frac{Z_{gm0}^2}{Z_{g0}} \tag{7-44}$$

对于具有分裂导线的输电线路，在实用计算中，仍采用上述的方法和公式，只要用分裂导线一相的自几何均距 D_{sb} 代替单导线线路的自几何均距 D_s，用一相分裂导线的重心代替单导线线路的导线轴即可。

在短路电流的实用计算中，常可忽略电阻，近似地采用下列公式计算输电线路每一回路每单位长度的一相等值零序电抗：

无架空地线的单回线路 $x_{(0)} = 3.5 x_{(1)}$；

有钢质架空地线的单回线路 $x_{(0)} = 3 x_{(1)}$；

有良导体架空地线的单回线路 $x_{(0)} = 2 x_{(1)}$；

无架空地线的双回线路 $x_{(0)} = 5.5 x_{(1)}$；

有钢质架空地线的双回线路 $x_{(0)} = 4.7 x_{(1)}$；

有良导体架空地线的双回线路 $x_{(0)} = 3 x_{(1)}$，

其中 $x_{(1)}$ 为单位长度的正序电抗。

例 7-2 图 7-23 所示为具有两根架空地线且双回路共杆塔的输电线路导线和地线的相对位置。设两回线路完全相同，每相导线采用 LGJ-150 钢芯铝线，架空地线采用 GJ-70 钢绞线，$f = 50$ Hz，大地电阻率 $\rho_e = 2.85 \times 10^2$ Ω·m。各导线间的距离为

$$D_{a_1 b_1} = D_{b_1 c_1} = 3.06 \text{ m}; D_{a_1 a_2} = 6.9 \text{ m}; D_{b_1 b_2} = 5.7 \text{ m};$$

$$D_{c_1 c_2} = 4.5 \text{ m}; D_{a_1 b_2} = 6.98 \text{ m}; D_{a_1 c_2} = 8.28 \text{ m}; D_{b_1 c_2} = 5.92 \text{ m};$$

$$D_{a_1 g_1} = 4.25 \text{ m}; D_{b_1 g_1} = 7.05 \text{ m};$$

$$D_{c_1 g_1} = 10 \text{ m}; D_{a_2 g_1} = 6.76 \text{ m}; D_{b_2 g_1} = 8.52 \text{ m}; D_{c_2 g_1} = 10.87 \text{ m};$$

$$d_{g_1 g_1} = 4 \text{ m}.$$ 试计算输电线路的零序阻抗。

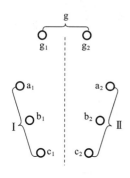

图 7-23 架空地线和
导线的布置

解 （一）先求未计架空地线及另一回线路影响时单回路的零序阻抗 z_0。

由手册查得 LGJ-150 的导线外径为 17 mm，电阻 $r_a = 0.21$ Ω/km。线路三相导线的互几何均距

$$D_{eq} = \sqrt[3]{D_{a_1 b_1} D_{b_1 c_1} D_{a_1 c_1}} = \sqrt[3]{2 \times 3.06^3} \text{ m} = 3.86 \text{ m}$$

等值深度：$D_e = 660 \sqrt{\dfrac{\rho_e}{f}} = 660 \sqrt{\dfrac{2.85 \times 10^2}{50}} \text{m} = 1576 \text{ m}$

导线的自几何均距：$D_s = 0.9r = 0.9 \times \dfrac{17}{2} \times 10^{-3} \text{m} = 7.65 \times 10^{-3} \text{ m}$

每回线路三相导线组的自几何均距

$$D_{sT} = \sqrt[3]{D_s D_{eq}^2} = \sqrt[3]{7.65 \times 10^{-3} \times 3.86^2} \text{ m} = 0.48 \text{ m}$$

于是可得

$$z_{(0)} = r_a + 3r_e + j0.4335\lg \frac{D_e}{D_{sT}}$$

$$= (0.21 + 3 \times 0.05 + j0.4335\lg \frac{1576}{0.48})\Omega/\text{km} = (0.36 + j1.52) \ \Omega/\text{km}$$

（二）计算不计架空地线影响时每回线路的零序阻抗 z_0'。

两回线路间的互几何均距

$$D_{I-II} = \sqrt[9]{D_{a_1 a_2} D_{a_1 b_2} D_{a_1 c_2} D_{b_1 a_2} D_{b_1 b_2} D_{b_1 c_2} D_{c_1 a_2} D_{c_1 b_2} D_{c_1 c_2}}$$

$$= \sqrt[9]{6.9 \times 6.98 \times 8.28 \times 6.98 \times 5.7 \times 5.92 \times 8.28 \times 5.92 \times 4.5} \text{ m} = 6.5 \text{ m}$$

两线路间的零序互阻抗

$$z_{I-II(0)} = 3\left(r_e + j0.1445\lg \frac{D_e}{D_{I-II}}\right) = 3\left(0.05 + j0.1445\lg \frac{1576}{6.5}\right) \Omega/\text{km}$$

$$= (0.15 + j1.03) \ \Omega/\text{km}$$

于是可得

$$z_{(0)}' = z_{(0)} + z_{I-II(0)} = (0.36 + j1.52 + 0.15 + j1.03)\Omega/\text{km} = (0.51 + j2.55) \ \Omega/\text{km}$$

（三）求计及架空地线及另一回线路影响后每一线路的零序阻抗 $z_{(0)}'^{(g)}$。

由手册可查得 GJ-70 在各种工作电流时的参数，现取

$$r_g = 2.29 \ \Omega/\text{km}, \quad D_{sg} = 5.52 \times 10^{-3} \text{ m}$$

两根架空地线的自几何均距

$$D_{sg}' = \sqrt{D_{sg} d_{g_1 g_2}} = \sqrt{5.52 \times 10^{-3} \times 4} \text{ m} = 1.49 \times 10^{-1} \text{ m}$$

架空地线的零序自阻抗

$$z_{g0} = 3\left(\frac{1}{2}r_g + r_e + j0.1445\lg \frac{D_e}{D_{sg}'}\right)$$

$$= 3\left(\frac{1}{2} \times 2.29 + 0.05 + j0.1445\lg \frac{1576}{1.49 \times 10^{-1}}\right) \Omega/\text{km}$$

$$= (3.6 + j1.75) \ \Omega/\text{km}$$

架空地线与线路间的互几何均距

$$D'_{L\text{-}g} = \sqrt[6]{D_{a_1 g_1} D_{b_1 g_1} D_{c_1 g_1} D_{a_1 g_2} D_{b_1 g_2} D_{c_1 g_2}}$$

$$= \sqrt[6]{4.25 \times 7.05 \times 10 \times 6.76 \times 8.52 \times 10.87} \text{ m} = 7.57 \text{ m}$$

架空地线与线路间的零序互阻抗

$$z_{gm0} = 3\left(r_e + j0.1445\lg \frac{D_e}{D'_{L\text{-}g}}\right) = 3 \times \left(0.05 + j0.1445\lg \frac{1576}{7.57}\right) \Omega/\text{km}$$

$$= (0.15 + j1.01) \Omega/\text{km}$$

于是可得

$$z'^{(g)}_{(0)} = z'_0 - 2\frac{z^2_{gm0}}{z_{g0}} = \left[0.51 + j2.55 - 2 \times \frac{(0.15 + j1.01)^2}{3.6 + j1.75}\right] \Omega/\text{km}$$

$$= (0.89 + j2.19) \Omega/\text{km}$$

※7.5 架空输电线路的零序电纳

7.5.1 无架空地线时输电线路的零序电纳

输电线路零序电容的计算原理和方法与计算正序电容的相似,也是用镜像法来处理大地的影响。当三相导线分别带有电荷$+q_{a(0)}$,$+q_{b(0)}$,$+q_{c(0)}$时,三相导线的镜像导线上就分别存在电荷$-q_{a(0)}$,$-q_{b(0)}$,$-q_{c(0)}$,这样就构成了六导体系统(参考图2-5)。利用式(2-23),对整循环换位的三个线段分别计算导线 a 的对地电压,然后取其平均值,可得

$$u_{a(0)} = \frac{1}{3} \times \frac{1}{2\pi\varepsilon_0}\left[q_{a(0)}\ln \frac{H_1 H_2 H_3}{r^3} + q_{b(0)}\ln \frac{H_{12} H_{23} H_{31}}{D_{12} D_{23} D_{31}} + q_{c(0)}\ln \frac{H_{12} H_{23} H_{31}}{D_{12} D_{23} D_{31}}\right]$$

假定在整个换位循环的各段中有 $q_{a(0)} = q_{b(0)} = q_{c(0)}$,则有

$$u_{a(0)} = \frac{3q_{a(0)}}{2\pi\varepsilon_0}\ln \sqrt[9]{\frac{H_1 H_2 H_3 (H_{12} H_{23} H_{31})^2}{r^3 (D_{12} D_{23} D_{31})^2}} = \frac{3q_{a(0)}}{2\pi\varepsilon_0}\ln \frac{D_m}{r_{eqT}} \tag{7-45}$$

式中,$D_m = \sqrt[9]{H_1 H_2 H_3 (H_{12} H_{23} H_{31})^2}$ 为三相导线与它们的镜像之间的互几何均距;$r_{eqT} = \sqrt[9]{r^3 (D_{12} D_{23} D_{31})^2} = \sqrt[3]{r D^2_{eq}}$ 为三相导线的等值半径。

r_{eqT} 的算式与计算分裂导线正序电容时的式(2-30)相似。因为各相的零序电压大小和相位都相等,可以把三相线路看成是具有等值半径为 r_{eqT} 的三分裂导线、带有总电荷$+3q_{a(0)}$、距离地面高度为$\frac{1}{2}D_m$ 的单相输电线路(见图 7-24)。由图 7-24 并利用式(2-23),也可以得到采用式(7-45)的结果。

求得 $u_{a(0)}$ 之后,便可求得输电线路的一相等值电容

$$C_{(0)} = \frac{q_{a(0)}}{v_{a(0)}} = \frac{2\pi\varepsilon_0}{3\ln \dfrac{D_m}{r_{eqT}}} = \frac{0.02412}{3\lg \dfrac{D_m}{r_{eqT}}} \times 10^{-6} \text{ F/km}$$

$$\tag{7-46}$$

当 $f_N = 50$ Hz 时,一相等值零序电纳

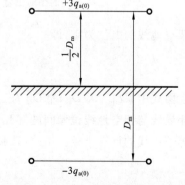

图 7-24 输电线路零序电容计算图

$$b_{(0)} = 2\pi f_N C_{(0)} = \frac{7.58}{3\lg\dfrac{D_m}{r_{eqT}}} \times 10^{-6} \text{ S/km} \tag{7-47}$$

7.5.2 架空地线对输电线路零序电纳的影响

当存在架空地线时，其影响可以用架空地线及其镜像来考虑。图 7-25 所示为具有一根架空地线的情况。如前所述，为计算输电线路的零序电压，可以把整循环换位的三相输电线路看成是具有等值半径 r_{eqT}、带有电荷 $+3q_{a(0)}$ 的单导线的单相线路。同样，把架空地线看成是带有电荷 $+3q_{g0} = q_g$ 的单导线。这样，我们便可以建立图 7-26 所示的计算模型。应用式 (2-23) 可以求得

$$v_{a(0)} = \frac{3}{2\pi\varepsilon_0}\left[q_{a(0)}\ln\frac{D_m}{r_{eqT}} + q_{g0}\ln\frac{H_{L\text{-}g}}{D_{eqg}}\right] \tag{7-48}$$

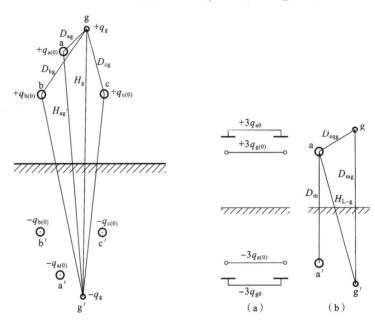

图 7-25 导线、地线及其镜像间
的相对位置

图 7-26 具有架空地线的输电
线路零序电容计算图

架空地线的电位为零，即

$$v_{g(0)} = \frac{3}{2\pi\varepsilon_0}\left[q_{g0}\ln\frac{D_{mg}}{r_{eqg}} + q_{a(0)}\ln\frac{H_{L\text{-}g}}{D_{eqg}}\right] = 0 \tag{7-49}$$

上两式中，$D_{eqg} = \sqrt[3]{D_{ag}D_{bg}D_{cg}}$ 为三相导线与地线间的互几何均距；$H_{L\text{-}g} = \sqrt[3]{H_{ag'}H_{bg'}H_{cg'}}$ 为三相导线与架空地线镜像间的互几何均距；r_{eqg} 为架空地线的等值半径，对于单根架空地线，它等于地线的计算半径。由式 (7-49) 解出

$$q_{g0} = -\frac{q_{a(0)}\ln(H_{L\text{-}g}/D_{eqg})}{\ln(D_{mg}/r_{eqg})}$$

将其代入到式 (7-48)，得

$$v_{a(0)} = \frac{3q_{a(0)}}{2\pi\varepsilon_0}\left\{\ln\frac{D_m}{r_{eqT}} - \frac{\left[\ln(H_{L\text{-}g}/D_{eqg})\right]^2}{\ln(D_{mg}/r_{eqg})}\right\} \tag{7-50}$$

于是可以得到具有一根架空地线的输电线路一相等值零序电容

$$C_{(0)}^{(g)} = \frac{q_{a(0)}}{v_{a(0)}} = \frac{2\pi\varepsilon_0}{3\left\{\ln\dfrac{D_m}{r_{eqT}} - \dfrac{\left[\ln(H_{L\text{-}g}/D_{eqg})\right]^2}{\ln(D_{mg}/r_{eqg})}\right\}} = \frac{0.02412}{3\left\{\lg\dfrac{D_m}{r_{eqT}} - \dfrac{\left[\lg(H_{L\text{-}g}/D_{eqg})\right]^2}{\lg(D_{mg}/r_{eqg})}\right\}}\,\text{F/km} \tag{7-51}$$

当 $f_N = 50\text{ Hz}$ 时，一相零序电纳

$$b_{(0)}^{(g)} = 2\pi f_N C_{(0)}^{(g)} = \frac{7.58\times10^{-6}}{3\left\{\lg\dfrac{D_m}{r_{eqT}} - \dfrac{\left[\lg(H_{L\text{-}g}/D_{eqg})\right]^2}{\lg(D_{mg}/r_{eqg})}\right\}}\,\text{S/km} \tag{7-52}$$

比较式(7-46)和式(7-51)可知，架空地线使零序电容增大。这是因为与大地相连接的架空地线比大地更接近导线，因而使输电线对地电容增大。应该指出，地线对零序电容的影响与地线对零序电抗的影响不同，它仅取决于地线的计算直径及地线与导线间的相对位置，与地线所用的材料无关。

对于具有两根架空地线的单回线路、平行架设的双回线路以及具有分裂导线的线路等输电线路的零序等值电容(或电纳)计算，其原理和计算过程与上述相同，都是利用镜像法并以式(2-23)为基础来导出算式。也可以直接套用式(7-46)和式(7-51)，只是式中的等值半径和各个几何均距要根据具体情况来计算。

例 7-3 有一具有两根架空地线的单回输电线路，导线采用 LGJ-120，架空地线采用 GJ-50，导线、地线以及它们的镜像之间的相对位置如图 7-27 所示，几何尺寸如下：

$D_{ab} = D_{bc} = 4\text{ m}$； $H_1 = 20\text{ m}$， $H_{12} = 20.4\text{ m}$，

$H_{13} = 21.6\text{ m}$； $D_{ag} = 4.37\text{ m}$， $D_{bg} = 4.75\text{ m}$，

$D_{cg} = 7.44\text{ m}$； $d_{g12} = 5\text{ m}$； $H_{ag'} = 24.1\text{ m}$，

$H_{bg'} = 24.2\text{ m}$， $H_{cg'} = 24.6\text{ m}$；

$H_{g1} = 28\text{ m}$， $H_{g12} = 28.4\text{ m}$。

试计算这一线路的零序等值电纳。

解 由手册查得 LGJ-120 的计算半径 $r = 7.6\text{ mm}$；GJ-50 的计算直径 $d_g = 8.9\text{ mm}$。于是三相导线间的互几何均距

$$D_{eg} = 1.26D_{ab} = 1.26\times4\text{ m} = 5.04\text{ m}$$

三相导线组的等值半径

$$r_{eqT} = \sqrt[3]{rD_{eq}^2} = \sqrt[3]{7.6\times10^{-3}\times5.04^2}\,\text{m} = 0.58\text{ m}$$

三相导线与它们的镜像间的互几何均距

$$D_m = \sqrt[9]{H_1^3 H_{12}^2 H_{23}^2 H_{31}^2}$$

$$= \sqrt[9]{20^3\times20.4^2\times20.4^2\times21.6^2}\,\text{m} = 20.5\text{ m}$$

架空地线的等值半径

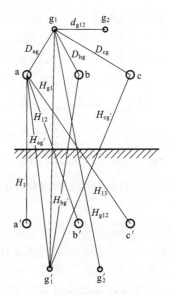

图 7-27 具有架空地线输电线路及它们的镜像间的相对位置

$$r_{\mathrm{eqg}} = \sqrt{\frac{1}{2} d_{\mathrm{g}} d_{\mathrm{g12}}} = \sqrt{\frac{1}{2} \times 8.9 \times 10^{-3} \times 5} \ \mathrm{m} = 0.15 \ \mathrm{m}$$

三相导线与架空地线间的互几何均距

$$D_{\mathrm{eqg}} = \sqrt[6]{D_{\mathrm{ag1}} D_{\mathrm{bg1}} D_{\mathrm{cg1}} D_{\mathrm{ag2}} D_{\mathrm{bg2}} D_{\mathrm{cg2}}} = \sqrt[6]{4.37^2 \times 4.752^2 \times 7.44^2} \ \mathrm{m} = 5.37 \ \mathrm{m}$$

三相导线与架空地线镜像间的互几何均距

$$H_{\mathrm{L\text{-}g}} = \sqrt[6]{H_{\mathrm{ag'1}} H_{\mathrm{bg'1}} H_{\mathrm{cg'1}} H_{\mathrm{ag'2}} H_{\mathrm{bg'2}} H_{\mathrm{cg'2}}} = \sqrt[6]{24.1^2 \times 24.2^2 \times 24.6^2} \ \mathrm{m} = 24.3 \ \mathrm{m}$$

架空地线与其镜像间的互几何均距

$$D_{\mathrm{mg}} = \sqrt[4]{H_{\mathrm{g1}}^2 H_{\mathrm{g12}}^2} = \sqrt[4]{28^2 \times 28.4^2} \ \mathrm{m} = 28.2 \ \mathrm{m}$$

应用式(7-52)可以求得一相的等值零序电纳

$$b_{(0)}^{(\mathrm{g})} = \frac{7.58}{3 \left\{ \lg \dfrac{D_{\mathrm{m}}}{r_{\mathrm{eqT}}} - \dfrac{[\lg(H_{\mathrm{L\text{-}g}}/D_{\mathrm{eqg}})]^2}{\lg(D_{\mathrm{mg}}/r_{\mathrm{eqg}})} \right\}} \times 10^{-6}$$

$$= \frac{7.58}{3 \times \left\{ \lg \dfrac{20.5}{0.58} - \dfrac{[\lg(24.3/5.37)]^2}{\lg(28.2/0.15)} \right\}} \times 10^{-6} \ \mathrm{S/km} = 1.86 \times 10^{-6} \ \mathrm{S/km}$$

当不计地线的作用时，有

$$b_{(0)} = \frac{7.58}{3 \lg \dfrac{D_{\mathrm{m}}}{r_{\mathrm{eqT}}}} \times 10^{-6} = \frac{7.58}{3 \lg \dfrac{20.5}{0.58}} \times 10^{-6} \ \mathrm{S/km} = 1.63 \times 10^{-6} \ \mathrm{S/km}$$

7.6　综合负荷的序阻抗

电力系统负荷主要是工业负荷。大多数工业负荷是异步电动机。由电机学知道，异步电动机可以用图 7-28 所示的等值电路来表示（图中略去了励磁支路的电阻）。异步电动机的正序阻抗就是图示中机端呈现的阻抗。我们看到，它与电动机的转差 s 有关。在正常运行时，电动机的转差与机端电压及电动机的受载系数（即机械转矩与电动机额定转矩之比）有关。在短路过程中，电动机端电压下降，将使转差增大。要准确计算电动机的正序阻抗较为困难，因为电动机的转差与它的端电压有关，而端电压是随待求的短路电流的变化而变化的。

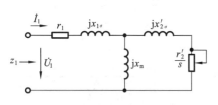

图 7-28　确定电动机正序阻抗的等值电路

在短路的实际计算中，对于不同的计算任务制作正序等值网络时，对综合负荷有不同的处理方法。在计算起始次暂态电流时，综合负荷或者略去不计，或者表示为有次暂态电势和次暂态电抗的电势源支路，视负荷节点离短路点电气距离的远近而定。在应用计算曲线来确定任意指定时刻的短路周期电流时，由于曲线制作条件已计入负荷的影响，因此，等值网络中的负荷都被略去。

在上述两种情况以外的短路计算中，综合负荷的正序参数常用恒定阻抗表示，即

$$z_{\mathrm{LD}} = \frac{U_{\mathrm{LD}}^2}{S_{\mathrm{LD}}} (\cos\varphi + \mathrm{j}\sin\varphi)$$

式中，S_{LD} 和 U_{LD} 分别为综合负荷的视在功率和负荷节点的电压。假定短路前综合负荷处于额定运行状态且 $\cos\varphi = 0.8$，则以额定值为基准的标幺阻抗为

$$z_{LD} = 0.8 + j0.6$$

为避免复数运算，又可用等值的纯电抗来代表综合负荷，其值为

$$z_{LD} = j1.2 \qquad (7\text{-}53)$$

分析计算表明，综合负荷分别用这两种阻抗值代表时，所得的计算结果极为接近。

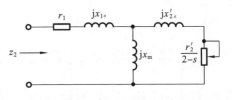

图 7-29　确定异步电动机负序阻抗的等值电路

异步电动机是旋转元件，其负序阻抗不等于正序阻抗。当电动机端施加基频负序电压时，流入定子绕组的负序电流将在气隙中产生一个与转子转向相反的旋转磁场，它对电动机产生制动性的转矩。若转子相对于正序旋转磁场的转差为 s，则转子相对于负序旋转磁场的转差为 $2-s$。将 $2-s$ 代替图7-28中的 s，便可得到图 7-29 所示的确定异步电动机负序阻抗的等值电路。我们看到，异步电动机的负序阻抗也是转差的函数。

系统发生不对称短路时，作用于电动机端的电压可能包含有正、负、零序分量。此时，正序电压低于正常值，使电动机的驱动转矩减小，而负序电流又产生制动转矩，从而使电动机转速下降，转差增大。当异步电动机的转差在 $0\sim1$ 之间（即同步转速到停转之间）变化时，由等值电路（见图 7-29）可见，转子的等值电阻将在 $r_2'/2 \sim r_2'$ 之间变化。但是，从电动机端看进去的等值阻抗却变化不太大。为了简化计算，实用上常略去电阻，并取 $s=1$ 时，即以转子静止（或启动初瞬间）状态的阻抗模值作为电动机的负序电抗，其标幺值由式（6-18）确定，也就是认为异步电动机的负序电抗同次暂态电抗相等。计及降压变压器及馈电线路的电抗，则以异步电动机为主要成分的综合负荷的负序电抗可取为

$$x_{(2)} = 0.35 \qquad (7\text{-}54)$$

它是以综合负荷的视在功率和负荷接入点的平均额定电压为基准的标幺值。

因为异步电动机及多数负荷常常接成三角形，或者接成不接地的星形，零序电流不能流通，故不需要建立零序等值电路。

7.7　电力系统各序网络的制订

如前所述，应用对称分量法分析计算不对称故障时，首先必须作出电力系统的各序网络。为此，应根据电力系统的接线图、中性点接地情况等原始资料，在故障点分别施加各序电势，从故障点开始，逐步查明各序电流流通的情况。凡是某一序电流能流通的元件，都必须包括在该序网络中，并用相应的序参数和等值电路表示。根据上述原则，我们结合图 7-30 来说明各序网络的制订。

7.7.1　正序网络

正序网络就是通常计算对称短路时所用的等值网络。除中性点接地阻抗、空载线路（不计导纳）以及空载变压器（不计励磁电流）外，电力系统各元件均应包括在正序网络中，并且

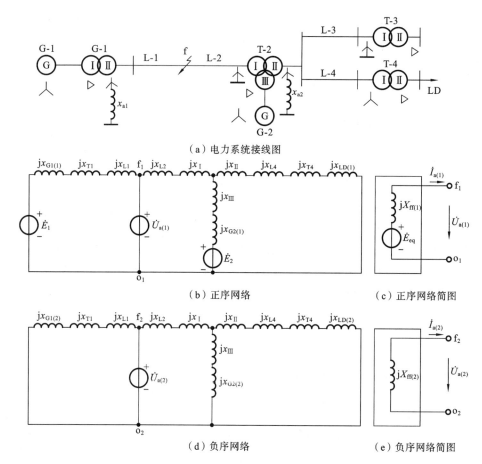

（a）电力系统接线图

（b）正序网络

（c）正序网络简图

（d）负序网络

（e）负序网络简图

图 7-30　正序、负序网络的制订

用相应的正序参数和等值电路表示。例如，图 7-30（b）所示的正序网络就不包括空载的线路 L-3 和变压器 T-3。所有同步发电机和调相机，以及个别的必须用等值电源支路表示的综合负荷都是正序网络中的电源。此外，还须在短路点引入代替故障条件的不对称电势源中的正序分量。正序网络中的短路点用 f_1 表示，零电位点用 o_1 表示。从 $f_1 o_1$ 即故障端口看正序网络，它是一个有源网络，可以用戴维南定理简化成图 7-30（c）所示的形式。

7.7.2　负序网络

负序电流能流通的元件与正序电流的相同，但所有电源的负序电势为零。因此，把正序网络中各元件的参数都用负序参数代替，并令电源电势等于零，而在短路点引入代替故障条件的不对称电势源中的负序分量，便得到负序网络，如图 7-30（d）所示。负序网络中的短路点用 f_2 表示，零电位点用 o_2 表示。从 $f_2 o_2$ 端口看进去，负序网络是一个无源网络。经化简后的负序网络如图 7-30（e）所示。

7.7.3　零序网络

在短路点施加代表故障边界条件的零序电势时，由于三相零序电流大小及相位相同，因此它们必须经过大地(或架空地线、电缆包皮等)才能构成通路,而且电流的流通与变压器中性点接地情况及变压器的接法有密切的关系。为了更清楚地看到零序电流流通的情况,图 7-31(a)为电力系统三线接线图,图中箭头表示零序电流流通的方向。相应的零序网络也画在同一图上。比较正(负)序和零序网络可以看到,虽然线路 L-4 和变压器 T-4 以及负荷 LD 均包括在正(负)序网络中,但因变压器 T-4 中性点未接地,不能流通零序电流,所以它们不包括在零序网络中。相反,线路 L-3 和变压器 T-3 因为空载不能流通正(负)序电流而不包括在正(负)序网络中,但因变压器 T-3 中性点接地,故 L-3 和 T-3 能流通零序电流,所以它们应包括在零序网络中。从故障端口 $f_0 o_0$ 看零序网络,也是一个无源网络。简化后的零序网络如图 7-31(c)所示。

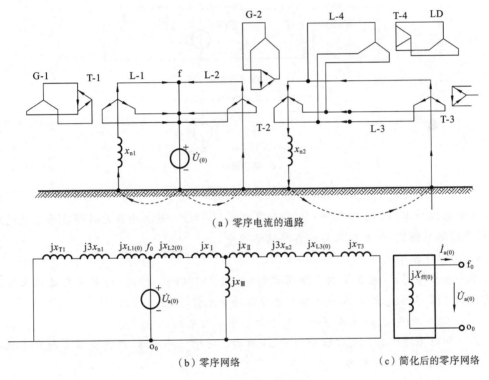

（a）零序电流的通路

（b）零序网络　　　　　　　　（c）简化后的零序网络

图 7-31 零序网络的制订

例 7-4 图 7-32(a)所示输电系统,在 f 点发生接地短路,试绘出各序网络,并计算电源的等值电势 E_{eq} 和短路点的各序输入电抗 $X_{ff(1)}$、$X_{ff(2)}$ 和 $X_{ff(0)}$。系统各元件参数如下:

发电机　　$S_N = 120$ MV·A,$U_N = 10.5$ kV,$E_1 = 1.67$,$x_{(1)} = 0.9$,$x_{(2)} = 0.45$;

变压器 T-1　$S_N = 60$MV·A,$U_S\% = 10.5$,$k_{T1} = 10.5/115$;T-2　$S_N = 60$ MV·A,$U_S\% = 10.5$,$k_{T2} = 115/6.3$;

线路 L 每回路　$l = 105$ km,$x_{(1)} = 0.4$ Ω/km,$x_{(0)} = 3x_{(1)}$;

负荷 LD-1　$S_N = 60$ MV·A,$x_{(1)} = 1.2$,$x_{(2)} = 0.35$;LD-2　$S_N = 40$ MV·A,$x_{(1)} = 1.2$,$x_{(2)} = 0.35$。

解　(一)参数标幺值的计算。

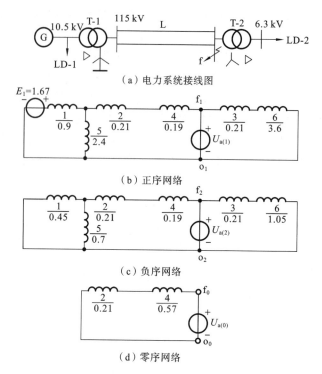

（a）电力系统接线图

（b）正序网络

（c）负序网络

（d）零序网络

图 7-32　输电系统

选取基准功率 $S_B = 120$ MV·A 和基准电压 $U_B = U_{av}$，计算出各元件的各序电抗的标幺值（计算过程从略）。计算结果标于各序网络图中。

（二）制订各序网络。

正序和负序网络，包含了图中所有元件（见图 7-32(b)、(c)）。因零序电流仅在线路 L 和变压器 T-1 中流通，所以零序网络只包含这两个元件（见图 7-32(d)）。

（三）进行网络化简，求正序等值电势和各序输入电抗。

正序和负序网络的化简过程如图 7-33 所示。对于正序网络，先将支路 1 和 5 并联得支路 7，它的电势和电抗分别为

$$E_7 = \frac{E_1 x_5}{x_1 + x_5} = \frac{1.67 \times 2.4}{0.9 + 2.4} = 1.22, \quad x_7 = \frac{x_1 x_5}{x_1 + x_5} = \frac{0.9 \times 2.4}{0.9 + 2.4} = 0.66$$

将支路 7、2 和 4 相串联得支路 9，其电抗和电势分别为

$$x_9 = x_7 + x_2 + x_4 = 0.66 + 0.21 + 0.19 = 1.06, \quad E_9 = E_7 = 1.22$$

将支路 3 和支路 6 串联得支路 8，其电抗为

$$x_8 = x_3 + x_6 = 0.21 + 3.6 = 3.81$$

将支路 8 和支路 9 并联得等值电势和输入电抗分别为

$$E_{eq} = \frac{E_9 x_8}{x_9 + x_8} = \frac{1.22 \times 3.81}{1.06 + 3.81} = 0.95, \quad X_{ff(1)} = \frac{x_8 x_9}{x_8 + x_9} = \frac{3.81 \times 1.06}{3.81 + 1.06} = 0.83$$

对于负序网络，有

$$x_7 = \frac{x_1 x_5}{x_1 + x_5} = \frac{0.45 \times 0.7}{0.45 + 0.7} = 0.27, \quad x_9 = x_7 + x_2 + x_4 = 0.27 + 0.21 + 0.19 = 0.67$$

$$x_8 = x_3 + x_6 = 0.21 + 1.05 = 1.26, \quad X_{ff(2)} = \frac{x_8 x_9}{x_8 + x_9} = \frac{1.26 \times 0.67}{1.26 + 0.67} = 0.44$$

对于零序网络,有

$$X_{ff(0)} = x_2 + x_4 = 0.21 + 0.57 = 0.78$$

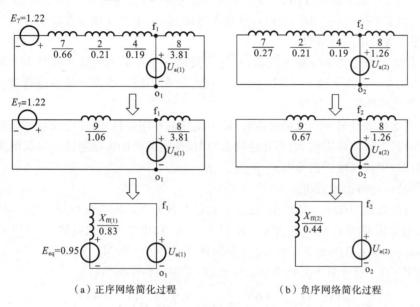

（a）正序网络简化过程　　　　　　　（b）负序网络简化过程

图 7-33　网络的化简过程

小　　结

对称分量法是分析电力系统不对称故障的有效方法。在三相参数对称的线性电路中,各序对称分量具有独立性。

电力系统各元件零序和负序电抗的计算是本章的重点。某元件的各序电抗是否相同,关键在于该元件通以不同序的电流时所产生的磁通将遇到什么样的磁阻,各相之间将产生怎样的互感影响。各相磁路独立的三相静止元件的各序电抗相等,静止元件的正序电抗和负序电抗相等。由于相间互感的助增作用,架空输电线的零序电抗要大于正序电抗,架空地线的存在又使输电线的零序电抗有所减小。

变压器的各序漏抗相等,变压器的零序励磁电抗则同其铁芯结构有关。旋转电机的各序电抗互不相等。

制订序网时,某序网络应包含该序电流通过的所有元件,负序网络的结构与正序网络相同,但为无源网络。

三相零序电流同大小同相位,必须经过大地(或架空地线、电缆包皮等)形成通路。制订零序网络时,应从故障点开始,仔细查明零序电流的流通情况。变压器的零序等值电路只能在 YN 侧与系统的零序网络联接,d 侧和 Y 侧都同系统断开,d 侧还须自行短接。在一相零序网络中,中性点接地阻抗须以其三倍值表示。零序网络也是无源网络。

习　题

7-1　110 kV 架空输电线路长 80 km，无架空地线，导线型号为 LGJ-120，计算半径 $r=7.6$ mm，三相水平排列，相间距离 4 m，导线离地面 10 m，虚拟导线等值深度为 1000 m，求输电线路的零序等值电路及参数。

7-2　题 2-2 所给的架空输电线路，其导线及地线在杆塔上的排列如题 2-2 图所示，地线导线为 LGJ-70（计算半径 $r=5.7$ mm），C 相离地面 10 m，虚拟导线等值深度 $D_e=1000$ m，线路经整循环换位。试计算：

（1）不考虑地线及另一回线路影响时，输电线路的零序阻抗，零序电纳及等值电路；

（2）计及另一回线路影响，但不计地线影响时，输电线路的零序阻抗及等值电路；

（3）同（2），但计及地线的影响。

对上述计算结果进行比较分析。

7-3　系统接线如题 7-3 图所示，已知各元件参数如下。发电机 G：$S_N=30$ MV·A，$x''_d=x_{(2)}=0.2$；变压器 T-1：$S_N=30$ MV·A，$U_S=10.5\%$，中性点接地阻抗 $z_n=j10$ Ω；线路 L：$l=60$ km，$x_{(1)}=0.4$ Ω/km，$x_{(0)}=3x_{(1)}$；变压器 T-2：$S_N=30$ MV·A，$U_S=10.5\%$；负荷：$S_{LD}=25$ MV·A。试计算各元件电抗的标幺值，并作出各序网络。

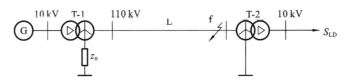

题 7-3 图

7-4　在题 7-4 图所示网络中，已知各元件参数如下。线路：$l=150$ km，$x_{(1)}=0.4$ Ω/km，$x_{(0)}=3x_{(1)}$；变压器：$S_N=90$ MV·A，$U_{S(1-2)}=8\%$，$U_{S(2-3)}=18\%$，$U_{S(1-3)}=23\%$，中性点接地阻抗 $z_n=j30$ Ω。线路中点发生接地短路，试作出零序网络并计算出参数值。

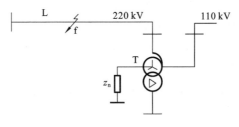

题 7-4 图

7-5　电力系统接线如题 7-5 图所示，f_1 点发生接地短路，试作出系统的正序，负序及零序等值网络图。图中 1～17 为元件编号。

7-6　在题 7-5 图所示的电力系统中，若接地短路发生在 f_2 点，试作系统的零序网络。

7-7　在题 7-7 图所示网络中，输电线平行共杆塔架设，若在一回线路中段发生接地短路，试作出断路器 B 闭合和断开两种情况下的零序等值网络。

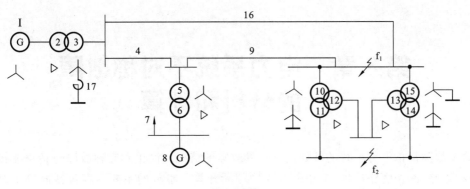

题 7-5 图

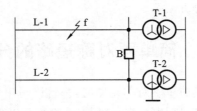

题 7-7 图

第8章 电力系统不对称故障 的分析和计算

简单故障是指电力系统的某处发生一种故障的情况。简单不对称故障包括单相接地短路、两相短路、两相短路接地、单相断开和两相断开等。本章的主要内容包括简单不对称故障的分析计算方法,出现不对称故障时电流和电压在网络中的分布计算和基于节点阻抗矩阵的复杂系统不对称故障计算方法等。

8.1 简单不对称短路的分析

应用对称分量法分析各种简单不对称短路时,都可以写出各序网络故障点的电压方程式(7-13)。当网络的各元件都只用电抗表示时,上述方程可以写成

$$\left. \begin{aligned} \dot{E}_{eq} - jX_{ff(1)}\dot{I}_{fa(1)} &= \dot{U}_{fa(1)} \\ -jX_{ff(2)}\dot{I}_{fa(2)} &- \dot{U}_{fa(2)} \\ -jX_{ff(0)}\dot{I}_{fa(0)} &= \dot{U}_{fa(0)} \end{aligned} \right\} \tag{8-1}$$

式中,$\dot{E}_{eq} = \dot{U}_f^{(0)}$,即短路发生前故障点的电压。这三个方程式包含了 6 个未知量,因此,只有根据不对称短路的具体边界条件写出另外三个方程式才能求解。

下面我们对各种简单不对称短路逐个地进行分析。

8.1.1 单相(a 相)接地短路

单相接地短路时,故障处的三个边界条件(见图 8-1)为

$$\dot{U}_{fa} = 0, \quad \dot{I}_{fb} = 0, \quad \dot{I}_{fc} = 0$$

用对称分量表示为

$$\dot{U}_{fa(1)} + \dot{U}_{fa(2)} + \dot{U}_{fa(0)} = 0, \quad a^2\dot{I}_{fa(1)} + a\dot{I}_{fa(2)} + \dot{I}_{fa(0)} = 0,$$

$$a\dot{I}_{fa(1)} + a^2\dot{I}_{fa(2)} + \dot{I}_{fa(0)} = 0$$

经过整理后便得到用序量表示的边界条件为

$$\left. \begin{aligned} \dot{U}_{fa(1)} + \dot{U}_{fa(2)} + \dot{U}_{fa(0)} &= 0 \\ \dot{I}_{fa(1)} = \dot{I}_{fa(2)} &= \dot{I}_{fa(0)} \end{aligned} \right\} \tag{8-2}$$

联立求解方程组(8-1)及(8-2)可得

$$\dot{I}_{fa(1)} = \frac{\dot{U}_f^{(0)}}{j(X_{ff(1)} + X_{ff(2)} + X_{ff(0)})} \tag{8-3}$$

式(8-3)是单相短路计算的关键公式。短路电流的正序分量一经算出,根据边界条件式

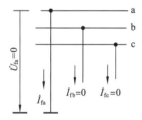

图 8-1 单相接地短路

(8-2)和方程组(8-1)即能确定短路点电流和电压的各序分量如下。

$$
\left.\begin{aligned}
\dot{I}_{fa(2)} &= \dot{I}_{fa(0)} = \dot{I}_{fa(1)} \\
\dot{U}_{fa(1)} &= \dot{U}_f^{(0)} - jX_{ff(1)}\dot{I}_{fa(1)} = j(X_{ff(2)} + X_{ff(0)})\dot{I}_{fa(1)} \\
\dot{U}_{fa(2)} &= -jX_{ff(2)}\dot{I}_{fa(1)} \\
\dot{U}_{fa(0)} &= -jX_{ff(0)}\dot{I}_{fa(1)}
\end{aligned}\right\}
\tag{8-4}
$$

电压和电流的各序分量也可以直接应用复合序网来求得。根据故障处各序量之间的关系,将各序网络在故障端口联接起来所构成的网络称为复合序网。与单相短路的边界条件式(8-2)相适应的复合序网如图 8-2 所示。用复合序网进行计算,可以得到与以上完全相同的结果。

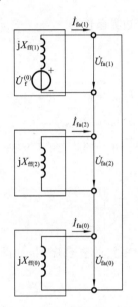

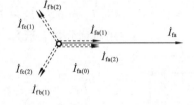

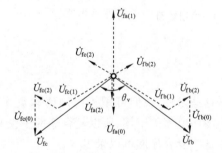

图 8-2　单相短路的复合序网　　　图 8-3　单相接地短路时短路处的电流电压相量图

利用对称分量的合成算式(7-6)可得短路点故障相电流为

$$
\dot{I}_f^{(1)} = \dot{I}_{fa} = \dot{I}_{fa(1)} + \dot{I}_{fa(2)} + \dot{I}_{fa(0)} = 3\dot{I}_{fa(1)}
\tag{8-5}
$$

或

$$
\dot{I}_f^{(1)} = \frac{3\dot{U}_f^{(0)}}{j(X_{ff(1)} + X_{ff(2)} + X_{ff(0)})}
\tag{8-5a}
$$

由上式可见,单相短路电流是短路点的各序输入电抗之和。$X_{ff(1)}$ 和 $X_{ff(2)}$ 的大小与短路点对电源的电气距离有关,$X_{ff(0)}$ 则与中性点接地方式有关。通常 $X_{ff(1)} \approx X_{ff(2)}$,当 $X_{ff(0)} < X_{ff(1)}$ 时,单相短路电流将大于同一点的三相短路电流。

短路点非故障相的对地电压为

$$
\left.\begin{aligned}
\dot{U}_{fb} &= a^2\dot{U}_{fa(1)} + a\dot{U}_{fa(2)} + \dot{U}_{fa(0)} = j[(a^2-a)X_{ff(2)} + (a^2-1)X_{ff(0)}]\dot{I}_{fa(1)} \\
\dot{U}_{fc} &= a\dot{U}_{fa(1)} + a^2\dot{U}_{fa(2)} + \dot{U}_{fa(0)} = j[(a-a^2)X_{ff(2)} + (a-1)X_{ff(0)}]\dot{I}_{fa(1)}
\end{aligned}\right\}
\tag{8-6}
$$

选取正序电流 $\dot{I}_{fa(1)}$ 作为参考相量,可以作出短路点的电流和电压相量图,如图 8-3 所示。图中 $\dot{I}_{fa(0)}$ 和 $\dot{I}_{fa(2)}$ 都与 $\dot{I}_{fa(1)}$ 方向相同、大小相等，$\dot{U}_{fa(1)}$ 比 $\dot{I}_{fa(1)}$ 超前 $90°$，而 $\dot{U}_{fa(2)}$ 和 $\dot{U}_{fa(0)}$ 都要比 $\dot{I}_{fa(1)}$ 落后 $90°$。

非故障相电压 $\dot{U}_{fb}$ 和 $\dot{U}_{fc}$ 的绝对值总是相等的，其相位差 θ_U 与比值 $X_{ff(0)}/X_{ff(2)}$ 有关。当 $X_{ff(0)} \to 0$ 时，相当于短路发生在直接接地的中性点附近，$\dot{U}_{fa(0)} \approx 0$，$\dot{U}_{fb}$ 与 $\dot{U}_{fc}$ 正好反相，即 $\theta_U = 180°$，电压的绝对值为 $\frac{\sqrt{3}}{2}U_f^{(0)}$。当 $X_{ff(0)} \to \infty$ 时，即为不接地系统，单相短路电流为零，非故障相电压上升为线电压，即 $\sqrt{3}U_f^{(0)}$，其夹角为 $60°$。只有 $X_{ff(0)} = X_{ff(2)}$ 时，非故障相电压即等于故障前正常电压，夹角为 $120°$。图 8-3 所示为 $X_{ff(0)} > X_{ff(2)}$ 的情况。

8.1.2　两相（b 相和 c 相）短路

两相短路时故障点的情况如图 8-4 所示。故障处的三个边界条件为

$$\dot{I}_{fa} = 0, \quad \dot{I}_{fb} + \dot{I}_{fc} = 0, \quad \dot{U}_{fb} = \dot{U}_{fc}$$

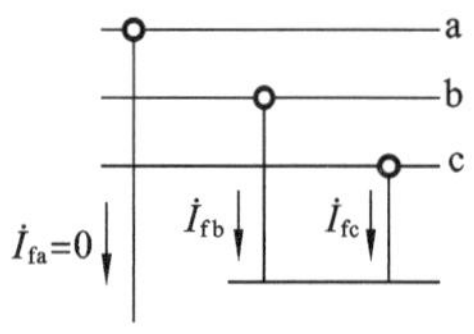

用对称分量表示为

$$\dot{I}_{fa(1)} + \dot{I}_{fa(2)} + \dot{I}_{fa(0)} = 0$$
$$a^2 \dot{I}_{fa(1)} + a\dot{I}_{fa(2)} + \dot{I}_{fa(0)} + a\dot{I}_{fa(1)} + a^2 \dot{I}_{fa(2)} + \dot{I}_{fa(0)} = 0$$
$$a^2 \dot{U}_{fa(1)} + a\dot{U}_{fa(2)} + \dot{U}_{fa(0)} = a\dot{U}_{fa(1)} + a^2 \dot{U}_{fa(2)} + \dot{U}_{fa(0)}$$

图 8-4　两相短路　整理后可得

$$\left. \begin{array}{l} \dot{I}_{fa(0)} = 0 \\ \dot{I}_{fa(1)} + \dot{I}_{fa(2)} = 0 \\ \dot{U}_{fa(1)} = \dot{U}_{fa(2)} \end{array} \right\} \tag{8-7}$$

根据这些条件，我们可用正序网络和负序网络组成两相短路的复合序网，如图 8-5 所示。因为零序电流等于零，所以复合序网中没有零序网络。

利用这个复合序网可以求出

$$\dot{I}_{fa(1)} = \frac{\dot{U}_f^{(0)}}{j(X_{ff(1)} + X_{ff(2)})} \tag{8-8}$$

以及

$$\left. \begin{array}{l} \dot{I}_{fa(2)} = -\dot{I}_{fa(1)} \\ \dot{U}_{fa(1)} = \dot{U}_{fa(2)} = -jX_{ff(2)}\dot{I}_{fa(2)} = jX_{ff(2)}\dot{I}_{fa(1)} \end{array} \right\} \tag{8-9}$$

短路点故障相的电流为

$$\left. \begin{array}{l} \dot{I}_{fb} = a^2\dot{I}_{fa(1)} + a\dot{I}_{fa(2)} + \dot{I}_{fa(0)} = (a^2 - a)\dot{I}_{fa(1)} = -j\sqrt{3}\dot{I}_{fa(1)} \\ \dot{I}_{fc} = -\dot{I}_{fb} = j\sqrt{3}\dot{I}_{fa(1)} \end{array} \right\}$$

$$\tag{8-10}$$

b、c 两相电流大小相等，方向相反。它们的绝对值为

$$I_f^{(2)} = I_{fb} = I_{fc} = \sqrt{3}I_{fa(1)} \tag{8-11}$$

短路点各相对地电压为

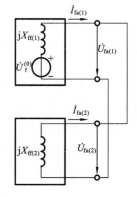

**图 8-5　两相短路的
复合序网**

$$\left.\begin{aligned}
\dot{U}_{\mathrm{fa}} &= \dot{U}_{\mathrm{fa(1)}} + \dot{U}_{\mathrm{fa(2)}} + \dot{U}_{\mathrm{fa(0)}} = 2\dot{U}_{\mathrm{fa(1)}} = \mathrm{j}2X_{\mathrm{ff(2)}}\dot{I}_{\mathrm{fa(1)}} \\
\dot{U}_{\mathrm{fb}} &= a^2\dot{U}_{\mathrm{fa(1)}} + a\dot{U}_{\mathrm{fa(2)}} + \dot{U}_{\mathrm{fa(0)}} = -\dot{U}_{\mathrm{fa(1)}} = -\frac{1}{2}\dot{U}_{\mathrm{fa}} \\
\dot{U}_{\mathrm{fc}} &= \dot{U}_{\mathrm{fb}} = -\dot{U}_{\mathrm{fa(1)}} = -\frac{1}{2}\dot{U}_{\mathrm{fa}}
\end{aligned}\right\} \tag{8-12}$$

可见,两相短路电流为正序电流的$\sqrt{3}$倍;短路点非故障相电压为正序电压的两倍,而故障相电压只有非故障相电压的一半而且方向相反。

两相短路时,故障点的电流和电压相量如图 8-6 所示。作图时,仍以正序电流$\dot{I}_{\mathrm{fa(1)}}$作为参考相量,负电流与它方向相反。正序电压与负序电压相等,都比$\dot{I}_{\mathrm{fa(1)}}$超前 90°。

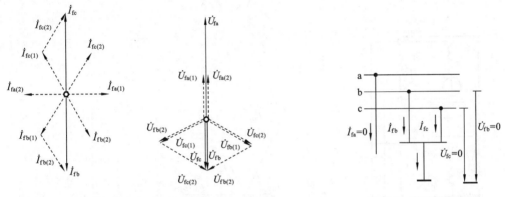

图 8-6 两相短路时短路处电流电压相量图   图 8-7 两相短路接地

8.1.3 两相(b 相和 c 相)短路接地

两相短路接地时故障处的情况如图 8-7 所示。故障处的三个边界条件为

$$\dot{I}_{\mathrm{fa}} = 0, \quad \dot{U}_{\mathrm{fb}} = 0, \quad \dot{U}_{\mathrm{fc}} = 0$$

这些条件同单相短路的边界条件极为相似,只要把单相短路边界条件式中的电流换为电压,电压换为电流就行了。

用序量表示的边界条件为

$$\left.\begin{aligned}
\dot{I}_{\mathrm{fa(1)}} + \dot{I}_{\mathrm{fa(2)}} + \dot{I}_{\mathrm{fa(0)}} &= 0 \\
\dot{U}_{\mathrm{fa(1)}} = \dot{U}_{\mathrm{fa(2)}} &= \dot{U}_{\mathrm{fa(0)}}
\end{aligned}\right\} \tag{8-13}$$

根据边界条件组成的两相短路接地的复合序网如图 8-8 所示。由图可得

$$\dot{I}_{\mathrm{fa(1)}} = \frac{\dot{U}_{\mathrm{f}}^{(0)}}{\mathrm{j}(X_{\mathrm{ff(1)}} + X_{\mathrm{ff(2)}} \mathbin{/\mkern-5mu/} X_{\mathrm{ff(0)}})} \tag{8-14}$$

以及

$$\left.\begin{aligned}
\dot{I}_{\mathrm{fa(2)}} &= -\frac{X_{\mathrm{ff(0)}}}{X_{\mathrm{ff(2)}} + X_{\mathrm{ff(0)}}}\dot{I}_{\mathrm{fa(1)}} \\
\dot{I}_{\mathrm{fa(0)}} &= -\frac{X_{\mathrm{ff(2)}}}{X_{\mathrm{ff(2)}} + X_{\mathrm{ff(0)}}}\dot{I}_{\mathrm{fa(1)}} \\
\dot{U}_{\mathrm{fa(1)}} = \dot{U}_{\mathrm{fa(2)}} = \dot{U}_{\mathrm{fa(0)}} &= \mathrm{j}\frac{X_{\mathrm{ff(2)}}X_{\mathrm{ff(0)}}}{X_{\mathrm{ff(2)}} + X_{\mathrm{ff(0)}}}\dot{I}_{\mathrm{fa(1)}}
\end{aligned}\right\} \tag{8-15}$$

短路点故障相的电流为

$$\left.\begin{array}{l} \dot{I}_{\mathrm{fb}} = a^2\dot{I}_{\mathrm{fa}(1)} + a\dot{I}_{\mathrm{fa}(2)} + \dot{I}_{\mathrm{fa}(0)} = \left(a^2 - \dfrac{X_{\mathrm{ff}(2)} + aX_{\mathrm{ff}(0)}}{X_{\mathrm{ff}(2)} + X_{\mathrm{ff}(0)}}\right)\dot{I}_{\mathrm{fa}(1)} \\[3mm] \dot{I}_{\mathrm{fc}} = a\dot{I}_{\mathrm{fa}(1)} + a^2\dot{I}_{\mathrm{fa}(2)} + \dot{I}_{\mathrm{fa}(0)} = \left(a - \dfrac{X_{\mathrm{ff}(2)} + a^2 X_{\mathrm{ff}(0)}}{X_{\mathrm{ff}(2)} + X_{\mathrm{ff}(0)}}\right)\dot{I}_{\mathrm{fa}(1)} \end{array}\right\} \qquad (8\text{-}16)$$

根据上式可以求得两相短路接地时故障相电流的绝对值为

$$I_{\mathrm{f}}^{(1,1)} = I_{\mathrm{fb}} = I_{\mathrm{fc}} = \sqrt{3}\,\sqrt{1 - \frac{X_{\mathrm{ff}(0)}X_{\mathrm{ff}(2)}}{(X_{\mathrm{ff}(0)} + X_{\mathrm{ff}(2)})^2}}\,I_{\mathrm{fa}(1)} \qquad (8\text{-}17)$$

短路点非故障相电压为

$$\dot{U}_{\mathrm{fa}} = 3\dot{U}_{\mathrm{fa}(1)} = \mathrm{j}\,\frac{3X_{\mathrm{ff}(2)}X_{\mathrm{ff}(0)}}{X_{\mathrm{ff}(2)} + X_{\mathrm{ff}(0)}}\,\dot{I}_{\mathrm{fa}(1)} \qquad (8\text{-}18)$$

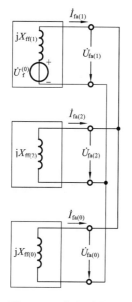

图 8-8 两相短路接地
的复合序网

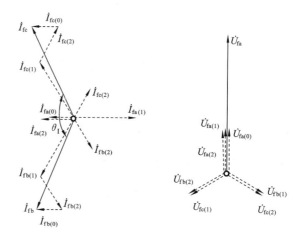

图 8-9 两相短路接地时短路处电流电压相量图

图 8-9 为两相短路接地时故障点的电流和电压相量图。作图时，仍以正序电流 $\dot{I}_{\mathrm{fa}(1)}$ 作为参考相量，$\dot{I}_{\mathrm{fa}(2)}$ 和 $\dot{I}_{\mathrm{fa}(0)}$ 同 $\dot{I}_{\mathrm{fa}(1)}$ 的方向相反。a 相三个序电压都相等，且比 $\dot{I}_{\mathrm{fa}(1)}$ 超前 90°。

令

$$m^{(1,1)} = \sqrt{3}\,\sqrt{1 - \frac{X_{\mathrm{ff}(0)}X_{\mathrm{ff}(2)}}{(X_{\mathrm{ff}(0)} + X_{\mathrm{ff}(2)})^2}}$$

则

$$I_{\mathrm{f}}^{(1,1)} = m^{(1,1)} I_{\mathrm{fa}(1)}$$

$m^{(1,1)}$ 的数值与比值 $X_{\mathrm{ff}(0)}/X_{\mathrm{ff}(2)}$ 有关。当该比值为 0 或 ∞ 时，$m^{(1,1)} = \sqrt{3}$；当 $X_{\mathrm{ff}(0)} = X_{\mathrm{ff}(2)}$ 时，$m^{(1,1)} = 1.5$。可见，$m^{(1,1)}$ 的变化范围有限。

$$1.5 \leqslant m^{(1,1)} \leqslant \sqrt{3}$$

两故障相电流相量之间的夹角也与比值 $X_{\mathrm{ff}(0)}/X_{\mathrm{ff}(2)}$ 有关。当 $X_{\mathrm{ff}(0)} \to 0$ 时，$\dot{I}_{\mathrm{fb}} = \sqrt{3}\dot{I}_{\mathrm{fa}(1)}\,\mathrm{e}^{-\mathrm{j}150°}$，

$\dot{I}_{\text{fc}} = \sqrt{3} \dot{I}_{\text{fa(1)}} e^{\text{j}150°}$，其夹角 $\theta_I = 60°$。当 $X_{\text{ff(0)}} \rightarrow \infty$ 时，即为两相短路，$\dot{I}_{\text{fb}}$ 与 $\dot{I}_{\text{fc}}$ 反相。

8.1.4 正序等效定则

以上所得的三种简单不对称短路时短路电流正序分量的算式(8-3)、(8-8)和(8-14)可以统一写成

$$\dot{I}_{\text{fa(1)}}^{(n)} = \frac{\dot{U}_{\text{f}}^{(0)}}{\text{j}(X_{\text{ff(1)}} + X_{\Delta}^{(n)})} \tag{8-19}$$

式中，$X_{\Delta}^{(n)}$ 表示附加电抗，其值随短路的型式不同而不同，上角标 (n) 是代表短路类型的符号。

式(8-19)表明了一个很重要的概念：在简单不对称短路的情况下，短路点电流的正序分量，与在短路点每一相中加入附加电抗 $X_{\Delta}^{(n)}$ 而发生三相短路时的电流相等。这个概念称为正序等效定则。

此外，从短路点故障相电流的算式(8-5)、式(8-11)和式(8-17)可以看出，短路电流的绝对值与它的正序分量的绝对值成正比，即

$$I_{\text{f}}^{(n)} = m^{(n)} I_{\text{fa(1)}}^{(n)} \tag{8-20}$$

式中，$m^{(n)}$ 为比例系数，其值视短路种类而异。

各种简单短路时的 $X_{\Delta}^{(n)}$ 和 $m^{(n)}$ 列于表 8-1。

根据以上的讨论，可以得到一个结论：简单不对称短路电流的计算，归根结底不外乎先求出系统对短路点的负序和零序输入电抗 $X_{\text{ff(2)}}$ 和 $X_{\text{ff(0)}}$，再根据短路的不同类型组成附加电抗 $X_{\Delta}^{(n)}$，将它接入短路点，然后就像计算三相短路一样，算出短路点的正序电流。所以，前面讲过的三相短路电流的各种计算方法也适用于计算不对称短路。

表 8-1 简单短路时的 $X_{\Delta}^{(n)}$ 和 $m^{(n)}$

短路类型 $f^{(n)}$	$X_{\Delta}^{(n)}$	$m^{(n)}$
三相短路 $f^{(3)}$	0	1
两相短路接地 $f^{(1,1)}$	$\dfrac{X_{\text{ff(2)}} X_{\text{ff(0)}}}{X_{\text{ff(2)}} + X_{\text{ff(0)}}}$	$\sqrt{3}\sqrt{1 - \dfrac{X_{\text{ff(2)}} X_{\text{ff(0)}}}{(X_{\text{ff(2)}} + X_{\text{ff(0)}})^2}}$
两相短路 $f^{(2)}$	$X_{\text{ff(2)}}$	$\sqrt{3}$
单相短路 $f^{(1)}$	$X_{\text{ff(2)}} + X_{\text{ff(0)}}$	3

例 8-1 对例 7-4 的输电系统，试计算 f 点发生各种不对称短路时的短路电流。

解 在例 7-4 的计算基础上，再算出各种不同类型短路时的附加电抗 $X_{\Delta}^{(n)}$ 和 $m^{(n)}$ 值，即能确定短路电流。

对于单相短路

$$X_{\Delta}^{(1)} = X_{\text{ff(2)}} + X_{\text{ff(0)}} = 0.44 + 0.78 = 1.22, \quad m^{(1)} = 3$$

115 kV 侧的基准电流为 $\quad I_{\text{B}} = \dfrac{120}{\sqrt{3} \times 115} \text{ kA} = 0.6 \text{ kA}$

因此，单相短路时

$$I_{\mathrm{fa}(1)}^{(1)} = \frac{U_{\mathrm{f}}^{(0)}}{X_{\mathrm{ff}(1)} + X_{\Delta}^{(1)}} I_{\mathrm{B}} = \frac{0.95}{0.83 + 1.22} \times 0.6 \text{ kA} = 0.28 \text{ kA}$$

$$I_{\mathrm{f}}^{(1)} = m^{(1)} I_{\mathrm{fa}(1)}^{(1)} = 3 \times 0.28 \text{ kA} = 0.84 \text{ kA}$$

对于两相短路

$$X_{\Delta}^{(2)} = X_{\mathrm{ff}(2)} = 0.44, \quad m^{(2)} = \sqrt{3}$$

$$I_{\mathrm{fa}(1)}^{(2)} = \frac{U_{\mathrm{f}}^{(0)}}{X_{\mathrm{ff}(1)} + X_{\Delta}^{(2)}} I_{\mathrm{B}} = \frac{0.95}{0.83 + 0.44} \times 0.6 \text{ kA} = 0.45 \text{ kA}$$

$$I_{\mathrm{f}}^{(2)} = m^{(2)} I_{\mathrm{fa}(1)}^{(2)} = \sqrt{3} \times 0.45 \text{ kA} = 0.78 \text{ kA}$$

对于两相短路接地

$$X_{\Delta}^{(1,1)} = X_{\mathrm{ff}(2)} /\!/ X_{\mathrm{ff}(0)} = 0.44 /\!/ 0.78 = 0.28$$

$$m^{(1,1)} = \sqrt{3} \times \sqrt{1 - \left[X_{\mathrm{ff}(2)} X_{\mathrm{ff}(0)} / (X_{\mathrm{ff}(2)} + X_{\mathrm{ff}(0)})^2 \right]}$$

$$= \sqrt{3} \times \sqrt{1 - \left[0.44 \times 0.78 / (0.44 + 0.78)^2 \right]} = 1.52$$

$$I_{\mathrm{fa}(1)}^{(1,1)} = \frac{U_{\mathrm{f}}^{(0)}}{X_{\mathrm{ff}(1)} + X_{\Delta}^{(1,1)}} I_{\mathrm{B}} = \frac{0.95}{0.83 + 0.28} \times 0.6 \text{ kA} = 0.51 \text{ kA}$$

$$I_{\mathrm{f}}^{(1,1)} = m^{(1,1)} I_{\mathrm{fa}(1)}^{(1,1)} = 1.52 \times 0.51 \text{ kA} = 0.78 \text{ kA}$$

8.1.5 非故障处的电流和电压的计算

在电力系统的设计和运行工作中,除了要知道故障点的短路电流和电压以外,还要知道网络中某些支路的电流和某些节点的电压。为此,须先求出电流和电压的各序分量在网络中的分布。然后,将各对称分量合成以求得相电流和相电压。

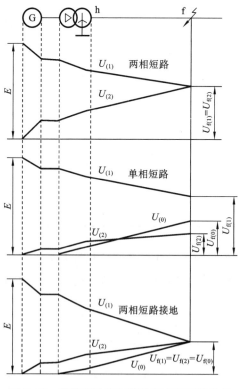

图 8-10　各种不对称短路时各序电压的分布

对于比较简单的电力系统,可采用网络变换化简的方法进行短路计算,在算出短路点各序电流后,分别各个序网逆着简化的顺序,在网络还原过程中逐步算出各支路电流和有关各节点的电压。在负序和零序网络中利用电流分布系数计算电流分布也很方便。

为了说明各序电压的分布情况,画出了某一简单网络在发生各种不对称短路时各序电压的分布情况,如图 8-10 所示。电源点的正序电压最高,随着对短路点的接近,正序电压将逐渐降低,到短路点即等于短路处的正序电压。短路点的负序和零序电压最高。离短路点愈远,节点的负序电压和零序电压就愈低。电源点的负序电压为零。由于变压器是 YN,d 接法,零序电压在变压器三角形一侧的出线端已经降至零了。

顺便指出,单相接地短路时,短路点的负序和零序电压与正序电压反相,图8-10中的电压是指其绝对值。

网络中各点电压的不对称程度主要由负序分量决定。负序分量愈大,电压愈不对称。比较图 8-10 中的各个图形可以看出,单相短路时电压的不对称程度要比其他类型的不对称短路时小些。不管发生何种不对称短路,短路点的电压最不对称,电压不对称程度将随着离短路点距离的增大而逐渐减弱。

上述求网络中各序电流和电压分布的方法,只有用于与短路点有直接电气联系的部分网络才可获得各序量间正确的相位关系。在由变压器联系的两段电路中,由于变压器绕组的联接方式,变压器一侧的各序电压和电流对另一侧可能有相位移动,并且正序分量与负序分量的相位移动也可能不同。计算时要加以注意。

例 8-2 在图 8-11(a)的系统中,f 点两相短路接地,其参数如下:

汽轮发电机 G-1、G-2:$S_{NG} = 60$ MV·A,$x''_d = x_{(2)} = 0.14$;

变压器 T-1、T-2:60 MV·A,$U_{SI}\% = 11$,$U_{SII}\% = 0$,$U_{SIII}\% = 6$;T-3:7.5 MV·A,$U_S\% = 7.5$;

8 km 的线路:$x_{(1)} = 0.4$ Ω/km,$x_{(0)} = 3.5x_{(1)}$。

试求 $t = 0$ s 时短路点故障相电流、变压器 T-1 接地中性线的电流和 37 kV 母线 h 的各相电压。

解 (一)选取 $S_B = 60$ MV·A,$U_B = U_{av}$,计算系统各元件的电抗标幺值。

(二)制订系统的各序等值网络。

由于正序网络对于短路点对称,故变压器 T-1 和 T-2 在 115 kV 侧的电抗不必画入网络中(见图 8-11(b))。负序网络与正序的相同,只是电源电势为零。零序网络如图 8-11(c)所示。

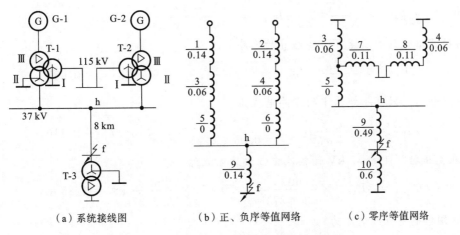

(a)系统接线图　　(b)正、负序等值网络　　(c)零序等值网络

图 8-11 例 8-2 的电力系统及其等值网络图

(三)求各序输入电抗。

$$X_{ff(1)} = X_{ff(2)} = \frac{0.14 + 0.06}{2} + 0.14 = 0.24$$

在零序网络中将电抗 x_7、x_8 和 x_4 串联，得

$$x_{11} = 0.11 + 0.11 + 0.06 = 0.28$$

将电抗 x_{11} 和电抗 x_3 并联，得

$$x_{12} = x_{11} /\!/ x_3 = 0.28 /\!/ 0.06 = 0.05$$

将电抗 x_{12}、x_5 和 x_9 串联，得

$$x_{13} = 0.05 + 0.49 = 0.54$$

最后计算零序输入电抗，即

$$X_{ff(0)} = x_{10} /\!/ x_{13} = 0.6 /\!/ 0.54 = 0.28$$

（四）计算两相短路接地时的 $X_\Delta^{(1,1)}$ 和 $m^{(1,1)}$。

$$X_\Delta^{(1,1)} = X_{ff(0)} /\!/ X_{ff(2)} = 0.28 /\!/ 0.24 = 0.13$$

$$m^{(1,1)} = \sqrt{3}\ \sqrt{1 - X_{ff(0)} X_{ff(2)} / (X_{ff(2)} + X_{ff(0)})^2} = \sqrt{3}\ \sqrt{1 - 0.28 \times 0.24 / (0.28 + 0.24)^2}$$
$$= 1.50$$

（五）计算 0 s 时短路点的正序电流。

电源的电势可用次暂态电势，并取 $\dot{U}_f^{(0)} = \dot{E}'' = j1.0$，故

$$\dot{I}_{f(1)*} = \frac{\dot{U}_f^{(0)}}{j(X_{ff(1)} + X_\Delta^{(1,1)})} = \frac{j1.0}{j(0.24 + 0.13)} = 2.703$$

于是短路点故障相电流的有名值为

$$I_f^{(1,1)} = m^{(1,1)} I_{f(1)*} I_B = 1.50 \times 2.703 \times \frac{60}{\sqrt{3} \times 37}\ \text{kA} = 3.79\ \text{kA}$$

（六）计算零序电流及其分布。

短路处的零序电流和负序电流分别为

$$\dot{I}_{f(0)*} = -\frac{X_{ff(2)}}{X_{ff(2)} + X_{ff(0)}} \dot{I}_{f(1)*} = -\frac{0.24}{0.24 + 0.28} \times 2.703 = -1.248$$

$$\dot{I}_{f(2)*} = -\frac{X_{ff(0)}}{X_{ff(2)} + X_{ff(0)}} \dot{I}_{f(1)*} = -\frac{0.28}{0.24 + 0.28} \times 2.703 = -1.455$$

通过线路流到变压器 T-1 绕组 Ⅱ 的零序电流为

$$\dot{I}_{L(0)*} = \frac{x_{10}}{x_{10} + x_{13}} \dot{I}_{f(0)*} = \frac{0.6}{0.6 + 0.54} \times (-1.248) = -0.657$$

分配到变压器 T-1 绕组 Ⅰ 的零序电流为

$$\dot{I}_{I(0)*} = \frac{x_3}{x_3 + x_{11}} \dot{I}_{L(0)*} = \frac{0.06}{0.06 + 0.28} \times (-0.657) = -0.116$$

因此，在变压器 T-1 的 37 kV 侧接地中性线的电流为

$$I_{n(\text{Ⅱ})} = 3 I_{L(0)*} \times \frac{60}{\sqrt{3} \times 37} = 3 \times 0.657 \times \frac{60}{\sqrt{3} \times 37}\ \text{kA} = 1.85\ \text{kA}$$

115 kV 侧接地中性线电流为

$$I_{n(\text{Ⅰ})} = 3 I_{I(0)*} \times \frac{60}{\sqrt{3} \times 115} = 3 \times 0.116 \times \frac{60}{\sqrt{3} \times 115}\ \text{kA} = 0.105\ \text{kA}$$

（七）计算短路点各序电压及节点 h 的各序电压。

以短路点正序电流作参考相量，短路点的各序电压分别为

$$\dot U_{f(1)*} = j(X_{ff(0)} /\!/ X_{ff(2)}) \dot I_{f(1)*} = j0.13 \times 2.703 = j0.35$$

$$\dot U_{f(2)*} = \dot U_{f(0)*} = \dot U_{f(1)*} = j0.35$$

37 kV 母线 h 的各序电压为

$$\dot U_{h(1)*} = \dot U_{f(1)*} + jx_L \dot I_{f(1)*} = j0.35 + j0.14 \times 2.703 = j0.728$$

$$\dot U_{h(2)*} = \dot U_{f(2)*} + jx_L \dot I_{f(2)*} = j0.35 + j0.14 \times (-1.455) = j0.146$$

$$\dot U_{h(0)*} = \dot U_{f(0)*} + jx_{L(0)} \dot I_{L(0)*} = j0.35 + j0.49 \times (-0.657) = j0.028$$

因此, 37 kV 母线 h 的各相电压分别为

$$\dot U_{ha} = (\dot U_{h(0)*} + U_{h(1)*} + U_{h(2)*}) U_B/\sqrt{3} = j(0.028 + 0.728 + 0.146) \times 37/\sqrt{3}\ \text{kV}$$

$$= j0.902 \times 21.4\,\text{kV} = 19.30 e^{j90°}\,\text{kV}$$

$$\dot U_{hb} = (\dot U_{h(0)*} + a^2 \dot U_{h(1)*} + a \dot U_{h(2)*}) U_B/\sqrt{3}$$

$$= j\left[0.028 + \left(-\frac{1}{2} - j\frac{\sqrt{3}}{2}\right) \times 0.728 + \left(-\frac{1}{2} + j\frac{\sqrt{3}}{2}\right) \times 0.146\right] \times 21.4\ \text{kV}$$

$$= (0.504 - j0.409) \times 21.4\ \text{kV} = 13.89 e^{-j39.06°}\ \text{kV}$$

$$\dot U_{hc} = (\dot U_{h(0)*} + a \dot U_{h(1)*} + a^2 \dot U_{h(2)*}) U_B/\sqrt{3}$$

$$= j\left[0.028 + \left(-\frac{1}{2} + j\frac{\sqrt{3}}{2}\right) \times 0.728 + \left(-\frac{1}{2} - j\frac{\sqrt{3}}{2}\right) \times 0.146\right] \times 21.4\ \text{kV}$$

$$= 13.89 e^{j219.06°}\ \text{kV}$$

图 8-12 为本例题的电流电压相量图。

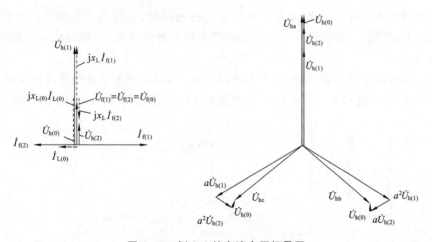

图 8-12　例 8-2 的电流电压相量图

8.2　电压和电流对称分量经变压器后的相位变换

电压和电流对称分量经变压器后,可能要发生相位移动,这取决于变压器绕组的联接组别。现以变压器的两种常用联接方式 Y,y0 和 Y,d11 来说明这个问题。

图 8-13(a)表示 Y,y0 联接的变压器,用 A、B 和 C 表示变压器绕组 I 的出线端,a、b 和 c

表示绕组Ⅱ的出线端。如果在Ⅰ侧施以正序电压，则Ⅱ侧绕组的相电压与Ⅰ侧绕组的相电压同相位，如图 8-13(b) 所示。如果在Ⅰ侧施以负序电压，则Ⅱ侧的相电压与Ⅰ侧的相电压也是同相位，如图 8-13(c) 所示。对这样联接的变压器，当所选择的基准值使 $k_* = 1$ 时，两侧相电压的正序分量或负序分量的标幺值分别相等，且相位相同，即

$$\dot{U}_{a(1)} = \dot{U}_{A(1)}, \quad \dot{U}_{a(2)} = \dot{U}_{A(2)}$$

对于两侧相电流的正序及负序分量亦存在上述关系。

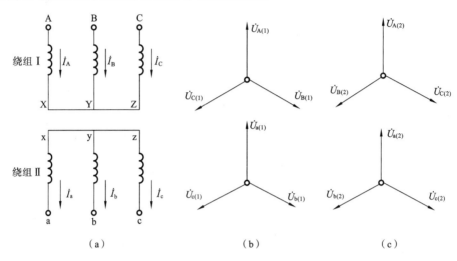

（a） （b） （c）

图 8-13　Y,y0 接法变压器两侧电压的正、负序分量的相位关系

当变压器接成 YN,yn0，而又存在零序电流的通路时，变压器两侧的零序电流（或零序电压）亦是同相位的。因此，电压和电流的各序对称分量经过 Y,y0 联接的变压器时，并不发生相位移动。

Y,d11 联接法的变压器，情况则大不相同。图 8-14(a) 表示这种变压器的接线。如在 Y 侧施以正序电压，d 侧的线电压虽与 Y 侧的相电压同相位，但 d 侧的相电压却超前于 Y 侧相

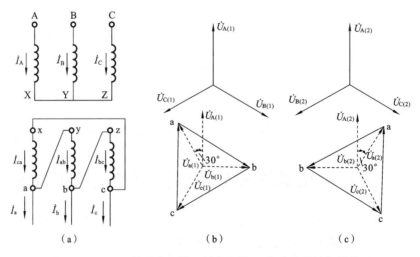

（a） （b） （c）

图 8-14　Y,d11 接法变压器两侧电压的正、负序分量的相位关系

电压 30°,如图 8-14(b)所示。当 Y 侧施以负序电压时,d 侧的相电压落后于 Y 侧相电压 30°,如图 8-14(c)所示。变压器两侧相电压的正序和负序分量(用标幺值表示且 $k_* = 1$ 时) 存在以下的关系。

$$\left.\begin{array}{l} \dot{U}_{a(1)} = \dot{U}_{A(1)} e^{j30°} \\ \dot{U}_{a(2)} = \dot{U}_{A(2)} e^{-j30°} \end{array}\right\} \quad (8\text{-}21)$$

电流也有类似的情况,d 侧的正序线电流超前 Y 侧正序线电流 30°,d 侧的负序线电流则落后于 Y 侧负序线电流 30°,如图 8-15 所示。当用标幺值表示电流且 $k_* = 1$ 时便有

$$\left.\begin{array}{l} \dot{I}_{a(1)} = \dot{I}_{A(1)} e^{j30°} \\ \dot{I}_{a(2)} = \dot{I}_{A(2)} e^{-j30°} \end{array}\right\} \quad (8\text{-}22)$$

Y,d 联接的变压器,在三角形侧的外电路中总不含零序分量。

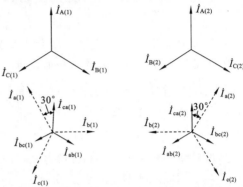

图 8-15 Y,d11 接法变压器两侧电流的正序和负序分量的相位关系

由此可见,经过 Y,d11 接法的变压器由星形侧到三角形侧时,正序系统逆时针方向转过 30°,负序系统顺时针转过 30°。反之,由三角形侧到星形侧时,正序系统顺时针方向转过 30°,负序系统逆时针方向转过 30°。因此,当已求得星形侧的序电流 $\dot{I}_{A(1)}$、$\dot{I}_{A(2)}$ 时,三角形侧各相(不是各绕组)的电流分别为

$$\left.\begin{array}{l} \dot{I}_a = \dot{I}_{a(1)} + \dot{I}_{a(2)} = \dot{I}_{A(1)} e^{j30°} + \dot{I}_{A(2)} e^{-j30°} \\ \dot{I}_b = a^2 \dot{I}_{a(1)} + a\dot{I}_{a(2)} = a^2 \dot{I}_{A(1)} e^{j30°} + a\dot{I}_{A(2)} e^{-j30°} \\ \dot{I}_c = a\dot{I}_{a(1)} + a^2 \dot{I}_{a(2)} = a\dot{I}_{A(1)} e^{j30°} + a^2 \dot{I}_{A(2)} e^{-j30°} \end{array}\right\} \quad (8\text{-}23)$$

利用已知的三角形侧各序分量计算星形侧各相分量的公式,请读者自行列出。

例 8-3 在例 7-4 所示的网络中,f 点发生两相短路。试计算变压器 d 侧的各相电压和各相电流。变压器 T-1 是 Y,d11 接法。

解 在例 7-4 中已经算出了网络的各序输入电抗(请参看图 7-32 和图 7-33),这里直接利用这些数据。

取正序等值电势,即短路前故障点的电压 $\dot{E}_{eq} = \dot{U}_f^{(0)} = j0.95$,短路点的各序电流分别为

$$\dot{I}_{f(1)} = \frac{\dot{U}_f^{(0)}}{j(X_{ff(1)} + X_\Delta^{(2)})} = \frac{j0.95}{j(0.83 + 0.44)} = 0.75$$

$$\dot{I}_{f(2)} = -\dot{I}_{f(1)} = -0.75$$

短路点对地的各序电压为

$$\dot{U}_{f(1)} = \dot{U}_{f(2)} = jX_{ff(2)}\dot{I}_{f(1)} = j0.44 \times 0.75 = j0.33$$

从输电线流向 f 点的电流为

$$\dot{I}_{L(1)} = \frac{\dot{E}_7 - \dot{U}_{f(1)}}{jx_9} = \frac{j(1.22 - 0.33)}{j1.06} = 0.84$$

$$\dot{I}_{L(2)} = \frac{X_{ff(2)}}{x_9}\dot{I}_{f(2)} = -\frac{0.44}{0.67} \times 0.75 = -0.49$$

变压器 T-1 Y 侧的电流即是线路 L-1 的电流，因此 d 侧的各序电流为

$$\dot{I}_{Ta(1)} = \dot{I}_{L(1)} e^{j30°} = 0.84 e^{j30°}$$

$$\dot{I}_{Ta(2)} = \dot{I}_{L(2)} e^{-j30°} = -0.49 e^{-j30°}$$

短路处的正序电压加线路 L-1 和变压器 T-1 的阻抗中的正序电压降，再逆时针转过 30°，便得变压器 T-1 的 d 侧的正序电压为

$$\dot{U}_{Ta(1)} = [\dot{U}_{f(1)} + j(x_2 + x_4)\dot{I}_{L(1)}]e^{j30°} = (j0.33 + j0.4 \times 0.84)e^{j30°} = j0.67 e^{j30°}$$

同样地可得 d 侧的负序电压为

$$\dot{U}_{Ta(2)} = [\dot{U}_{f(2)} + j(x_2 + x_4)\dot{I}_{L(2)}]e^{-j30°} = [j0.33 + j0.4 \times (-0.49)]e^{-j30°} = j0.13 e^{-j30°}$$

应用对称分量合成为各相量的算式，可得变压器 d 侧各相电压和电流的标幺值为

$$\dot{U}_{Ta} = \dot{U}_{Ta(1)} + \dot{U}_{Ta(2)} = j0.67 e^{j30°} + j0.13 e^{-j30°} = -0.27 + j0.693 = 0.74 e^{j111.3°}$$

$$\dot{U}_{Tb} = a^2\dot{U}_{Ta(1)} + a\dot{U}_{Ta(2)} = a^2 \times j0.67 e^{j30°} + a \times j0.13 e^{-j30°} = 0.67 - 0.13 = 0.54$$

$$\dot{U}_{Tc} = a\dot{U}_{Ta(1)} + a^2\dot{U}_{Ta(2)} = a \times j0.67 e^{j30°} + a^2 \times j0.13 e^{-j30°} = -0.27 - j0.693 = 0.74 e^{-j111.3°}$$

$$\dot{I}_{Ta} = \dot{I}_{Ta(1)} + \dot{I}_{Ta(2)} = 0.84 e^{j30°} - 0.49 e^{-j30°} = 0.303 + j0.665 = 0.73 e^{j65.5°}$$

$$\dot{I}_{Tb} = a^2\dot{I}_{Ta(1)} + a\dot{I}_{Ta(2)} = a^2 \times 0.84 e^{j30°} - a \times 0.49 e^{-j30°} = -j0.84 - j0.49 = 1.33 e^{-j90°}$$

$$\dot{I}_{Tc} = a\dot{I}_{Ta(1)} + a^2\dot{I}_{Ta(2)} = a \times 0.84 e^{j30°} - a^2 \times 0.49 e^{-j30°} = -0.303 + j0.665 = 0.73 e^{j114.5°}$$

换算成有名值时，电压的标幺值应乘以相电压的基准值 $U_{P.B} = 10.5/\sqrt{3}$ kV = 6.06 kV，电流的标幺值应乘以 10.5 kV 电压级的基准电流 $\dot{I}_B = S_B/(\sqrt{3} \times 10.5) = 120/(\sqrt{3} \times 10.5)$ kA = 6.6 kA，所得的结果为

$$U_{Ta} = 4.48 \text{ kV}, \quad U_{Tb} = 3.27 \text{ kV}, \quad U_{Tc} = 4.48 \text{ kV}$$

$$I_{Ta} = 4.82 \text{ kA}, \quad I_{Tb} = 8.78 \text{ kA}, \quad I_{Tc} = 4.82 \text{ kA}$$

变压器 d 侧的电压（即发电机端电压）和电流的相量图如图 8-16 所示。

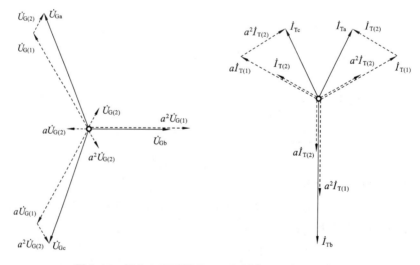

图 8-16　例 8-3 变压器 T-1 三角侧电压和电流相量图

8.3 非全相断线的分析计算

电力系统的短路通常也称为横向故障。它指的是在网络的节点 f 处出现了相与相之间或相与零电位点之间不正常接通的情况。发生横向故障时,由故障节点 f 同零电位节点组成故障端口。不对称故障的另一种类型是所谓纵向故障,它指的是网络中的两个相邻节点 f 和 f′(都不是零电位节点)之间出现了不正常断开或三相阻抗不相等的情况。发生纵向故障时,由 f 和 f′ 这两个节点组成故障端口。

本节将讨论纵向不对称故障的两种极端状态,即一相和两相断开的运行状态(见图 8-17)。造成非全相断线的原因是很多的,例如某一线路单相接地短路后故障相开关跳闸;导线一相或两相断线;分相检修线路或开关设备以及开关合闸过程中三相触头不同时接通等。

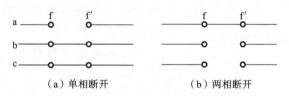

（a）单相断开　　　　　　（b）两相断开

图 8-17　非全相断线

纵向故障同横向不对称故障一样,也只是在故障口出现了某种不对称状态,系统其余部分的参数还是三相对称的。可以应用对称分量法进行分析。首先在故障口 ff′ 插入一组不对称电势源来代替实际存在的不对称状态,然后将这组不对称电势源分解成正序、负序和零序分量。根据重叠原理,分别作出各序的等值网络(见图 8-18)。与不对称短路时一样,可以列出各序网络故障端口的电压方程式如下。

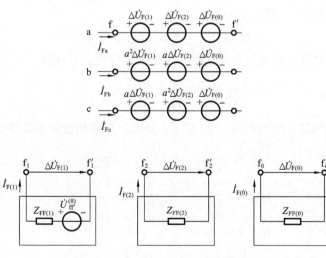

图 8-18　用对称分量法分析非全相运行

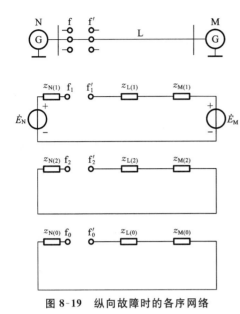

图 8-19　纵向故障时的各序网络

$$\left.\begin{aligned}\dot{U}_{ff'}^{(0)} - Z_{FF(1)}\dot{I}_{F(1)} &= \Delta\dot{U}_{F(1)}\\ - Z_{FF(2)}\dot{I}_{F(2)} &= \Delta\dot{U}_{F(2)}\\ - Z_{FF(0)}\dot{I}_{F(0)} &= \Delta\dot{U}_{F(0)}\end{aligned}\right\} \quad (8\text{-}24)$$

式中，$\dot{U}_{ff'}^{(0)}$ 是故障口 ff' 的开路电压，即当 f、f' 两点间三相断开时，网络内的电源在端口 ff' 产生的电压；而 $Z_{FF(1)}$，$Z_{FF(2)}$，$Z_{FF(0)}$ 分别为正序网络、负序网络和零序网络从故障端口 ff' 看进去的等值阻抗（又称故障端口 ff' 的各序输入阻抗）。

对于图 8-19 所示系统，$\dot{U}_{ff'}^{(0)} = \dot{E}_N - \dot{E}_M$，$Z_{FF(1)} = z_{N(1)} + z_{L(1)} + z_{M(1)}$，$Z_{FF(2)} = z_{N(2)} + z_{L(2)} + z_{M(2)}$，$Z_{FF(0)} = z_{N(0)} + z_{L(0)} + z_{M(0)}$。这里应注意与同一点发生横向不对称短路时的情况相区别。

若网络各元件都用纯电抗表示，则方程式(8-24)可以写成

$$\left.\begin{aligned}\dot{U}_{ff'}^{(0)} - jX_{FF(1)}\dot{I}_{F(1)} &= \Delta\dot{U}_{F(1)}\\ - jX_{FF(2)}\dot{I}_{F(2)} &= \Delta\dot{U}_{F(2)}\\ - jX_{FF(0)}\dot{I}_{F(0)} &= \Delta\dot{U}_{F(0)}\end{aligned}\right\} \quad (8\text{-}25)$$

方程式(8-25)包含了 6 个未知量，因此，还必须根据非全相断线的具体边界条件列出另外三个方程才能求解。以下分别就单相和两相断线进行讨论。

8.3.1　单相(a 相)断线

故障处的边界条件(见图 8-17(a))为

$$\dot{I}_{Fa} = 0, \quad \Delta\dot{U}_{Fb} = \Delta\dot{U}_{Fc} = 0$$

这些条件与两相短路接地的条件完全相似。若用对称分量表示，则有

$$\left.\begin{aligned}\dot{I}_{F(1)} + \dot{I}_{F(2)} + \dot{I}_{F(0)} &= 0\\ \Delta\dot{U}_{F(1)} = \Delta\dot{U}_{F(2)} &= \Delta\dot{U}_{F(0)}\end{aligned}\right\} \quad (8\text{-}26)$$

满足这些边界条件的复合序网如图 8-20 所示。由此可以算出故障处各序电流为

$$\left.\begin{aligned}\dot{I}_{F(1)} &= \frac{\dot{U}_{ff'}^{(0)}}{j(X_{FF(1)} + X_{FF(2)} \,/\!/\, X_{FF(0)})}\\ \dot{I}_{F(2)} &= -\frac{X_{FF(0)}}{X_{FF(2)} + X_{FF(0)}}\dot{I}_{F(1)}\\ \dot{I}_{F(0)} &= -\frac{X_{FF(2)}}{X_{FF(2)} + X_{FF(0)}}\dot{I}_{F(1)}\end{aligned}\right\} \quad (8\text{-}27)$$

非故障相电流为

$$\left.\begin{array}{l} \dot{I}_{\mathrm{Fb}} = \left(a^2 - \dfrac{X_{\mathrm{FF(2)}} + aX_{\mathrm{FF(0)}}}{X_{\mathrm{FF(2)}} + X_{\mathrm{FF(0)}}}\right)\dot{I}_{\mathrm{F(1)}} \\[4mm] \dot{I}_{\mathrm{Fc}} = \left(a - \dfrac{X_{\mathrm{FF(2)}} + a^2 X_{\mathrm{FF(0)}}}{X_{\mathrm{FF(2)}} + X_{\mathrm{FF(0)}}}\right)\dot{I}_{\mathrm{F(1)}} \end{array}\right\} \tag{8-28}$$

故障相的断口电压

$$\Delta\dot{U}_{\mathrm{F}} = 3\Delta\dot{U}_{\mathrm{F(1)}} = \mathrm{j}\,\frac{3X_{\mathrm{FF(2)}} X_{\mathrm{FF(0)}}}{X_{\mathrm{FF(2)}} + X_{\mathrm{FF(0)}}}\dot{I}_{\mathrm{F(1)}} \tag{8-29}$$

故障口的电流和电压的这些算式，都与两相短路接地时的算式完全一样。

8.3.2　两相(b 相和 c 相)断开

故障处的边界条件(见图 8-17(b))为

$$\dot{I}_{\mathrm{Fb}} = \dot{I}_{\mathrm{Fc}} = 0, \quad \Delta\dot{U}_{\mathrm{Fa}} = 0$$

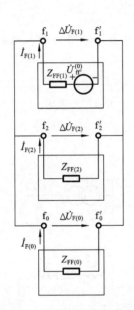

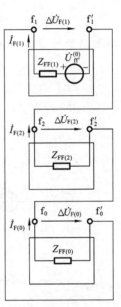

图 8-20　单相断开的复合序网　　　　图 8-21　两相断开的复合序网

容易看出，这些条件与单相短路的边界条件相似。若用对称分量表示，则有

$$\left.\begin{array}{l} \dot{I}_{\mathrm{F(1)}} = \dot{I}_{\mathrm{F(2)}} = \dot{I}_{\mathrm{F(0)}} \\[2mm] \Delta\dot{U}_{\mathrm{F(1)}} + \Delta\dot{U}_{\mathrm{F(2)}} + \Delta\dot{U}_{\mathrm{F(0)}} = 0 \end{array}\right\} \tag{8-30}$$

满足这样边界条件的复合序网如图 8-21 所示。故障处的电流

$$\dot{I}_{\mathrm{F(1)}} = \dot{I}_{\mathrm{F(2)}} = \dot{I}_{\mathrm{F(0)}} = \frac{\dot{U}_{\mathrm{ff'}}^{(0)}}{\mathrm{j}(X_{\mathrm{FF(1)}} + X_{\mathrm{FF(2)}} + X_{\mathrm{FF(0)}})} \tag{8-31}$$

非故障相电流

$$\dot{I}_{\mathrm{F}} = 3\dot{I}_{\mathrm{F(1)}} \tag{8-32}$$

故障相断口的电压

$$\left.\begin{array}{l}\Delta\dot{U}_{Fb}=j\big[(a^2-a)X_{FF(2)}+(a^2-1)X_{FF(0)}\big]\dot{I}_{F(1)}\\[2mm]\Delta\dot{U}_{Fc}=j\big[(a-a^2)X_{FF(2)}+(a-1)X_{FF(0)}\big]\dot{I}_{F(1)}\end{array}\right\}\qquad(8\text{-}33)$$

故障口的电流和电压的这些算式,同单相短路时的算式完全相似。

例 8-4 在图 8-22(a)所示的电力系统中,平行输电线中的线路 I 首端单相断开,试计算断开相的断口电压和非断开相的电流。系统各元件的参数与例 7-4 的相同。每回输电线路本身的零序电抗为 0.8 Ω/km,两回平行线路间的零序互感抗为 0.4 Ω/km。

解 （一）绘制各序等值电路,计算各序参数。

正、负序网络的元件参数直接取自例 7-4,对于零序网络采用消去互感的等值电路。

$$x_3=x_4=x_{I(0)}-x_{I\text{-}II(0)}=(0.8-0.4)\times105\times\frac{120}{115^2}=0.38$$

$$x_8=x_{I\text{-}II(0)}=0.4\times105\times\frac{120}{115^2}=0.38$$

（二）组成单相断开的复合序网（见图 8-22(b)）,计算各序故障口输入电抗和故障口开路电压。

$$X_{FF(1)}=\big[(x_1\ /\!/\ x_7)+x_2+x_5+x_6\big]\ /\!/\ x_4+x_3$$
$$=\big[(0.9\ /\!/\ 2.4)+0.21+0.21+3.6\big]\ /\!/\ 0.38+0.38=0.734$$
$$X_{FF(2)}=\big[(0.45\ /\!/\ 0.7)+0.21+0.21+1.05\big]\ /\!/\ 0.38+0.38=0.692$$
$$X_{FF(0)}=x_3+x_4=0.38+0.38=0.76$$

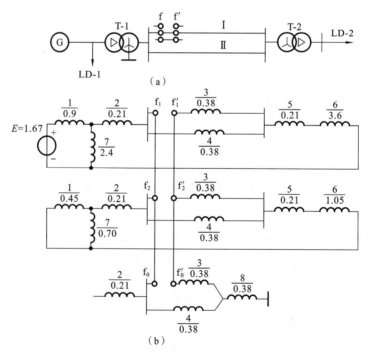

图 8-22 例 8-4 的电力系统及其单相断开时的复合序网

故障口的开路电压 $U_{ff}^{(0)}$ 应等于线路 I 断开时线路 II 的全线电压降。先将发电机同负荷

LD-1 这两个支路合并,得

$$E_{eq} = \frac{1.67/0.9}{\frac{1}{0.9} + \frac{1}{2.4}} = 1.215, \quad x_{eq} = \frac{1}{\frac{1}{0.9} + \frac{1}{2.4}} = 0.655$$

$$U_{ff}^{(0)} = \frac{E_{eq}}{x_{eq} + x_2 + x_4 + x_5 + x_6} x_4 = \frac{1.215}{0.655 + 0.21 + 0.38 + 0.21 + 3.6} \times 0.38$$

$$= 0.0914$$

（三）计算故障口的正序电流。

设 $\dot{U}_{ff}^{(0)} = j0.0914$,则

$$\dot{I}_{F(1)} = \frac{\dot{U}_{ff}^{(0)}}{j(X_{FF(1)} + X_{FF(2)} /\!/ X_{FF(0)})} = \frac{j0.0914}{j(0.734 + 0.692 /\!/ 0.76)} = 0.0835$$

$$\dot{I}_{F(2)} = -\frac{X_{FF(0)}}{X_{FF(2)} + X_{FF(0)}} \dot{I}_{F(1)} = -\frac{0.76}{0.692 + 0.76} \times 0.0835 = -0.0437$$

$$\dot{I}_{F(0)} = -\frac{X_{FF(2)}}{X_{FF(2)} + X_{FF(0)}} \dot{I}_{F(1)} = -\frac{0.692}{0.692 + 0.76} \times 0.0835 = -0.0398$$

（四）计算故障断口电压和非故障相电流。

$$\Delta \dot{U}_F = j3(X_{FF(2)} /\!/ X_{FF(0)}) \dot{I}_{F(1)} U_B/\sqrt{3} = j3 \times 0.362 \times 0.0835 \times 115/\sqrt{3} \text{ kV} = j6.02 \text{ kV}$$

$$\dot{I}_{Fb} = \frac{-3X_{FF(2)} - j\sqrt{3}(X_{FF(2)} + 2X_{FF(0)})}{2(X_{FF(2)} + X_{FF(0)})} \dot{I}_{F(1)} I_B$$

$$= \frac{-3 \times 0.692 - j\sqrt{3}(0.692 + 2 \times 0.76)}{2(0.692 + 0.76)} \times 0.0835 \times 0.6 \text{ kA}$$

$$= -0.0751 e^{j61.6°} \text{ kA}$$

同样地可以算出

$$\dot{I}_{Fc} = -0.0751 e^{-j61.6°} \text{ kA}$$

8.4　应用节点阻抗矩阵计算不对称故障

第 6 章已经介绍过应用节点阻抗矩阵进行三相短路电流计算的方法。对于不对称故障计算,特别是采用计算机时,这也是一种非常有效的算法。

8.4.1　各序网络的电压方程式

不论是发生横向故障还是纵向故障,都可以从故障口把各序网络看成是某种等值的两端(一口)网络,如图 8-23 所示。正序网络是有源两端网络,负序和零序网络都是无源两端网络。端口的两个节点记为 f 和 k,横向故障时节点 k 即是零电位点;纵向故障时节点 k 就是故障口的另一个节点 f'。故障口的各序电流记为 $\dot{I}_{F(1)}$,$\dot{I}_{F(2)}$ 和 $\dot{I}_{F(0)}$,以流出节点 f(注入节点 k)为正。故障口的各序电压记为 $\dot{U}_{F(1)}$,$\dot{U}_{F(2)}$ 和 $\dot{U}_{F(0)}$,且 $\dot{U}_{F(q)} = \dot{U}_{f(q)} - \dot{U}_{k(q)}$ (q 为表示序别的下标)。

仿照 6.1 节所讲对称短路的分析方法,对于正序网络,发生故障可以看做是在故障口的节点 f 和 k 分别出现了注入电流 $-\dot{I}_{F(1)}$ 和 $\dot{I}_{F(1)}$。因此,任一节点 i 的正序电压

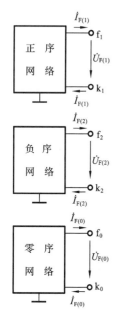

图 8-23　各序网络

$$\dot{U}_{i(1)} = \sum_{j \in G} Z_{ij(1)} \dot{I}_j - Z_{if(1)} \dot{I}_{F(1)} + Z_{ik(1)} \dot{I}_{F(1)} = \dot{U}_{i(1)}^{(0)} - Z_{iF(1)} \dot{I}_{F(1)}$$

$$(8\text{-}34)$$

式中，$\dot{U}_{i(1)}^{(0)} = \sum_{j \in G} Z_{ij(1)} \dot{I}_j$；$Z_{iF(1)} = Z_{if(1)} - Z_{ik(1)}$。

式(8-34)表明，正序网络中任一节点的电压由两个分量组成。一个是 $\dot{U}_{i(1)}^{(0)}$，它代表在故障口开路（即 $\dot{I}_{F(1)} = 0$）时由网络中所有的电源在节点 i 产生的电压。考虑到在电力系统的正常运行中并无负序和零序电源，以后将省去 $\dot{U}_{i(1)}^{(0)}$ 中表示正序的下标(1)。另一个分量是 $-Z_{iF(1)} \dot{I}_{F(1)}$，它代表当网络中所有的电势源都短接，电流源都断开，只在故障口的节点 f 流出和在节点 k 注入电流 $\dot{I}_{F(1)}$ 时，在节点 i 产生的电压。不限定正序网络，我们称 $Z_{iF} = Z_{if} - Z_{ik}$ 为故障口 F 同节点 i 之间的互阻抗。

如果在故障口的节点 f 注入单位电流的同时在节点 k 流出单位电流，此外，网络中再无其他电源，则这时节点 i 的电压在数值上即等于互阻抗 Z_{iF}。横向故障时，k 为零电位节点，按照自阻抗和互阻抗的定义，零电位节点同任何节点的互阻抗都等于零，故有 $Z_{iF} = Z_{if}$，这就是节点 i 和故障点 f 间的互阻抗。纵向故障时 k 代表故障点 f'，便有 $Z_{iF} = Z_{if} - Z_{if'}$。

方程式(8-34)适用于任何节点，对于故障口的两个节点 f 和 k 应有

$$\dot{U}_{f(1)} = \dot{U}_f^{(0)} - Z_{fF(1)} \dot{I}_{F(1)}$$

$$\dot{U}_{k(1)} = \dot{U}_k^{(0)} - Z_{kF(1)} \dot{I}_{F(1)}$$

因此

$$\dot{U}_{F(1)} = \dot{U}_{f(1)} - \dot{U}_{k(1)} = \dot{U}_f^{(0)} - \dot{U}_k^{(0)} - (Z_{fF(1)} - Z_{kF(1)}) \dot{I}_{F(1)} = U_F^{(0)} - Z_{FF(1)} \dot{I}_{F(1)}$$

$$(8\text{-}35)$$

这就是正序网络故障口的电压方程式，它也可以根据戴维南定理直接写出。其中 $\dot{U}_F^{(0)}$ 是正序网络中故障口的开路电压。对于横向故障 $\dot{U}_F^{(0)} = \dot{U}_f^{(0)}$，这就是故障点 f 的正常电压。对于纵向故障 $\dot{U}_F^{(0)}$ 是故障口开路时节点 f 和 f' 的电压差。$Z_{FF(1)}$ 是正序网络从故障口看进去的等值阻抗，称为故障口的自阻抗，亦称输入阻抗。不限定正序网络，如果仅在故障口的节点 f 注入单位电流，同时在节点 k 流出单位电流，且在网络内再无其他电源，则在故障口产生的电压在数值上即等于故障口的自阻抗，即

$$Z_{FF} = Z_{fF} - Z_{kF} = Z_{ff} - Z_{fk} - Z_{kf} + Z_{kk}$$

$$(8\text{-}36)$$

横向故障时 $Z_{FF} = Z_{ff}$，它是故障点 f 的自阻抗。纵向故障时 $Z_{FF} = Z_{ff} + Z_{f'f'} - 2Z_{ff'}$。

对于正序网络的电压方程讨论清楚以后，注意到负序和零序网络内部没有电源，套用式(8-34)，可以写出网络中任一节点 i 的负序和零序电压为

$$\left. \begin{array}{l} \dot{U}_{i(2)} = - Z_{iF(2)} \dot{I}_{F(2)} \\ \dot{U}_{i(0)} = - Z_{iF(0)} \dot{I}_{F(0)} \end{array} \right\}$$

$$(8\text{-}37)$$

故障口的负序和零序电压分别为

$$
\left.\begin{array}{l}
\dot{U}_{\mathrm{F(2)}} = -Z_{\mathrm{FF(2)}}\dot{I}_{\mathrm{F(2)}} \\[2mm]
\dot{U}_{\mathrm{F(0)}} = -Z_{\mathrm{FF(0)}}\dot{I}_{\mathrm{F(0)}}
\end{array}\right\}
\tag{8-38}
$$

方程式(8-35)和(8-38)实际上就是方程式(7-13)和(8-24)的统一写法。为了求解不对称故障,还必须列写三个反映故障口边界条件的方程式。以下将对横向故障和纵向故障分别进行讨论。为不失一般性,我们把故障处的情况考虑得略为复杂一些。

8.4.2 横向不对称故障

1. 单相(a 相)接地短路

短路处的边界条件(见图 8-24)为

$$
\dot{I}_{\mathrm{Fb}} = \dot{I}_{\mathrm{Fc}} = 0, \quad \dot{U}_{\mathrm{Fa}} - z_{\mathrm{f}}\dot{I}_{\mathrm{Fa}} = 0
$$

用对称分量表示可得

$$
\left.\begin{array}{l}
\dot{I}_{\mathrm{F(1)}} = \dot{I}_{\mathrm{F(2)}} = \dot{I}_{\mathrm{F(0)}} \\[2mm]
(\dot{U}_{\mathrm{F(1)}} - z_{\mathrm{f}}\dot{I}_{\mathrm{F(1)}}) + (\dot{U}_{\mathrm{F(2)}} - z_{\mathrm{f}}\dot{I}_{\mathrm{F(2)}}) + (\dot{U}_{\mathrm{F(0)}} - z_{\mathrm{f}}\dot{I}_{\mathrm{F(0)}}) = 0
\end{array}\right\}
\tag{8-39}
$$

联立求解方程式(8-35)、(8-38)和(8-39)可得

$$
\dot{I}_{\mathrm{F(1)}} = \frac{\dot{U}_{\mathrm{F}}^{(0)}}{Z_{\mathrm{FF(1)}} + Z_{\mathrm{FF(2)}} + Z_{\mathrm{FF(0)}} + 3z_{\mathrm{f}}}
\tag{8-40}
$$

求得故障口电流的各序分量后,利用式(8-34)和式(8-37)即可算出网络中任一节点电压的各序分量。支路 ij 的各序电流为

$$
\dot{I}_{ij(q)} = \frac{\dot{U}_{i(q)} - \dot{U}_{j(q)}}{z_{ij(q)}} \quad (q = 1, 2, 0)
\tag{8-41}
$$

对于零序网络中的互感支路组,可先算出消去互感的等值网络中的支路电流,经网络还原再求出互感支路的实际电流。

对于变压器支路,需要考虑非标准变比时应按式(6-9)计算支路电流。遇 Y,d 接法的变压器,还应计及电流和电压与正序、负序对称分量的相位移动。

算出电压和电流各序分量在网络中的分布后,再计算指定节点的各相电压和指定支路的各相电流就没有困难了。

由此可见,不对称短路和对称短路的计算步骤是一致的。首先是算出故障口的电流,接着算出网络中各节点的电压,由节点电压即可确定支路电流。所不同的是,要分别按三个序进行计算。

2. 两相(b 相和 c 相)短路接地

短路处的边界条件(见图 8-25)为

$$
\dot{I}_{\mathrm{Fa}} = 0, \quad \dot{U}_{\mathrm{Fb}} - z_{\mathrm{f}}\dot{I}_{\mathrm{Fb}} - z_{\mathrm{g}}(\dot{I}_{\mathrm{Fb}} + \dot{I}_{\mathrm{Fc}}) = 0
$$

$$
\dot{U}_{\mathrm{Fc}} - z_{\mathrm{f}}\dot{I}_{\mathrm{Fc}} - z_{\mathrm{g}}(\dot{I}_{\mathrm{Fb}} + \dot{I}_{\mathrm{Fc}}) = 0
$$

将后两个条件用对称分量表示,得

$$
a^2\dot{U}_{\mathrm{F(1)}} + a\dot{U}_{\mathrm{F(2)}} + \dot{U}_{\mathrm{F(0)}} - z_{\mathrm{f}}(a^2\dot{I}_{\mathrm{F(1)}} + a\dot{I}_{\mathrm{F(2)}} + \dot{I}_{\mathrm{F(0)}}) - 3z_{\mathrm{g}}\dot{I}_{\mathrm{F(0)}} = 0
$$

$$
a\dot{U}_{\mathrm{F(1)}} + a^2\dot{U}_{\mathrm{F(2)}} + \dot{U}_{\mathrm{F(0)}} - z_{\mathrm{f}}(a\dot{I}_{\mathrm{F(1)}} + a^2\dot{I}_{\mathrm{F(2)}} + \dot{I}_{\mathrm{F(0)}}) - 3z_{\mathrm{g}}\dot{I}_{\mathrm{F(0)}} = 0
$$

整理后可得

$$a^2(\dot{U}_{F(1)} - z_f \dot{I}_{F(1)}) + a(\dot{U}_{F(2)} - z_f \dot{I}_{F(2)}) + [\dot{U}_{F(0)} - (z_f + 3z_g)\dot{I}_{F(0)}] = 0$$

$$a(\dot{U}_{F(1)} - z_f \dot{I}_{F(1)}) + a^2(\dot{U}_{F(2)} - z_f \dot{I}_{F(2)}) + [\dot{U}_{F(0)} - (z_f + 3z_g)\dot{I}_{F(0)}] = 0$$

由此可以解出

$$\dot{U}_{F(1)} - z_f \dot{I}_{F(1)} = \dot{U}_{F(2)} - z_f \dot{I}_{F(2)} = \dot{U}_{F(0)} - (z_f + 3z_g)\dot{I}_{F(0)} \tag{8-42}$$

再有

$$\dot{I}_{F(1)} + \dot{I}_{F(2)} + \dot{I}_{F(0)} = 0 \tag{8-43}$$

联立求解方程式(8-35)、(8-38)、(8-42)和(8-43)可得

$$\dot{I}_{F(1)} = \frac{\dot{U}_F^{(0)}}{Z_{FF(1)} + z_f + \dfrac{(Z_{FF(2)} + z_f)(Z_{FF(0)} + z_f + 3z_g)}{Z_{FF(2)} + Z_{FF(0)} + 2z_f + 3z_g}} \tag{8-44}$$

故障口电流的负序和零序分量分别为

$$\left.\begin{aligned}
\dot{I}_{F(2)} &= -\frac{Z_{FF(0)} + z_f + 3z_g}{Z_{FF(2)} + Z_{FF(0)} + 2z_f + 3z_g}\dot{I}_{F(1)} \\
\dot{I}_{F(0)} &= -\frac{Z_{FF(2)} + z_f}{Z_{FF(2)} + Z_{FF(0)} + 2z_f + 3z_g}\dot{I}_{F(1)}
\end{aligned}\right\} \tag{8-45}$$

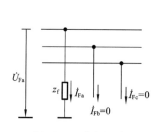

图 8-24　单相短路

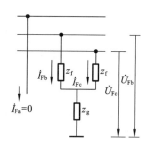

图 8-25　两相短路接地

3. 两相(b 相和 c 相)短路

两相短路的边界条件如图 8-26 所示。两相短路可以作为两相短路接地时 z_g 趋于无限大的特例处理。因此，$\dot{I}_{F(0)} = 0$，故障口的正序和负序电流为

$$\dot{I}_{F(1)} = -\dot{I}_{F(2)} = \frac{\dot{U}_F^{(0)}}{Z_{FF(1)} + Z_{FF(2)} + 2z_f} \tag{8-46}$$

8.4.3　纵向不对称故障

1. 单相(a 相)断开

设故障处 b 相和 c 相的阻抗为 z_f（见图 8-27），则边界条件为

$$\dot{I}_{Fa} = 0, \quad \Delta\dot{U}_{Fb} - z_f \dot{I}_{Fb} = 0, \quad \Delta\dot{U}_{Fc} - z_f \dot{I}_{Fc} = 0$$

容易看出，上述边界条件同 $z_g = 0$ 时两相短路接地的边界条件完全相似。因此，两相短路接地故障口的各序电流算式都可用于计算单相断开的故障口，只是故障口自阻抗和开路电压的计算不同而已。

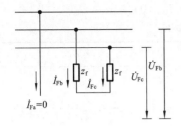

图 8-26　两相短路

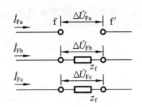

图 8-27　单相断开

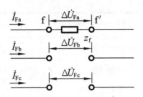

图 8-28　两相断开

2. 两相(b 相和 c 相)断开

设故障处 a 相的阻抗为 z_f(见图 8-28),则边界条件为

$$\dot{I}_{Fb} = \dot{I}_{Fc} = 0, \quad \Delta\dot{U}_{Fa} - z_f\dot{I}_{Fa} = 0$$

这同单相短路的边界条件完全相似。因此,故障口各序电流的算式也同单相短路的一样,只须注意,横向故障和纵向故障时故障口自阻抗和开路电压的计算各有特点就可以了。

3. 串联补偿电容的非全相击穿

输电线路的串联补偿电容有可能发生单相或两相击穿,这也属于纵向不对称故障。这类故障也按非全相断开处理比较方便(见图 8-29)。

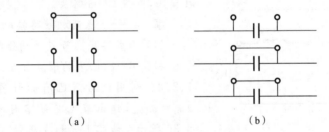

(a)　　　　　　　　　　(b)

图 8-29　串联电容的单相击穿和两相击穿

8.4.4　简单不对称故障的计算通式

综上所述,无论是发生横向简单不对称故障还是纵向简单不对称故障,故障口正序电流的算式都可写成

$$\dot{I}_{F(1)} = \frac{\dot{U}_F^{(0)}}{Z_{FF(1)} + Z_\Delta} \tag{8-47}$$

负序和零序电流可以分别写成

$$\left.\begin{array}{l} \dot{I}_{F(2)} = K_2\dot{I}_{F(1)} \\ \dot{I}_{F(0)} = K_0\dot{I}_{F(1)} \end{array}\right\} \tag{8-48}$$

各种不对称故障时的故障附加阻抗 Z_Δ 和系数 K_2 及 K_0 的计算公式列于表8-2。

横向故障时,短路节点为 f,且

$$\dot{U}_F^{(0)} = \dot{U}_f^{(0)}, \quad Z_{FF(q)} = Z_{ff(q)} \quad (q = 1, 2, 0)$$

纵向故障时,故障口节点号为 f 和 f′,且

$$\dot{U}_F^{(0)} = \dot{U}_f^{(0)} - \dot{U}_{f'}^{(0)}$$

$$Z_{\mathrm{FF}(q)} = Z_{\mathrm{ff}(q)} + Z_{\mathrm{f'f'}(q)} - 2Z_{\mathrm{f'f}(q)} \quad (q=1,2,0)$$

表 8-2　各种不对称故障时的 Z_Δ, K_2 和 K_0

故障类型	Z_Δ	K_2	K_0
单相短路	$Z_{\mathrm{FF}(2)} + Z_{\mathrm{FF}(0)} + 3z_\mathrm{f}$	1	1
两相短路接地	$z_\mathrm{f} + \dfrac{(Z_{\mathrm{FF}(2)}+z_\mathrm{f})(Z_{\mathrm{FF}(0)}+z_\mathrm{f}+3z_\mathrm{g})}{Z_{\mathrm{FF}(2)}+Z_{\mathrm{FF}(0)}+2z_\mathrm{f}+3z_\mathrm{g}}$	$-\dfrac{Z_{\mathrm{FF}(0)}+z_\mathrm{f}+3z_\mathrm{g}}{Z_{\mathrm{FF}(2)}+Z_{\mathrm{FF}(0)}+2z_\mathrm{f}+3z_\mathrm{g}}$	$-\dfrac{Z_{\mathrm{FF}(2)}+z_\mathrm{f}}{Z_{\mathrm{FF}(2)}+Z_{\mathrm{FF}(0)}+2z_\mathrm{f}+3z_\mathrm{g}}$
两相短路	$Z_{\mathrm{FF}(2)} + 2z_\mathrm{f}$	-1	0
单相断开	$z_\mathrm{f} + \dfrac{(Z_{\mathrm{FF}(2)}+z_\mathrm{f})(Z_{\mathrm{FF}(0)}+z_\mathrm{f})}{Z_{\mathrm{FF}(2)}+Z_{\mathrm{FF}(0)}+2z_\mathrm{f}}$	$-\dfrac{Z_{\mathrm{FF}(0)}+z_\mathrm{f}}{Z_{\mathrm{FF}(2)}+Z_{\mathrm{FF}(0)}+2z_\mathrm{f}}$	$-\dfrac{Z_{\mathrm{FF}(2)}+z_\mathrm{f}}{Z_{\mathrm{FF}(2)}+Z_{\mathrm{FF}(0)}+2z_\mathrm{f}}$
两相断开	$Z_{\mathrm{FF}(2)} + Z_{\mathrm{FF}(0)} + 3z_\mathrm{f}$	1	1

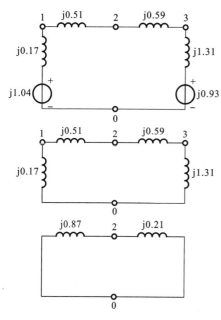

图 8-30 例 8-5 的系统节点 2 短路时的各序网络图

例 8-5　对于例 6-7 的电力系统，试分别作 a 点两相短路接地和线路 L-1 在节点 a 侧单相断线计算。系统各元件参数同例 6-7，输电线 $x_{(0)} = 3x_{(1)}$，变压器 T-1 和 T-2 为 YN，d 接法，T-3 为 Y，d 接法，负荷 LD-3 略去。

解　（一）a 点两相短路接地计算。

（1）形成各序网节点导纳矩阵。

将图 6-18(a) 中的节点 b、a、c 分别改记为节点 1、2、3。利用例 6-7 已有的计算结果，计及线路 $x_{(0)} = 3x_{(1)}$，作出节点 2 短路时的各序网络，如图 8-30 所示。线路 L-3 和变压器 T-3 因无电流通过被略去。

根据图中的数据，可得各序节点导纳矩阵如下

$$\mathbf{Y}_{(1)} = \mathbf{Y}_{(2)} = \begin{bmatrix} -j7.843 & j1.961 & 0 \\ j1.961 & -j3.656 & j1.695 \\ 0 & j1.695 & -j2.458 \end{bmatrix}$$

$$\mathbf{Y}_{(0)} = \begin{bmatrix} -j2.558 \end{bmatrix}$$

（2）对导纳矩阵 $\mathbf{Y}_{(1)}$ 进行三角分解，形成因子表。

$$d_{11} = Y_{11} = -j7.483, \quad 1/d_{11} = j0.1275$$

$$u_{12} = Y_{12}/d_{11} = j1.961/(-j7.843) = -0.25$$

$$d_{22} = Y_{22} - u_{12}^2 d_{11} = -j3.656 - (-0.25)^2 \times (-j7.843) = -j3.166$$

$$1/d_{22} = j0.316$$

$$u_{23} = Y_{23}/d_{22} = j1.695/(-j3.166) = -0.535$$

$$d_{33} = Y_{33} - u_{23}^2 d_{22} = -j2.458 - (-0.535)^2 \times (-j3.166) = -j1.550$$

$$1/d_{33} = j0.645$$

将 u_{ij} 置于上三角的非对角线部分，取 d_{ii} 的倒数置于对角线上，便得如下因子表。

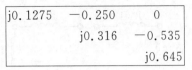

导纳矩阵 $\boldsymbol{Y}_{(0)}$ 只有一阶,直接求其逆矩阵,得

$$\boldsymbol{Z}_{(0)} = [\text{j}0.391]$$

(3) 短路发生在节点 2,在故障口开路的情况下求阻抗矩阵第 2 列元素及 $\dot{U}_2^{(0)}$。

利用式(4-35)~(4-37),可得

$$f_1 = 0, \quad f_2 = 1, \quad f_3 = -u_{23}f_2 = 0.535$$
$$h_1 = 0, \quad h_2 = f_2/d_{22} = \text{j}0.316$$
$$h_3 = f_3/d_{33} = 0.535 \times \text{j}0.645 = \text{j}0.345$$
$$Z_{32} = h_3 = \text{j}0.345$$
$$Z_{22} = h_3 - u_{23}Z_{32} = \text{j}0.316 - (-0.536) \times \text{j}0.345 = \text{j}0.501$$
$$Z_{12} = 0 - u_{12}Z_{22} = -(-0.25) \times \text{j}0.501 = \text{j}0.125$$

于是有

$$Z_{\text{FF}(1)} = Z_{22} = \text{j}0.501, \quad Z_{\text{FF}(2)} = Z_{\text{FF}(1)} = \text{j}0.501, \quad Z_{\text{FF}(0)} = \text{j}0.391$$

将接于节点 1 和节点 3 的电势源支路化为等效的电流源支路,可得该两节点的注入电流分别为

$$\dot{I}_1 = \text{j}1.04/\text{j}0.17 = 6.118, \quad \dot{I}_3 = \text{j}0.93/\text{j}1.31 = 0.710$$
$$\dot{U}_{\text{F}}^{(0)} = U_2^{(0)} = Z_{21}\dot{I}_1 + Z_{23}\dot{I}_3 = \text{j}0.125 \times 6.118 + \text{j}0.345 \times 0.710 = \text{j}1.011$$

(4) 故障口各序电流计算。根据表 8-2,有

$$Z_\Delta = \frac{Z_{\text{FF}(2)}Z_{\text{FF}(0)}}{Z_{\text{FF}(2)} + Z_{\text{FF}(0)}} = \frac{\text{j}0.501 \times \text{j}0.391}{\text{j}0.501 + \text{j}0.391} = \text{j}0.2173$$

$$K_2 = -\frac{Z_{\text{FF}(0)}}{Z_{\text{FF}(2)} + Z_{\text{FF}(0)}} = -\frac{\text{j}0.391}{\text{j}0.501 + \text{j}0.391} = -0.4383$$

$$K_0 = -\frac{Z_{\text{FF}(2)}}{Z_{\text{FF}(2)} + Z_{\text{FF}(0)}} = -\frac{\text{j}0.501}{\text{j}0.501 + \text{j}0.391} = -0.5617$$

$$\dot{I}_{\text{F}(1)} = \frac{\dot{U}_{\text{F}}^{(0)}}{Z_{\text{FF}(1)} + Z_\Delta} = \frac{\text{j}1.011}{\text{j}0.501 + \text{j}0.2173} = 1.407$$

$$\dot{I}_{\text{F}(2)} = K_2\dot{I}_{\text{F}(1)} = -0.4383 \times 1.407 = -0.6167$$

$$\dot{I}_{\text{F}(0)} = K_0\dot{I}_{\text{F}(1)} = -0.5617 \times 1.407 = -0.7903$$

(二) 线路 L-1 在节点 a 侧单相断线计算。

(1) 形成各序网节点导纳矩阵。

设节点 2 和 4 构成故障口节点对,可作出线路 L-1 在节点 a 侧单相断线时的各序网络,如图 8-31 所示。

各序节点导纳矩阵如下。

$$\boldsymbol{Y}_{(1)} = \boldsymbol{Y}_{(2)} = \begin{bmatrix} -\text{j}7.843 & \text{j}1.961 & 0 & 0 \\ \text{j}1.961 & -\text{j}1.961 & 0 & 0 \\ 0 & 0 & -\text{j}2.458 & +\text{j}1.695 \\ 0 & 0 & \text{j}1.695 & -\text{j}1.695 \end{bmatrix}$$

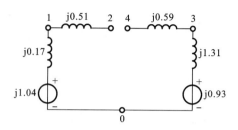

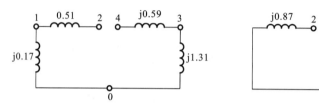

图 8-31　例 8-5 的系统线路 L-1 在节点 a 侧断线时的各序网络图

$$\boldsymbol{Y}_{(0)} = \begin{array}{c} 2 \\ 4 \end{array} \begin{bmatrix} -\mathrm{j}1.149 & 0 \\ 0 & -\mathrm{j}1.408 \end{bmatrix}$$

（2）对导纳矩阵 $\boldsymbol{Y}_{(1)}$ 进行三角分解，形成因子表如下。

$$\begin{bmatrix} \mathrm{j}0.1275 & -0.250 & 0 & 0 \\ & \mathrm{j}0.680 & 0 & 0 \\ & & \mathrm{j}0.407 & -0.690 \\ & & & \mathrm{j}1.9 \end{bmatrix}$$

对导纳矩阵 $\boldsymbol{Y}_{(0)}$ 直接求其逆矩阵，得

$$\boldsymbol{Z}_{(0)} = \begin{array}{c} 2 \\ 4 \end{array} \begin{bmatrix} \mathrm{j}0.87 & 0 \\ 0 & \mathrm{j}0.71 \end{bmatrix}$$

（3）在故障口开路的情况下，求故障口的各序自阻抗和电压 $U_{\mathrm{F}}^{(0)}$。

利用式（4-35）～（4-37）分别计算阻抗矩阵第 2 列和第 4 列的元素，可得

$$Z_{12} = \mathrm{j}0.17, \quad Z_{22} = \mathrm{j}0.68, \quad Z_{32} = Z_{42} = 0$$
$$Z_{14} = Z_{24} = 0, \quad Z_{34} = \mathrm{j}1.31, \quad Z_{44} = \mathrm{j}1.9$$

故障口自阻抗为

$$Z_{\mathrm{FF}(1)} = Z_{22} + Z_{44} - 2Z_{24} = \mathrm{j}0.68 + \mathrm{j}1.9 = \mathrm{j}2.58$$
$$Z_{\mathrm{FF}(2)} = Z_{\mathrm{FF}(1)} = \mathrm{j}2.58$$
$$Z_{\mathrm{FF}(0)} = Z_{22(0)} + Z_{44(0)} - 2Z_{24(0)} = \mathrm{j}0.87 + \mathrm{j}0.71 = \mathrm{j}1.58$$

故障口开路电压为

$$\dot{U}_{\mathrm{F}}^{(0)} = \dot{U}_{2}^{(0)} - \dot{U}_{4}^{(0)} = Z_{21}\dot{I}_1 - Z_{43}\dot{I}_3 = \mathrm{j}0.17 \times 6.118$$
$$- \mathrm{j}1.31 \times 0.71 = \mathrm{j}0.11$$

（4）故障口各序电流的计算，由表 8-2 可知，单相断路时有

$$Z_\Delta = \frac{Z_{FF(2)} Z_{FF(0)}}{Z_{FF(2)} + Z_{FF(0)}} = \frac{j2.58 \times j1.58}{j2.58 + j1.58} = j0.98$$

$$K_2 = -\frac{Z_{FF(0)}}{Z_{FF(2)} + Z_{FF(0)}} = -\frac{j1.58}{j2.58 + j1.58} = -0.38$$

$$K_0 = -\frac{Z_{FF(2)}}{Z_{FF(2)} + Z_{FF(0)}} = -\frac{j2.58}{j2.58 + j1.58} = -0.62$$

$$\dot{I}_{F(1)} = \frac{\dot{U}_F^{(0)}}{Z_{FF(1)} + Z_\Delta} = \frac{j0.11}{j2.58 + j0.98} = 0.0309$$

$$\dot{I}_{F(2)} = K_2 \dot{I}_{F(1)} = -0.38 \times 0.0309 = -0.0117$$

$$\dot{I}_{F(0)} = K_0 \dot{I}_{F(1)} = -0.62 \times 0.0309 = -0.0192$$

※8.5　复杂故障的计算方法

8.5.1　分析复杂故障的一般方法

所谓复杂故障是指网络中有两处或两处以上同时发生的不对称故障。电力系统中常见的复杂故障是某处发生不对称短路时,有一处或两处的开关非全相跳闸。

掌握了简单故障分析计算的原理和方法,复杂故障是不难处理的。简单故障时,系统中只有一处故障端口,可以分别就原系统的各序等值网络对故障端口进行戴维南等值,得到各序网络故障口的电压方程式,式中故障端口电压和电流的各序分量之间的关系则由具体的边界条件确定。对于多重故障,系统中存在多个故障端口,同样可以分别对原系统的各序等值网络实行多端口的戴维南等值,得到各序网络故障口的电压方程,并对每一处故障端口列写边界条件。但是,对多重故障列写边界条件时,为了正确地反映序分量和相分量之间的关系,在有些情况下,必须在序分量表示的边界条件中引入适当的移相系数(亦称移相算子),我们称带有移相系数的边界条件为通用边界条件。

8.5.2　不对称故障的通用边界条件

在前面的讨论中,凡属单相故障都假定发生在 a 相,两相故障都发生在 b 相和 c 相。单相故障时的故障相和两相故障时的非故障相通常称为特殊相。所谓特殊相,是指该相的状态有别于另外两相。我们把 a 相当作特殊相,同选取 a 相作为对称分量的基准相是一致的。在这种条件下,用对称分量表示的边界条件最为简单。

当网络中只有一处故障时,总可以把故障特殊相选作为对称分量的基准相。当发生多处故障时,全网只能选定统一的基准相,例如单相接地短路,不管短路发生在哪一相,都以 a 相作为对称分量的基准相。当 a 相短路时,假定为金属性短路,边界条件为

$$\dot{I}_{F(1)} = \dot{I}_{F(2)} = \dot{I}_{F(0)}$$
$$\dot{U}_{F(1)} + \dot{U}_{F(2)} + \dot{U}_{F(0)} = 0$$

b 相短路时,$\dot{I}_{Fa} = \dot{I}_{Fb} = 0$ 和 $\dot{U}_{Fb} = 0$,用对称分量表示可得

$$a^2 \dot{I}_{F(1)} = a \dot{I}_{F(2)} = \dot{I}_{F(0)}$$

$$a^2 \dot{U}_{F(1)} + a\dot{U}_{F(2)} + \dot{U}_{F(0)} = 0$$

c 相短路时 $\dot{I}_{Fa} = \dot{I}_{Fb} = 0$ 和 $\dot{U}_{Fc} = 0$，或用对称分量表示为

$$a\dot{I}_{F(1)} = a^2 \dot{I}_{F(2)} = \dot{I}_{F(0)}$$

$$a\dot{U}_{F(1)} + a^2 \dot{U}_{F(2)} + \dot{U}_{F(0)} = 0$$

这种带有算子 a 和 a^2 的边界条件就能灵活地考虑特殊相和基准相不一致的情况。

多重故障分析中通常都选 a 相作为对称分量的基准相。分析表明，无论是单相故障还是相间故障，当 a 相为特殊相时，各序分量的移相系数都等于 1；b 相为特殊相时，正序、负序和零序分量的移相系数分别为 a^2、a 和 1；c 相为特殊相时，则各移相系数分别为 a、a^2 和 1。

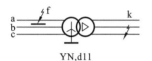

YN，d11

图 8-32　在 YN，d11 变压器两侧同时发生故障

还有一种情况也必须在边界条件中引入移相系数。发生多处故障时，故障可能出现在星形-三角形接法变压器的两侧，在建立边界条件时必须注意到不同序对称分量经过星形-三角形接法变压器后要发生不同的相位移动。现以图 8-32 所示情况为例。

在 YN，d11 变压器 YN 侧的 f 点 a 相接地短路和 d 侧的 k 点 b、c 两相短路同时发生，选 a 相为对称分量基准相时，两处都没有必要引入因特殊相和基准相不一致而产生的移相系数。

如果 Y 侧电压（电流）的各序分量的相位是符合实际的，则短路点 f 的边界条件为

$$\dot{U}_{f(1)} + \dot{U}_{f(2)} + \dot{U}_{f(0)} = 0$$

$$\dot{I}_{f(1)} = \dot{I}_{f(2)} = \dot{I}_{f(0)}$$

至于短路点 k，就必须在边界条件中反映由于 YN，d11 接法变压器引起的相位移动，即

$$\dot{U}_{k(1)} e^{j30°} = \dot{U}_{k(2)} e^{-j30°}$$

$$\dot{I}_{k(1)} e^{j30°} + \dot{I}_{k(2)} e^{-j30°} = 0$$

在进行多重故障计算时，可以根据星形-三角形接法变压器的分布情况将整个系统的等值网络划分为不同的移相分区，只要指定其中的一个分区作为参考，就可依次确定各个分区的移相系数。

上述两种情况的移相系数在实际应用中可以合并成一个，以下论述中涉及的移相系数指的是合并后的移相系数。

从本章前几节对边界条件的论述中可以看到，不对称故障处的边界条件可以归纳成两种类型，一种是故障电流的各序分量（或乘以相应的移相系数后）相等，故障口电压的各序分量（或乘以相应移相系数后）之和为零；另一种是故障电流的各序分量（或乘以相应的移相系数后）之和为零，故障口电压的各序分量（或乘以相应移相系数后）相等。组成复合序网时，与其对应的各序网络在故障口的联接方式便是串联接法和并联接法。

单相接地短路和两相断开时，复合序网由各序网络在故障口（经过故障处的阻抗）串联组成。因此，这类故障又称为串联型故障。

两相短路接地和单相断开时，复合序网由各序网络在故障口（经过故障处的阻抗）并联组成。因此，这类故障又称为并联型故障。两相短路可作为两相短路接地时 $z_g = \infty$ 的特例。

为了便于以后的讨论，串联型故障口的各量都赋以下标 S，并联型故障口的各量都赋以下标 P。在引入移相系数后，这两类故障的边界条件方程可以分别列写如下。对于串联

型故障

$$
\left.
\begin{array}{l}
n_{S(1)}\dot{I}_{S(1)} = n_{S(2)}\dot{I}_{S(2)} = n_{S(0)}\dot{I}_{S(0)} \\[2mm]
n_{S(1)}(\dot{U}_{S(1)} - z_S\dot{I}_{S(1)}) + n_{S(2)}(\dot{U}_{S(2)} - z_S\dot{I}_{S(2)}) + n_{S(0)}(\dot{U}_{S(0)} - z_S\dot{I}_{S(0)}) = 0
\end{array}
\right\} \tag{8-49}
$$

对于并联型故障

$$
\left.
\begin{array}{l}
n_{P(1)}\dot{I}_{P(1)} + n_{P(2)}\dot{I}_{P(2)} + n_{P(0)}\dot{I}_{P(0)} = 0 \\[2mm]
n_{P(1)}(\dot{U}_{P(1)} - z_P\dot{I}_{P(1)}) = n_{P(2)}(\dot{U}_{P(2)} - z_P\dot{I}_{P(2)}) = n_{P(0)}(\dot{U}_{P(0)} - z_{P0}\dot{I}_{P(0)})
\end{array}
\right\} \tag{8-50}
$$

相应的通用复合序网分别如图 8-33 和图 8-34 所示。

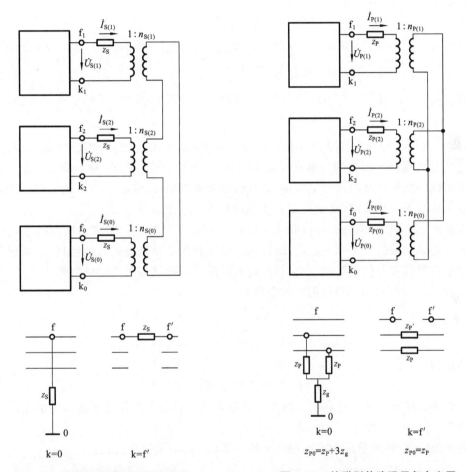

图 8-33　串联型故障通用复合序网　　　　图 8-34　并联型故障通用复合序网

8.5.3　双重故障的分析计算

假定系统中发生了一处串联型故障和一处并联型故障。串联型故障口记为端口 S,它的两个节点为 s 和 s′;并联型故障口记为端口 P,它的两个节点为 p 和 p′。发生故障相当于从故障口分别向各序网络注入了故障电流的该序分量(见图8-35)。

正序网络中任一节点 i 的电压为

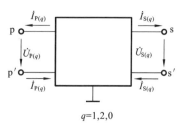

$q=1,2,0$

图 8-35　双重故障的端口

$$\dot{U}_{i(1)} = \sum_{j \in G} Z_{ij(1)} \dot{I}_j - (Z_{is(1)} - Z_{is'(1)}) \dot{I}_{S(1)}$$
$$- (Z_{ip(1)} - Z_{ip'(1)}) \dot{I}_{P(1)} \tag{8-51}$$
$$= \dot{U}_i^{(0)} - Z_{iS(1)} \dot{I}_{S(1)} - Z_{iP(1)} \dot{I}_{P(1)}$$

式中，$\dot{U}_i^{(0)}$ 是正序网络中当故障端口都开路（即 $\dot{I}_{S(1)} = \dot{I}_{P(1)} = 0$）时，由网络内的电源在节点 i 产生的电压。不限于正序网络，$Z_{iS} = Z_{is} - Z_{is'}$ 和 $Z_{iP} = Z_{ip} - Z_{ip'}$ 分别为故障口 S 和 P 同节点 i 之间的互阻抗。

将方程式(8-51)应用于故障端口的两对节点，得

$$\dot{U}_{S(1)} = \dot{U}_{s(1)} - \dot{U}_{s'(1)} = (\dot{U}_s^{(0)} - \dot{U}_{s'}^{(0)}) - (Z_{sS(1)} - Z_{s'S(1)}) \dot{I}_{S(1)} - (Z_{sP(1)} - Z_{s'P(1)}) \dot{I}_{P(1)}$$
$$= \dot{U}_S^{(0)} - Z_{SS(1)} \dot{I}_{S(1)} - Z_{SP(1)} \dot{I}_{P(1)} \tag{8-52}$$

$$\dot{U}_{P(1)} = \dot{U}_{p(1)} - \dot{U}_{p'(1)} = (\dot{U}_p^{(0)} - \dot{U}_{p'}^{(0)}) - (Z_{pS(1)} - Z_{p'S(1)}) \dot{I}_{S(1)} - (Z_{pP(1)} - Z_{p'P(1)}) \dot{I}_{P(1)}$$
$$= \dot{U}_P^{(0)} - Z_{PS(1)} \dot{I}_{S(1)} - Z_{PP(1)} \dot{I}_{P(1)} \tag{8-53}$$

式中，$\dot{U}_S^{(0)}$ 和 $\dot{U}_P^{(0)}$ 分别为故障口 S 和 P 的开路电压；$Z_{SS} = Z_{ss} + Z_{s's'} - 2Z_{ss'}$ 和 $Z_{PP} = Z_{pp} + Z_{p'p'} - 2Z_{pp'}$ 分别为端口 S 和 P 的自阻抗；$Z_{PS} = Z_{SP} = Z_{ps} + Z_{p's'} - Z_{ps'} - Z_{p's}$ 称为端口 S 和端口 P 之间的互阻抗。如果网络内所有电势源都短接，电流源都断开，仅在端口 S 的节点 s 注入同时在节点 s′ 流出单位电流时，在端口 P 产生的电压在数值上即等于 Z_{PS}。

由此可见，端口自阻抗和端口间互阻抗的物理意义同节点自阻抗和节点间互阻抗的物理意义是完全一致的。实际上，节点阻抗矩阵可以看作是口阻抗矩阵的特例，如果把网络中每一个节点都同零电位点组成一个口，这时的口阻抗矩阵就是节点阻抗矩阵。

方程式(8-52)和(8-53)可用矩阵合写为

$$\begin{bmatrix} \dot{U}_{S(1)} \\ \dot{U}_{P(1)} \end{bmatrix} = \begin{bmatrix} \dot{U}_S^{(0)} \\ \dot{U}_P^{(0)} \end{bmatrix} - \begin{bmatrix} Z_{SS(1)} & Z_{SP(1)} \\ Z_{PS(1)} & Z_{PP(1)} \end{bmatrix} \begin{bmatrix} \dot{I}_{S(1)} \\ \dot{I}_{P(1)} \end{bmatrix} \tag{8-54}$$

还可简记为

$$\mathbf{U}_{F(1)} = \mathbf{U}_F^{(0)} - \mathbf{Z}_{FF(1)} \mathbf{I}_{F(1)}$$

这就同简单故障时的方程式完全一致了。方程式(8-54)也可看作是戴维南等值在两端口网络的推广。

同样地，可以写出负序和零序网络中任一节点 i 的电压计算公式：

$$\dot{U}_{i(q)} = -Z_{iS(q)} \dot{I}_{S(q)} - Z_{iP(q)} \dot{I}_{P(q)} \quad (q = 2, 0) \tag{8-55}$$

负序和零序网络故障口的电压方程可用矩阵形式分别写成

$$\begin{bmatrix} \dot{U}_{S(2)} \\ \dot{U}_{P(2)} \end{bmatrix} = - \begin{bmatrix} Z_{SS(2)} & Z_{SP(2)} \\ Z_{PS(2)} & Z_{PP(2)} \end{bmatrix} \begin{bmatrix} \dot{I}_{S(2)} \\ \dot{I}_{P(2)} \end{bmatrix} \tag{8-56}$$

$$\begin{bmatrix} \dot{U}_{S(0)} \\ \dot{U}_{P(0)} \end{bmatrix} = - \begin{bmatrix} Z_{SS(0)} & Z_{SP(0)} \\ Z_{PS(0)} & Z_{PP(0)} \end{bmatrix} \begin{bmatrix} \dot{I}_{S(0)} \\ \dot{I}_{P(0)} \end{bmatrix} \tag{8-57}$$

或简写为

$$U_{F(2)} = -Z_{FF(2)} I_{F(2)}$$
$$U_{F(0)} = -Z_{FF(0)} I_{F(0)}$$

方程式(8-54)、(8-56)和(8-57),再加上边界条件方程式(8-49)和(8-50),就是求解两个故障口电流和电压各序分量所需要的全部方程式。这些方程式中总共包含了 12 个待求量。

实际计算时,也像在简单故障时的做法一样,先联解一部分方程,或者组成复合序网,以消去若干个未知量,降低联立方程的阶次。至于在 12 个未知量中,留下哪些,消去哪些,可根据不同的考虑,采取不同的处理方法。一种方法是模拟组成复合序网,将各序网络在并联型故障口并联,在串联型故障口串联。这样就消去了并联型故障口的各序电流和串联型故障口的各序电压,只留下并联型故障口的某序(一般是正序)电压和串联型故障口的某序(一般是正序)电流作为待求量。采用这种做法,最后要求解的方程式的阶次恰好等于故障的重数。其实,在应用计算机求解时,对上述方程组也可以不再作任何处理,就 12 阶线性方程直接求解,同时获得所有故障口电压和电流的各序分量,这样做还可以省去不少中间换算。

掌握了端口阻抗矩阵的概念,双重故障的分析计算方法也可以用来进行任意多重故障的计算。

小 结

对于各种不对称短路,都可以对短路点列写各序网络的电势方程,根据不对称短路的不同类型列写边界条件方程。联立求解这些方程可以求得短路点电压和电流的各序分量。

简单不对称故障的另一种有效解法是,根据故障边界条件组成复合序网。在复合序网中短路点的许多变量被消去,只剩下正序电流一个待求量。

根据正序电流的表达式,可以归纳出正序等效定则,即不对称短路时,短路点正序电流与因在短路点每相加入附加电抗 $X_{\Delta}^{(n)}$ 而发生三相短路时的电流相等。

为了计算网络中不同节点的各相电压和不同支路的各相电流,应先确定电流和电压的各序分量在网络中的分布。在将各序量组合成各相量时特别要注意,正序和负序对称分量经过 Y,d 接法的变压器时要分别转过不同的相位。

不对称短路分析计算的原理和方法同样适用于不对称断线故障。必须注意,横向故障和纵向故障的故障端口节点的组成是不同的。

为了统一各种不同类型故障数学模型的建立方法,引入了端口阻抗矩阵的概念。所谓端口,即是两个节点构成的节点对,两个节点的注入电流总是大小相等、符号相反。节点阻抗矩阵是端口阻抗矩阵的特例。节点阻抗矩阵元素的物理概念可以延伸到端口阻抗矩阵。

在研究复杂不对称故障时,为了处理好全系统对称分量基准相的统一性和各处故障特殊相的随意性,需要在故障边界条件方程中引入移相系数。对于发生在星形-三角形接法变压器两侧的故障,由于正序和负序分量经过变压器后会产生不同的相位移动,因此需要在边界条件中引入相应的移相系数。

无论对哪一类故障,本章都采用网络对故障口的电势方程和故障口边界条件方程联立求解的方法,求出故障口电流和电压的各序分量之后,再进行网络内电流和电压的分布计算。

本章与第 6 章一样,也是应用阻抗矩阵建立故障计算的数学模型。但是所有的方程式也只涉及与故障口节点号相关的节点阻抗矩阵元素。因此,在实际计算中只需要形成全系统的节点导纳矩阵,根据计算要求算出与故障口节点号相关的某几列节点阻抗矩阵元素即可,不必形成全系统的节点阻抗矩阵。

习　题

8-1　简单系统如题 8-1 图所示。已知元件参数如下。发电机:$S_N = 60$ MV・A,$x''_d = 0.16$,$x_{(2)} = 0.19$;变压器:$S_N = 60$ MV・A,$U_S = 10.5\%$。f 点分别发生单相接地,两相短路,两相短路接地和三相短路时,试计算短路点短路电流的有名值,并进行比较分析。

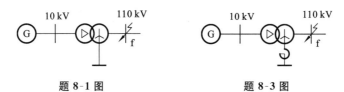

题 8-1 图　　　　　　　　　　　　　题 8-3 图

8-2　上题系统中,若变压器中性点经 30 Ω 的电抗接地,试作上题所列各类短路的计算,并对两题计算的结果作分析比较。

8-3　简单系统如题 8-3 图所示。已知元件参数如下。发电机:$S_N = 50$ MV・A,$x''_d = x_{(2)} = 0.2$,$E''_{[0]} = 1.05$;变压器:$S_N = 50$ MV・A,$U_S = 10.5\%$,Y,d11 接法,中性点接地电抗为 22 Ω。f 点发生两相接地短路,试计算:

(1) 短路点各相电流及电压的有名值;

(2) 发电机端各相电流及电压的有名值,并画出其相量图;

(3) 变压器低压绕组中各绕组电流的有名值;

(4) 变压器中性点电压的有名值。

8-4　系统接线如题 8-4 图所示。已知各元件参数如下。发电机 G:$S_N = 100$ MV・A,$x''_d = x_{(2)} = 0.18$;变压器 T-1:$S_N = 120$ MVA,$U_S = 10.5\%$;变压器 T-2:$S_N = 100$ MVA,$U_S = 10.5\%$;线路 L:$l = 140$ km,$x_{(1)} = 0.4$ Ω/km,$x_{(0)} = 3x_{(1)}$。在线路的中点发生单相接地短路,试计算短路点入地电流及线路上各相电流的有名值,并作三线图标明线路各相电流的实际方向。

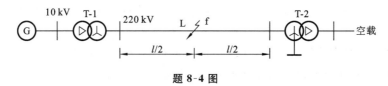

题 8-4 图

8-5　系统接线如题 8-5 图所示。已知各元件参数如下。发电机 G:$S_N = 150$ MVA,$x''_d = x_{(2)} = 0.17$;变压器 T-1:$S_N = 120$ MVA,$U_S = 14\%$;变压器 T-2:$S_N = 100$ MVA,$U_{S(1-2)} = 10\%$,$U_{S(2-3)} = 20\%$,$U_{S(1-3)} = 25\%$,中性点接地电抗为 50 Ω;线路 L:$l = 150$ km,$x_{(1)} = 0.41$

Ω/km，$x_{(0)}=3x_{(1)}$。f 点发生单相接地短路，试计算：

（1）自耦变压器 T-2 中性点入地电流的有名值；

（2）短路点各相电压的有名值；

（3）自耦变压器 T-2 中性点对地电压的有名值。

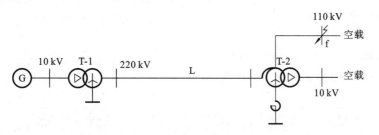

题 8-5 图

8-6 若上题的自耦变压器中性点不接地，试计算短路点各相对地电压的有名值，说明为什么会有此结果，并结合本题和上题的计算结果对自耦变压器中性点接地方式下一个结论。

8-7 在题 8-7 图所示网络中，已知系统 S 的额定容量为 200 MV·A，系统的各序电抗相等，f 点发生两相短路接地时，在短路瞬刻短路处的短路功率为 $S_f=500$ MV·A。试求该点发生单相接地短路时，短路瞬刻的短路功率。

题 8-7 图

8-8 在题 8-8 图所示网络中，已知参数如下。系统 S：$S_N=300$ MV·A，$x_{(1)}=x_{(2)}=0.3$，$x_{(0)}=0.1$；变压器 T：$S_N=75$ MV·A，$U_S=10.5\%$。欲使 f 点发生单相及两相接地短路时，短路处的入地电流相等，问系统中性点接地电抗应等于多少欧姆？

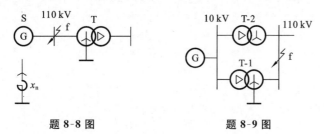

题 8-8 图　　　　　　　　　　题 8-9 图

8-9 在题 8-9 图所示网络中，已知条件如下。发电机 G：$S_N=100$ MV·A，$x''_d=x_{(2)}=0.15$，有 AVR；变压器 T-1、T-2：$S_N=31.5$ MV·A，$U_S=10.5\%$。f 点发生两相短路接地，试求 0.2 s 通过变压器 T-1 中性点入地电流及变压器 T-2 高压侧短路电流的有名值。

8-10 系统接线如题 8-10 图所示，已知各元件参数如下。发电机 G：$S_N=300$ MV·A，$x''_d=x_{(2)}=0.22$；变压器 T-1：$S_N=360$ MV·A，$U_S=12\%$；变压器 T-2：$S_N=360$ MV·A，$U_S=12\%$；线路 L：每回路 $l=120$ km，$x_{(1)}=0.4$ Ω/km，$x_{(0)}=3x_{(1)}$；负荷：S_{LD}

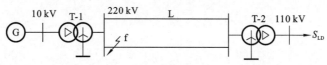

题 8-10 图

＝300 MV·A。当 f 点发生单相断开时，试计算各序组合电抗并作出复合序网。

8-11 系统接线如题 8-11 图所示，各元件参数标幺值如下

发电机G-1 $x_{(1)}=x_{(2)}=0.12, E=1.05\angle0°$；

G-2 $x_{(1)}=x_{(2)}=0.14, E=1.05\angle0°$；

变压器T-1 $x=0.1$

T-2 $x=0.12, x_n=0.2$；

线路 L $x_{(1)}=x_{(2)}=0.5, x_{(0)}=1.2$。

线路首端发生单相短路，试计算短路电流。

题 8-11 图

8-12 系统接线图和元件参数同上题。在线路末端 A 相接地短路，与此同时，首端 A、B 两相断开。试计算变压器 T-1 高压侧的各相电压和变压器 T-2 流向高压母线的各相电流。

附录 A 电感的计算

A-1 单根导线的电感

长度为 l 的圆柱形导线通以电流时,不仅在导线的外部,而且也在导线的内部产生磁通,因此,与导线交链的磁链也包括内部磁链 ψ_i 和外部磁链 ψ_e 两部分。相应地导线的自感也由内电感 L_i 和外电感 L_e 组成。现在分别讨论这两部分电感的计算。

由于导线半径 r 远小于导线长度 l,在研究导线内部磁场时,不妨把导线看作是无限长线,它的磁场就是平行平面场。图 A-1 表示导线的横截面。假定电流 i 沿截面均匀分布。根据安培环路定律,取以导线轴线为中心,x 为半径的圆周作为积分路径,可得

$$\oint \overrightarrow{H_x} \cdot \overrightarrow{\mathrm{d}l} = \frac{x^2}{r^2} i \tag{A-1}$$

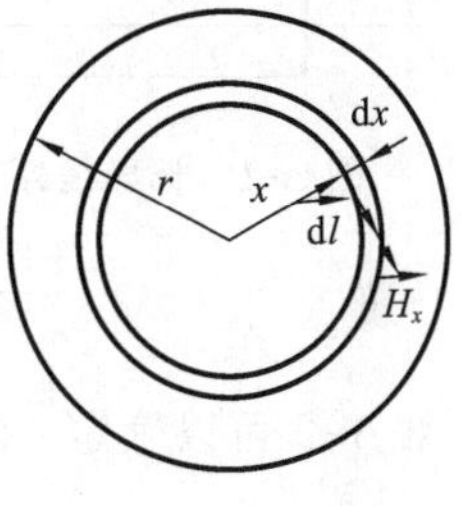

式中,$\overrightarrow{H_x}$ 为距离导线轴线 x 处的磁场强度。

由于磁场对称,距离导线轴线等距离点的磁场强度 $\overrightarrow{H_x}$ 均数值相等,且与 $\overrightarrow{\mathrm{d}l}$ 相切,所以式(A-1)可改写为

图 A-1 圆柱形长导线内部磁场计算

$$2\pi x H_x = \frac{x^2}{r^2} i$$

由此可得

$$H_x = \frac{xi}{2\pi r^2} \tag{A-2}$$

若导线材料的磁导率为 μ_w,则磁感应强度为

$$B_x = \mu_w H_x = \frac{\mu_w xi}{2\pi r^2} \tag{A-3}$$

在距导线轴线 x 处取一宽度为 $\mathrm{d}x$、长度为 1 单位的面积,其中的磁通应为

$$\mathrm{d}\Phi_i = B_x \mathrm{d}x = \frac{\mu_w xi}{2\pi r^2} \mathrm{d}x \tag{A-4}$$

磁通 $\mathrm{d}\Phi_i$ 所交链的导线匝数为 $\pi x^2 / \pi r^2$,故相应的磁链为

$$\mathrm{d}\psi_i = \frac{\pi x^2}{\pi r^2} \mathrm{d}\Phi_i = \frac{\mu_w x^3 i}{2\pi r^4} \mathrm{d}x \tag{A-5}$$

于是导线内部单位长度的总磁链为

$$\psi_i = \int_0^r \frac{\mu_w x^3 i}{2\pi r^4} \mathrm{d}x = \frac{\mu_w i}{8\pi} \tag{A-6}$$

对于非铁磁材料的导线,$\mu_w \approx \mu_0$,便有

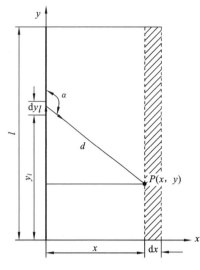

图 A-2　长导线外部磁场计算

$$\psi_i = \frac{\mu_0 i}{8\pi} \qquad (A\text{-}7)$$

导线单位长度的内电感为

$$L_i = \frac{\mu_0}{8\pi} \qquad (A\text{-}8)$$

现在计算与外部磁链有关的电感。从导线外一点来看，可以近似认为电流集中于导线的轴线上。取导线的轴线作为 y 轴，导线的一个端点作为原点（见图 A-2）。在导线外任取一点 P，其坐标为 (x, y)。根据比奥-沙瓦定律，在无限大均匀媒质中由电流微段 $i\,\overrightarrow{\mathrm{d}y_l}$ 在其附近的点 P 所引起的磁感应强度分量 $\overrightarrow{\mathrm{d}B}$ 的数值与此电流微段 $i\mathrm{d}y_l$ 成正比，与由此微段到该点的距离 d 的平方成反比，还与该距离矢径和微段 $\overrightarrow{\mathrm{d}y_l}$ 方向间的夹角 α 的正弦成正比，即

$$\mathrm{d}B = \frac{\mu i\, \mathrm{d}y_l \sin\alpha}{4\pi d^2}$$

由图 A-2 可以确定

$$d^2 = x^2 + (y_l - y)^2$$

$$\sin\alpha = \frac{x}{\sqrt{x^2 + (y_l - y)^2}}$$

当周围介质是空气时，$\mu \approx \mu_0$，便得

$$\mathrm{d}B = \frac{\mu_0 ix\, \mathrm{d}y_l}{4\pi [x^2 + (y_l - y)^2]^{3/2}} \qquad (A\text{-}9)$$

整条导线在点 P 产生的磁感应强度为

$$B_P = \frac{\mu_0 i}{4\pi} \int_0^l \frac{x\mathrm{d}y_l}{[x^2 + (y_l - y)^2]^{3/2}} = \frac{\mu_0 i}{4\pi x} \left[\frac{y_l - y}{\sqrt{x^2 + (y_l - y)^2}} \right]_0^l$$

$$= \frac{\mu_0 i}{4\pi x} \left[\frac{l - y}{\sqrt{x^2 + (l - y)^2}} + \frac{y}{\sqrt{x^2 + y^2}} \right] \qquad (A\text{-}10)$$

穿过面积 $l\mathrm{d}x$（图 A-2 中阴影部分）的磁通为

$$\mathrm{d}\Phi_e = \mathrm{d}x \int_0^l B_P \mathrm{d}y$$

由于磁通 $\mathrm{d}\Phi_e$ 与整条导线交链，故匝数为 1，相应的磁链为

$$\mathrm{d}\psi_e = \mathrm{d}\Phi_e = \mathrm{d}x \int_0^l B_P \mathrm{d}y = \frac{\mu_0 i\mathrm{d}x}{4\pi x} \int_0^l \left[\frac{l - y}{\sqrt{x^2 + (l - y)^2}} + \frac{y}{\sqrt{x^2 + y^2}} \right] \mathrm{d}y$$

$$= \frac{\mu_0 i}{2\pi x} (\sqrt{x^2 + l^2} - x)\mathrm{d}x$$

因此导线外部的总磁链为

$$\psi_e = \int \mathrm{d}\psi_e = \frac{\mu_0 i}{2\pi} \int_r^\infty \left(\frac{\sqrt{x^2 + l^2}}{x} - 1 \right) \mathrm{d}x = \frac{\mu_0 i}{2\pi} \left[\sqrt{x^2 + l^2} - l \times \ln \frac{l + \sqrt{x^2 + l^2}}{x} - x \right]_r^\infty$$

$$= \frac{\mu_0 i}{2\pi}\left[l \times \ln \frac{l + \sqrt{r^2 + l^2}}{r} - \sqrt{r^2 + l^2} + r \right] \quad (A\text{-}11)$$

当 $l \gg r$ 时,上式可简化为

$$\psi_e \approx \frac{\mu_0 il}{2\pi}\left(\ln \frac{2l}{r} - 1 \right) \quad (A\text{-}12)$$

因此,每单位长度的外电感为

$$L_e = \frac{\psi_e}{il} = \frac{\mu_0}{2\pi}\left(\ln \frac{2l}{r} - 1 \right) \quad (A\text{-}13)$$

导线单位长度的电感为

$$L = L_i + L_e = \frac{\mu_0}{8\pi} + \frac{\mu_0}{2\pi}\left(\ln \frac{2l}{r} - 1 \right) = \frac{\mu_0}{2\pi}\left(\frac{1}{4} + \ln \frac{2l}{r} - 1 \right)$$
$$= \frac{\mu_0}{2\pi}\left(\ln e^{\frac{1}{4}} + \ln \frac{2l}{r} - 1 \right) = \frac{\mu_0}{2\pi}\left(\ln \frac{2l}{r'} - 1 \right) \quad (A\text{-}14)$$

式中,$r' = e^{-\frac{1}{4}}r = 0.779r$ 是计及导线内部电感的等值半径,亦称为圆柱形导线的自几何均距。

A-2 两平行导线间的互感

设两导线的半径均为 r,轴线间距离为 D(见图 A-3)。当导线 1 通以电流 i 时,所产生的外部磁通在离轴线距离为 $D-r$ 处开始与导线 2 部分地交链,直到距离大于等于 $D+r$ 处才与整个导线 2 交链。为了便于计算,可以略去从 $D-r$ 至 D 这一部分磁通,而认为导线 1 的外部磁通从导线 2 的轴线开始即同整个导线 2 交链。这样,将式 (A-11) 的积分下限改取为 D,便得导线 1 的电流 i 对导线 2 产生的总互感磁链为

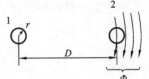

图 A-3 平行导线间的互感磁通

$$\psi_{21} = \int_D^\infty \frac{\mu_0 i}{2\pi}\left(\frac{\sqrt{x^2 + l^2}}{x} - 1 \right) dx$$
$$= \frac{\mu_0 i}{2\pi}\left(l \times \ln \frac{l + \sqrt{D^2 + l^2}}{D} - \sqrt{D^2 + l^2} + D \right)$$

当 $l \gg D$ 时,则有

$$\psi_{21} \approx \frac{\mu_0 il}{2\pi}\left(\ln \frac{2l}{D} - 1 \right) \quad (A\text{-}15)$$

于是导线 1 对导线 2 每单位长度的互感为

$$M_{21} = \frac{\psi_{21}}{il} = M = \frac{\mu_0}{2\pi}\left(\ln \frac{2l}{D} - 1 \right) \quad (A\text{-}16)$$

不言而喻,导线 2 对导线 1 的互感 M_{12} 也等于 M。

A-3 复合导体的自感

设有一组复合导体由 n 根平行的圆柱形导线组成。导体的总电流为 i,每根导线的电流

为 i/n。若导体当作一匝，则每根导线代表 $1/n$ 匝。现在讨论这种复合导体的自感计算。

记导线 k 的半径为 r_k，任两根导线 k、j 的轴线间距离为 d_{kj}，则与导线 k 交链的总磁通为

$$
\begin{aligned}
\Phi_k &= \frac{\mu_0 il}{2\pi n}\left[\left(\ln\frac{2l}{r'_k}-1\right)+\left(\ln\frac{2l}{d_{k1}}-1\right)+\cdots\right.\\
&\quad \left.+\left(\ln\frac{2l}{d_{k,k-1}}-1\right)+\left(\ln\frac{2l}{d_{k,k+1}}-1\right)+\cdots+\left(\ln\frac{2l}{d_{kn}}-1\right)\right]\\
&= \frac{\mu_0 li}{2\pi n}\left[\left(\ln\frac{2l}{r'_k}-1\right)+\sum_{\substack{j=1\\j\neq k}}^{n}\left(\ln\frac{2l}{d_{kj}}-1\right)\right]\\
&= \frac{\mu_0 li}{2\pi}\left(\ln\frac{2l}{d'_{sk}}-1\right)
\end{aligned}
\tag{A-17}
$$

式中，$d'_{sk}=\sqrt[n]{r'_k d_{k1}\cdots d_{k,k-1}d_{k,k+1}\cdots d_{kn}}$。

同复合导体交链的总磁链为

$$
\psi = \frac{1}{n}\sum_{k=1}^{n}\Phi_k = \frac{\mu_0 il}{2\pi n}\sum_{k=1}^{n}\left(\ln\frac{2l}{d'_{sk}}-1\right)=\frac{\mu_0 li}{2\pi}\left(\ln\frac{2l}{D_s}-1\right)
\tag{A-18}
$$

式中

$$
D_s = \sqrt[n]{d'_{s1}d'_{s2}\cdots d'_{sn}} = \sqrt[n^2]{(r'_1 d_{12}d_{13}\cdots d_{1n})\times(r'_2 d_{21}d_{23}\cdots d_{2n})\cdots(r'_n d_{n1}d_{n2}\cdots d_{n,n-1})}
\tag{A-19}
$$

D_s 被称为复合导体的自几何均距，或几何平均半径。

于是复合导体每单位长度的自感为

$$
L = \frac{\psi}{il} = \frac{\mu_0}{2\pi}\left(\ln\frac{2l}{D_s}-1\right)
\tag{A-20}
$$

A-4　两组平行复合导体之间的互感

两组平行的复合导体 A 和 B 如图 A-4 所示，导体 A 由 n 根导线组成，B 由 m 根导线组成。设 A 中的导线 k 与 B 中的导线 j' 的轴线间距离为 $D_{kj'}$。当导体 A 的总电流为 i，且其中每根导线的电流为 i/n 时，其对于 B 中的导线 j' 产生的总互感磁通

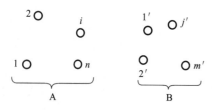

图 A-4　两组平行的复合导体

$$
\begin{aligned}
\Phi_{j'} &= \frac{\mu_0 li}{2\pi n}\sum_{k=1}^{n}\left(\ln\frac{2l}{D_{kj'}}-1\right)\\
&= \frac{\mu_0 li}{2\pi}\left[\ln\frac{2l}{\sqrt[n]{D_{1j'}D_{2j'}\cdots D_{nj'}}}-1\right]
\end{aligned}
$$

这样，导体 A 对导体 B 产生的总磁链

$$
\psi_{BA} = \frac{1}{m}\sum_{j=1}^{m}\Phi_{j'} = \frac{\mu_0 li}{2\pi m}\sum_{j=1}^{m}\left[\ln\frac{2l}{\sqrt[n]{D_{1j'}D_{2j'}\cdots D_{nj'}}}-1\right]=\frac{\mu_0 li}{2\pi}\left(\ln\frac{2l}{D_m}-1\right)
\tag{A-21}
$$

式中

$$
D_m = \sqrt[mn]{(D_{11'}D_{21'}\cdots D_{n1'})(D_{12'}D_{22'}\cdots D_{n2'})\cdots(D_{1m'}D_{2m'}\cdots D_{nm'})}
\tag{A-22}
$$

D_m 称为两组复合导体间的互几何均距。

于是两组复合导体间每单位长度的互感

$$M = \frac{\psi_{BA}}{il} = \frac{\mu_0}{2\pi}\left(\ln\frac{2l}{D_m} - 1\right) \tag{A-23}$$

从以上导出的公式可见,式(A-20)与式(A-14)、式(A-23)与式(A-16)的形式完全一样。实际上式(A-20)和式(A-23)已分别包含了式(A-14)与式(A-16)。由于 $\mu_0 = 4\pi \times 10^{-7}\,\mathrm{H/m}$,式(A-20)和式(A-23)又可写成

$$L = 2 \times 10^{-7}\left(\ln\frac{2l}{D_s} - 1\right)\mathrm{H/m} \tag{A-24}$$

$$M = 2 \times 10^{-7}\left(\ln\frac{2l}{D_m} - 1\right)\mathrm{H/m} \tag{A-25}$$

附录 B 线性方程组的直接解法

高斯消去法是直接求解线性方程组的有效方法,它的特点是演算迅速,又没有收敛性问题。因此,高斯消去法和以它为基础的各种算法在电力系统计算中得到了普通的应用。

B-1 高斯消去法

一、按列消元按行回代的算法

用高斯消去法解线性方程组可以采用不同的计算格式,各种格式并无实质性的不同。在这里我们介绍按列消元按行回代的算法。

设有 n 阶线性方程组

$$\left.\begin{array}{l} a_{11}x_1 + a_{12}x_2 + \cdots + a_{1n}x_n = b_1 \\ a_{21}x_1 + a_{22}x_2 + \cdots + a_{2n}x_n = b_2 \\ \cdots \\ a_{n1}x_1 + a_{n2}x_2 + \cdots + a_{nn}x_n = b_n \end{array}\right\} \tag{B-1}$$

或缩记为

$$AX = B \tag{B-2}$$

求解的具体步骤如下:

(1) 若 $a_{11} \neq 0$,从式(B-1)的第 1 式解出

$$x_1 = [b_1 - (a_{12}x_2 + \cdots + a_{1n}x_n)]/a_{11}$$

代入第 2 至第 n 式以消去 x_1,便得到

$$\left.\begin{array}{l} a_{11}x_1 + a_{12}x_2 + \cdots + a_{1n}x_n = b_1 \\ a_{22}^{(1)}x_2 + \cdots + a_{2n}^{(1)}x_n = b_2^{(1)} \\ \cdots \\ a_{n2}^{(1)}x_2 + \cdots + a_{nn}^{(1)}x_n = b_n^{(1)} \end{array}\right\} \tag{B-3}$$

式中,$a_{ij}^{(1)} = a_{ij} - \dfrac{a_{i1}}{a_{11}}a_{1j}$;$b_i^{(1)} = b_i - \dfrac{a_{i1}}{a_{11}}b_1$ $(i = 2, 3, \cdots, n; j = i, i+1, \cdots, n)$

(2) 若 $a_{22}^{(1)} \neq 0$,从式(B-3)的第 2 式可解出

$$x_2 = [b_2^{(1)} - (a_{23}^{(1)}x_3 + \cdots + a_{2n}^{(1)}x_n)]/a_{22}^{(1)}$$

代入第 3 至第 n 式以消去 x_2,便得

$$a_{11}x_1 + a_{12}x_2 + a_{13}x_3 + \cdots + a_{1n}x_n = b_1$$
$$a_{22}^{(1)}x_2 + a_{23}^{(1)}x_3 + \cdots + a_{2n}^{(1)}x_n = b_2^{(1)}$$
$$a_{33}^{(2)}x_3 + \cdots + a_{3n}^{(2)}x_n = b_3^{(2)}$$
$$\cdots$$
$$a_{n3}^{(2)}x_3 + \cdots + a_{nn}^{(2)}x_n = b_n^{(2)}$$

式中, $a_{ij}^{(2)}=a_{ij}^{(1)}-\dfrac{a_{i2}^{(1)}a_{2j}^{(1)}}{a_{22}^{(1)}}; b_i^{(2)}=b_i^{(1)}-\dfrac{a_{i2}^{(1)}b_2^{(1)}}{a_{22}^{(1)}}$ $(i=3,4,\cdots,n; j=i,i+1,\cdots,n)$。

由此看来,只要 $a_{kk}^{(k-1)}\neq0$,消元过程就可继续下去,在作完第 k 步消元后,原方程组将变为

$$\left.\begin{aligned}
a_{11}x_1+a_{12}x_2+\cdots+a_{1,k+1}x_{k+1}+\cdots+a_{1n}x_n&=b_1\\
a_{22}^{(1)}x_2+\cdots+a_{2,k+1}^{(1)}x_{k+1}+\cdots+a_{2n}^{(1)}x_n&=b_2^{(1)}\\
&\cdots\\
a_{k+1,k+1}^{(k)}x_{k+1}+\cdots+a_{k+1,n}^{(k)}x_n&=b_{k+1}^{(k)}\\
&\cdots\\
a_{n,k+1}^{(k)}x_{k+1}+\cdots+a_{nn}^{(k)}x_n&=b_n^{(k)}
\end{aligned}\right\}\tag{B-4}$$

式中

$$a_{ij}^{(k)}=a_{ij}^{(k-1)}-\frac{a_{ik}^{(k-1)}a_{kj}^{(k-1)}}{a_{kk}^{(k-1)}}=a_{ij}-\sum_{p=1}^{k}\frac{a_{ip}^{(p-1)}a_{pj}^{(p-1)}}{a_{pp}^{(p-1)}}$$
$$(i=k+1,\cdots,n; j=i,i+1,\cdots,n+1)\tag{B-5}$$

由于 $b_i^{(k)}$ 与 $a_{ij}^{(k)}$ 的算法相同,若把 b_i 记为 $a_{i,n+1}$,在利用式(B-5)时可把列标 j 一直取到 $n+1$。

在消元过程中,如遇 $a_{kk}^{(k-1)}=0$,可将尚待继续消元的那部分方程式重新排列次序,使第 k 个方程中 x_k 的系数不为零即可。经过 $n-1$ 次消元,最后得到的方程为

$$\left.\begin{aligned}
a_{11}x_1+a_{12}x_2+\cdots+a_{1i}x_i+\cdots+a_{1n}x_n&=b_1\\
a_{22}^{(1)}x_2+\cdots+a_{2i}^{(1)}x_i+\cdots+a_{2n}^{(1)}x_n&=b_2^{(1)}\\
&\cdots\\
a_{ii}^{(i-1)}x_i+\cdots+a_{in}^{(i-1)}x_n&=b_i^{(i-1)}\\
&\cdots\\
a_{nn}^{(n-1)}x_n&=b_n^{(n-1)}
\end{aligned}\right\}\tag{B-6}$$

式中

$$a_{ij}^{(i-1)}=a_{ij}-\sum_{k=1}^{i-1}\frac{a_{ik}^{(k-1)}a_{kj}^{(k-1)}}{a_{kk}^{(k-1)}}$$
$$(i=1,2,\cdots,n; j=i,i+1,\cdots,n+1)\tag{B-7}$$

消元的结果是把原方程组(B-1)演化成系数矩阵呈上三角形的方程组(B-6)。这两组方程组有同解。利用方程组(B-6)可以自下而上地逐个算出待求变量 $x_n,x_{n-1},\cdots,x_1$,其计算通式为

$$x_i=(b_i^{(i-1)}-\sum_{j=i+1}^{n}a_{ij}^{(i-1)}x_j)/a_{ii}^{(i-1)}\quad(i=n,n-1,\cdots,1)\tag{B-8}$$

这个演算过程称为后退回代过程,简称回代过程。

二、按行消元并逐行规格化的算法

电力系统计算中,高斯消去法的另一种常用计算格式是按行消元并逐行规格化的算法。具体做法如下:

(1) 若 $a_{11}\neq0$,则以 $1/a_{11}$ 乘方程组(B-1)中的第 1 式,使之规格化,得到

$$x_1 + a_{12}^{(1)} x_2 + \cdots + a_{1n}^{(1)} x_n = b_1^{(1)} \tag{B-9}$$

式中 $\qquad a_{1j}^{(1)} = a_{1j}/a_{11} \quad (j = 2, 3, \cdots, n+1)$

（2）对方程组（B-1）中的第 2 式作运算。首先进行消元，用 $-a_{21}$ 乘式（B-9）全式，再同方程组（B-1）的第 2 式相加，便得到

$$a_{22}^{(1)} x_2 + a_{23}^{(1)} x_3 + \cdots + a_{2n}^{(1)} x_n = b_2^{(1)}$$

式中 $\qquad a_{2j}^{(1)} = a_{2j} - a_{21} a_{1j}^{(1)} \quad (j = 2, 3, \cdots, n+1)$

假定 $a_{22}^{(1)} \neq 0$，用 $1/a_{22}^{(1)}$ 去乘上式，便得

$$x_2 + a_{23}^{(2)} x_3 + \cdots + a_{2n}^{(2)} x_n = b_2^{(2)}$$

式中 $\qquad a_{2j}^{(2)} = a_{2j}^{(1)}/a_{22}^{(1)} \quad (j = 3, 4, \cdots, n+1)$

这样，我们就得到了经过消元和规格化处理的第 2 个方程式。

这种算法的消元过程是逐行进行的。对原方程组（B-1）中的第 i 个方程式的演算包括，先作 $i-1$ 次消元，利用已完成消元和规格化处理的 $i-1$ 个方程式依次消去 $x_1, x_2, \cdots, x_{i-1}$，然后作一次规格化计算，使 x_i 的系数变为 1。以 k 代表消元次数，逐次消元的计算通式为

$$a_{ij}^{(k)} = a_{ij}^{(k-1)} - a_{ik}^{(k-1)} a_{kj}^{(k)} \quad (k = 1, 2, \cdots, i-1; j = k+1, k+2, \cdots, n+1) \tag{B-10}$$

作完 $i-1$ 次消元后，规格化计算的公式为

$$a_{ij}^{(i)} = a_{ij}^{(i-1)}/a_{ii}^{(i-1)} (j = i+1, i+2, \cdots, n+1) \tag{B-11}$$

按照上述步骤，对方程组（B-1）的全部方程式作完消元和规格化演算，便得到了以下的方程组

$$\left. \begin{array}{l} x_1 + a_{12}^{(1)} x_2 + a_{13}^{(1)} x_3 + \cdots + a_{1,n-1}^{(1)} x_{n-1} + a_{1n}^{(1)} x_n = b_1^{(1)} \\ x_2 + a_{23}^{(2)} x_3 + \cdots + a_{2,n-1}^{(2)} x_{n-1} + a_{2n}^{(2)} x_n = b_2^{(2)} \\ \cdots \\ x_{n-1} + a_{n-1,n}^{(n-1)} x_n = b_{n-1}^{(n-1)} \\ x_n = b_n^{(n)} \end{array} \right\} \tag{B-12}$$

式中的系数表达式为

$$a_{ij}^{(i)} = \left(a_{ij} - \sum_{k=1}^{i-1} a_{ik}^{(k-1)} a_{kj}^{(k)} \right)/a_{ii}^{(i-1)} \quad (i = 1, 2, \cdots, n-1; j = i+1, i+2, \cdots, n+1)$$

$$\tag{B-13}$$

利用方程组（B-12），通过自下而上的回代计算，即可求得全部的未知变量，其计算通式为

$$x_i = b_i^{(i)} - \sum_{j=i+1}^{n} a_{ij}^{(i)} x_j (j = n, n-1, \cdots, 1) \tag{B-14}$$

B-2　三角分解法

消去法求解线性方程组的另一种常用算法是对方程式（B-2）的系数矩阵 $\boldsymbol{A}$ 进行三角分解。现将电力系统计算中常用的几种三角分解分别介绍如下。

一、将非奇方阵 $\boldsymbol{A}$ 分解为单位下三角矩阵 $\boldsymbol{L}$ 和上三角矩阵 $\boldsymbol{R}$ 的乘积

高斯消去法的每一步演算都相当于进行矩阵的初等变换。以按列消元的算法为例，第

一步消元时所用的初等矩阵为

$$\boldsymbol{L}_1^{-1} = \begin{bmatrix} 1 & & & \\ -l_{21} & 1 & & \\ \vdots & & \ddots & \\ -l_{n1} & & & 1 \end{bmatrix}$$

式中
$$l_{i1} = a_{i1}/a_{11} \quad (i = 2, 3, \cdots, n)$$

用 $\boldsymbol{L}_1^{-1}$ 左乘式(B-2)的两端,将结果展开便得到方程组(B-3)。

以后的每一步消元都是对上次变换所得的结果再作一次初等变换。所用的变换矩阵都是单列单位下三角矩阵,第 k 步消元所用的矩阵为

$$\boldsymbol{L}_k^{-1} = \begin{bmatrix} 1 & & & & & \\ & \ddots & & & & \\ & & 1 & & & \\ & & -l_{k+1,k} & 1 & & \\ & & \vdots & & \ddots & \\ & & -l_{nk} & & & 1 \end{bmatrix} \tag{B-15}$$

式中
$$l_{ik} = a_{ik}^{(k-1)}/a_{kk}^{(k-1)} \quad (i = k+1, \cdots, n) \tag{B-16}$$

依次作完 $n-1$ 次变换后,便得到方程组(B-6)。若将方程组(B-6)的系数矩阵记为 $\boldsymbol{R}$,则其元素为

$$r_{ij} = a_{ij}^{(i-1)} \quad (i = 1, 2, \cdots, n; j = i, i+1, \cdots, n) \tag{B-17}$$

从演算过程可知
$$\boldsymbol{R} = \boldsymbol{L}_{n-1}^{-1} \boldsymbol{L}_{n-2}^{-1} \cdots \boldsymbol{L}_1^{-1} \boldsymbol{A}$$

因为初等矩阵非奇,故有
$$\boldsymbol{L}_1 \boldsymbol{L}_2 \cdots \boldsymbol{L}_{n-1} \boldsymbol{R} = \boldsymbol{A}$$

根据单列单位下三角矩阵的性质可知

$$\boldsymbol{L}_k = \begin{bmatrix} 1 & & & & & \\ & \ddots & & & & \\ & & 1 & & & \\ & & l_{k+1,k} & 1 & & \\ & & \vdots & & \ddots & \\ & & l_{nk} & & & 1 \end{bmatrix}$$

$$\boldsymbol{L} = \boldsymbol{L}_1 \boldsymbol{L}_2 \cdots \boldsymbol{L}_{n-1} = \begin{bmatrix} 1 & & & & \\ l_{21} & 1 & & & \\ l_{31} & l_{32} & 1 & & \\ \vdots & \vdots & \vdots & \ddots & \\ l_{n1} & l_{n2} & l_{n3} & \cdots & 1 \end{bmatrix}$$

这样,我们便得到
$$\boldsymbol{A} = \boldsymbol{L}\boldsymbol{R} \tag{B-18}$$

非奇方阵 A 被表示为矩阵 L 和 R 的乘积，这两个三角矩阵称为 A 的因子矩阵。

利用式（B-5）和式（B-7），不难确定两个因子矩阵的元素计算公式为

$$l_{ij} = \left(a_{ij} - \sum_{k=1}^{j-1} l_{ik} r_{kj} \right) / r_{jj} \quad \left. \begin{array}{l} (i = 2, 3, \cdots, n; \\ j = 1, 2, \cdots, i-1) \end{array} \right\}$$

$$r_{ij} = a_{ij} - \sum_{k=1}^{i-1} l_{ik} r_{kj} \quad \left. \begin{array}{l} (i = 1, 2, \cdots, n; \\ j = i, i+1, \cdots, n) \end{array} \right\} \tag{B-19}$$

从 l_{ij} 的计算公式可见，r_j 都作为除数出现，要使分解得以进行下去，必须有 $r_{jj} \neq 0$。为满足这个条件，要求矩阵 A 的各阶主子式都不等于零。如果矩阵 A 非奇，通过对它的行（或列）的次序的适当调整，这个条件是能满足的。

将 $A = LR$ 代入线性方程组（B-2），便得 $LRX = B$。这个方程又可以分解为以下两个方程

$$LF = B$$

$$RX = F$$

或者展开写成

$$\begin{bmatrix} 1 & & & & \\ l_{21} & 1 & & & \\ l_{31} & l_{32} & 1 & & \\ \vdots & \vdots & \vdots & \ddots & \\ l_{n1} & l_{n2} & l_{n3} & \cdots & 1 \end{bmatrix} \begin{bmatrix} f_1 \\ f_2 \\ f_3 \\ \vdots \\ f_n \end{bmatrix} = \begin{bmatrix} b_1 \\ b_2 \\ b_3 \\ \vdots \\ b_n \end{bmatrix} \tag{B-20}$$

$$\begin{bmatrix} r_{11} & r_{12} & \cdots & r_{1n} \\ & r_{22} & \cdots & r_{2n} \\ & & \ddots & \vdots \\ & & & r_{nn} \end{bmatrix} \begin{bmatrix} x_1 \\ x_2 \\ \vdots \\ x_n \end{bmatrix} = \begin{bmatrix} f_1 \\ f_2 \\ \vdots \\ f_n \end{bmatrix} \tag{B-21}$$

这两组方程式的系数矩阵都是三角形矩阵，其求解是极为方便的。先由方程组（B-20）自上而下地依次算出 $f_1, f_2, \cdots, f_n$，其计算通式为

$$f_i = b_i - \sum_{j=1}^{i-1} l_{ij} f_j \quad (i = 1, 2, \cdots, n) \tag{B-22}$$

这一步演算相当于消元过程中对原方程式右端常数向量所作的变换，只需用到下三角因子矩阵。容易看出，$f_i = b_i^{(i-1)}$。利用式（B-16），式（B-22）也可由式（B-7）直接获得。方程组（B-21）的求解属于回代过程，只须用到上三角因子矩阵以及经过消元变换的右端常数向量。因为式（B-21）就是式（B-6），其解法就不重复了。

二、将非奇方阵 A 分解为单位下三角矩阵 L、对角线矩阵 D 和单位上三角矩阵 U 的乘积

如果 A 非奇，则上三角矩阵 R 的对角线元素都不等于零。矩阵 R 又可分解为对角线矩阵 D 和单位上三角矩阵 U 的乘积，即 $R = DU$，或展开写成

$$\begin{bmatrix} r_{11} & r_{12} & \cdots & r_{1n} \\ & r_{22} & \cdots & r_{2n} \\ & & \ddots & \vdots \\ & & & r_{nn} \end{bmatrix} = \begin{bmatrix} d_{11} & & & \\ & d_{22} & & \\ & & \ddots & \\ & & & d_{nn} \end{bmatrix} \begin{bmatrix} 1 & u_{12} & \cdots & u_{1n} \\ & 1 & \cdots & u_{2n} \\ & & \ddots & \vdots \\ & & & 1 \end{bmatrix}$$

比较两方的对应元素可得

$$d_{ii} = r_{ii}, \quad u_{ij} = r_{ij}/d_{ii} \quad (i=1,2,\cdots,n; j=i+1,\cdots,n) \tag{B-23}$$

由此可知

$$d_{ii} = a_{ii}^{(i-1)}, \quad u_{ij} = a_{ij}^{(i)} \tag{B-24}$$

这样便得

$$A = LDU \tag{B-25}$$

这种分解称为方阵 A 的一种 LDU 分解。若 A 的各阶主子式均不为零,则这种分解是唯一的。

利用式(B-19),以及式(B-23),可得各因子矩阵的元素表达式如下

$$\left. \begin{aligned} d_{ii} &= a_{ii} - \sum_{k=1}^{i-1} l_{ik} u_{ki} d_{kk} \quad (i=1,2,\cdots,n) \\ u_{ij} &= (a_{ij} - \sum_{k=1}^{i-1} l_{ik} u_{kj} d_{kk})/d_{ii} \quad \begin{pmatrix} i=1,2,\cdots,n-1 \\ j=i+1,\cdots,n \end{pmatrix} \\ l_{ij} &= (a_{ij} - \sum_{k=1}^{j-1} l_{ik} u_{kj} d_{kk})/d_{jj} \quad \begin{pmatrix} i=2,3,\cdots,n \\ j=1,2,\cdots,i-1 \end{pmatrix} \end{aligned} \right\} \tag{B-26}$$

将式(B-25)代入式(B-2),可得

$$LDUX = B$$

这个方程又可分解为以下三个方程组

$$\left. \begin{aligned} LF &= B \\ DH &= F \\ UX &= H \end{aligned} \right\} \tag{B-27}$$

方程组 $LF=B$ 展开后就是式(B-20),其解法已如前述。这组方程的求解相当于消元演算中对常数向量进行变换。

方程组 $DH=F$ 可展开为

$$\begin{bmatrix} d_{11} & & & \\ & d_{22} & & \\ & & \ddots & \\ & & & d_{m} \end{bmatrix} \begin{bmatrix} h_1 \\ h_2 \\ \vdots \\ h_n \end{bmatrix} = \begin{bmatrix} f_1 \\ f_2 \\ \vdots \\ f_n \end{bmatrix} \tag{B-28}$$

由此可得

$$h_i = f_i/d_{ii} \quad (i=1,2,\cdots,n) \tag{B-29}$$

根据式(B-22)和式(B-13)可知 $h_i = b_i^{(i)}$。因此,求解这组方程相当于对经消元变换后的右端常数向量作一次规格化演算。

方程组 $UX=H$ 展开后即是式(B-12),其解法就不重复了。

若 A 为对称矩阵,则应有

$$A^{\mathrm{T}} = A = LDU = (LDU)^{\mathrm{T}} = U^{\mathrm{T}} D^{\mathrm{T}} L^{\mathrm{T}}$$

当 A 的各阶主子式均不为零时,根据分解的唯一性,应有 $L^{\mathrm{T}}=U$ 或 $U^{\mathrm{T}}=L$。因此

$$A = LDL^{\mathrm{T}} = U^{\mathrm{T}} DU \tag{B-30}$$

利用式(B-26),计及 $u_{ij}=l_{ji}$,便得各因子矩阵的元素表达式为

$$d_{ii} = a_{ii} - \sum_{k=1}^{i-1} l_{ik}^2 d_{kk} = a_{ii} - \sum_{k=1}^{i-1} u_{ki}^2 d_{kk} \quad (i = 1,2,\cdots,n)$$

$$u_{ij} = \left(a_{ij} - \sum_{k=1}^{i-1} u_{ki} u_{kj} d_{kk}\right)/d_{ii} \quad \binom{i = 1,2,\cdots,n-1}{j = i+1,\cdots,n}$$

$$l_{ij} = \left(a_{ij} - \sum_{k=1}^{j-1} l_{ik} l_{jk} d_{kk}\right)/d_{jj} \quad \binom{i = 2,3,\cdots,n}{j = 1,2,\cdots,i-1}$$

(B-31)

由于三角矩阵 U 和 L 互为转置，只需算出其中的一个即可。

三、将非奇方阵 A 分解为下三角矩阵 C 和单位上三角矩阵 U 的乘积

若令 $LD=C$，则矩阵 C 仍为下三角矩阵，其元素为

$$c_{ii} = d_{ii} \quad (i = 1,2,\cdots,n)$$

$$c_{ij} = l_{ij} d_{jj} \quad \binom{i = 2,3,\cdots,n}{j = 1,2,\cdots,i-1}$$

(B-32)

这样便得

$$A = CU$$

(B-33)

这种分解亦称为 Crout 分解。利用公式(B-26)，以及式(B-32)，可得因子矩阵的元素表达式如下

$$c_{ij} = a_{ij} - \sum_{k=1}^{j-1} c_{ik} u_{kj} \quad \binom{i = 1,2,\cdots,n}{j = 1,2,\cdots,i}$$

$$u_{ij} = \left(a_{ij} - \sum_{k=1}^{i-1} c_{ik} u_{kj}\right)/c_{ii} \quad \binom{i = 1,2,\cdots,n-1}{j = i+1,\cdots,n}$$

(B-34)

用 Crout 分解求解线性方程组的算法，相当于按行消元逐行规格化的高斯消去法。不难验证：

$$c_{ij} = a_{ij}^{(j-1)}, \quad u_{ij} = a_{ij}^{(i)}$$

(B-35)

四、因子表及其应用

在电力系统计算中，常有这样的情况，网络方程需要求解多次，每次只是改变方程右端的常数向量，而使用相同的系数矩阵。对线性方程组(B-2)的系数矩阵 A 进行三角分解，所得的下三角因子矩阵将用于消元运算，而上三角因子矩阵则用于回代运算。对于需要多次求解的方程组，可以把三角形因子矩阵的元素以适当的形式贮存起来以备反复应用。

对矩阵 A 作 LR 分解时，可把因子矩阵 L 和 R 的元素排列成

$$\begin{bmatrix} r_{11} & r_{12} & r_{13} & \cdots & r_{1n} \\ l_{21} & r_{22} & r_{23} & \cdots & r_{2n} \\ l_{31} & l_{32} & r_{33} & \cdots & r_{3n} \\ \vdots & \vdots & \vdots & \ddots & \vdots \\ l_{n1} & l_{n2} & l_{n3} & \cdots & r_{nn} \end{bmatrix}$$

作 Crout 分解时，把因子矩阵 C 和 U 的元素排列成

$$\begin{matrix} c_{11} & u_{12} & u_{13} & \cdots & u_{1n} \\ c_{21} & c_{22} & u_{23} & \cdots & u_{2n} \\ c_{31} & c_{32} & c_{33} & \cdots & u_{3n} \\ \vdots & \vdots & \vdots & \ddots & \vdots \\ c_{n1} & c_{n2} & c_{n3} & \cdots & c_{nn} \end{matrix}$$

作 **LDU** 分解时，把各因子矩阵的元素排列成

$$\begin{matrix} d_{11} & u_{12} & u_{13} & \cdots & u_{1n} \\ l_{21} & d_{22} & u_{23} & \cdots & u_{2n} \\ l_{31} & l_{32} & d_{33} & \cdots & u_{3n} \\ \vdots & \vdots & \vdots & \ddots & \vdots \\ l_{n1} & l_{n2} & l_{n3} & \cdots & d_{nn} \end{matrix}$$

矩阵 **L** 和 **U** 的对角元素都是 1，不必存放。如果系数矩阵 **A** 不必保留，则上述因子矩阵的元素正好占据矩阵 **A** 的对应元素的位置。因此，以上几种排列格式都可以称为矩阵 **A** 的因子表。

以按行消元逐行规格化的算法为例，这种算法需要保留矩阵 **C** 和 **U** 的元素。由于对角线元素 c_{ii} 在计算过程中都作为除数出现，在计算机中乘法要比除法节省时间。因此，在实际使用的因子表中，对角线位置都是存放 c_{ii} 的倒数 $1/c_{ii}$。由于对称矩阵的因子矩阵 **L** 和 **U** 互为转置矩阵，在因子表中只保留上三角部分（或下三角部分），而对角线位置则存放矩阵 **D** 的对应元素的倒数。

例 B-1 用因子表求解方程组 $\boldsymbol{A}=\boldsymbol{BX}$。

$$\boldsymbol{A}=\begin{bmatrix} a_{11} & a_{12} & a_{13} \\ a_{21} & a_{22} & a_{23} \\ a_{31} & a_{32} & a_{33} \end{bmatrix}=\begin{bmatrix} 2 & 4 & -2 \\ 1 & -1 & 5 \\ 4 & 1 & -2 \end{bmatrix}$$

右端的常数向量分别取为：(1) $\boldsymbol{B}=[6\ 0\ 2]^{\mathrm{T}}$；(2)$\boldsymbol{B}=[4\ 5\ 3]^{\mathrm{T}}$。

解 （一）对系数矩阵 **A** 进行 Crout 分解，将计算结果作成因子表，利用式(B-34)分解 **A** 的第 1 行，得

$$c_{11}=a_{11}=2, \quad 1/c_{11}=1/2, \quad u_{12}=a_{12}/c_{11}=2, \quad u_{13}=a_{13}/c_{11}=-1$$

将 $1/2$、2、-1 记作因子表的第 1 行。

分解 **A** 的第 2 行，得

$$c_{21}=a_{21}=1, \quad c_{22}=a_{22}-c_{21}u_{12}=-1-1\times2=-3$$
$$1/c_{22}=-1/3, \quad u_{23}=(a_{23}-c_{21}u_{13})/c_{22}=[5-1\times(-1)]/(-3)=-2$$

将 1、$-1/3$ 和 -2 记作因子表的第 2 行。

分解 **A** 的第 3 行，得

$$c_{31}=a_{31}=4, \quad c_{32}=a_{32}-c_{31}u_{12}=1-4\times2=-7$$
$$c_{33}=a_{33}-c_{31}u_{13}-c_{32}u_{32}=-2-4\times(-1)-(-7)\times(-2)=-12, \quad 1/c_{33}=-1/12$$

将 4、-7 和 $-1/12$ 记入因子表的第 3 行。最终得到的因子表为

$$\begin{bmatrix} 1/c_{11} & u_{12} & u_{13} \\ c_{21} & 1/c_{22} & u_{23} \\ c_{31} & c_{32} & 1/c_{33} \end{bmatrix} = \begin{bmatrix} 1/2 & 2 & -1 \\ 1 & -1/3 & -2 \\ 4 & -7 & -1/12 \end{bmatrix}$$

（二）对常数向量为 $\boldsymbol{B} = [6\ 0\ 2]^T$ 的方程求解。

先作消元运算，得

$$b_1^{(1)} = b_1/c_{11} = 6/2 = 3, \quad b_2^{(2)} = (b_2 - c_{21}b_1^{(1)})/c_{22} = (0 - 1 \times 3)/(-3) = 1$$

$$b_3^{(3)} = (b_3 - c_{31}b_1^{(1)} - c_{32}b_2^{(2)})/c_{33} = [2 - 4 \times 3 - (-7) \times 1]/(-12) = 1/4$$

由回代演算可得

$$x_3 = b_3^{(3)} = \frac{1}{4}$$

$$x_2 = b_2^{(2)} - u_{23}x_3 = 1 - (-2) \times \frac{1}{4} = \frac{3}{2}$$

$$x_1 = b_1^{(1)} - u_{12}x_2 - u_{13}x_3 = 3 - 2 \times \frac{3}{2} - (-1) \times \frac{1}{4} = \frac{1}{4}$$

（三）当常数向量 $\boldsymbol{B} = [4\ 5\ 3]^T$ 时，可解得

$$b_1^{(1)} = 2, \quad b_2^{(2)} = -1, \quad b_3^{(3)} = 1 = x_3$$

$$x_2 = 1, \quad x_1 = 1$$

例 B-2　用因子表求解下列方程

$$2x_1 + x_2 + 2x_3 = 5$$
$$x_1 + 3x_2 + 2x_3 = 6$$
$$2x_1 + 2x_2 + 4x_3 = 8$$

解　（一）由于系数矩阵为对称矩阵，为节约机器内存，故可以只对系数矩阵的上三角部分形成因子表。

$$\begin{bmatrix} a_{11} & a_{12} & a_{13} \\ & a_{22} & a_{23} \\ & & a_{33} \end{bmatrix} = \begin{bmatrix} 2 & 1 & 2 \\ & 3 & 2 \\ & & 4 \end{bmatrix}$$

应用式（B-31）计算因子矩阵的各元素。第 1 行的元素为

$$d_{11} = a_{11} = 2, \quad \frac{1}{d_{11}} = \frac{1}{2}, \quad u_{12} = a_{12}/d_{11} = \frac{1}{2}, \quad u_{13} = a_{13}/d_{11} = 1$$

第 2 行的元素为

$$d_{22} = a_{22} - u_{12}^2 \times d_{11} = 3 - \left(\frac{1}{2}\right)^2 \times 2 = \frac{5}{2}, \quad \frac{1}{d_{22}} = \frac{2}{5}$$

$$u_{23} = (a_{23} - u_{12}u_{13}d_{11})/d_{22} = \left(2 - \frac{1}{2} \times 1 \times 2\right) / \frac{5}{2} = \frac{2}{5}$$

第 3 行只有一个元素为

$$d_{33} = a_{33} - u_{13}^2 d_{11} - u_{23}^2 d_{22} = 4 - 1^2 \times 2 - \left(\frac{2}{5}\right)^2 \times \frac{5}{2} = \frac{8}{5}, \quad \frac{1}{d_{33}} = \frac{5}{8}$$

最后求得因子表如下。

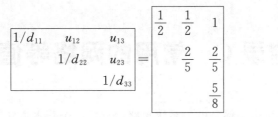

（二）对于有对称系数矩阵的线性方程组,利用上三角因子表解题时,可把式(B-22)改写为

$$f_i = b_i - \sum_{j=1}^{i-1} u_{ji} f_i \quad (i = 1, 2, \cdots, n)$$

回代公式为

$$x_i = \frac{f_i}{d_{ii}} - \sum_{j=i+1}^{n} u_{ij} x_j \quad (i = n, n-1, \cdots, 1)$$

对于题给方程,先作消元演算

$$f_1 = b_1 = 5, \quad f_2 = b_2 - u_{12} f_1 = 6 - \frac{1}{2} \times 5 = \frac{7}{2}$$

$$f_3 = b_3 - u_{13} f_1 - u_{23} f_2 = 8 - 1 \times 5 - \frac{2}{5} \times \frac{7}{2} = \frac{8}{5}$$

然后作回代计算可得

$$x_3 = \frac{f_3}{d_{33}} = 1, \quad x_2 = \frac{f_2}{d_{22}} - u_{23} x_3 = \frac{7}{2} \times \frac{2}{5} - \frac{2}{5} \times 1 = 1$$

$$x_1 = \frac{f_1}{d_{11}} - u_{12} x_2 - u_{13} x_3 = \frac{5}{2} - \frac{1}{2} \times 1 - 1 \times 1 = 1$$

附录 C 常用的网络等值变换

通过等值变换简化网络是电力系统短路计算的一个基本方法。等值变换的要求是网络未被变换部分的状态(指电压和电流分布)应保持不变。除了常用的阻抗支路的串联和并联以外,短路计算中用得最多的主要有两种:网络的星网变换和以戴维南定理为基础的有源网络等值变换。

C-1 星 网 变 换

设网络的某一部分可以表示为由节点 1 和另外 $n-1$ 个节点组成的星形电路,节点 1 同这 $n-1$ 个节点中的每一个都有一条支路相接,支路之间没有互感(见图 C-1(a))。通过星网变换可以消去节点 1,把星形电路变换为以节点 $2,3,\cdots,n$ 为顶点的完全网形电路,其中任一对节点之间都有一条支路连接,如图 C-1(b)所示。

由图 C-1(a)根据基尔霍夫定律可得

$$\sum_{k=2}^{n} \dot{I}_{k1} = \sum_{k=2}^{n} y_{k1}(\dot{U}_k - \dot{U}_1) = 0$$

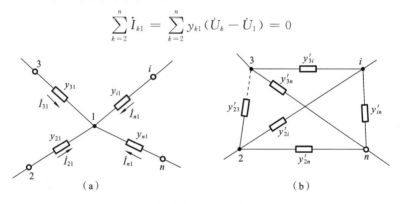

图 C-1 星网变换

由此可以解出节点 1 的电压为

$$\dot{U}_1 = \sum_{k=2}^{n} y_{k1}\dot{U}_k / Y_{\Sigma}$$

式中,$Y_{\Sigma} = \sum_{k=2}^{n} y_{k1}$ 为以节点 1 为中心的星形电路所有支路导纳之和。

根据等值条件,如果保持变换前后节点 $2,3,\cdots,n$ 的电压不变,则自网络外部流向这些节点的电流也必须保持不变。对任一节点 i 有

$$y_{i1}(\dot{U}_i - \dot{U}_1) = \sum_{\substack{k=2 \\ k \neq i}}^{n} y'_{ik}(\dot{U}_i - \dot{U}_k)$$

将 $\dot{U}_1$ 的值代入,则上式左端可以变为

$$y_{i1}\left(\dot{U}_i - \sum_{k=2}^{n} y_{k1}\dot{U}_k/Y_\Sigma\right) = y_{i1}\left(\dot{U}_i\sum_{k=2}^{n} y_{k1} - \sum_{k=2}^{n} y_{k1}\dot{U}_k\right)/Y_\Sigma = y_{i1}\sum_{\substack{k=2\\k\neq i}}^{n} y_{k1}(\dot{U}_i - \dot{U}_k)/Y_\Sigma$$

于是可得

$$y_{i1}\sum_{\substack{k=2\\k\neq i}}^{n} y_{k1}(\dot{U}_i - \dot{U}_k)/Y_\Sigma = \sum_{\substack{k=2\\k\neq i}}^{n} y'_{ik}(\dot{U}_i - \dot{U}_k)$$

上式对任意电压值均成立,其左右端的任一同类项,如第 j 项的系数必须相等,即

$$y'_{ij} = y_{i1}y_{j1}/Y_\Sigma = y_{i1}y_{j1}\Big/\sum_{k=2}^{n} y_{k1} \tag{C-1}$$

这就是变换后的等值网形电路中节点 i 和节点 j 之间的支路导纳计算公式。如果用阻抗表示则有

$$z'_{ij} = 1/y'_{ij} = z_{i1}z_{j1}\sum_{k=2}^{n} 1/z_{k1} \tag{C-2}$$

式中
$$z_{k1} = 1/y_{k1}$$

一个 m 支路的星形电路可以等效成具有 m 个顶点的完全网形电路,这个完全网形电路共有 $m(m-1)/2$ 条支路。反过来,要将一个 m 顶点的全网形电路变换成 m 支路的星形电路,当 $m>3$ 时一般是不可能实现的。当 $m=3$ 时,可以实现星形电路和三角形电路的互相变换(见图 C-2),其变换公式为

$$\left.\begin{aligned}
z_{ab} &= z_a + z_b + z_a z_b/z_c\\
z_{bc} &= z_b + z_c + z_b z_c/z_a\\
z_{ca} &= z_c + z_a + z_c z_a/z_b
\end{aligned}\right\} \tag{C-3}$$

$$\left.\begin{aligned}
z_a &= z_{ab}z_{ca}/(z_{ab} + z_{bc} + z_{ca})\\
z_b &= z_{bc}z_{ab}/(z_{ab} + z_{bc} + z_{ca})\\
z_c &= z_{ca}z_{bc}/(z_{ab} + z_{bc} + z_{ca})
\end{aligned}\right\} \tag{C-4}$$

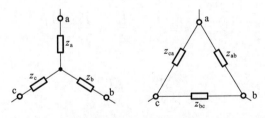

图 C-2　星形-三角形变换

如果支路参数用导纳($y=1/z$)表示,则变换公式为

$$\left.\begin{aligned}
y_{ab} &= y_a y_b/(y_a + y_b + y_c)\\
y_{bc} &= y_b y_c/(y_a + y_b + y_c)\\
y_{ca} &= y_c y_a/(y_a + y_b + y_c)
\end{aligned}\right\} \tag{C-5}$$

$$\left.\begin{aligned}
y_a &= y_{ab} + y_{ca} + y_{ab}y_{ca}/y_{bc}\\
y_b &= y_{bc} + y_{ab} + y_{bc}y_{ab}/y_{ca}\\
y_c &= y_{ca} + y_{bc} + y_{ca}y_{bc}/y_{ab}
\end{aligned}\right\} \tag{C-6}$$

C-2 星形电路中心节点电流的移置

当星形电路中心节点存在注入电流时，在作星网变换前，先要进行中心节点电流的移置。现以图 C-3(a)所示的网络为例加以说明。在作星网变换前，须将待消去的节点 1 的电流 $\dot{I}_1$ 分散移置到相邻的节点 $2,3,\cdots,n$ 上去。根据等值的原则，移置前后自星形电路的外部（即网络的未变换部分）流向节点 $2,3,\cdots,n$ 的电流应保持不变，节点 $2,3,\cdots,n$ 的电压亦应保持不变。对比图(a)和图(b)，对任一节点 i 应有

$$\dot{I}_i - \dot{I}_{i1} = \dot{I}_i + \Delta\dot{I}_i^{(1)} - \dot{I}'_{i1} \quad (i = 2,3,\cdots,n)$$

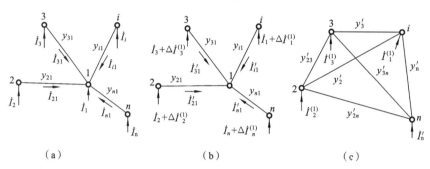

$$(a) \qquad\qquad (b) \qquad\qquad (c)$$

图 C-3 节点电流移置和星网变换

由此可得 $\Delta\dot{I}_i^{(1)} = -\dot{I}_{i1} + \dot{I}'_{i1}$。计及 $\sum_{i=2}^{n}\dot{I}'_{i1} = 0$，便有

$$\sum_{i=2}^{n}\Delta\dot{I}_i^{(1)} = -\sum_{i=2}^{n}\dot{I}_{i1} + \sum_{i=2}^{n}\dot{I}'_{i1} = \dot{I}_1$$

电流移置前后，节点 i、j 间的电压差应保持不变，即

$$\dot{U}_i - \dot{U}_j = \frac{\dot{I}_{i1}}{y_{i1}} - \frac{\dot{I}_{j1}}{y_{j1}} = \frac{\dot{I}'_{i1}}{y_{i1}} - \frac{\dot{I}'_{j1}}{y_{j1}}$$

由此可得

$$\frac{\Delta\dot{I}_i^{(1)}}{y_{i1}} = \frac{\Delta\dot{I}_j^{(1)}}{y_{j1}}$$

根据等比公式可知

$$\frac{\Delta\dot{I}_2^{(1)}}{y_{21}} = \frac{\Delta\dot{I}_3^{(1)}}{y_{31}} = \cdots = \frac{\Delta\dot{I}_n^{(1)}}{y_{n1}} = \frac{\sum\limits_{k=2}^{n}\Delta\dot{I}_k^{(1)}}{\sum\limits_{k=2}^{n}y_{k1}} = \frac{\dot{I}_1}{\sum\limits_{k=2}^{n}y_{k1}}$$

最后便可求得移置到节点 i 的电流

$$\Delta\dot{I}_i^{(1)} = \frac{y_{i1}}{\sum\limits_{k=2}^{n}y_{k1}}\dot{I}_1 \tag{C-7}$$

式(C-7)中的上角标(1)表示电流来自节点 1。

C-3 有源网络的等值变换

假定某有源网络通过节点 a,b 和外部电路相接,根据戴维南定理,该有源网络可以用一个具有电势 $\dot{E}_{eq}$ 和阻抗 Z_{eq} 的等值有源支路来代替(见图 C-4)。等值电势 $\dot{E}_{eq}$ 等于外部电路断开(即 $\dot{I}=0$)时在节点 a,b 间的开路电压 $\dot{U}^{(0)}$,而等值阻抗 Z_{eq} 即等于所有电源的电势都为零时从 a、b 两节点看进去的总阻抗。

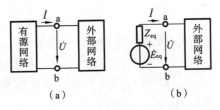

图 C-4 有源网络的等值变换

对于由 m 个并联的有源支路构成的有源网络,根据图 C-5 可以写出

$$\sum_{i=1}^{m}(E_i - \dot{U})/Z_i = \dot{I}$$

令 $\dot{E}_i = 0 (i=1,2,\cdots,m)$,便得

$$Z_{eq} = -\frac{\dot{U}}{\dot{I}} = \frac{1}{\displaystyle\sum_{i=1}^{m}1/Z_i} \tag{C-8}$$

令 $\dot{I}=0$,便得

$$\dot{E}_{eq} = \dot{U}^{(0)} = Z_{eq}\sum_{i=1}^{m}\dot{E}_i/Z_i \tag{C-9}$$

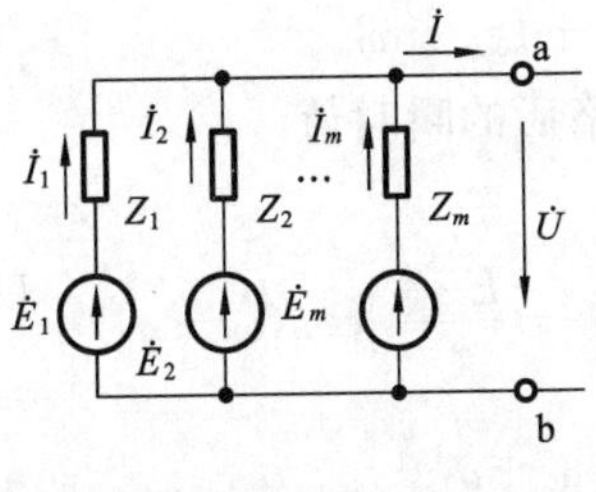

图 C-5 并联有源支路组成的网络

附录 D 无阻尼绕组同步电机突然三相短路时定子电流连续性证明

一、短路前电流表达式及短路前瞬时值
a 相轴线变化为

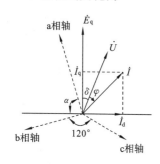

图 D-1 定子各参数的相量图及 abc 轴线

$$\alpha = \omega t + \alpha_0$$

1. 按 dq0 与 abc 的变换关系

$$i_a = -I_d \cos(\omega t + \alpha_0) + I_q \sin(\omega t + \alpha_0)$$

$t = t_{[0]}$ 时(下标 [0] 表示短路前瞬间。下标 0 表示短路后瞬间),有

$$i_{a[0]} = -I_d \cos\alpha_0 + I_q \sin\alpha_0$$

2. 按综合相量图

$$e_a = E_q \cos(\omega t + 90° - \alpha_0) = E_q \sin(\omega t + \alpha_0)$$

$$i_a = I \cos(\omega t + 90° - \alpha_0 + \delta + \varphi) = I \sin[\omega t + \alpha_0 - (\delta + \varphi)]$$

即电流滞后于电势 $(\delta + \varphi)$,与相量图符合。

一个正弦量可以用两个相位差 90°的正弦量来合成,即可以分解成两个相位差 90°的正弦量。

我们把 $\dot{I}_d$、$\dot{I}_q$ 用正弦量表示。因为 $\dot{I}_q$ 与 $\dot{E}_q$ 同相,所以

$$i_q = I_q \sin(\omega t + \alpha_0)$$

$$i_d = I_d \sin(\omega t + \alpha_0 - 90°) = -I_d \cos(\omega t + \alpha_0)$$

于是

$$i_a = i_d + i_q = -I_d \cos(\omega t + \alpha_0) + I_q \sin(\omega t + \alpha_0)$$

当 $t = 0$ 时,$i_{a[0]} = -I_{d[0]} \cos\alpha_0 + I_{q[0]} \sin\alpha_0$。

二、短路后电流表达式及短路后的瞬时值
1. 带负荷下的电流表达式

$$i_a = -\frac{E_{q[0]}}{x_d} \cos(\omega t + \alpha_0) - \left[\frac{E'_{q[0]}}{x'_d} - \frac{E_{q[0]}}{x_d}\right] \cos(\omega t + \alpha_0) + \frac{U_{[0]}}{2}\left(\frac{1}{x'_d} + \frac{1}{x_q}\right) \cos(\omega t - \alpha_0 - \delta_0)$$

$$+ \frac{U_{[0]}}{2}\left(\frac{1}{x'_d} - \frac{1}{x_q}\right) \cos(2\omega t + \alpha_0 + \delta_0)$$

当 $t = t_0$ 时,有

$$i_{a0} = -\frac{E'_{q[0]}}{x'_d} \cos\alpha_0 + \frac{U_{[0]}}{2}\left(\frac{1}{x'_d} + \frac{1}{x_q}\right) \cos(\alpha_0 - \delta_0) + \frac{U_{[0]}}{2}\left(\frac{1}{x'_d} - \frac{1}{x_q}\right) \cos(\alpha_0 + \delta_0)$$

利用和差化积,有

$$i_{a0} = -\frac{E'_{q[0]}}{x'_d} \cos\alpha_0 + \frac{U_{[0]}}{2}\left(\frac{1}{x'_d} + \frac{1}{x_q}\right)[\cos\alpha_0 \cdot \cos\delta_0 + \sin\alpha_0 \cdot \sin\delta_0]$$

$$+ \frac{U_{[0]}}{2}\left(\frac{1}{x'_d} - \frac{1}{x_q}\right)[\cos\alpha_0 \cdot \cos\delta_0 - \sin\alpha_0 \cdot \sin\delta_0]$$

$$= -\frac{E_{q[0]}}{x'_d}\cos\alpha_0 + \frac{U_{[0]}\cos\delta_0 \cdot \cos\alpha_0}{x'_d} + \frac{U_{[0]}}{x_q}\sin\delta_0 \cdot \sin\alpha_0$$

$$= -\frac{E'_{q[0]} - U_{q[0]}}{x'_d}\cos\alpha_0 + \frac{U_{d[0]}}{x_q}\sin\alpha_0$$

所以, $i_{a[0]} = -I_{d[0]}\cos\alpha_0 + I_{q[0]}\sin\alpha_0 = i_{a0}$。

2. 短路前为空载的电流表达式

$$i_{a[0]} = 0, \quad \delta_{[0]} = 0, \quad E_{q[0]} = E'_{q[0]} = U_{[0]} = U_{q[0]}$$

$$i_a = \frac{E'_{q[0]}}{x'_q}\cos(\omega t - \alpha_0) + \frac{E'_{q[0]}}{2}\left(\frac{1}{x'_d} + \frac{1}{x_q}\right)\cos\alpha_0 + \frac{E'_{q[0]}}{2}\left(\frac{1}{x'_d} - \frac{1}{x_q}\right)\cos(2\omega t + \alpha_0)$$

当 $t = t_0 = 0$ 时, $\omega t = 0$

$$i_{a0} = -\frac{E'_{a[0]}}{x'_d}\cos\alpha_0 + \frac{E'_{q[0]}}{2}\left(\frac{1}{x'_d} + \frac{1}{x_q}\right)\cos\alpha_0 + \frac{E'_{q[0]}}{2}\left(\frac{1}{x'_d} - \frac{1}{x_q}\right)\cos\alpha_0$$

$$= -\frac{E'_{q[0]}}{x'_d}\cos\alpha_0 + \frac{E'_{q[0]}}{x'_d}\cos\alpha_0 = 0$$

附录 E 短路电流周期分量计算曲线数字表

附表 E-1 汽轮发电机计算曲线数字表($X_{js}=0.12\sim0.95$)

X_{js}	0s	0.01s	0.06s	0.1s	0.2s	0.4s	0.5s	0.6s	1s	2s	4s
0.12	8.963	8.603	7.186	6.400	5.220	4.252	4.006	3.821	3.344	2.795	2.512
0.14	7.718	7.467	6.441	5.839	4.878	4.040	3.829	3.673	3.280	2.808	2.526
0.16	6.763	6.545	5.660	5.146	4.336	3.649	3.481	3.359	3.060	2.706	2.490
0.18	6.020	5.844	5.122	4.697	4.016	3.429	3.288	3.186	2.944	2.659	2.476
0.20	5.432	5.280	4.661	4.297	3.715	3.217	3.099	3.016	2.825	2.607	2.462
0.22	4.938	4.813	4.296	3.988	3.487	3.052	2.951	2.882	2.729	2.561	2.444
0.24	4.526	4.421	3.984	3.721	3.286	2.904	2.816	2.758	2.638	2.515	2.425
0.26	4.178	4.088	3.714	3.486	3.106	2.769	2.693	2.644	2.551	2.467	2.404
0.28	3.872	3.705	3.472	3.274	2.939	2.641	2.575	2.534	2.464	2.415	2.378
0.30	3.603	3.536	3.255	3.081	2.785	2.520	2.463	2.429	2.379	2.360	2.347
0.32	3.368	3.310	3.063	2.909	2.646	2.410	2.360	2.332	2.299	2.306	2.316
0.34	3.159	3.108	2.891	2.754	2.519	2.308	2.264	2.241	2.222	2.252	2.283
0.36	2.975	2.930	2.736	2.614	2.403	2.213	2.175	2.156	2.149	2.109	2.250
0.38	2.811	2.770	2.597	2.487	2.297	2.126	2.093	2.077	2.081	2.148	2.217
0.40	2.664	2.628	2.471	2.372	2.199	2.045	2.017	2.004	2.017	2.099	2.184
0.42	2.531	2.499	2.357	2.267	2.110	1.970	1.946	1.936	1.956	2.052	2.151
0.44	2.411	2.382	2.253	2.170	2.027	1.900	1.879	1.872	1.899	2.006	2.119
0.46	2.302	2.275	2.157	2.082	1.950	1.835	1.817	1.812	1.845	1.963	2.088
0.48	2.203	2.178	2.069	2.000	1.879	1.774	1.759	1.756	1.794	1.921	2.057
0.50	2.111	2.088	1.988	1.924	1.813	1.717	1.704	1.703	1.746	1.880	2.027
0.55	1.913	1.894	1.810	1.757	1.665	1.589	1.581	1.583	1.635	1.785	1.953
0.60	1.748	1.732	1.662	1.617	1.539	1.478	1.474	1.479	1.538	1.699	1.884
0.65	1.610	1.596	1.535	1.497	1.431	1.382	1.381	1.388	1.452	1.621	1.819
0.70	1.492	1.479	1.426	1.393	1.336	1.297	1.298	1.307	1.375	1.549	1.734
0.75	1.390	1.379	1.332	1.302	1.253	1.221	1.225	1.235	1.305	1.484	1.596
0.80	1.301	1.291	1.249	1.223	1.179	1.154	1.159	1.171	1.243	1.424	1.474
0.85	1.222	1.214	1.176	1.152	1.114	1.094	1.100	1.112	1.186	1.358	1.370
0.90	1.153	1.145	1.110	1.089	1.055	1.039	1.047	1.060	1.134	1.279	1.279
0.95	1.091	1.084	1.052	1.032	1.002	0.990	0.998	1.012	1.087	1.200	1.200

X_{js}	0s	0.01s	0.06s	0.1s	0.2s	0.4s	0.5s	0.6s	1s	2s	4s
1.00	1.035	1.028	0.999	0.981	0.954	0.945	0.954	0.968	1.043	1.129	1.129
1.05	0.985	0.979	0.952	0.935	0.910	0.904	0.914	0.928	1.003	1.067	1.067
1.10	0.940	0.934	0.908	0.893	0.870	0.866	0.876	0.891	0.966	1.011	1.011
1.15	0.898	0.892	0.869	0.854	0.833	0.832	0.842	0.857	0.932	0.961	0.961
1.20	0.860	0.855	0.832	0.819	0.800	0.800	0.811	0.825	0.898	0.915	0.915
1.25	0.825	0.820	0.799	0.786	0.769	0.770	0.781	0.796	0.864	0.874	0.874
1.30	0.793	0.788	0.768	0.756	0.740	0.743	0.754	0.769	0.831	0.836	0.836
1.35	0.763	0.758	0.739	0.728	0.713	0.717	0.728	0.743	0.800	0.802	0.802
1.40	0.735	0.731	0.713	0.703	0.688	0.693	0.705	0.720	0.769	0.770	0.770
1.45	0.710	0.705	0.688	0.678	0.665	0.671	0.682	0.697	0.740	0.740	0.740
1.50	0.686	0.682	0.665	0.656	0.644	0.650	0.662	0.676	0.713	0.713	0.713
1.55	0.663	0.659	0.644	0.635	0.623	0.630	0.642	0.657	0.687	0.687	0.687
1.60	0.642	0.639	0.623	0.615	0.604	0.612	0.624	0.638	0.664	0.664	0.664
1.65	0.622	0.619	0.605	0.596	0.586	0.594	0.606	0.621	0.642	0.642	0.642
1.70	0.604	0.601	0.587	0.579	0.570	0.578	0.590	0.604	0.621	0.621	0.621
1.75	0.586	0.583	0.570	0.562	0.554	0.562	0.574	0.589	0.602	0.602	0.602
1.80	0.570	0.567	0.554	0.547	0.539	0.548	0.559	0.573	0.584	0.584	0.584
1.85	0.554	0.551	0.539	0.532	0.524	0.534	0.545	0.559	0.566	0.566	0.566
1.90	0.540	0.537	0.525	0.518	0.511	0.521	0.532	0.544	0.550	0.550	0.550
1.95	0.526	0.523	0.511	0.505	0.498	0.508	0.520	0.530	0.535	0.535	0.535
2.00	0.512	0.510	0.498	0.492	0.486	0.496	0.508	0.517	0.521	0.521	0.521
2.05	0.500	0.497	0.486	0.480	0.474	0.485	0.496	0.504	0.507	0.507	0.507
2.10	0.488	0.485	0.475	0.469	0.463	0.474	0.485	0.492	0.494	0.494	0.494
2.15	0.476	0.474	0.464	0.458	0.453	0.463	0.474	0.481	0.482	0.482	0.482
2.20	0.465	0.463	0.453	0.448	0.443	0.453	0.464	0.470	0.470	0.470	0.470
2.25	0.455	0.453	0.443	0.438	0.433	0.444	0.454	0.459	0.459	0.459	0.459
2.30	0.445	0.443	0.433	0.428	0.424	0.435	0.444	0.448	0.448	0.448	0.448
2.35	0.435	0.433	0.424	0.419	0.415	0.426	0.435	0.438	0.438	0.438	0.438
2.40	0.426	0.424	0.415	0.411	0.407	0.418	0.426	0.428	0.428	0.428	0.428
2.45	0.417	0.415	0.407	0.402	0.399	0.410	0.417	0.419	0.419	0.419	0.419
2.50	0.409	0.407	0.399	0.394	0.391	0.402	0.409	0.410	0.410	0.410	0.410
2.55	0.400	0.399	0.391	0.387	0.383	0.394	0.401	0.402	0.402	0.402	0.402
2.60	0.392	0.391	0.383	0.379	0.376	0.387	0.393	0.393	0.393	0.393	0.393
2.65	0.385	0.384	0.376	0.372	0.369	0.380	0.385	0.386	0.386	0.386	0.386
2.70	0.377	0.377	0.369	0.365	0.362	0.373	0.378	0.378	0.378	0.378	0.378
2.75	0.370	0.370	0.362	0.359	0.356	0.367	0.371	0.371	0.371	0.371	0.371
2.80	0.363	0.363	0.356	0.352	0.350	0.361	0.364	0.364	0.364	0.364	0.364
2.85	0.357	0.356	0.350	0.346	0.344	0.354	0.357	0.357	0.357	0.357	0.357
2.90	0.350	0.350	0.344	0.340	0.338	0.348	0.351	0.351	0.351	0.351	0.351
2.95	0.344	0.344	0.338	0.335	0.333	0.343	0.344	0.344	0.344	0.344	0.344

续表

X_{js}	0s	0.01s	0.06s	0.1s	0.2s	0.4s	0.5s	0.6s	1s	2s	4s
3.00	0.338	0.338	0.332	0.329	0.327	0.337	0.338	0.338	0.338	0.338	0.338
3.05	0.332	0.332	0.327	0.324	0.322	0.331	0.332	0.332	0.332	0.332	0.332
3.10	0.327	0.326	0.322	0.319	0.317	0.326	0.327	0.327	0.327	0.327	0.327
3.15	0.321	0.321	0.317	0.314	0.312	0.321	0.321	0.321	0.321	0.321	0.321
3.20	0.316	0.316	0.312	0.309	0.307	0.316	0.316	0.316	0.316	0.316	0.316
3.25	0.311	0.311	0.307	0.304	0.303	0.311	0.311	0.311	0.311	0.311	0.311
3.30	0.306	0.306	0.302	0.300	0.298	0.306	0.306	0.306	0.306	0.306	0.306
3.35	0.301	0.301	0.298	0.295	0.294	0.301	0.301	0.301	0.301	0.301	0.301
3.40	0.297	0.297	0.293	0.291	0.290	0.297	0.297	0.297	0.297	0.297	0.297
3.45	0.292	0.292	0.289	0.287	0.286	0.292	0.292	0.292	0.292	0.292	0.292

附表 E-2 水轮发电机计算曲线数字表(X_{js}＝0.18～0.95)

X_{js}	0s	0.01s	0.06s	0.1s	0.2s	0.4s	0.5s	0.6s	1s	2s	4s
0.18	6.127	5.695	4.623	4.331	4.100	3.933	3.867	3.807	3.605	3.300	3.081
0.20	5.526	5.184	4.297	4.045	3.856	3.754	3.716	3.681	3.563	3.378	3.234
0.22	5.055	4.767	4.026	3.806	3.633	3.556	3.531	3.508	3.430	3.302	3.191
0.24	4.647	4.402	3.764	3.575	3.433	3.378	3.363	3.348	3.300	3.220	3.151
0.26	4.290	4.083	3.538	3.375	3.253	3.216	3.208	3.200	3.174	3.133	3.098
0.28	3.993	3.816	3.343	3.200	3.096	3.073	3.070	3.067	3.060	3.049	3.043
0.30	3.727	3.574	3.163	3.039	2.950	2.938	2.941	2.943	2.952	2.970	2.993
0.32	3.494	3.360	3.001	3.892	2.817	2.815	2.822	2.828	2.851	2.895	2.943
0.34	3.285	3.168	2.851	2.755	2.692	2.699	2.709	2.719	2.754	2.820	2.891
0.36	3.095	2.991	2.712	2.627	2.574	2.589	2.602	2.614	2.660	2.745	2.837
0.38	2.922	2.831	2.583	2.508	2.464	2.484	2.500	2.515	2.569	2.671	2.782
0.40	2.767	2.685	2.464	2.398	3.361	2.388	2.405	2.422	2.484	2.600	2.728
0.42	2.627	2.554	2.356	2.297	2.267	2.297	2.317	2.336	2.404	2.532	2.675
0.44	2.500	2.434	2.256	2.204	2.179	2.214	2.235	2.255	2.329	2.467	2.624
0.46	2.385	2.325	2.164	2.117	2.098	2.136	2.158	2.180	2.258	2.406	2.575
0.48	2.280	2.225	2.079	2.038	2.023	2.064	2.087	2.110	2.192	2.348	2.527
0.50	2.183	2.134	2.001	1.964	1.953	1.996	2.021	2.044	2.130	2.293	2.482
0.52	2.095	2.050	1.928	1.895	1.887	1.933	1.958	1.983	2.071	2.241	2.438
0.54	2.013	1.972	1.861	1.831	1.826	1.874	1.900	1.925	2.015	2.191	2.396
0.56	1.938	1.899	1.798	1.771	1.769	1.818	1.845	1.870	1.963	2.143	2.355
0.60	1.802	1.770	1.683	1.662	1.665	1.717	1.744	1.770	1.866	2.054	2.263
0.65	1.658	1.630	1.559	1.543	1.550	1.605	1.633	1.660	1.759	1.950	2.137
0.70	1.534	1.511	1.452	1.440	1.451	1.507	1.535	1.562	1.663	1.846	1.964
0.75	1.428	1.408	1.358	1.349	1.363	1.420	1.449	1.476	1.578	1.741	1.794
0.80	1.336	1.318	1.276	1.270	1.286	1.343	1.372	1.400	1.498	1.620	1.642
0.85	1.254	1.239	1.203	1.199	1.217	1.274	1.303	1.331	1.423	1.507	1.513
0.90	1.182	1.169	1.138	1.135	1.155	1.212	1.241	1.268	1.352	1.403	1.403

X_{js}	0s	0.01s	0.06s	0.1s	0.2s	0.4s	0.5s	0.6s	1s	2s	4s
0.95	1.118	1.106	1.080	1.078	1.099	1.156	1.185	1.210	1.282	1.308	1.308
1.00	1.061	1.050	1.027	1.027	1.048	1.105	1.132	1.156	1.211	1.225	1.225
1.05	1.009	0.999	0.979	0.980	1.002	1.058	1.084	1.105	1.146	1.152	1.152
1.10	0.962	0.953	0.936	0.937	0.959	1.015	1.038	1.057	1.085	1.087	1.087
1.15	0.919	0.911	0.896	0.898	0.920	0.974	0.995	1.011	1.029	1.029	1.029
1.20	0.880	0.872	0.859	0.862	0.885	0.936	0.955	0.966	0.977	0.977	0.977
1.25	0.843	0.837	0.825	0.829	0.852	0.900	0.916	0.923	0.930	0.930	0.930
1.30	0.810	0.804	0.794	0.798	0.821	0.866	0.878	0.884	0.888	0.888	0.888
1.35	0.780	0.774	0.765	0.769	0.792	0.834	0.843	0.847	0.849	0.849	0.849
1.40	0.751	0.746	0.738	0.743	0.766	0.803	0.810	0.812	0.813	0.813	0.813
1.45	0.725	0.720	0.713	0.718	0.740	0.774	0.778	0.780	0.780	0.780	0.780
1.50	0.700	0.696	0.690	0.695	0.717	0.746	0.749	0.750	0.750	0.750	0.750
1.55	0.677	0.673	0.668	0.673	0.694	0.719	0.722	0.722	0.722	0.722	0.722
1.60	0.655	0.652	0.647	0.652	0.673	0.694	0.696	0.696	0.696	0.696	0.696
1.65	0.635	0.632	0.628	0.633	0.653	0.671	0.672	0.672	0.672	0.672	0.672
1.70	0.616	0.613	0.610	0.615	0.634	0.649	0.649	0.649	0.649	0.649	0.649
1.75	0.598	0.595	0.592	0.598	0.616	0.628	0.628	0.628	0.628	0.628	0.628
1.80	0.581	0.578	0.576	0.582	0.599	0.608	0.608	0.608	0.608	0.608	0.608
1.85	0.565	0.563	0.561	0.566	0.582	0.590	0.590	0.590	0.590	0.590	0.590
1.90	0.550	0.548	0.546	0.552	0.566	0.572	0.572	0.572	0.572	0.572	0.572
1.95	0.536	0.533	0.532	0.538	0.551	0.556	0.556	0.556	0.556	0.556	0.556
2.00	0.522	0.520	0.519	0.524	0.537	0.540	0.540	0.540	0.540	0.540	0.540
2.05	0.509	0.507	0.507	0.512	0.523	0.525	0.525	0.525	0.525	0.525	0.525
2.10	0.497	0.495	0.495	0.500	0.510	0.512	0.512	0.512	0.512	0.512	0.512
2.15	0.485	0.483	0.483	0.488	0.497	0.498	0.498	0.498	0.498	0.498	0.498
2.20	0.474	0.472	0.472	0.477	0.485	0.486	0.486	0.486	0.486	0.486	0.486
2.25	0.463	0.462	0.462	0.466	0.473	0.474	0.474	0.474	0.474	0.474	0.474
2.30	0.453	0.452	0.452	0.456	0.462	0.462	0.462	0.462	0.462	0.462	0.462
2.35	0.443	0.442	0.442	0.446	0.452	0.452	0.452	0.452	0.452	0.452	0.452
2.40	0.434	0.433	0.433	0.436	0.441	0.441	0.441	0.441	0.441	0.441	0.441
2.45	0.425	0.424	0.424	0.427	0.431	0.431	0.431	0.431	0.431	0.431	0.431
2.50	0.416	0.415	0.415	0.419	0.422	0.422	0.422	0.422	0.422	0.422	0.422
2.55	0.408	0.407	0.407	0.410	0.413	0.413	0.413	0.413	0.413	0.413	0.413
2.60	0.400	0.399	0.399	0.402	0.404	0.404	0.404	0.404	0.404	0.404	0.404
2.65	0.392	0.391	0.392	0.394	0.396	0.396	0.396	0.396	0.396	0.396	0.396
2.70	0.385	0.384	0.384	0.387	0.388	0.388	0.388	0.388	0.388	0.388	0.388
2.75	0.378	0.377	0.377	0.379	0.380	0.380	0.380	0.380	0.380	0.380	0.380
2.80	0.371	0.370	0.370	0.372	0.373	0.373	0.373	0.373	0.373	0.373	0.373
2.85	0.364	0.363	0.364	0.365	0.366	0.366	0.366	0.366	0.366	0.366	0.366
2.90	0.358	0.357	0.357	0.359	0.359	0.359	0.359	0.359	0.359	0.359	0.359
2.95	0.351	0.351	0.351	0.352	0.353	0.353	0.353	0.353	0.353	0.353	0.353

X_{js}	0s	0.01s	0.06s	0.1s	0.2s	0.4s	0.5s	0.6s	1s	2s	4s
3.00	0.345	0.345	0.345	0.346	0.346	0.346	0.346	0.346	0.346	0.346	0.346
3.05	0.339	0.339	0.339	0.340	0.340	0.340	0.340	0.340	0.340	0.340	0.340
3.10	0.334	0.333	0.333	0.334	0.334	0.334	0.334	0.334	0.334	0.334	0.334
3.15	0.328	0.328	0.328	0.329	0.329	0.329	0.329	0.329	0.329	0.329	0.329
3.20	0.323	0.322	0.322	0.323	0.323	0.323	0.323	0.323	0.323	0.323	0.323
3.25	0.317	0.317	0.317	0.318	0.318	0.318	0.318	0.318	0.318	0.318	0.318
3.30	0.312	0.312	0.312	0.313	0.313	0.313	0.313	0.313	0.313	0.313	0.313
3.35	0.307	0.307	0.307	0.308	0.308	0.308	0.308	0.308	0.308	0.308	0.308
3.40	0.303	0.302	0.302	0.303	0.303	0.303	0.303	0.303	0.303	0.303	0.303
3.45	0.298	0.298	0.298	0.298	0.298	0.298	0.298	0.298	0.298	0.298	0.298

习 题 答 案

说明:对于只需极简单计算的题及要求用图形或文字回答的题均不列出答案。

第 1 章

1-2 (2)T-1:$k_{T1N}=23.048$;

   T-2:$k_{T2N(1-2)}=1.818$;$k_{T2N(1-3)}=5.714$;$k_{T2N(2-3)}=3.143$;

   T-3:$k_{T3N}=3.182$;T-4:$k_{T4N}=1.818$。

   (3)T-1:$k_{T1}=24.2$;

   T-2:$k_{T2(1-2)}=1.818$;$k_{T2(1-3)}=5.714$,$k_{T2(2-3)}=3.143$;

   T-3:$k_{T3}=3.102$;T-4:$k_{T4}=1.818$

1-3 (2) T-1:$k_{T1(1-2)}=3.068$;$k_{T1(1-3)}=8.987$;$k_{T1(2-3)}=2.929$;

   T-2:$k_{T2}=3.182$;T-3:$k_{T3}=24.375$。

第 2 章

2-1 取 $D_S=0.8r$。

   等边三角形排列时:$R=18.375\Omega$;$X=27.66\Omega$;$B=2.012\times10^{-4}$S。

   水平排列时:$R=18.375\Omega$;$X=28.676\Omega$;$B=1.938\times10^{-4}$S。

2-2 取 $D_S=0.8r$:$R=11.813\ \Omega$;$X=18.629\ \Omega$;$B=4.929\times10^{-4}$S。

2-3 取 $D_S=0.8r$:(1) $R=15.75\ \Omega$;$X=178.8\ \Omega$;$B=22.4\times10^{-4}$S;

   (2) $R=13.646\ \Omega$;$X=166.946\ \Omega$;$B=23.158\times10^{-4}$S;

   (3) $Z=13.708+j167.544\ \Omega$;$Y=7.124\times10^{-6}+j23.191\times10^{-4}$S。

2-4 (1)归算到高压侧:$G_T=2.449\times10^{-5}$S;$B_T=30.86\times10^{-5}$ S;

   $R_T=0.2188\ \Omega$;$X_T=3.11\ \Omega$。

   (2)归算到低压侧:$G_T=2.479\times10^{-4}$S;$B_T=31.243\times10^{-4}$S;

   $R_T=0.0216\ \Omega$;$X_T=0.307\ \Omega$。

2-5 $R_I=3.919\ \Omega$;$R_{II}=2.645\ \Omega$;$R_{III}=2.152\ \Omega$;

   $X_I=130.075\ \Omega$;$X_{II}=75.625\ \Omega$;$X_{III}=-3.025\ \Omega$;

   $G_T=9.669\times10^{-7}$S;$B_T=74.38\times10^{-7}$S。

2-6 归算到 110 kV 侧:

   $G_T=6.612\times10^{-6}$S;$B_T=70.248\times10^{-6}$S;

   $R_I=2.333\ \Omega$;$R_{II}=3.155\ \Omega$;$R_{III}=4.246\ \Omega$;

   $X_I=46.191\ \Omega$;$X_{II}=-1.825\ \Omega$;$X_{III}=34.475\ \Omega$。

   归算到 35 kV 侧:

   $G_T=53.971\times10^{-6}$S;$B_T=573.453\times10^{-6}$S;

   $R_I=0.286\ \Omega$;$R_{II}=0.386\ \Omega$;$R_{III}=0.520\ \Omega$;

   $X_I=5.658\ \Omega$;$X_{II}=-0.224\ \Omega$;$X_{III}=4.223\ \Omega$。

   归算到 10 kV 侧:

   $G_T=661.15\times10^{-6}$S;$B_T=7024.8\times10^{-6}$S;

   $R_I=0.0233\ \Omega$;$R_{II}=0.0316\ \Omega$;$R_{III}=0.0425\ \Omega$;

$X_{\text{I}} = 0.462\ \Omega; X_{\text{II}} = -0.0183\ \Omega; X_{\text{III}} = 0.345\ \Omega_{\circ}$

2-7　$G_{\text{T}} = 39.811 \times 10^{-6}\,\text{S}; B_{\text{T}} = 201.585 \times 10^{-6}\,\text{S};$

　　　$R_{\text{I}} = 0.0261\ \Omega; R_{\text{II}} = 0.0349\ \Omega; R_{\text{III}} = 0.168\ \Omega;$

　　　$X_{\text{I}} = 1.218\ \Omega; X_{\text{II}} = 0.279\ \Omega; X_{\text{III}} = 1.491\ \Omega_{\circ}$

2-8　(1) $G_{\text{T}} = 1.219 \times 10^{-6}\,\text{S}; B_{\text{T}} = 22.779 \times 10^{-6}\,\text{S}; R_{\text{T}} = 10.146\ \Omega; X_{\text{T}} = 215.111\ \Omega;$

　　　(2) $Z_{12} = (0.507 + \text{j}10.756)\Omega; Z_{\text{T}10} = (-0.534 - \text{j}11.322)\Omega; Z_{\text{T}20} = (-0.027 + \text{j}0.566)\Omega;$

　　　(3) 取 U_1 电压为参考点，不计励磁电流。

　　　$\dot{I}_1 = 82.6661\angle -36.8699°\text{A}; \dot{I}_{10} = 10.6971 \times 10^3 \angle 92.7004°\text{A};$

　　　$\dot{I}_{12} = 10749.9281\angle -86.2996°\text{A}; \dot{I}_{22} = 9773.7122\angle -94.4166°\text{A};$

　　　$\dot{I}_2 = 1652.2798\angle -36.815°\text{A}; \dot{U}_2 = 9.5934\angle -7.117°\text{kV}_{\circ}$

2-9　选 $S_{\text{B}} = 100\ \text{MV} \cdot \text{A}; U_{\text{BI}} = 10\ \text{kV};$

　　　$X_{\text{G}} = 0.9923; X_{\text{T}1} = 0.3675; X_1 = 0.3012; X_{\text{T}2} = X_{\text{T}3} = 0.6378; X_{\text{R}} = 0.2898_{\circ}$

2-10　选 $S_{\text{B}} = 100\text{MV} \cdot \text{A}$，变压器的变比标幺值均在高压侧。

　　　$X_{\text{G}} = 0.9923; X_{\text{T}1} = 0.3675; k_{\text{T}1} = 1.0476; X_1 = 0.3306;$

　　　$X_{\text{T}2} = X_{\text{T}3} = 0.7; k_{\text{T}2} = k_{\text{T}3} = 0.9091; X_{\text{R}} = 0.3849_{\circ}$

2-11　选 $S_{\text{B}} = 100\text{MV} \cdot \text{A}_{\circ}$　$X_{\text{G}} = 0.9; X_{\text{T}1} = 0.333; X_1 = 0.3024; X_{\text{T}2} = X_{\text{T}3} = 0.7; X_{\text{R}} = 0.3491_{\circ}$

第 3 章

3-1　(1) $L_{\text{A}} = L_{\text{d}}$；(2) $L_{\text{A}} = L_{\text{q}}_{\circ}$

3-2　$L_{\text{A}} = L_0_{\circ}$

3-3　(1) $L_{\text{A}} = L_{\text{d}}$；(2) $L_{\text{A}} = L_{\text{q}}_{\circ}$

3-4　$i_{\text{d}} = \cos\alpha; i_{\text{q}} = \sin\alpha; i_0 = 0_{\circ}$

3-5　$i_{\text{d}} = -2.3094\sin(\alpha_0 + \omega_{\text{N}}t); i_{\text{q}} = 2.3094\cos(\alpha_0 + \omega_{\text{N}}t); i_0 = 1.0_{\circ}$

3-6　设 $\alpha = \alpha_0 + \omega_{\text{N}}t_{\circ}$　$i_{\text{d}} = \cos(\alpha_0 + 2\omega_{\text{N}}t); i_{\text{q}} = \sin(\alpha_0 + 2\omega_{\text{N}}t); i_0 = 0_{\circ}$

3-7　设 $\dot{U}_{\text{G}} = 1.0\angle 0°_{\circ}$　$E_{\text{q}} = 2.198; \delta = 35.459°_{\circ}$

3-8　设 $\dot{U}_{\text{G}} = 1.0\angle 0°_{\circ}$　$E_{\text{Q}} = 1.5264; \delta = 21.523°; E_{\text{q}} = 1.8671_{\circ}$

第 4 章

4-1　取 $S_{\text{B}} = 120\ \text{MV} \cdot \text{A}, U_{\text{B}} = U_{\text{av}}$，包括发电机的电抗，不计负荷。

$$\boldsymbol{Y} = \begin{bmatrix} -\text{j}13.872 & 0.0 & \text{j}9.524 & 0.0 & 0.0 \\ 0.0 & -\text{j}8.333 & 0.0 & \text{j}4.762 & 0.0 \\ \text{j}9.524 & 0.0 & -\text{j}15.233 & \text{j}2.296 & \text{j}3.444 \\ 0.0 & \text{j}4.762 & \text{j}2.296 & -\text{j}10.965 & \text{j}3.936 \\ 0.0 & 0.0 & \text{j}3.444 & \text{j}3.936 & -\text{j}7.357 \end{bmatrix}$$

4-2　(1) 划去 $\boldsymbol{Y}$ 阵的第 5 行和第 5 列，矩阵降为 4 阶，其余元素不变。

　　　(2) $Y'_{44} = -\text{j}14.906, Y'_{55} = -\text{j}11.298, Y'_{45} = Y'_{54} = 0$，其余元素不变。

4-3

$$\boldsymbol{Z} = \begin{bmatrix} -\text{j}10 & -\text{j}10 & -\text{j}10 & -\text{j}10 \\ -\text{j}10 & 1 - \text{j}7 & -\text{j}10 & -\text{j}10 \\ -\text{j}10 & -\text{j}10 & -\text{j}9.167 & -\text{j}9.667 \\ -\text{j}10 & -\text{j}10 & -\text{j}9.667 & -\text{j}8.667 \end{bmatrix}$$

4-4

$$\boldsymbol{Y} = \begin{bmatrix} -\mathrm{j}10 & \mathrm{j}10 & 0 \\ \mathrm{j}10 & -\mathrm{j}14.5 & \mathrm{j}5 \\ 0 & \mathrm{j}5 & -\mathrm{j}4 \end{bmatrix} \quad \boldsymbol{Z} = \begin{bmatrix} -\mathrm{j}0.471 & -\mathrm{j}0.571 & -\mathrm{j}0.714 \\ -\mathrm{j}0.571 & -\mathrm{j}0.571 & -\mathrm{j}0.714 \\ -\mathrm{j}0.714 & -\mathrm{j}0.714 & -\mathrm{j}0.643 \end{bmatrix}$$

4-5

$$\boldsymbol{Z} = \begin{bmatrix} 0.1081 & 0.0410 & 0.0783 \\ 0.0410 & 0.0466 & 0.0435 \\ 0.0783 & 0.0435 & 0.1739 \end{bmatrix}$$

4-6　(1)

$$\boldsymbol{Y} = \begin{bmatrix} -\mathrm{j}5.3333 & 0.0 & \mathrm{j}2.0 & 0.0 & \mathrm{j}3.3333 \\ 0.0 & -\mathrm{j}5.0 & \mathrm{j}5.0 & 0.0 & 0.0 \\ \mathrm{j}2.0 & \mathrm{j}5.0 & -\mathrm{j}16.1667 & \mathrm{j}6.6667 & \mathrm{j}2.5 \\ 0.0 & 0.0 & \mathrm{j}6.667 & -\mathrm{j}10.6667 & \mathrm{j}4.0 \\ \mathrm{j}3.3333 & 0.0 & \mathrm{j}2.5 & \mathrm{j}4.0 & -\mathrm{j}10.8333 \end{bmatrix}$$

(2) $\boldsymbol{Y}$ 阵作 $\boldsymbol{LDU}$ 分解后,得因子表如下。

$-\mathrm{j}5.3333$	0.0	-0.3750	0.0	-0.625
0.0	$-\mathrm{j}5.0$	-1.0	0.0	0.0
-0.375	-1.0	$-\mathrm{j}10.4217$	-0.64	-0.36
0.0	0.0	-0.64	$-\mathrm{j}6.4$	-1.0
-0.625	0.0	-0.36	-1.0	$-\mathrm{j}1.0$

(3) $Z_{14} = \mathrm{j}1.0375$, $Z_{24} = Z_{34} = \mathrm{j}1.1$, $Z_{44} = \mathrm{j}1.15625$, $Z_{54} = \mathrm{j}1.0$。

第 5 章

5-1　选 $U_B = U_{av}$：

(1) $I_P = 4.240$ kA；$i_{imp} = 10.794$ kA；$I_{imp} = 6.403$ kA；$S_f = 77.116$ MV・A。

(2) Ⅰ，$i_{aper(a)} = 5.997$ kA；$i_{aper(b)} = i_{aper(c)} = -2.998$ kA；

　　 Ⅱ，$i_{aper(a)} = 0$，$i_{aper(b)} = -5.193$ kA，$i_{aper(c)} = 5.193$ kA。

按有名值算法：

(1) $I_p = 4.181$ kA；$i_{imp} = 10.644$ kA；$I_{imp} = 6.314$ kA；$S_f = 72.424$ kA。

(2) Ⅰ）$i_{aper(a)} = 5.857$ kA；$i_{aper(b)} = i_{aper(c)} = -2.929$ kA；

　　 Ⅱ）$i_{aper(a)} = 0$；$i_{aper(b)} = -5.121$ kA；$i_{aper(c)} = 5.121$ kA；

5-2　选 $U_B = U_{av}$ 取 $\alpha = 0$；$i_{apermax} = 5.553$ kA　按有名值计算：$i_{aperm} = 5.668$ kA。

5-3　设 $\dot{U}_G = 1.0 \angle 0°$；$\delta = 23.275°$；$E_q = 1.771$；$E'_q = 1.173$；$E' = 1.193$；$\delta' = 12.763°$。

5-4　$X'_d = 0.291$；$x''_d = 0.248$；$x''_q = 0.35$；$T'_{d0} = 3.183$ s；$T'_d = 0.771$ s；$T''_{d0} = 0.304$ s；$T''_d = 0.259$ s；T''_{q0} $= 0.637$ s；$T''_q = 0.279$ s；$T_a = 0.185$ s。

5-5　$I' = 24.472$ kA，$i_{a\omega} = -(19.021\mathrm{e}^{-\frac{t}{2.176}} + 15.5874)\cos(\omega t + \alpha_0)$；$I_{(0,2)} = 23.291$ kA。

5-6　$I' = 11.396$ kA，$i_{a\omega} = -(4.502\mathrm{e}^{-\frac{t}{3.482}} + 11.615)\cos(\omega t + \alpha_0)$；$I_{(0,2)} = 11.218$ kA。

5-7　取发电机额定参数为基准值；计算结果为标幺值。

(1) 下标[0]表示短路前瞬刻；下标0表示短路瞬刻

　　 $E_{q[0]} = 2.435$；$E'_{q[0]} = 0.994$；$E''_{q[0]} = 0.91$；$E''_{d[0]} = 0.55$；$E''_{[0]} = 1.064$；

　　 $E_{q0} = 12.229$；$E'_{q0} = 1.533$；$E''_{q0} = 0.91$；$E''_{d0} = 0.55$；$E''_0 = 1.064$。

(2) $I'' = 6.762$；$i_{apermax} = 8.211$；$I_{2\omega(0)} = 1.044$。　(3) $I_{\omega(0,5)} = 3.482$。

5-8 $I_\infty = 18.186$ kA$(I' = 11.396$ kA$)$。

第 6 章

6-1 $E_{eq} = 0.7442$；$X_{ff} = 0.5769$。

6-2 (1) $x_{f1} = 1.9167$；$x_{f2} = 2.5556$；$x_{f3} = 0.9788$；$x_{f4} = 0.3$。

(2) $c_1 = 0.099$；$c_2 = 0.0743$；$c_3 = 0.1939$；$c_4 = 0.6327$；$c_5 = 0.1733$；$c_6 = 0.3672$。

6-3 $E'' = 1.05$ 取 $U_B = U_{av}$；

$I'' = 1.553$ kA；$i_{imp} = 3.953$ kA；$I_{imp} = 2.345$ kA，$S_f = 99.526$ MV·A

6-4 取 $U_B = U_{av}$，$E'_S = E'_G = 1.05$；$I''_{(f1)} = 3.203$ kA；$I''_{(f2)} = 4.0144$ kA。

6-5 取 $U_B = U_{av}$，$E''_{G1} = E''_{G2} = 1.05$，$E''_{LD} = 0.8$，$k_{imp(LD)} = 1.0$。

(1) f_1 短路，$k_{imp(G1)} = 1.8$，$k_{imp(G2)} = 1.85$，$I'' = 4.277$ kA；$i_{imp} = 9.4694$ kA。

(2) f_2 短路，$k_{imp(G1)} = k_{imp(G2)} = 1.8$，$I'' = 2.966$ kA；$i_{imp} = 6.717$ kA。

6-6 取 $S_B = 60$ MV·A，$U_B = U_{av}$，外部系统按汽轮发电机考虑，且取 $I_{(\infty)} = I_{(4)}$ 计算结果如下：

(1) 发电机 G-1，G-2 和外部系统 S 各用一台等值机代表。

	G-1		G-2		S		短路点
	标幺值	有名值/kA	标幺值	有名值/kA	标幺值	有名值/kA	kA
$I_{(0)}$	1.669	5.506	7.241	23.887	4.195	13.840	43.233
$I_{(0.2)}$	1.474	4.863	4.607	15.199	3.907	12.890	32.952
$I_{(\infty)}$	1.845	6.087	2.508	8.274	4.452	14.688	29.049

(2) 发电机 G-1 和外部系统 S 合并为一台等值机。

	G-1-S		G-2		短路点
	标幺值	有名值/kA	标幺值	有名值/kA	kA
$I_{(0)}$	5.856	19.320	7.241	23.887	43.207
$I_{(0.2)}$	5.412	17.855	4.607	15.199	33.054
$I_{(\infty)}$	6.335	20.899	2.508	8.274	29.173

(3) 发电机 G-1，G-2 和外部系统全部合并为一台等值机。

$$I_{(0)} = 42.645 \text{ kA}; I_{(0.2)} = 37.287 \text{ kA}; I_{(\infty)} = 44.465 \text{ kA}。$$

6-7 取 $U_B = U_{av}$：$S_{TN(max)} = 44.87$ MV·A。

6-8 取 $U_B = U_{av}$：$U_{Gmax} = 6.264$ kV；$U_{Gmin} = 5.232$ kV。

6-9 设系统运行电压为平均额定电压：$I'' = 8.275$ kA。

6-10 取 $E_1 = E_2 = 1.05$，$I_f = 1.8835$ kA，$I_{L2} = 0.9616$ kA，$I_{L3} = 0.9219$ kA。

6-11 (1)

$$\mathbf{Y} = \begin{bmatrix} -j10.0 & j5.0 & 0.0 \\ j5.0 & -j14.5 & j10.0 \\ 0.0 & j10.0 & -j17.667 \end{bmatrix}$$

$$\mathbf{Z} = \begin{bmatrix} j0.13944 & j0.07887 & j0.04464 \\ j0.07887 & j0.15774 & j0.08929 \\ j0.04464 & j0.08929 & j0.10714 \end{bmatrix}$$

$$\dot{I}_f = -j9.1875。$$

第 7 章

7-1 取 $D_s = 0.8r$，$Z_{(0)} = (33 + j113.416)\Omega$；$B_{(0)} = 1.304 \times 10^{-4}$ S。

7-2 取 $D_s = 0.8r$：

(1) $Z_{(0)} = (37.125 + j128.97)\Omega; B_{(0)} = 2.675 \times 10^{-4} S$

(2) $Z_{(0)} = (50.625 + j213.228)\Omega;$

(3) $Z_{(0)} = (60.821 + j130.212)\Omega.$

7-3　取 $S_B = 30 \ MV \cdot A, U_B = U_{av};$

$x''_d = x_{(2)} = 0.2; x_{T1} = 0.105; x_{T2} = 0.105; x_{L(1)} = 0.0544; x_{L(0)} = 0.1633; x_{LD(1)} = 1.44; x_{LD(2)} = 0.42; z_n = j0.0227.$

7-4　用有名值计算,归算到高压侧: $x_{L(0)} = 180 \ \Omega; x'_{I} = -38.68 \ \Omega; x'_{II} = 141.95 \ \Omega; x'_{III} = 252.37 \ \Omega.$

第8章

8-1　取 $U_B = U_{av}, E'' = 1.05$：$I_f^{(1)} = 1.427 \ kA; I_f^{(2)} = 0.978 \ kA; I_f^{(1,1)} = 1.437 \ kA; I_f^{(3)} = 1.194 \ kA.$

8-2　$I_f^{(1)} = 0.884 \ kA; I_f^{(2)} = 0.978 \ kA; I_f^{(1,1)} = 1.062 \ kA; I_f^{(3)} = 1.194 \ kA.$

8-3　取 $U_B = U_{av}, \dot{E}'' = 1.05 \angle 90°$

(1) $\dot{I}_{fa} = 0; \dot{I}_{fb} = 0.844 \angle -117.52° \ kA; \dot{I}_{fc} = 0.844 \angle 117.52° \ kA; \dot{U}_{fa} = 73.121 \angle 90° \ kV; \dot{U}_{fb} = \dot{U}_{fc} = 0.$

(2) $\dot{I}_{Ga} = 5.336 \angle 62.48° \ kA; \dot{I}_{Gb} = 9.465 \angle 270° \ kA; \dot{I}_{Gc} = 5.336 \angle 117.52° \ kA;$
$\dot{U}_{Ga} = 4.559 \angle 103.9° \ kV; \dot{U}_{Gb} = 2.192 \angle 0° \ kV; \dot{U}_{Gc} = 4.559 \angle -103.9° \ kV.$

(3) $\dot{I}_{AC} = 0; \dot{I}_{BA} = 5.336 \angle -117.52° \ kA; \dot{I}_{CB} = 5.336 \angle 117.52° \ kA.$

(4) $\dot{U}_n = 17.164 \angle 90° \ kV.$

8-4　取 $U_B = U_{av}, E'' = 1.05$：$I_{fe} = 0.873 \ kA; I_{BG} = 5.5 \ kA$

发电机侧: $I_A = 12.746 \ kA; I_B = I_C = 6.373 \ kA;$ 负荷侧线路上的电流: $I_A = I_B = I_C = 0.291 \ kA.$

8-5　取 $U_B = U_{av}, E'' = 1.05;$ (1) $I_e = 0.5934 \ kA;$ (2) $U_A = 0; U_B = U_C = 77.669 \ kV;$ (3) $U_n = 29.67 kV.$

8-6　$U_A = 0; U_B = U_C = 97 \ kV.$

8-7　$S_f^{(1)} = 500 \ MV \cdot A.$

8-8　取 $U_B = U_{av}, x_n = 13.96 \ \Omega.$

8-9　取 $U_B = U_{av}, I_{e(0.2)} = 1.3796 \ kA;$

变压器 T-2 高压侧电流 $I_{A(0.2)} = 0.2299 \ kA; I_{B(0.2)} = I_{C(0.2)} = 0.6288 \ kA.$

8-10　取 $S_B = 300 \ MV \cdot A, U_B = U_{av}$：$X_{ff(1)} = 0.5052; X_{ff(2)} = 0.4733; X_{ff(0)} = 0.9773.$

8-11　$Z_{FF(1)} = Z_{FF(2)} = j0.1706, Z_{FF(0)} = j0.09505, I_f^{(1)} = 7.2206.$

8-12　变压器 T-1 高压侧各相电压: $\dot{U}_A = 1.06227, \dot{U}_B = -0.51273 - j0.9093 = 1.04389 \angle 240.58°,$
$\dot{U}_C = -0.5802 + j0.9093 = 1.07864 \angle 122.54°.$

变压器 T-2 流向高压母线的各相电流: $\dot{I}_A = -j2.6541, \dot{I}_B = 0, \dot{I}_C = j0.30675.$